南海古洋脊扩张与俯冲

The Spreading and Subduction of the Ancient Ocean Ridges in the South China Sea

詹文欢　姚衍桃　孙　杰　主编

国家自然科学基金项目（41376063）、国家重点研发计划（2017FY201406）
和中国科学院A类战略性先导科技专项（XDA13010000）联合资助

科　学　出　版　社
北　京

内 容 简 介

本书论述了南海古洋脊扩张与俯冲的特征，主要包括南海古洋脊的研究现状与方法、古洋脊研究的范围及其内涵、古洋脊的形成发育、地形地貌、深部构造、与古洋脊俯冲相关的火山活动和地震活动、马尼拉海沟俯冲与马里亚纳海沟俯冲的板片挠曲对比等。在此基础上，对南海古洋脊的形成与扩张、分段演化动力学机制进行了数值模拟，从计算方法、数值模拟过程、模拟结果分析、模拟结果的验证到与南海古洋脊形成演化的关系，以及洋脊俯冲的成矿意义等方面进行了论述，首次提出“古洋脊演化模式”的新观点。

本书资料丰富，图文并茂，可供广大地学工作者，特别是构造地质、地震地质、海洋地质、工程地质和海洋地貌等领域的科研及技术人员、高等院校相关师生阅读参考。

图书在版编目(CIP)数据

南海古洋脊扩张与俯冲／詹文欢，姚衍桃，孙杰主编．—北京：科学出版社，2020.10

ISBN 978-7-03-064209-7

Ⅰ.①南…　Ⅱ.①詹…　②姚…　③孙…　Ⅲ.①南海-洋脊-海底扩张-研究②南海-洋脊-俯冲带-研究　Ⅳ.①P737.22

中国版本图书馆 CIP 数据核字（2020）第 023493 号

责任编辑：王　运　陈姣姣／责任校对：张小霞

责任印制：吴兆东／封面设计：北京图阅盛世

科学出版社 出版

北京东黄城根北街 16 号

邮政编码：100717

http://www.sciencep.com

北京建宏印刷有限公司 印刷

科学出版社发行　各地新华书店经销

*

2020 年 10 月第　一　版　开本：787×1092　1/16

2020 年 10 月第一次印刷　印张：16 3/4

字数：400 000

定价：218.00 元

（如有印装质量问题，我社负责调换）

前　　言*

南海作为西太平洋最大的边缘海，既处于欧亚板块、印澳板块和太平洋板块的交汇处，也处于太平洋构造域和特提斯构造域的结合带，其地理位置独特，构造环境复杂，地质现象丰富，是研究海底扩张、板块运动、地幔对流等国际热点的绝佳场所。南海的动力学机制和扩张演化史一直以来是科学家研究的重点，是我国由浅海走向深海研究的首选。为此，国家自然科学基金委员会设立的研究项目“南海深部计划”，其内容之一就是从岩石圈和深部动力学层面，利用深部地壳结构探测技术了解南海的演化“骨架”，通过“解剖一只麻雀”来揭示边缘海的演化规律，从而构建出边缘海完整的“生命史”。南海的生命史不仅包括了大陆的裂解、海盆的张开，同时也包括海盆的扩张停止及此后的岩浆和构造活动历史。因此，对南海的研究，不能仅局限于大陆边缘减薄带和洋陆过渡带，更应重视海盆中部的残余扩张中心即古洋脊的研究。

马尼拉海沟俯冲带作为南海唯一的俯冲带，由南海板块俯冲于菲律宾海板块之下形成，北部与台湾碰撞带相连，向南一直延伸至民都洛岛附近，长约1000km，总体呈现为一个向西凸出的弧形深水槽地。南海海盆停止扩张后，扩张脊由于受后期火山作用而被改造成黄岩海山链即南海古洋脊，南海古洋脊沿NE向俯冲于马尼拉海沟之下。古洋脊的俯冲引发周缘地区发生大地震，对海沟的几何形态、构造活动、应力调整必然也会造成一定的影响。此外，菲律宾断裂是一条纵贯菲律宾群岛的左旋走滑型断裂，南海古洋脊越过海沟的位置恰好是菲律宾断层切过海沟的位置，现今的维甘高地和斯图尔特浅滩原来均为古洋脊的一部分，由于古洋脊的俯冲而被菲律宾左旋走滑断裂错动到了更北的位置。马尼拉海沟俯冲带及其附近区域是整个南海地震的多发和活跃区域，同时也是中国主要的海啸高风险区之一，强震引发的海啸极有可能对我国东南沿海城市造成破坏。

本书系作者近年来所承担的有关南海东部古扩张脊海域的国家自然科学基金项目（批准号：41376063）、国家重点研发计划项目（批准号：2017FY201406）和中国科学院A类战略性先导科技专项项目（批准号：XDA13010000）等部分研究成果的集成。在项目研究过程中，进行了大量的海上调查，为本项研究积累了丰富的第一手资料，同时应用数学-物理方法对原始资料进行了处理与分析，为研究南海古洋脊的扩张与俯冲奠定了基础。书中提出的古洋脊演化模式，为南海形成演化研究提供了新的思路。

---

* 作者：詹文欢．中国科学院边缘海与大洋地质重点实验室，中国科学院南海海洋研究所，广州，510301；中国科学院南海生态环境工程创新研究院，广州，510301；南方海洋科学与工程广东省实验室（广州），广州，510301；中国科学院大学，北京，100049. Email：whzhan@ scsio. ac. cn

本书各章撰写人如下：前言 詹文欢；第1章 姚衍桃、唐琴琴；第2章 孙杰、詹文欢；第3章 李延真、许鹤华；第4章 姜莲婷、姚衍桃；第5章 李健、孙杰；第6章 赵明辉、唐琴琴、贺恩远、朱俊江；第7章 张帆、冯英辞；第8章 詹美珍。詹文欢负责总体协调和全书统稿。

对南海古洋脊扩张与俯冲的探讨是初步尝试，加上调查范围和收集的资料有限，书中存在疏漏之处在所难免，敬请各位专家批评指正。

目　　录

第1章　绪　　论*

南海海盆作为西太平洋的边缘海盆地之一，是新生代期间亚洲东南缘形成的最大、最重要的边缘海盆地，介于世界上最高的青藏高原和最深的马里亚纳海沟之间，呈 NE-SW 向菱形状展布，边界复杂多变。从全球板块构造格局来看，其地处西太平洋的汇聚地带，东部为太平洋板块、西部为欧亚板块、南部为印澳板块（图 1-1）。从区域构造方面分析，其北边为南海北部张裂陆缘构造带，南边为已经停止活动的南沙海槽碰撞构造带，西边为南北向越南陆坡大型平移断裂带，东边为正在活动的马尼拉海沟俯冲带（Clift et al., 2002；李家彪等，2002；李三忠等，2012）。南海的演化过程不可避免地受到周围板块或地质体的影响和制约，故呈现出极其复杂的构造作用。既有东侧太平洋板块俯冲、菲律宾海板块楔入的影响，又有西侧印度洋板块斜向俯冲、洋中脊俯冲，还可能有北侧青藏高原隆升、大陆块体挤出的影响；同时，深部底侵、拆沉、地幔柱、地幔水化过程等地幔动力学背景也不可忽视（李三忠等，2012）。

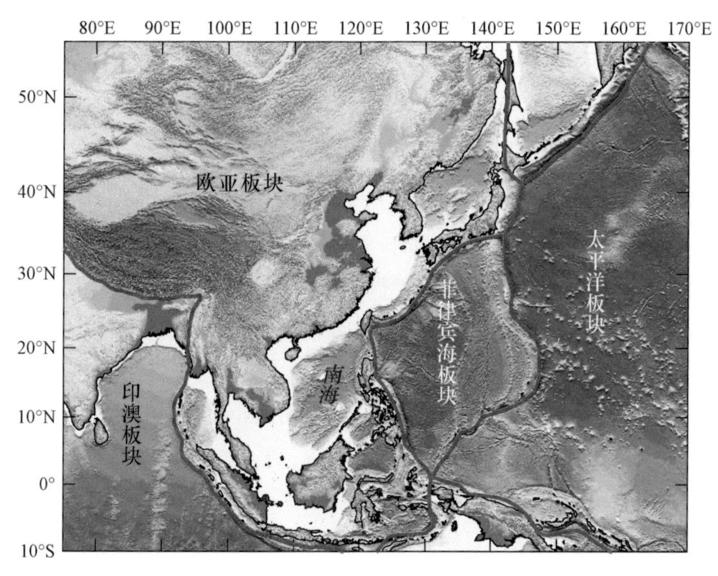

图 1-1　南海及邻区构造分区图

俯冲带作为全球板块相互作用最活跃和构造最复杂的地区之一，同时也是地震的多发地带，自 1965～2015 年的半个世纪以来，超过 85% 的 $M_W \geqslant 8.0$ 级地震均位于环太平洋的俯冲带区域（图 1-2）。马尼拉海沟是南海唯一的海沟，南海海盆停止扩张后向马尼拉海沟俯冲，形成了十分复杂的地质构造现象，并控制着南海东部的构造演化，成为

* 作者：姚衍桃、唐琴琴

认识古扩张脊演化、俯冲带火山与地震响应、多板块应力相互作用和斑岩铜金矿成矿作用的重要窗口。

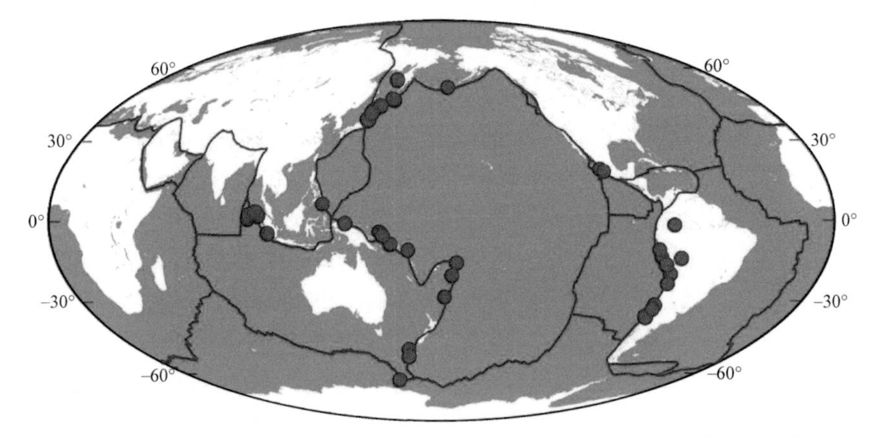

图 1-2　1965 ~ 2015 年 $M_W \geq 8.0$ 级地震分布图［数据来源于 USGS（美国地质勘探局）］

1.1　研究历史、现状及方法

1.1.1　南海形成演化研究历史与现状

关于南海形成演化的研究，最早始于太平洋板块俯冲带的研究，主要是太平洋西侧一系列的边缘海（Ben-Avraham and Uyeda，1973；Taylor and Hayes，1980，1983；Hall，1997，2002）。南海位于欧亚板块、太平洋板块和印澳板块三大板块的汇聚地带，经历了中生代时期东亚陆缘大规模地块拼合、构造挤压和大规模走滑伸展以及中特提斯洋最终关闭的过程（张功成等，2015）；新生代发生大陆岩石圈拉张破裂、海盆扩张，直到后期的俯冲和碰撞过程（李家彪等，2011）。有关南海形成的问题，一直以来都是众多学者研究的热点，根据南海磁异常分布（Bowin et al.，1978；Taylor and Hayes，1980，1983；Briais et al.，1993），能够确定南海在新生代期间存在海底扩张。因此，南海的演化模式可以归结为前期不同的触发机制和后期的海底扩张、俯冲碰撞，其中南海形成的触发机制可分为弧后扩张、陆缘张裂、碰撞挤出、海底扩张、地幔柱等主要模式。

1. 弧后扩张模式

Karig（1973）提出了南海形成的弧后扩张模式，认为南海扩张与太平洋板块俯冲有关。晚白垩世到早古近纪期间，太平洋板块沿吕宋岛弧东侧海沟以近北西方向俯冲，位于吕宋岛弧西侧（即俯冲岛弧后侧）的拉伸边缘海盆地南海开始形成，属于弧后/弧间盆地（inter-arc）类型。晚中新世吕宋岛弧发生极性倒转，南海板块开始向东沿着吕宋岛弧系统俯冲。第四纪以来吕宋岛弧与北部琉球岛弧之间的转换断层系统消失，碰撞导致台湾岛南部发生严重变形，且可能引发其他岛弧极性倒转。Ben-Avraham 和 Uyeda

(1973) 认为南海海盆的打开可以解释为小板块围绕 (13.0°N, 44.0°E) 极旋转而成，这也包括加里曼丹岛和纳土纳岛的形成。Morgan (1972) 的研究表明太平洋板块的运动方向在始新世由 NNW 向转变为 WNW 向，这可能导致了菲律宾海、菲律宾岛和台湾岛的形成，太平洋板块运动方向的改变可能与南海的压缩应力场有关。中国学者张文佑 (1984) 认为大陆岩石圈向大洋地壳发生仰冲导致弧后扩张，南海属于弧后剪切-拉张型盆地，其地壳性质经历着由大陆型地壳—过渡性地壳—大洋型地壳的转变。Aubouin 和 Bourgois (1990) 认为西太平洋具有两种俯冲类型，即向陆俯冲和向洋俯冲，并形成了两种边缘海类型——日本海和南中国海。南中国海型边缘海的特点是俯冲带向太平洋板块倾斜，具有反向和跃迁的特征，即现今南海东部边缘沿马尼拉海沟向东俯冲。Honza (1995) 认为弧后盆地的扩张受控于附近极轴的相对旋转，且扩张轴与转换断层斜交，将西太平洋弧后盆地分为三种伸展类型：扩张轴平行类型 (Ⅰ型)、连续的扩张轴重叠类型 (Ⅱ型) 和两者兼具的类型 (Ⅲ型)。Honza 和 Fujioka (2004) 对亚洲东南部弧后盆地的重建表明，西菲律宾海盆扩张中心热源区的靠近可能引发南海的初始打开 (图 1-3)，其后期的变化发展与周围大陆和大洋板块的构造运动密切相关。任建业和李思田 (2000) 讨论了西北太平洋边缘海盆地周缘板块构造时空格架及其对边缘海盆地形成、演化和关闭过程的控制作用。针对南海海盆而言，太平洋板块的俯冲后退作用是其发育的主要机制，印度-亚洲大陆碰撞的远程效应导致了东亚大陆边缘强烈的右旋走滑作用，进而影响了南海的几何学形态演化，后期澳大利亚、欧亚和菲律宾海板块的碰撞作用是南海盆地停止扩张的主要动力因素。

2. 陆缘张裂模式

Hamilton (1979) 提出晚白垩世大陆裂解之后，亚洲东南部微陆块集合体开始俯冲。印度和亚洲碰撞后，南海南部继续俯冲，加里曼丹岛记录了这种俯冲形式的变化。我国学者通过进一步的研究，提出了陆缘扩张模式，其代表著作为《南海地质构造与陆缘扩张》(中国科学院南海海洋研究所海洋地质构造研究室，1988)。中生代燕山期，西太平洋的亚洲东部活动大陆边缘，与现代南美洲西海岸安第斯型大陆边缘相似，我国台湾具有大陆型地壳槽皱带基底特征，并直接增生于欧亚板块的东部边缘；新生代西太平洋海沟-岛弧-弧后盆地复合体系 (南海) 是中生代末开始逐渐从亚洲大陆边缘分离和拉张而形成的，如菲律宾群岛和加里曼丹岛是中、新生代从亚洲东部活动大陆边缘拉张而分离出去的大陆碎块-微陆块 (郭令智等，1983)。刘昭蜀 (2000) 认为陆缘地堑系发育在大陆和大洋之间特殊的地理位置和构造背景上，它们的发育受大陆与大洋相对运动和边界条件的制约，一方面是位置高的陆壳向洋扩张，另一方面是位置低的洋壳向陆挤压。中国东部大陆新生代以来总体处于拉张应力场状态，大陆边缘向太平洋方向扩张，作为其边缘海的南海则是陆缘地堑系演化到一定阶段的产物。陈国达 (1997) 从亚洲东部壳体演化运动历史背景的分析入手，探讨该构造带形成时期的历史动力环境、地壳结构与性质、壳体演化过程的特点以及壳体增生扩展过程等，研究表明：亚洲陆缘扩张带的形成并非“洋壳俯冲、弧后引张”所致。它们主要是陆缘壳体上的大陆类型活动区 (华夏地洼型造山带) 在其发展的余动期，由于陆缘扩张及陆壳薄化所致。徐义刚等 (2002) 则通过对南海新生代玄武岩中幔源包体的研究，提出南海地幔的下部由大洋型橄榄岩组成，而地幔顶部为类似于太古

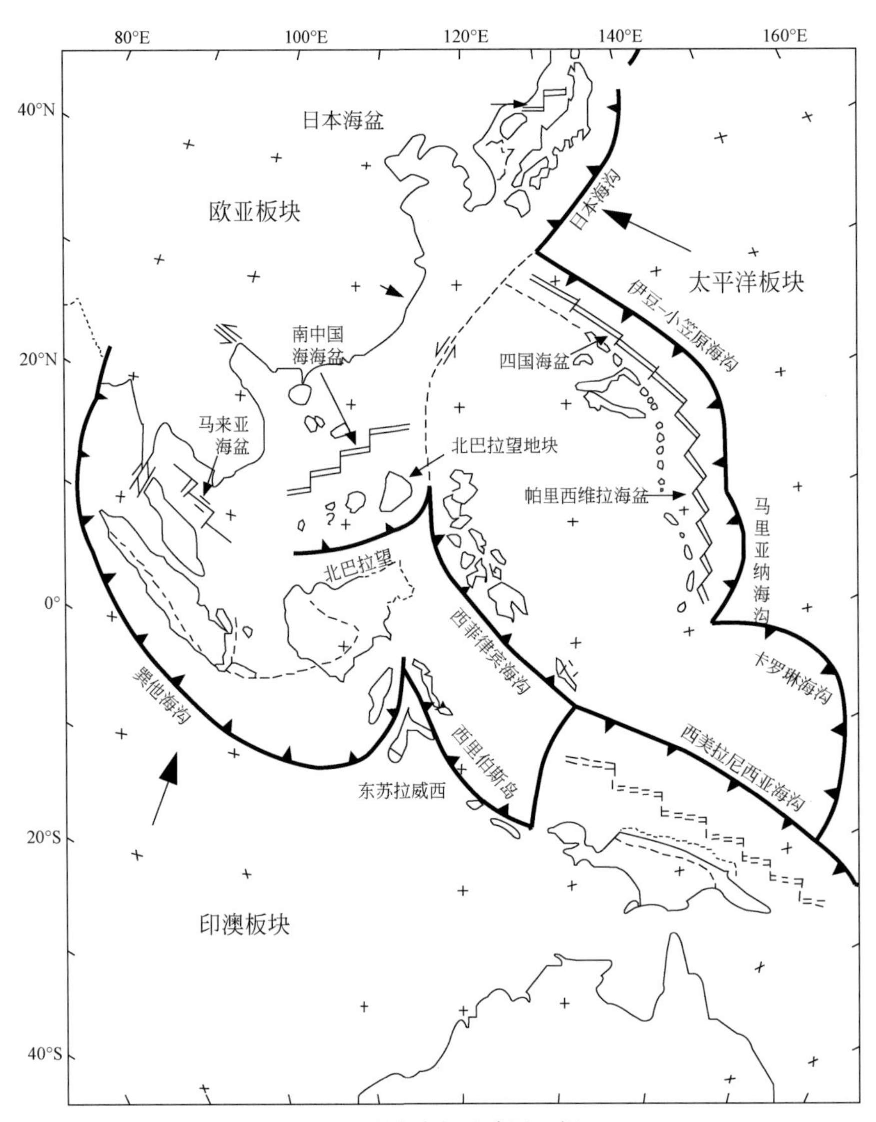

图 1-3　晚渐新世（约 25Ma）亚洲东南部重建图（据 Honza and Fujioka，2004）

宙—元古宙地幔的富斜方辉石方辉橄榄岩。这一岩石圈结构与该地区岩石圈的减薄和软流圈对老岩石圈的置换有关，表明南海海盆是陆缘扩张所引起。许浚远和张凌云（1999）及周蒂等（2002）以右行拉分盆地模式解释南海的成因，该模式也属于陆缘张裂的一种情况，即根据欧亚板块东缘新生代盆地平面形态呈准菱形等认为各边缘海均为右行剪切作用下形成的拉分盆地。Sun 等（2009）通过物理模拟实验研究，将南海的构造演化分为四个阶段、晚白垩世到早渐新世的大陆裂谷阶段、早渐新世到中中新世的两期海底扩张和中中新世后期海盆关闭阶段。由模拟可知，裂谷一般发育于岩石圈薄弱带或横向不均质位置，由最初孤立的破裂点发展成破裂面。程子华等（2013）通过对南海近些年获取的 OBS 数据所反映的南海陆缘深部地壳结构的分析表明，南海陆缘为非火山型大陆边缘，探讨了南海从陆缘裂解到海底扩张的过程。解习农等（2015）基于南海不同陆缘盆地张裂-伸展的非同步性证据，解释了南海的扩张演化过程，也为南海不同次海盆扩张可能存在向南的突然跃迁提供了依据。

3. 碰撞挤出模式

碰撞挤出模式又称“构造逃逸模式”。Tapponnier 等（1986）认为印度板块与欧亚板块发生碰撞和楔入，欧亚大陆沿若干条断裂大规模传播式挤出，在晚渐新世至早中新世，沿哀牢山-红河断裂带发生大规模走滑运动，促使加里曼丹地块南移，南海是其末端形成的拉分盆地。Peltzer 和 Tapponnier（1988）在层状橡皮泥模型上进行平面应变压痕实验，研究古近纪和新近纪印度板块向亚洲板块挤入时期大量走滑断层的形成与演化过程，该实验表明块体因碰撞而沿主要走滑断裂发生长距离滑移的情况。Lacassin 等（1997）通过对泰国西北部的岩石样品进行$^{40}Ar/^{39}Ar$测年，讨论了古近纪与新近纪印支地块西部的结构变形特征。结果显示，新生代期间印度板块的挤入在欧亚板块东南侧产生了许多左行走滑断层，并引发了其东侧拉伸盆地的形成，如红河断层触发了南海的海底扩张。Leloup 等（2001）对亚洲东南部哀牢山-红河剪切带的构造和热年代学提出了一些新的认识：渐新世—中新世期间（28～17Ma），印支地块沿着哀牢山-红河剪切带以约 5cm/a 的速率向中国南部左行挤入至少 500km 的距离。哀牢山-红河剪切带与南海动力学变形特征的相似性反映了红河走滑断裂与南海打开之间的紧密联系（图 1-4）。东亚边缘海盆地地幔域的地球化学特征表现出强的印度洋域信息，几乎不存在太平洋板块俯冲的影响，其形成在动力学机制上是印度洋扩张的结果（朱炳泉等，2002）。Liu 等（2004）通过地震层析成像和数值模拟技术，认为印欧大陆碰撞而致的软流圈物质横向挤出，对中国东部新生代裂谷和火山作用及南海打开均具有重要作用，同时也为地幔物质横向流动对南海形成演化的影响提供了概念模型。此外，还有学者通过数值模拟的方法，对深部地幔物质的运移进行了研究。如谢建华等（2005）利用 FLAC 软件对印度-欧亚板块碰撞进行了模拟，结果表明当东、东南为自由边界条件时，可以导致大量物质向东、东南逃逸，取得了与 Tapponnier 等（1986）实验一致的结果。

4. 海底扩张模式

海底扩张模式认为南海陆缘为大西洋型被动大陆边缘，即经历了海底扩张，发育有完全洋壳。Ben-Avraham 和 Uyeda（1973）较早提出南海东部海盆存在洋脊和 EW 向磁异常条带，Bowin 等（1978）通过对台湾-吕宋地区板块汇聚与增生的研究，再次验证了南海的磁异常条带。中生代时期，加里曼丹岛以海底扩张形式从亚洲大陆分离，这种幕式海底扩张与一般的弧后扩张（Karig，1971）不同。Taylor 和 Hayes（1980，1983）首次在南海东部次海盆（15°N 附近）鉴别出 5D-11 近 EW 向的磁异常条带。中侏罗世—中白垩世，原始东南亚边缘是一个安第斯山型的岛弧，北巴拉望-礼乐滩-北康暗沙微陆块是其弧前地区，沿原始中国大陆边缘发生的岛弧火山活动于 85Ma 停止。白垩纪末或古新世初期—早渐新世，原始中国大陆边缘发生断裂活动。晚渐新世—早中新世（32～17Ma），南海东部盆地首先发生海底扩张，西南次海盆的洋壳面积较小，推测其是微陆块地壳拉张的结果。南海盆地的张开，使北巴拉望-礼乐滩-北康暗沙从亚洲大陆分离出来。南海海盆于晚中新世之前停止扩张，此时向南的巴拉望俯冲带停止活动。Briais 等（1993）在磁异常条带研

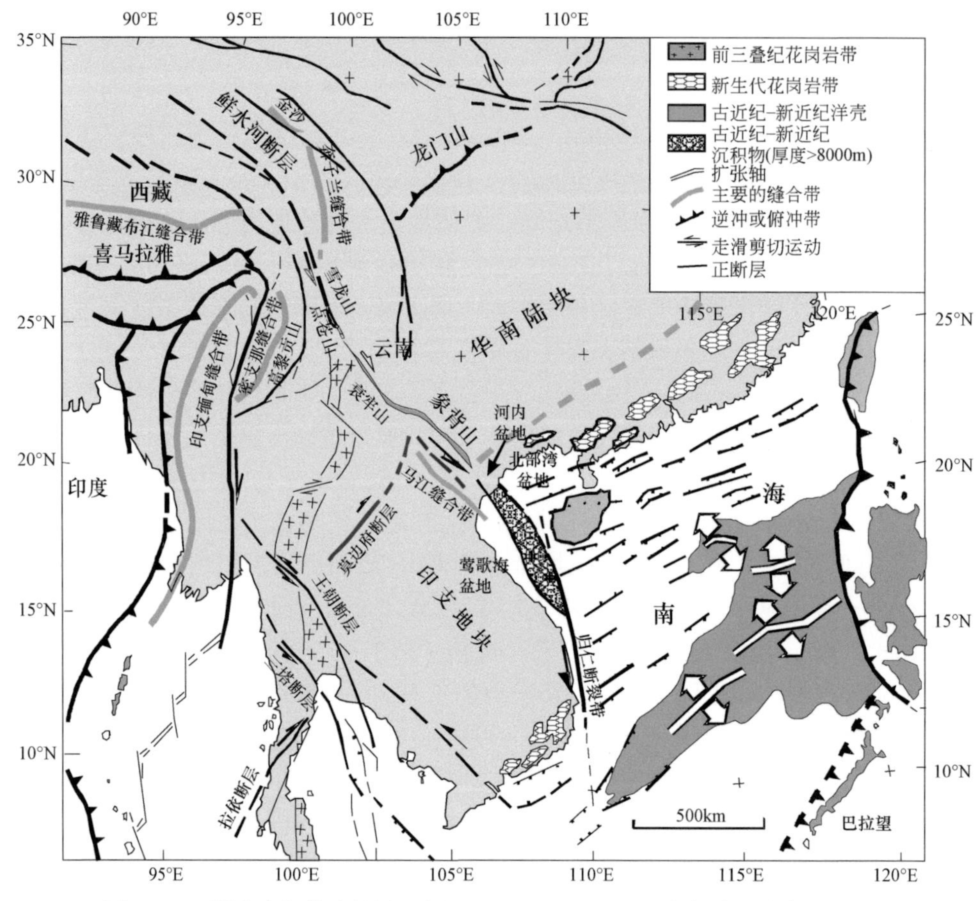

图 1-4　亚洲东南部构造简图（据 Leloup et al., 2001；栾锡武和张亮，2009）

究基础上建立了南海的扩张模式：磁异常条带 11～7（32～27Ma）期间，南海海底扩张活动主要发生在西北次海盆及东部次海盆，扩张速率为 5cm/a，形成平滑的海底面，现已被厚厚的沉积物覆盖；磁异常条带 6b～5c（27～16Ma）期间，南海平均扩张速率为 3.5cm/a，扩张脊向南跃迁形成起伏的海底，沉积物覆盖较北侧薄一些；27Ma 之后，海底扩张从东部次海盆向西南次海盆分两步发展，分别形成磁异常条带 6b～7 和 6，其扩张走向从近 EW 向变为 NE-SW 向，扩张速率也发生变化；15.5Ma 时，东部次海盆和西南次海盆的洋脊同时停止扩张（图 1-5）。南海是西太平洋的一个边缘海，是由 3 个扩张中心经过两次海底扩张形成的（姚伯初，1996）。Sun 等（2006）通过试验模拟，认为古南海俯冲产生的拖曳力和（或）印度-欧亚板块碰撞引起的地幔流导致了南海的打开，南海经历了由被动大陆边缘张裂到边缘海底扩张并独立于印支逃逸构造的演化过程。由北部湾和珠江口盆地发育的断裂模式可知，大陆裂谷及早期海底扩张发生于 32～26Ma，其间伸展应力场由 SE 向转为 SSE 向。24Ma 后，海底扩张方向为 NW-SE，并终止于 15.5Ma。在综合分析早期研究成果的基础上，Li 等（2007）认为南海的形成可能利用了晚中生代古太平洋构造活动形成的 NE 向薄弱面，后来古南海向 ES 向俯冲所形成的拖曳力使南海发生海底扩张。

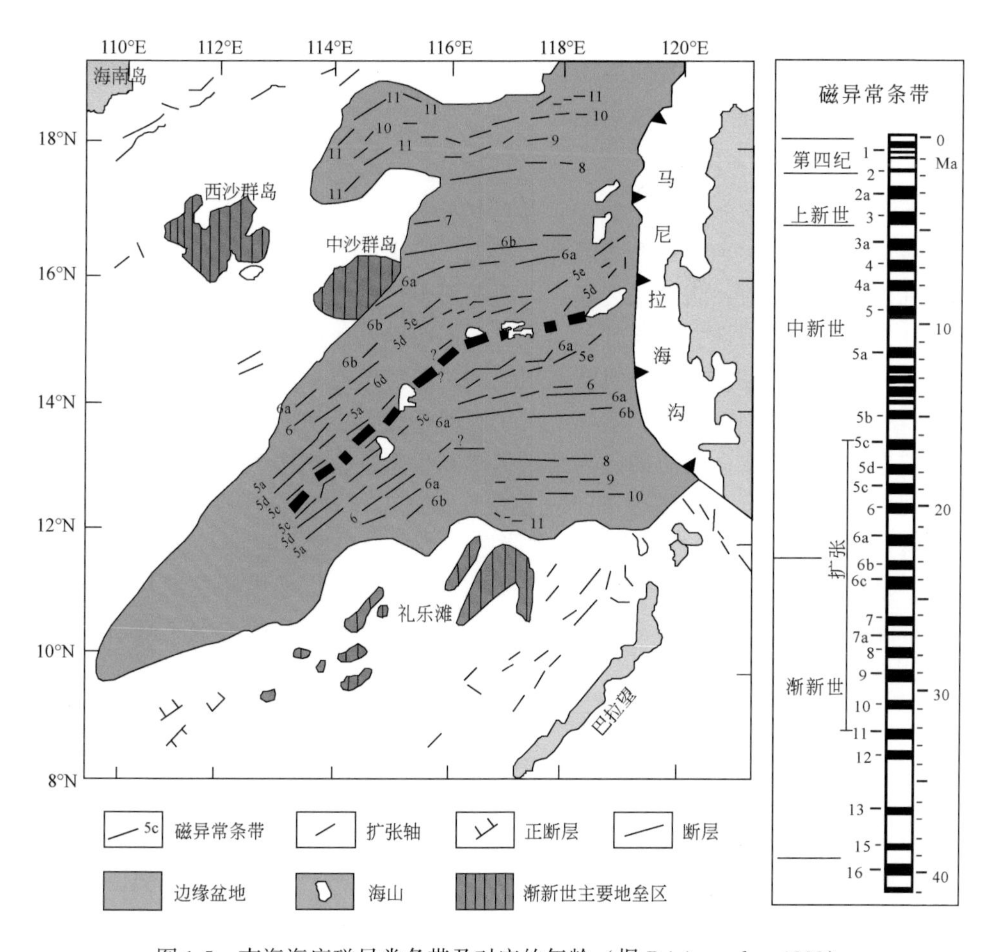

图 1-5 南海海底磁异常条带及对应的年龄（据 Briais et al.，1993）

5. 地幔柱模式

南海形成演化的地幔柱模式主要源于南海高热流和玄武岩的发现（栾锡武和张亮，2009）。曾维军等（1997）发现南海区域存在三种尺度的地幔对流活动，Flower（1998）根据地震层析成像及地幔地球化学研究结果，认为特提斯构造域与欧亚大陆聚合及印度板块向北楔入，导致地幔物质向东挤出，此地幔流可能使俯冲板块后撤，从而引起南海等边缘海盆的张开。张健和汪集旸（2000）、张健等（2001）利用地热学、流变学和重力学方法，计算了南海岩石层温度结构、流变特征及地幔对流格局，认为南海地幔物质呈 NW-SE 向单向流动，并受东部太平洋板块的阻挡而转向，导致南海大陆扩张、离散和断裂解体。鄢全树和石学法（2007）利用地震层析成像技术揭示了海南岛下存在近垂直的低波速体，即海南地幔柱（Lei et al.，2009；Huang，2014；Yan et al.，2014；Xia et al.，2016；Yu et al.，2018；Zhang et al.，2018），前期印度洋板块与欧亚板块碰撞及其所导致的太平洋板块后撤的综合效应为南海地区提供了一个伸展环境，进而为地幔柱物质的上升提供了通道；当地幔柱柱头到达软流圈时，由于侧向物质流与扩张中心发生相互作用，促进了南海东部海盆的扩张；随着地幔柱效应的逐渐增强，热点-洋脊相互作用越来越强烈，诱发了西南海盆的扩张；后期由于印澳板块前缘与巽他大陆碰撞，南海大约在15.5Ma停止扩张，并沿着南沙海槽及吕宋海沟向菲律宾岛弧和巴拉望地块之下俯冲，而南海热点继续活动，直到第四纪还有碱性玄武岩喷出地表。

6. 小结

上述南海形成触发机制各有优缺点：弧后扩张模式主要与太平洋板块俯冲后撤相关，也与西太平洋俯冲带一系列边缘海成因息息相关，但未能解释南海EW向磁异常条带以及南侧陆源沉积地块的形成；陆缘张裂模式表现在新生代南海应力场从挤压转为松弛，南海北部陆缘具有明显裂谷特征，但是其动力来源尚不明确；碰撞挤出模式认为南海的形成与太平洋板块无关，而与印度洋板块对欧亚板块的碰撞挤压有关，表现为青藏高原东侧的逃逸构造和南海西侧的红河断裂带，实际上关于红河断裂带走滑断层在各个时期的性质还没有确切的结论；海底扩张由南海的磁异常条带推测出来，得到多数学者的认同，近年来国际大洋发现计划（IODP）的实施，如349航次在南海古洋脊的钻探证实了南海的扩张（Li et al., 2014），但南海具体的扩张情况还有待进一步研究讨论；地幔柱模式是近年来新发展的观点，是根据地震层析成像中海南岛下方的低速异常体以及南海玄武岩火山活动与热点的联系推测海南地幔柱促进了南海的打开，但地幔流体是否真的导致了南海的打开还需要很多的证据。

1.1.2 南海东部古洋脊研究历史与现状

南海东部古洋脊的构造演化研究一直受到中外地学界的关注，但以往的研究主要集中在菲律宾岛弧的漂移与旋转、两侧海沟的形成时间、在民都洛等地碰撞时间以及吕宋岛北部东西两侧火山弧的成因等独立问题上，鲜有从马尼拉俯冲过程开展整体研究（Lo et al., 2017），导致各个独立科学问题仍存在很大的争议。鉴于马尼拉俯冲带是揭示南海形成演化的关键区域和地震活跃带，而且南海东部古扩张脊在马尼拉海沟是被动俯冲，是热的洋脊消减在冷的洋壳下面，同时马尼拉俯冲带上覆岛弧东侧还存在相向俯冲的东吕宋海槽-菲律宾俯冲体系这一特殊性和复杂性，迄今为止对有关古洋脊俯冲过程的动力学机制研究还处在探索阶段（詹文欢等，2017）。

南海东部古洋脊是南海扩张残留脊，其构造特征与南海海盆的扩张演化过程息息相关。南海自中渐新世以来，经历了两期不同的扩张过程，Briais等（1993）认为32～27Ma南海海盆扩张轴近EW向分布，27Ma之后扩张轴向NE-SW方向逐步跃迁。李家彪等（2011）认为南海早期扩张发生于33.5～25Ma，在东部海盆南、北两侧和西北海盆形成了具有近EW向或NEE向磁条带的老洋壳，是近NNW-SSE向扩张的产物；晚期扩张发生于25～16.5Ma，在东部海盆中央区和西南海盆形成了具有NE向磁条带的新洋壳，是NW-SE向的扩张产物。

南海海盆分区特点明显：南北分区、东西分段，从南到北可进一步分为3个亚区，南、北亚区由早期扩张产生，而晚期扩张的中央亚区从东到西又可进一步分为6个洋段，中间均由NNW或NW向断裂分割，是扩张中脊分段性的表现。2014年由中国科学家建议和主导的国际大洋发现计划（IODP）349航次，在南海东部次海盆残余扩张脊、南海北部洋-陆过渡带和西南次海盆残留扩张脊处共选取5个站位进行钻探取心（图1-6），获得定年的直接证据，以此来确定南海海盆扩张开始和结束的年龄。其研究结果表明，33Ma左右的初始扩张位于南海东北部，23.6Ma西南次海盆扩张开始，于15Ma左右东部次海盆停止扩张，而西南次海盆也于16Ma左右停止扩张（Li et al.，2014），首次揭露了东部次海盆和西南次海盆的准确年龄。

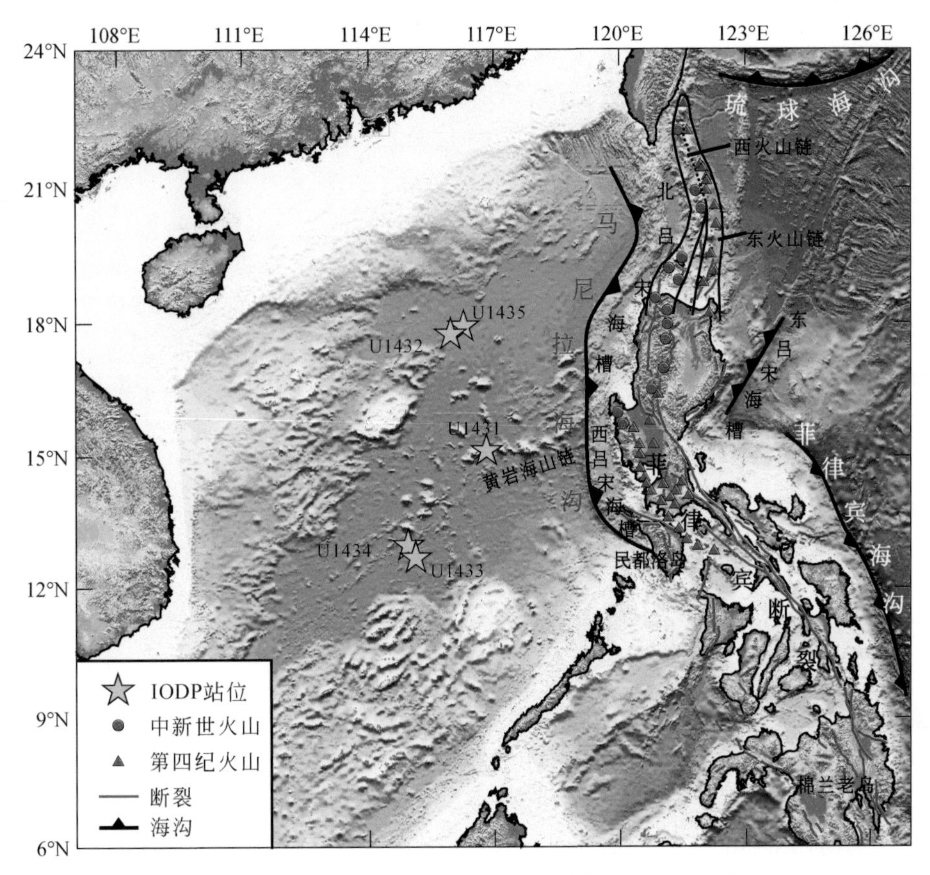

图1-6　马尼拉海沟区域构造背景与IODP349航次勘探站位（火山资料据Yang et al.，1996）

南海东部俯冲系统位于环太平洋地震-构造-岩浆-变质-成藏-成矿带的西段中部，除了受南海海盆俯冲作用之外，也受到毗邻的菲律宾海板块的俯冲、楔入影响。马尼拉俯冲带作为南海4个边界中唯一的一个俯冲消减边界，南海板块沿马尼拉海沟俯冲于菲律宾海板块之下。在中新世或10Ma之后，菲律宾海板块就已经开始以约80mm/a的速度沿着NW55°斜向仰冲（Yu et al.，1997），产生的动能很大一部分被马尼拉海沟调节。马尼拉俯冲系统地处南海中央海盆东侧，该区域是地震和火山的多发地带，其北端与台湾碰撞带相连，向南一直延伸到民都洛岛西南陆架的海底峡谷附近，长约1000km，总体上呈现为一个向西凸出的弧形深水槽地（图1-6），是一条正在活动的具有特殊构造意义的汇聚边界。马尼拉海沟的弧前盆地包括北吕宋海槽和西吕宋海槽，海槽被沉积物填充，两海槽在17°N被斯图尔特浅滩所分割，该浅滩是海沟西侧古扩张脊的一部分（Hayes and Lewis，1984；Pautot and Rangin，1989）。北吕宋海槽延伸范围为17.7°～21.5°N，自北向南深度逐渐增加；西吕宋海槽位于斯图尔特浅滩的南部，一直延伸至14°N。

南海东部海盆在15Ma停止扩张后，古扩张中脊由于受到后期的火山作用而被改造成为黄岩海山链。以黄岩海山链为界，马尼拉俯冲系统可分为三段，即北吕宋区段、海山链区段和西吕宋区段。14°～18°N的马尼拉海沟段呈南北向展布，地震调查表明沿海沟沉积物厚度具有由北向南减薄的趋势，从18.5°N的2.6km向南减至17.5°N的1.7km，在16.5°～15.5°N古扩张脊区仅有0.5～0.3km。古扩张脊以南，沉积物主要集中在4～11km宽的狭长海沟洼地内，厚度一般为1.2km（李家彪等，2004）。上述变化趋势常被解释为海沟沉积物主要来自北部，因受古扩张脊的阻隔，南部沉积物较少。

南海东部古扩张脊断裂构造十分发育，并且多为正断层，断层倾角较陡，其倾向在脊轴两侧分别向中央倾斜，呈轴对称分布，并将基底分割成大小不等的倾斜断块（吴金龙等，1992）。随着南海板块向菲律宾海板块的俯冲，在靠近马尼拉海沟的西侧区域分布着与其轴部近似平行的SN向正断裂，主要分布于距海沟轴部小于20km的范围内，它们主要是由南海板块俯冲弯曲产生的张性应力所造成（Pautot and Rangin，1989）。马尼拉海沟的东侧主要是纵贯菲律宾群岛的左旋走滑型断裂——菲律宾大断裂，断裂西边为马尼拉海沟，东边为东吕宋海槽和菲律宾海沟（图1-6）。以菲律宾大断裂为主干断裂，延伸出一系列的分支断裂，有些甚至延伸到马尼拉海沟内部。南海海盆中的黄岩海山链随南海板块向马尼拉海沟俯冲，其越过海沟的位置恰好是菲律宾断层切过海沟的位置。现今的维甘高地和斯图尔特浅滩原来均为古扩张脊的一部分，由于古扩张脊的俯冲而被菲律宾左旋走滑断裂错动到了更北的位置（Hayes and Lewis，1984；Pautot and Rangin，1989）。

1.1.3　古洋脊调查研究方法

南海中央海盆一系列近EW转NE方向的海山链是海盆海底扩张停止后期岩浆作用形成的，海山下面的南海东部古扩张脊处于欧亚板块和太平洋板块的汇聚地带，其东侧为马尼拉海沟、北吕宋海槽和西吕宋海槽，由于受到多个构造单元的相互作用而处于复杂的构造环境中。南海东部古扩张脊的研究对深入理解南海海盆构造演化、海盆东侧火山及地震活动等具有重要意义，同时也是今后南海构造研究的重要方向之一。南海东部古扩张脊的调查研究方法主要有重力勘探、磁力勘探、地震勘探、地震层析成像、地热测量、地球化学分析和数值模拟计算法等。

1. 重力勘探

空间重力异常是由地壳和上地幔物质密度不均匀分布而产生，反映的是实际地球的形状和质量分布与理论参考椭球体的差异；空间重力异常场作为地球的一种基本位场信息，是大地测量、地球物理、地质、地震与海洋等学科的重要研究对象和手段（杨金玉等，2014；杨光亮等，2018）。南海重力场特征宏观上表现为NE走向，马尼拉海沟及东侧区域呈南北向；南海空间重力异常幅值变化小，除个别地区存在$40\times10^{-5}m/s^2$以上和$-40\times10^{-5}m/s^2$以下的异常值外，大部分区域异常值均在-40×10^{-5}～$40\times10^{-5}m/s^2$区间变化；马尼拉海沟以东异常区与其西边的异常特征不同，这一区域内重力场幅值变化大，多数区域的异常幅值超过$100\times10^{-5}m/s^2$，而且正负相间排列（Zeng et al.，1997；张训华，1998）。姚运生等（2001）根据高分辨率的空间重力异常资料，解译了南海地块细结构的重力异常特征：南海中央海盆海山顶部的均衡异常值低于-20mGal，是南海均衡负异常值较高地区之一，但范围不大。海山可能是南海扩张脊的残留部分，岩浆喷发及深处的地幔物质温度高，其冷却过程缓慢，所以其物质密度小，使得质量亏损。

2. 磁力勘探

磁测资料是大地构造单元划分、构造单元边界划定和各单元中次级构造分析的重要依据（姜效典，1996），磁异常是不同埋深和规模的磁性体的综合反映（丁巍伟等，2003）。南海海盆存在磁异常条带的特征受到许多科学家的关注（Ben-Avraham and Uyeda，1973；Taylor and Hayes，1980，1983；庄胜国，1984）。1977～1978年，中国科学院南海海洋研究所“实验”号调查船在南海中部和北部海域，进行了三个航次的重磁测量，共完成测线约13500km（陈森强等，1981）。根据重磁测量资料的分析研究，中央海盆为变化的高值磁异常区，磁异常值普遍较高，被认为是由大洋玄武岩引起的，高低相间近东西向的条带状磁异常则被认为是在地壳断裂扩张形成海底的过程中，由不同时期的海底受到不同时期及强度的地磁场磁化造成的。吕文正等（1987）根据60000km的重、磁、水深资料发现，中央海盆广泛发育正负相间、走向平行、波浪起伏的条带磁异常，异常幅值一般为200～400nT，最大可达700nT，磁异常与海底地形无明显对应关系。根据李春峰与宋陶然（2012）对南海磁异常研究成果的系统剖析，磁异常三维解析信号模型准确刻画了南海两侧陆缘中生界的残留展布与新生代晚期岩浆活动，同时清晰揭示了海盆内部不同构造次单元之间的过渡关系及分区特征。

3. 地震勘探

南海是我国最大的边缘海，拥有丰富的油气资源潜力，海洋地震勘探源于海洋石油工业的发展，主要集中于南海北部陆坡区（韦成龙等，2012；曾宪军等，2013；Sun et al.，2013；张振波，2015；Gong et al.，2017）。目前该区域的地震资料主要用于研究南海北部的洋陆过渡带特征（夏少红等，2008；陈洁等，2009；朱俊江等，2012），并延伸至南海中央海盆与南部陆源构造区（丁巍伟和李家彪，2011；关永贤等，2016）。海底地震仪（OBS）是一种将检波器直接放置在海底的地震观测系统，在海洋地球物理调查和研究中，既可以用于对海洋人工地震剖面的探测，也可以用于对天然地震的观测。其探测和观测结果可以用于研究海洋地壳和地幔的速度结构及板块俯冲带、海沟、海槽演化的动力学特征，也可以用于研究天然地震的地震层析成像以及地震活动性和地震预报等（阮爱国等，2004）。OBS探测现已成为研究海底深部结构的最有效的地球物理方法，是目前进行海底地壳内部结构研究最新的发展方向，在国内外已得到广泛的应用。2011年5～6月，由中国科学院南海海洋研究所主导，自然资源部第二海洋研究所、广东省地震局研究所和广州海洋地质调查局等单位协作，在南海中央海盆珍贝-黄岩海山链区域开展了OBS三维地震探测实验。该项研究的科学目标是了解中央扩张脊附近二维和三维洋壳速度结构特征，推断洋壳形成时的扩张速率和扩张方向，揭示扩张脊深部岩浆源区与后期形成的火山链的联系，探讨南海深海盆的扩张模式与次序及火山链的形成机制等科学问题（丘学林等，2011）。

4. 地震层析成像

地震层析成像是通过对观测到的地震波各种震相的运动学（走时、射线路径）和动力学（波形、振幅、相位、频率）资料的分析，进而反演由大量射线覆盖的地下介质的结构、速度分布及其弹性参数等重要信息的一种地球物理方法，并以此进一步研究板块运动、地震和火山的成因等问题（崔力科和郭履灿，1994；莘海亮，2008）。Besana 等（1997）通过反演地震强度数据获得了菲律宾群岛下的三维衰减构造，对应于低衰减值的俯冲板块在马尼拉海沟下至少延伸到230km，而对应于高衰减值的岩浆岩体则分布在火山区和俯冲板块的上部。Rangin 等（1999）和 Lallemand 等（2001）的地震层析成像剖面倾斜地穿过马尼拉海沟、吕宋岛弧和菲律宾海沟，显示 20°N 处近垂直俯冲的南海板片在地幔转换带表现出翻转特征。利用区域震和远震 P 波初至走时获得的南海东北部及其周边区域地壳和上地幔的三维速度结构显示，上地幔低速异常时对应着东、西双火山链，靠近北吕宋山脊的高速异常带则指示了俯冲的大陆板片（Li et al.，2009）。范建柯（2013）利用国际地震中心的 P 波走时数据（1960～2008 年），通过地震层析成像程序进行了区域震成像和区域震与远震联合成像，获得了南海板片在马尼拉俯冲带清晰的俯冲形态。区域震成像结果结合南海古洋脊在 16°～17°N 的俯冲以及地震和火山空白带、异常高热流值、埃达克岩和斑岩型铜金矿床的分布等综合分析，表明南海板片在俯冲过程中沿洋脊轴线发生了撕裂，洋脊北部的板片俯冲角度小，南部板片俯冲角度大（Fan et al.，2015）。

5. 地热流测量

地热流是地球内部穿过地壳而流出地表的热流量，海洋地热流测量则是研究海洋地区地热流分布的重要手段（姚伯初，2011），热流数据可通过海底探针、石油钻井获得。南海的热流测量开始于 20 世纪 70 年代，陈雪和林进峰（1997）利用热流计算了南海中央海盆岩石圈的厚度；何丽娟等（1998）统计了南海热流数据资料，发现南海平均热流值高达 78.3mW/m^2，以中央海盆区为最高，北、南和西缘接近总体平均值，而东缘最低。张健和石耀霖（2004）通过对南海中央海盆温度与热流结构的研究，揭示了南海扩张与地幔流之间的关系。根据国际大洋钻探岩心热流探测及研究结果（李春峰和宋晓晓，2014；徐行等，2015，2017，2018），中央次海盆扩张中心附近的热流密度值偏小，西南次海盆东北段热流值沿着古扩张中心方向具有自东北向西南逐步增大的趋势，靠近古扩张中心的数据与理论值呈负偏移，而远离古扩张中心的数据呈正偏移。

6. 地球化学分析

通过海底拖网，获取岩石样品并开展相应的地球化学分析也是了解古洋脊演化及相关地质构造响应过程的重要研究方法之一。基于广州海洋地质调查局拖网取得的古洋脊玄武岩样品，温压条件分析表明其岩浆来源于上地幔软流圈（李兆麟等，1991）。IODP 349 航次的 U1431 站位于南海东部次海盆残余扩张脊附近，首次获得了南海的大洋玄武岩、大规模的浊流沉积和多期次的火山碎屑沉积，可用来确定南海东部次海盆扩张结束的年龄，覆盖在基底之上的厚约 900m 沉积岩也为东部次海盆演化、深海沉积过程、古海洋及年轻海山形成的研究提供了重要依据（李春峰和宋晓晓，2014；Briais，2016）。其中，许佳锐（2018）对 IODP 349 航次南海东部次海盆和西南次海盆残留扩张脊附近 U1431 站位和

U1433站位24块含碳酸盐岩脉的岩石样品展开了矿物学、岩石学和地球化学研究，结果揭示两个站位的低温热液活动存在差异，U1431站位附近的巨大海山提供充足的侧向热液流体补给，而U1433站位远离热液补给点以及渗漏点。

7. 数值模拟计算

南海海盆洋中脊的演化、岩浆熔融和洋壳的形成过程是研究南海演化机制的关键，但深部复杂环境使得数据采集面临很大困难，对南海海盆扩张过程及洋中脊相关的研究也就存在一定的局限性。因此，许多学者结合已有的地球物理和岩石地球化学资料以及相关理论基础，运用有限元数值模拟方法研究南海扩张过程的动力学模型和洋中脊的相关特征（崔学军等，2005；夏斌等，2005；李延真和许鹤华，2016）。其中，林巍等（2013）通过模拟计算探讨了中央海盆扩张期后海山链不同黏性结构和壳幔温度条件对地幔上浮和岩浆运移的影响：南海中央海盆海底扩张期，海山链之下10km深度具备形成拉斑玄武岩浆的条件；扩张期末，该地区25km深度具备形成碱性玄武岩浆的条件。孟林和张健（2014）模拟计算南海西南海盆残余洋中脊不同黏性、温度和熔融比例等热物理条件下可能的岩性分布，为准确理解南海深海盆岩石地球化学资料提供了有力依据。Le Pourhiet等（2018）采用三维数值模拟研究南海大陆裂解传播速度与压力的关系，新的动力学约束条件表明中南半岛EW向的地形梯度阻止了南海中央海盆与西南海盆1000km宽的大陆裂谷破裂传播，直到23Ma以后伸展方向发生变化导致大陆裂解传播加速与绕道。

1.2　问题讨论

1.2.1　南海形成问题

南海由东部次海盆、西南次海盆和西北次海盆组成，属于西太平洋正在关闭的边缘海。南海的形成几乎经历了一个完整的威尔逊旋回：中生代太平洋板块的西北向挤压、新生代早期的裂谷拉张、海底扩张和扩张停止后的弧陆碰撞，这样一个具有独特演化模式的边缘海的深入研究可以为全球板块构造学说填补一些空白。南海形成问题的争论焦点在于其形成的触发机制，出现弧后扩张、陆缘张裂、碰撞挤出、海底扩张、地幔柱等多种模式。

陈国达（1997）认为南海海盆的热流值较高，属于穿透型构造断裂，此盆地带的形成非“弧后引张说”能解释。朱炳泉等（2002）根据东亚边缘海地幔域地球化学特征表现出强的印度洋域信息，认为南海是印度洋扩张的结果，几乎不存在太平洋板块俯冲的影响。据古地磁研究结果，菲律宾和菲律宾海板块是在新生代晚期才达到今天的位置，南海发生海底扩张时它们还在赤道附近（姚伯初，2006），很难说明南海是菲律宾的弧后扩张盆地。弧后扩张模式难以解释南海中央海盆EW向磁异常条带和南海东侧SN向的吕宋岛弧（黎明碧和金翔龙，2006）。南海并不是弧后扩张产生的，但不能排除太平洋板块俯冲在深部产生的影响；陆缘张裂模式认为西太平洋侧一系列边缘海是欧亚大陆的陆缘扩张产生的，可是区域挤压应力场下的拉伸环境形成机制还待进一步研究；Wang 等（2000）根据新的 $^{40}Ar/^{39}Ar$ 资料，认为哀牢山-红河剪切带左旋运动发生于 27.5Ma 以后，晚于南海打开的时间，表明挤出构造不可能是触发南海打开的原因。Yang 和 Liu（2009）通过 3D 黏性流体模型模拟印度-欧亚板块碰撞引起的地壳加厚与水平挤出间地壳物质分布时发现，碰撞早期的地壳缩短主要被喜马拉雅-青藏高原吸收，约 20Ma 后水平挤出才占主导地位。这也说明印支地块挤出只是对南海扩张晚期或对西部扩张有重要影响。海底扩张模式是目前许多学者比较认可的一种南海打开方式，其最有力的证据是磁异常条带的发现，同时磁异常研究与近年来南海 IODP 349 航次洋脊附近钻探样品测年结果较为一致。但对于南海海底扩张的具体细节研究还存在一些争议，因为海底扩张也无法解释南海现在所有的地质现象。Hayes 等（1983）和 Briais 等（1993）识别磁条带 11 ~ 5d（5c），即 32 ~ 17（15.5Ma），建立南海单期扩张模式。姚伯初（1996）根据南海海盆中磁异常条带的对比，以及南北陆缘的地质构造、沉积构造层特征和断裂性质，认为南海海盆的地壳为洋壳，在新生代经历了大西洋型海底扩张的演化历史，海盆中有三个残留的海底扩张中心，并发生过两次海底扩张。林长松等（2006）对南海海盆扩张模式提出质疑，认为南海“扩张成因说”无法解释海盆区的断裂分布、岩浆活动、地球物理和地质构造特征。南海形成的地幔柱模式可以解释其打开的深部动力机制问题，但难以解释海盆内部复杂的构造现象。地幔柱或地幔上涌理论只是提供了动力来源，由它引起地壳开裂的运动学模式和动力学机理仍需要进一步说明（周蒂等，2002）。崔学军等（2005）通过数值模拟的方法探讨了地幔活动在南海扩张中的作用与影响，发现地幔上涌对南海地壳减薄影响很小，并且仅地幔上涌打开南海需很长的时间。南海北缘和华南沿海一带的岩浆活动可能是海南地幔柱的产物，但这些火山岩年龄为 64 ~ 35Ma，在南海扩张之前，因此地幔柱活动与南海张开之间的关系尚需深入研究（徐义刚等，2012）。

一种演化模式的建立，就是其在各种影响因素作用下的时空演化过程中，能够最大限度地符合实情，并形成与现今一致的构造特征。通过对以上模式及其存在问题的分析，可以看出每一种模式都有其理论依据，但都不能单独代表南海的演化过程。南海的形成演化受到多种因素的控制和影响，这也与其所处的特殊构造位置相对应。在特提斯构造区背景下，三大板块及内部微地块的相互运动，对南海的影响此消彼长，也就造成了南海各个明显不同的构造演化阶段：白垩纪末—始新世的裂谷阶段；渐新世—中中新世的海底扩张阶段；中中新世以来的关闭俯冲阶段（表 1-1）。

表 1-1　南海海盆构造演化三阶段

阶段	年代	构造特征
裂谷期	白垩纪末—始新世（>37Ma）	大量裂谷盆地形成
海底扩张期	渐新世—中中新世（32 ~ 15.5Ma）	洋壳形成，海盆扩张
关闭俯冲期	中中新世以来（<15.5Ma）	海盆关闭，向马尼拉海沟俯冲

资料来源：Wang and Li，2009；汪品先，2012；Li et al.，2014。

大部分演化模式都肯定了南海海盆存在的EW向的磁异常条带，及由其确定的南海打开的时间，即大部分模式认为南海演化到最后阶段均发生了海底扩张。但引起南海海底扩张的动力机制，则是各模式的区别所在。海底扩张模式认为古南海向北巴拉望地块下俯冲产生的拖曳力使南海张裂并最终发生海底扩张，经历了类似大西洋型的海底扩张；而碰撞挤出模式则更强调印度板块碰撞楔入亚洲板块，造成印支地块沿哀牢山-红河剪切带向东、南东方向大规模的构造挤出，南海是该剪切带末端形成的拉分盆地。虽然对于哀牢山-红河剪切带实际的滑移量、走滑的性质和时间仍存在争议，但印度板块碰撞引起的地幔物质流动对南海打开的影响是不容忽视的。南海北部陆缘存在的高速层及广布的火山活动，似乎又展示了地幔活动对南海扩张的重要作用。以上从宏观或板块构造上阐述了三个主要板块对南海演化的重要影响，但更重要的应是从南海的构造特征出发，弄清各种作用在不同演化时期的相互关系（栾锡武和张亮，2009）。

南海洋盆是一个典型的小大西洋，是由大陆岩石圈发生张裂与分离、海底扩张而形成的（李家彪等，2011），因此可以借鉴大西洋张裂大陆边缘的研究理论。大西洋伊比利亚与纽芬兰共轭大陆边缘作为典型的非火山型陆缘已得到详细的研究（Whitmarsh et al., 2001；Manatschal，2004；Lavier and Manatschal，2006；Péron-Pinvidic and Manatschal, 2009），可以总结为以下四个演化过程阶段：①伸展阶段，以高角度铲状断层及典型半地堑盆地为特征［图1-7（a）］；②减薄阶段，以刚性块体下发育共轭拆离断层使岩石圈强烈减薄，由均匀伸展过渡到局部伸展为特征［图1-7（b）］；③地幔抬升阶段，拆离断层穿透脆性地壳到达地幔［图1-7（c）］；④海底扩张阶段，张裂过程中的热、力过程不可逆转地集中于一狭窄带中［图1-7（d）］。若将②与③合为一个阶段，则与南海的三阶段演化具有很好的对应关系（栾锡武和张亮，2009）。张裂系统最后的构造样式是不同阶段变形的叠加，这在南海北部陆缘盆地的研究中也有所体现（Pigott and Ru，1994；龚再升，1997）。此外，南海地区也普遍发育与张裂边缘相对应的断裂系统，活动时期贯穿于南海演化的整个过程，以近平行于南北陆缘的NE向张性断裂为主。姚伯初等（1994）在南海北部陆缘发现滑脱断层，Schlüter等（1996）在南海南部边缘地震剖面上也识别出北倾的滑脱断层。南海北部陆缘东段虽然有一定的岩浆活动，但不是张裂的同期产物，其形成机制上属于非火山型被动大陆边缘，活动性因素是受周边板块相互作用的叠加所致（吴世敏等，2005）。

但南海与典型非火山型被动边缘也存在不同之处，即强烈的地幔活动。晚白垩世起，印度板块与亚欧板块碰撞并楔入，伴随着相应的地幔流动。Liu等（2004）通过地震层析成像和数值模拟的方法，证实了亚洲大陆下存在水平向东流动的地幔流。东部受到太平洋俯冲的影响，最后地幔总体流向南、南东方向（张健和汪集旸，2000；谢建华等，2005）。根据对哀牢山-红河剪切带的研究，南海西部发生左旋运动的时间为35～17Ma（Lacassin et al., 1997；Leloup et al., 2001），与南海海底扩张时间（Briais et al., 1993）基本一致。Liu等（2006）通过地球物理调查资料及盆地模拟，认为红河断裂带东南部伸展对南海西南构造演化有着重要影响。地震资料显示，南海共轭陆缘在地壳厚度和伸展程度上存在明显的差异，而造成这种差异的原因最有可能是裂前地壳流变性及相关岩石圈热结构的不同（Hayes and Nissen，2005）。

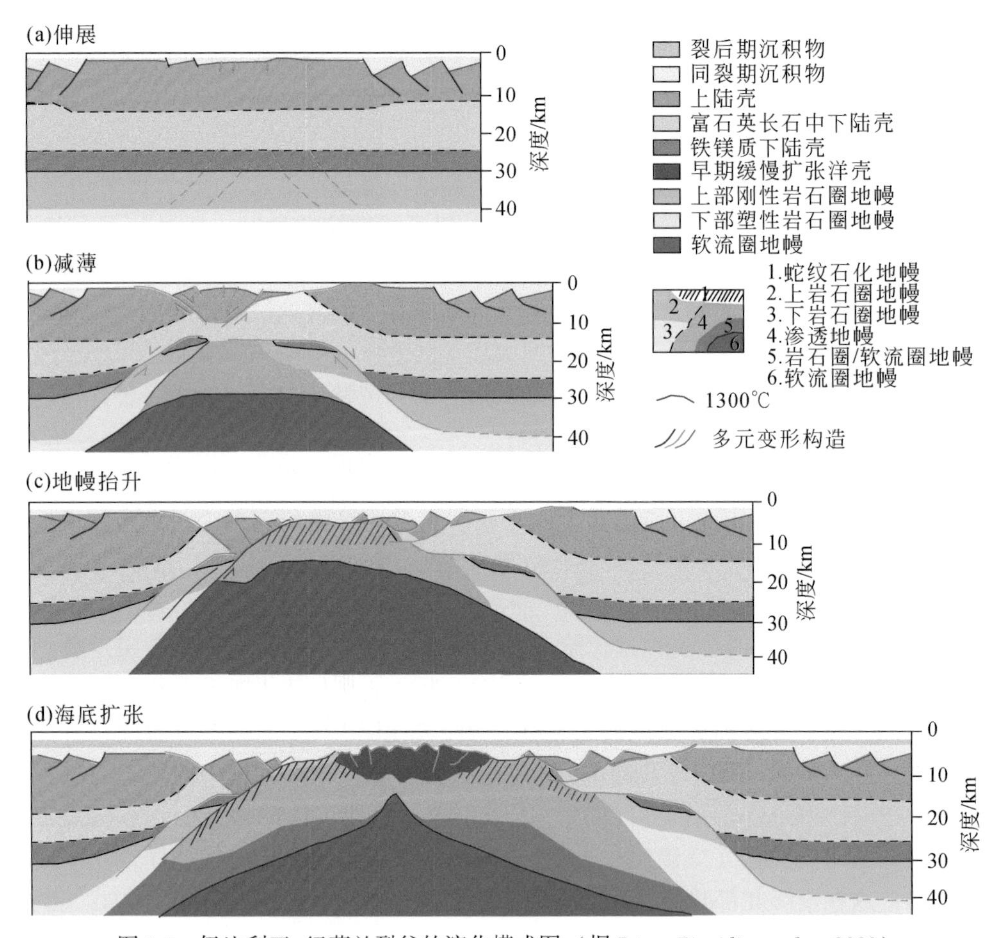

图 1-7　伊比利亚-纽芬兰裂谷的演化模式图（据 Péron-Pinvidic et al.，2009）

1.2.2　板片窗形成问题

板片窗构造最早由 Dickinson 与 Snyder 在 1979 年正式提出，他们认识到位于法拉隆板块和太平洋板块之间的东太平洋扩张洋脊向北美板块俯冲时，导致大陆边缘下逐渐下降的俯冲洋脊上的裂隙逐渐加宽，即洋脊在俯冲过程中仍持续扩张，但不再产生新的洋壳，此时在洋脊两侧板片之间形成了一个持续拉张的裂隙，这个裂隙就被称为板片窗（slab window）（Dickinson and Snyder，1979）。后来，学者发现较热的年轻的俯冲板片容易受拉伸撕裂形成板块撕裂区，这个板块撕裂区也可称为板片窗（图 1-8）。板片窗是瞬态现象，通常发育于三联点环境中，该处扩张洋脊系统俯冲于大陆边缘之下，且在下降的洋脊处打开一个裂隙或者窗口。软流圈地幔上涌填充板片窗，增加上覆大陆岩石圈的热流值，且经常引起岩石圈和软流圈混合的岩浆作用。

由于扩张脊是离散型板块边界，扩张脊的俯冲很容易导致进入俯冲的两个大洋板片间的分裂，形成板片窗。在板片窗内，下板片的软流圈上涌并与上板片直接接触，改变了上

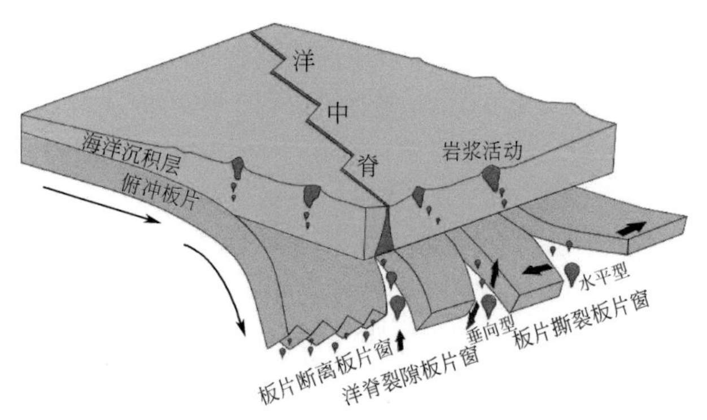

图1-8　板片窗类型（据 Chen et al.，2015，修改）

板片的温度、压力、应力、化学条件和岩浆来源，从而出现一系列不同于正常俯冲带的特征（图1-9），这些特征可作为板片窗识别标志，此外地震层析成像也有可能提供辅助标志。板片窗的几何形态受多种因素控制，如俯冲前扩张脊和转换断层的配置、扩张脊与俯冲带的几何关系（交点位置、平面夹角）和相对运动、扩张脊两侧板片的俯冲角度和速度等。在扩张脊与俯冲带大角度相交且交点位置不变的端元条件下，板片窗会成为从交点出发向内陆深部延伸的“V”字形；而在扩张脊大致平行于俯冲带的端元条件下，俯冲点将随俯冲而平移，板片窗则呈复杂的不对称锯齿状，且俯冲系统可断为数段。在俯冲系统相对位置发生改变的情况下，年轻的板片窗可叠置在较早的板片窗或正常的火山弧之上，使岩浆岩和构造的配置出现更为复杂的图景（Thorkelson and Breitsprecher，2005；Mccrory and Wilson，2009）。

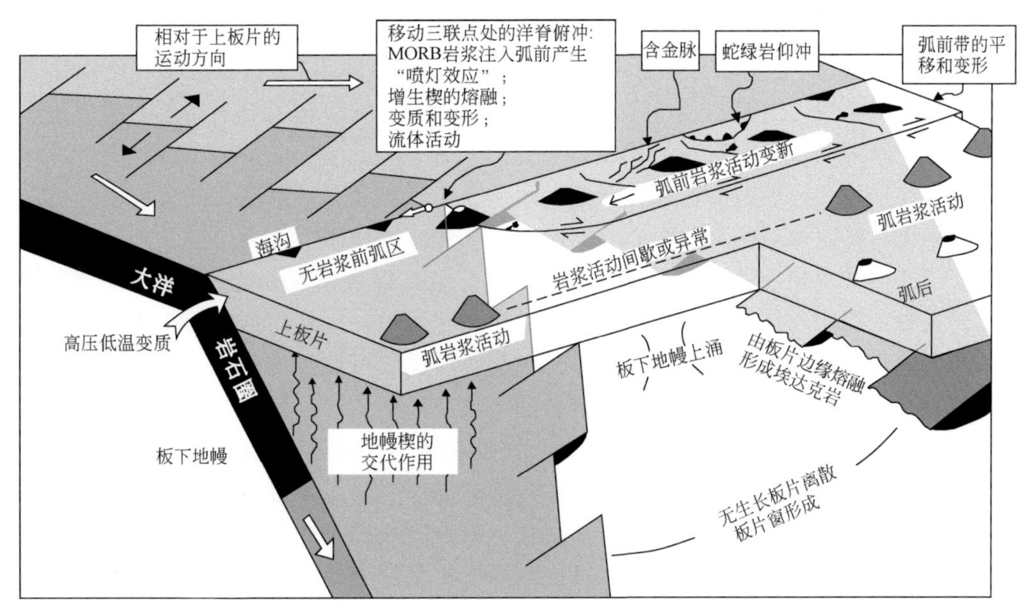

图1-9　扩张脊俯冲相伴的地质过程示意图［据库拉-法拉隆扩张脊向北美科迪勒拉俯冲的实例绘制，由周蒂和孙珍（2017）译自 Sisson 等（2003）］

世界范围内各种不同类型的板块俯冲带，由于受到不同的复杂的动力学因素控制，其几何形状、俯冲带内部应力场、各种地球物理场以及板块间地震活动等都表现出各自不同的特征。最典型的有两种，即年轻的、高应力的智利型俯冲带和古老的、低应力的马里亚纳型俯冲带（Kanamori，1977）。徐纪人等（2003）基于上述认识对日本南海海槽地震区域应力场及其板块构造动力学特征进行了详细的分析，发现南海海槽下的俯冲带可以划分为两段：东部的四国-纪伊半岛段和西部的九州段。东部的菲律宾海板块地震俯冲带呈现出低角度（10～22°）俯冲，且俯冲深度相当浅（60～85km）的特征；而西部九州段的俯冲带为高角度（40°）俯冲，且俯冲深度较深（160km）。东、西部俯冲带内部应力场也截然不同：东部的四国大部分地区和纪伊半岛的俯冲带内表现为俯冲挤压型应力场，而西部的九州段则为明显的俯冲拉张型应力场。

南海东部边缘的海沟俯冲带内，火山活动主要分布在板块接触位置，火山与构造运动、深部岩浆活动息息相关。Yang 等（1996）的研究表明，由于岩浆地球化学特征、喷发年代、地貌差异和地理分布特点，可以将出现于巴士海峡内的火山活动划分为东、西火山链（位置见图 1-6）：西火山链内的岩浆活动于 4～2Ma 停止，而东火山链内的岩浆活动多为第四纪时期，且部分至今仍在活动；从空间分布来看，东、西火山链在 20°N 汇聚，火山中心分布在 18°～20°N 的三角形区域内（高翔等，2013），在汇聚点以南分叉，西火山链向南一直延伸到民都洛岛，而东火山链在卡爪火山 17.8°N 附近终止；东、西火山链喷发岩浆的地球化学性质存在较大差异，东火山链喷发的岩浆中含有大量地幔物质成分。根据已有的火山活动年龄数据，吕宋岛北部卡加延到碧瑶之间存在一个延伸了 220km 的第四纪火山活动空隙，即 15.5°～17.5°N 范围之间的第四纪火山空隙，对应着南海板块俯冲的残留扩张洋脊。

为了解释台湾-吕宋岛双火山链的形成，以及东、西火山链在年龄和地球化学性质等方面的差异，Yang 等（1996）提出的动力学模式认为，6Ma 时南海古扩张脊已经接近马尼拉海沟，但并未发生碰撞，在台湾岛及其南部地区欧亚板块和北吕宋岛弧的碰撞也即将开始，而此时欧亚板块沿马尼拉海沟的俯冲则形成了西火山链；5～4Ma 时，南海古扩张脊已经与海沟接触并开始俯冲，而且台湾岛附近欧亚板块和北吕宋岛弧的碰撞也在此阶段发生，但由于古扩张脊对俯冲的阻碍和形成台湾岛的碰撞作用，西火山链北部的火山停止喷发，而已经俯冲的板块因所具有的重力和动能，引起板块在深部的撕裂；在 2Ma 左右，由于古扩张脊的阻碍作用而停止俯冲的板块又重新开始俯冲，从而形成了东火山链，俯冲的古扩张脊会造成俯冲板块倾角的改变，并引起南海洋陆过渡带的破裂，而这个破裂的形成可以解释东火山链喷发的岩浆中幔源成分的富集。

Bautista 等（2001）在更详细的地震资料统计和地形、地貌分析的基础上，对 Yang 等（1996）的模式进行了改进，他们强调了板块轻物质的作用，认为是南海俯冲板块轻物质而非南海古扩张脊造成了俯冲板块的倾角变化，俯冲板块破裂的位置也并非在南海洋陆过渡带，而是沿南海古扩张脊发生破裂。即以南海古扩张脊为界，以北的俯冲板块在轻物质的浮力作用下倾角变缓，从而形成了东火山链，板块轻物质存在的证据是 20°N 附近马尼拉海沟的走向发生强烈弯曲。两种模式对俯冲于菲律宾海板块之下的南海板块中的裂缝位置存在不同看法，另一个分歧则在于南海古扩张脊是否能够产生足够的浮力，进而影响到南海俯冲板块的倾角。

Thorkelson（1996）的研究认为，相对于软流圈而言，大于10Ma左右的大洋岩石圈具有负浮力，自然是可以消减的，小于10Ma左右的大洋岩石圈则具有正浮力。南海停止扩张的时间是在17Ma左右，而古扩张脊开始俯冲的时间是5～4Ma，所以我们认为古扩张脊在俯冲时已经不再具有足够大的浮力可以引起俯冲的南海板块的倾角变缓。但是，洋中脊在地形上表现为高耸的海山，它的俯冲会形成一些特殊的构造并对周围的应力场产生一定的影响，如Erimo海山的挤入是导致日本海沟和千岛海沟间左行位移的主要因素。根据马尼拉海沟增生楔的多波束构造地貌资料研究成果，黄岩海山的挤入对增生楔内的断裂构造样式和活动特点产生了明显的影响（李家彪等，2004）。

Bautista等（2001）和刘再峰等（2007）对吕宋岛地区地震震源位置的统计显示，如果将17°～19°N的区域与邻近区域相对比，可发现其震源深度大于150km的地震数目明显减少；在14°～15°N区域，也存在一个由西缘马尼拉海沟起始，然后向东部菲律宾海沟逐渐变宽的喇叭状地震稀疏带，而其西部即使有少量的地震发生，也是震源深度小于65km的浅源地震。因此，推测存在于17°～19°N的深源地震稀疏带和存在于14°～15°N的地震稀疏带，极有可能是地震活动对板片窗构造存在的反映。

此外，南海板片沿着马尼拉海沟的俯冲倾角变化较大，根据Fan等（2015）的层析成像分析结果，17°～17.5°N南海板片俯冲倾角在300km以浅范围的急剧变化可能暗示着板片撕裂，这与南海板片在17°N附近的吕宋岛下存在残留扩张洋脊中心（黄岩海山链）俯冲的情况是吻合的。

综上所述，俯冲洋脊板片撕裂可以较好地解释吕宋岛弧上火山、地震及斑岩铜金矿的分布情况，地震层析成像也能观测到南海板片在不同纬度的俯冲角度差异。但板片俯冲的倾角差异不一定表征着俯冲板片的撕裂情况，也可能反映倾角差异处的俯冲板片是塑性体，而非刚体，此外地震层析成像的精度也是关键，增加数据量与提高精度有利于加深对古洋脊俯冲的认识。对于南海东部古洋脊俯冲产生的板片窗构造，有待于在吕宋岛开展更多的更为详细的地震勘探和重磁海陆联测，覆盖范围由吕宋岛分别向东、西各延伸至南海和菲律宾海，并布设钻探工程，结合这些地球物理资料进行综合验证研究。

参考文献

陈国达，1997. 东亚陆缘扩张带——一条离散式大陆边缘成因的探讨．大地构造与成矿学，(4)：285-293.

陈洁，钟广见，温宁，2009. 南海扩张的地震反射标志——南海东北部多道地震剖面结果．地球物理学报，52（11）：2788-2797.

陈森强，刘祖惠，刘昭蜀，等，1981. 中国南海中部和北部的重磁异常特征及其地质解释．中国科学，(4)：477-486.

陈雪，林进峰，1997. 南海中央海盆岩石圈厚度和地壳年代的初步分析．海洋学报，(2)：72-85.

程子华，丁巍伟，方银霞，等，2013. 南海大陆边缘动力学研究进展：从陆缘裂解到海底扩张．海洋地质前沿，29（1）：1-10.

崔力科，郭履灿，1994. 地震层析成像的一些新研究．世界地震译丛，(5)：83-88.

崔学军，夏斌，张宴华，等，2005. 地幔活动在南海扩张中的作用数值模拟与讨论．大地构造与成矿学，(3)：334-338.

丁巍伟，李家彪，2011. 南海南部陆缘构造变形特征及伸展作用：来自两条973多道地震测线的证据．地球物理学报，54（12）：3038-3056.
丁巍伟，陈汉林，杨树锋，等，2003. 南海深海盆磁异常分析及其动力学意义．浙江大学学报（理学版），(2)：223-229.
范建柯，2013. 菲律宾海板块西边缘的地震层析成像研究．青岛：中国科学院海洋研究所．
高翔，张健，吴时国，2013. 台湾-吕宋岛弧巴士段火山活动的热模拟．海洋地质与第四纪地质，33（1）：65-71.
龚再升，1997. 南海北部大陆边缘盆地分析与油气聚集．北京：科学出版社．
关永贤，杨胜雄，宋海斌，等，2016. 南海西南部深水水道的多波束地形与多道反射地震研究．地球物理学报，59（11）：4153-4161.
郭令智，施央申，马瑞士，1983. 西太平洋中、新生代活动大陆边缘和岛弧构造的形成及演化．地质学报，(1)：11-21.
何丽娟，熊亮萍，汪集旸，1998. 南海盆地地热特征．中国海上油气（地质），(2)：15-18.
姜效典，1996. 南海磁异常场分区研究——应用人工神经网络方法．青岛海洋大学学报，(1)：83-90.
黎明碧，金翔龙，2006. 中国南海的形成演化及动力学机制研究综述．科技通报，(1)：16-20.
李春峰，宋陶然，2012. 南海新生代洋壳扩张与深部演化的磁异常记录．科学通报，57（20）：1879-1895.
李春峰，宋晓晓，2014. 国际大洋发现计划IODP 349航次．上海国土资源，35（2）：43-48.
李家彪，金翔龙，高金耀，2002. 南海东部海盆晚期扩张的构造地貌研究．中国科学（D辑），(3)：239-248.
李家彪，金翔龙，阮爱国，等，2004. 马尼拉海沟增生楔中段的挤入构造．科学通报，49（10）：1000-1008.
李家彪，丁巍伟，高金耀，等，2011. 南海新生代海底扩张的构造演化模式：来自高分辨率地球物理数据的新认识．地球物理学报，(12)：3004-3015.
李三忠，索艳慧，刘鑫，等，2012. 南海的盆地群与盆地动力学．海洋地质与第四纪地质，32（6）：55-78.
李思田，林畅松，张启明，等，1998. 南海北部大陆边缘盆地幕式裂陷的动力过程及10Ma以来的构造事件．科学通报，(8)：797-810.
李延真，2016. 南海海盆扩张及洋中脊形成过程的数值模拟．广州：中国科学院南海海洋研究所．
李延真，许鹤华，2016. 南海海盆扩张机制的动力学模拟．海洋地质与第四纪地质，36（2）：75-83.
李兆麟，丘志力，秦社彩，等，1991. 南海海山玄武岩形成条件研究．矿物学报，(4)：325-333.
林长松，虞夏军，何拥华，等，2006. 南海海盆扩张成因质疑．海洋学报，(1)：67-76.
林巍，张健，李家彪，2013. 南海中央海盆扩张期后海山链岩浆活动的热模拟研究．海洋科学，37（4）：81-87.
刘再峰，詹文欢，张志强，2007. 台湾-吕宋岛双火山弧的构造意义．大地构造与成矿学，31（2）：145-150.
刘昭蜀，2000. 南海地质构造与油气资源．第四纪研究，(1)：69-77.
吕文正，柯长志，吴声迪，等，1987. 南海中央海盆条带磁异常特征及构造演化．海洋学报（中文版），(1)：69-78.
栾锡武，张亮，2009. 南海构造演化模式：综合作用下的被动扩张．海洋地质与第四纪地质，29（6）：59-74.

孟林，张健，2014. 南海西南海盆残余洋脊岩浆活动机制的热模拟研究. 中国科学：地球科学，44（2）：239-249.
丘学林，赵明辉，徐辉龙，2011. 南海中央扩张脊三维OBS探测和科学目标//中国地球物理学会. 中国地球物理学会第二十七届年会论文集：946.
任建业，李思田，2000. 西太平洋边缘海盆地的扩张过程和动力学背景. 地学前缘，（3）：203-213.
阮爱国，李家彪，冯占英，等，2004. 海底地震仪及其国内外发展现状. 东海海洋，（2）：19-27.
汪品先，2012. 追踪边缘海的生命史：南海深部计划的科学目标. 科学通报，57（20）：1807-1826.
韦成龙，郝小柱，易海，等，2012. 南海北部中生界地震勘探震源设计及应用. 石油地球物理勘探，47（S1）：1-7.
吴金龙，韩树桥，李恒修，等，1992. 南海中部古扩张脊的构造特征及南海海盆的两次扩张. 海洋学报，（1）：82-96.
吴世敏，杨恬，周蒂，等，2005. 南海南北共轭边缘伸展模型探讨. 高校地质学报，（1）：105-110.
夏斌，崔学军，张宴华，等，2005. 南海扩张的动力学因素及其数值模拟讨论. 大地构造与成矿学，（3）：328-333.
夏少红，赵明辉，丘学林，2008. 南海北部海陆过渡带地壳结构的研究现状及展望. 华南地震，28（4）：9-17.
谢建华，夏斌，张宴华，等，2005. 印度-欧亚板块碰撞对南海形成的影响研究：一种数值模拟方法. 海洋通报，（05）：47-53.
解习农，任建业，王振峰，等，2015. 南海大陆边缘盆地构造演化差异性及其与南海扩张耦合关系. 地学前缘，22（1）：77-87.
莘海亮，2008. 地震层析成像技术方法研究. 兰州：中国地震局兰州地震研究所.
徐纪人，赵志新，河野芳辉，等. 2003. 日本南海海槽地震区域应力场及其板块构造动力学特征. 地球物理学报，46（4）：488-494.
徐行，罗贤虎，许鹤华，等，2015. 南海地热流探测、研究与展望//广州海洋地质调查局信息资料所. 南海地质研究（十五）. 北京：地质出版社：1-19.
徐行，董森，陈爱华，等，2017. 南海海盆IODP 349钻井岩心的生热元素测试与应用研究. 大地构造与成矿学，41（6）：1128-1134.
徐行，姚永坚，彭登，等，2018. 南海西南次海盆的地热流特征与分析. 地球物理学报，61（7）：2915-2925.
徐义刚，黄小龙，颜文，等，2002. 南海北缘新生代构造演化的深部制约（Ⅰ）：幔源包体. 地球化学，（3）：230-242.
徐义刚，魏静娴，邱华宁，等，2012. 用火山岩制约南海的形成演化：初步认识与研究设想. 科学通报，57（20）：1863-1878.
许佳锐，2018. 南海IODP 349基底玄武岩中钙质碳酸盐岩脉的岩石学和地球化学研究. 北京：中国科学院大学.
许浚远，张凌云，1999. 欧亚板块东缘新生代盆地成因：右行剪切拉分作用. 石油与天然气地质，（3）：187-191.
鄢全树，石学法，2007. 海南地幔柱与南海形成演化. 高校地质学报，（2）：311-322.
杨光亮，申重阳，黎哲君，等，2018. 重力异常场云计算软件系统. 大地测量与地球动力学，38（2）：111-115.
杨金玉，张训华，张菲菲，等，2014. 应用多种来源重力异常编制中国海陆及邻区空间重力异常图及重力场解读. 地球物理学报，57（12）：3920-3931.

姚伯初，1996. 南海海盆新生代的构造演化史．海洋地质与第四纪地质，（2）：1-13.
姚伯初，2006. 中国南海海域岩石圈三维结构及演化．北京：地质出版社．
姚伯初，2011. 海洋地球物理学和海洋地质学的发展．海洋地质与第四纪地质，31（4）：21-28.
姚伯初，曾维军，陈艺中，等，1994. 南海北部陆缘东部的地壳结构．地球物理学报，（1）：27-35.
姚运生，姜卫平，晁定波，2001. 南海海盆重力异常场特征及构造演化．大地构造与成矿学，（1）：46-54.
曾维军，李振五，吴能友，等，1997. 南海区域的上地幔活动特征及印支地幔柱//广州海洋地质调查局信息资料所．南海地质研究（九）．北京：地质出版社：1-19.
曾宪军，韦成龙，翟继锋，2013. 南海北部海域油气资源调查技术及其应用研究——双船折射/广角反射地震勘探研究．海洋技术，32（2）：39-42.
詹文欢，李健，唐琴琴，2017. 南海东部古扩张脊的俯冲机制．海洋地质与第四纪地质，37（6）：1-11.
张功成，王璞珺，吴景富，等，2015. 边缘海构造旋回——南海演化的新模式．地学前缘，（3）：27-37.
张健，石耀霖，2004. 南海中央海盆热结构及其地球动力学意义．中国科学院研究生院学报，（3）：407-412.
张健，汪集旸，2000. 南海北部陆缘带构造扩张的深部地球动力学特征．中国科学（D 辑），（6）：561-567.
张健，熊亮萍，汪集旸，2001. 南海深部地球动力学特征及其演化机制．地球物理学报，（5）：602-610.
张文佑，1984. 断块构造导论．北京：石油工业出版社．
张训华，1998. 南海及邻区重力场特征与地壳构造区划．海洋地质与第四纪地质，（3）：56-61.
张振波，2015. 南海北部深水地震勘探所遇到的挑战与对策．海洋石油，35（1）：9-15.
中国科学院南海海洋研究所海洋地质构造研究室，1988. 南海地质构造与陆缘扩张．北京：科学出版社．
周蒂，孙珍，2017. 晚中生代以来太平洋域板块过程及其对东亚陆缘构造研究的启示．热带海洋学报，36（3）：1-19.
周蒂，陈汉宗，吴世敏，等，2002. 南海的右行陆缘裂解成因．地质学报，（2）：180-190.
朱炳泉，王慧芬，陈毓蔚，等，2002. 新生代华夏岩石圈减薄与东亚边缘海盆构造演化的年代学与地球化学制约研究．地球化学，（3）：213-221.
朱俊江，丘学林，徐辉龙，等，2012. 南海北部洋陆转换带地震反射特征和结构单元划分．热带海洋学报，31（3）：28-34.
朱俊江，丘学林，詹文欢，等，2005. 南海东部海沟的震源机制解及其构造意义．地震学报，（3）：260-268.
庄胜国，1984. 南海深海盆地扩张磁异常的理论计算．海洋通报，（5）：37-40.
Aubouin J, Bourgois J, 1990. Tectonics of Circum Pacific continental margins. Proceedings of the 28th International Geological Congress, Washington.
Bautista B C, Bautista M L P, Oike K, et al., 2001. A new insight on the geometry of subducting slabs in northern Luzon, Philippines. Tectonophysics, 339 (3-4): 279-310.
Ben-Avraham Z, Uyeda S, 1973. The evolution of the China Basin and the mesozoic paleogeography of Borneo. Earth and Planetary Science Letters, 18 (2): 365-376.
Besana G M, Negishi H, Ando M, 1997. The three-dimensional attenuation structures beneath the Philippine archipelago based on seismic intensity data inversion. Earth and Planetary Science Letters, 151 (1-2): 1-11.
Bowin C, Lu R S, Lee C S, et al., 1978. Plate convergence and accretion in Taiwan-Luzon region. AAPG Bulletin, 62 (9): 1645-1672.
Briais A, 2016. Implications of IODP Expedition 349 Age Results for the Spreading History of the South China Sea. Vienna: EGU 2016 General Assembly.

Briais A, Patriat P, Tapponnier P, 1993. Updated interpretation of magnetic anomalies and seafloor spreading stages in the South China Sea: implications for the Tertiary tectonics of Southeast Asia. Journal of Geophysical Research, 98 (B4): 6299-6328.

Chen Y, Li W, Yuan X, et al., 2015. Tearing of the Indian lithospheric slab beneath southern Tibet revealed by SKS-wave splitting measurements. Earth and Planetary Science Letters, 413: 13-24.

Clift P, Lin J, Barckhausen U, 2002. Evidence of low flexural rigidity and low viscosity lower continental crust during continental break-up in the South China Sea. Marine and Petroleum Geology, 19 (8): 951-970.

Dickinson W R, Snyder W S, 1979. Geometry of subducted slabs related to San Andreas transform. Journal of Geology, 87 (6): 609-627.

Fan J, Wu S, Spence G, 2015. Tomographic evidence for a slab tear induced by fossil ridge subduction at Manila Trench, South China Sea. International Geology Review, 57 (5-8): 998-1013.

Flower M, 1998. Mantle extrusion: a model for dispersed volcanism and DUPAL-like asthenosphere in East Asian and the Western Pacific. Mantle Dynamics & Plate Interactions in East Asia: 67-88.

Gong C, Peakall J, Wang Y, et al., 2017. Flow processes and sedimentation in contourite channels on the northwestern South China Sea margin: a joint 3D seismic and oceanographic perspective. Marine Geology, 393: 176-193.

Hall R, 1997. Cenozoic plate tectonic reconstructions of SE Asia. Petroleum Geology of Southeast Asia, 126: 11-23.

Hall R, 2002. Cenozoic geological and plate tectonic evolution of SE Asia and the SW Pacific: computer-based reconstructions, model and animations. Journal of Asian Earth Sciences, 20 (4): 353-431.

Hamilton W B, 1979. Tectonics of the Indonesian Region. Professional Paper 1078. Washington, DC: US Government Printing Office.

Hayes D E, 1983. The tectonic and geologic evolution of southeast Asian seas and islands: Part 2. Washington, DC: American Geophysical Union.

Hayes D E, Lewis S D, 1984. A geophysical study of the Manila Trench, Luzon, Philippines 1. Crustal structure, gravity, and regional tectonic evolution. Journal of Geophysical Research, 89 (NB11): 9171-9195.

Hayes D E, Nissen S S, 2005. The South China Sea margins: implications for rifting contrasts. Earth and Planetary Science Letters, 237 (3-4): 601-616.

He L, Wang K, Xiong L, et al., 2001. Heat flow and thermal history of the South China Sea. Physics of the Earth and Planetary Interiors, 126 (3): 211-220.

Honza E, 1995. Spreading mode of backarc basins in the western Pacific. Tectonophysics, 251 (1): 139-152.

Honza E, Fujioka K, 2004. Formation of arcs and backarc basins inferred from the tectonic evolution of Southeast Asia since the Late Cretaceous. Tectonophysics, 384 (1): 23-53.

Hsu Y J, Yu S B, Song T R A, et al., 2012. Plate coupling along the Manila subduction zone between Taiwan and northern Luzon. Journal of Asian Earth Sciences, 51: 98-108.

Huang J, 2014. P- and S-wave tomography of the Hainan and surrounding regions: insight into the Hainan plume. Tectonophysics, 633: 176-192.

Kanamori H, 1977. Seismic and aseismic slip along subduction zones and their tectonic implications//Talwani M, Pitman III W C. Island Arcs, Deep Sea Trenches and Back-Arc Basins. Washington DC: American Geophysical Union (Mauric Ewing Ser. 1): 163-174.

Karig D E, 1971. Origin and development of marginal basins in the western Pacific. Journal of Geophysical Research, 76 (11): 2542-2561.

Karig D E, 1973. Plate convergence between the Philippines and the Ryukyu islands. Marine Geology, 14 (3): 153-168.

Lacassin R, Maluski H, Leloup P H, et al., 1997. Tertiary diachronic extrusion and deformation of western Indochina: structural and $^{40}Ar/^{39}Ar$ evidence from NW Thailand. Journal of Geophysical Research: Solid Earth, 102 (B5): 10013-10037.

Lallemand S, Font Y, Bijwaard H, et al., 2001. New insights on 3-D plates interaction near Taiwan from tomography and tectonic implications. Tectonophysics, 335 (3-4): 229-253.

Lavier L L, Manatschal G, 2006. A mechanism to thin the continental lithosphere at magma-poor margins. Nature, 440: 324.

Le Pourhiet L, Chamot-Rooke N, Delescluse M, et al., 2018. Continental break-up of the South China Sea stalled by far-field compression. Nature Geoscience, 11 (8): 605-609.

Lei J, Zhao D, Steinberger B, et al., 2009. New seismic constraints on the upper mantle structure of the Hainan plume. Physics of the Earth and Planetary Interiors, 173 (1): 33-50.

Leloup P H, Arnaud N, Lacassin R, et al., 2001. New constraints on the structure, thermochronology, and timing of the Ailao Shan-Red River shear zone, SE Asia. Journal of Geophysical Research: Solid Earth, 106 (B4): 6683-6732.

Li C F, Zhou Z, Li J, et al., 2007. Structures of the northeasternmost South China Sea continental margin and ocean basin: geophysical constraints and tectonic implications. Marine Geophysical Researches, 28 (1): 59-79.

Li C F, Xu X, Lin J, et al., 2014. Ages and magnetic structures of the South China Sea constrained by deep tow magnetic surveys and IODP Expedition 349. Geochemistry, Geophysics, Geosystems, 15: 4958-4983.

Li Z, Xu Y, Hao T, et al., 2009. P wave velocity structure in the crust and upper mantle beneath Northeastern South China Sea and Surrounding Regions. Earth Science Frontiers, 16 (4): 252-260.

Liu B, Xia B, Li X, 2006. Southeastern extension of the Red River fault zone (RRFZ) and its tectonic evolution significance in western South China Sea. Science in China (Series D), 49 (8): 839-850.

Liu M, Cui X, Liu F, 2004. Cenozoic rifting and volcanism in eastern China: a mantle dynamic link to the Indo-Asian collision? Tectonophysics, 393 (1): 29-42.

Lo C L, Doo W B, Kuo-Chen H, et al., 2017. Plate coupling across the northern Manila subduction zone deduced from mantle lithosphere buoyancy. Physics of the Earth and Planetary Interiors, 273: 50-54.

Manatschal G, 2004. New models for evolution of magma-poor rifted margins based on a review of data and concepts from West Iberia and the Alps. International Journal of Earth Sciences, 93 (3): 432-466.

McCrory P A, Wilson D S, 2009. Introduction to special issue on: interpreting the tectonic evolution of Pacific rim margins using plate kinematics and slab-window volcanism. Tectonophysics, 464 (1-4): 3-9.

Morgan W J, 1972. Deep mantle convection plumes and plate motions. AAPG Bulletin, 56 (2): 203-213.

Pautot G, Rangin C, 1989. Subduction of the south china sea axial ridge below luzon (philippines). Earth and Planetary Science Letters, 92 (1): 57-69.

Peltzer G, Tapponnier P, 1988. Formation and evolution of strike-slip faults, rifts, and basins during the India-Asia Collision: an experimental approach. Journal of Geophysical Research: Solid Earth, 93 (B12): 15085-15117.

Pigott J D, Ru K, 1994. Basin superposition on the northern margin of the South China Sea. Tectonophysics, 235 (1-2): 27-50.

Péron-Prinvidic G, Manatschal G, 2009. The final rifting evolution at deep magma-poor passive margins from Iberia-Newfoundland: a new point of view. International Journal of Earth Sciences, 98 (7): 1581-1597.

Rangin C, Spakman W, Pubellier M, et al., 1999. Tomographic and geological constraints on subduction along the eastern Sundaland continental margin (South-East Asia). Bulletin De La Societe Geologique De France, 170 (6): 775-788.

Schlüter H U, Hinz K, Block M, 1996. Tectono-stratigraphic terranes and detachment faulting of the South China Sea and Sulu Sea. Marine Geology, 130 (1): 39-78.

Sisson V B, Pavlis T L, Roeske S M, et al, 2003. Introduction: an overview of ridge-trench interactions in modern and ancient settings. Geological Society of America Special Paper, 371: 1-18.

Sun Q, Cartwright J, Wu S, et al., 2013. 3D seismic interpretation of dissolution pipes in the South China Sea: genesis by subsurface, fluid induced collapse. Marine Geology, 337: 171-181.

Sun Z, Zhou D, Zhong Z, et al., 2006. Research on the dynamics of the South China Sea opening: evidence from analogue modeling. Science in China (Series D), 49 (10): 1053-1069.

Sun Z, Zhong Z, Keep M, et al., 2009. 3D analogue modeling of the South China Sea: a discussion on breakup pattern. Journal of Asian Earth Sciences, 34 (4): 544-556.

Tapponnier P, Peltzer G, Armijo R, 1986. On the mechanics of the collision between India and Asia. Geological Society of London Special Publications, 19 (1): 113-157.

Taylor B, Hayes D E, 1980. The tectonic evolution of the South China Basin. Geophysical Monograph Series, 23: 89-104.

Taylor B, Hayes D E, 1983. The tectonic and geologic evolution of southeast Asian seas and islands: Part 2. Washington DC: American Geophysical Union.

Thorkelson D J, 1996. Subdction of diverging plates and the principle of slab window formation. Tectonophysics, 255 (1-2): 47-63.

Thorkelson D J, Breitsprecher K, 2005. Partial melting of slab window margins: genesis of adakitic and non-adakitic magmas. Lithos, 79 (1-2): 25-41.

Tsutsumi H, Perez Jeffrey S, 2013. Large-scale active fault map of the Philippine fault based on aerial photograph interpretation. Active Faults Research, (39): 29-37.

Wang P L, Lo C H, Chung S L, et al., 2000. Onset timing of left-lateral movement along the Ailao Shan-Red River Shear Zone: $^{40}Ar/^{39}Ar$ dating constraint from the Nam Dinh Area, northeastern Vietnam. Journal of Asian Earth Sciences, 18 (3): 281-292.

Wang P, Li Q, 2009. The South China Sea: Paleoceanography and Sedimentology. Berlin: Springer.

Whitmarsh R B, Manatschal G, Minshull T A, 2001. Evolution of magma-poor continental margins from rifting to seafloor spreading. Nature, 413: 150-154.

Xia S, Zhao D, Sun J, et al., 2016. Teleseismic imaging of the mantle beneath southernmost China: new insights into the Hainan plume. Gondwana Research, 36: 46-56.

Yan Q, Shi X, Castillo P R, 2014. The late Mesozoic-Cenozoic tectonic evolution of the South China Sea: a petrologic perspective. Journal of Asian Earth Sciences, 85: 178-201.

Yang T F, Tien J L, Chen C H, et al., 1995. Fission-track dating of volcanics in the northern part of the Taiwan-Luzon Arc: eruption ages and evidence for crustal contamination. Journal of Southeast Asian Earth Sciences, 11 (2): 81-93.

Yang T F, Lee T, Chen C H, et al., 1996. A double island arc between Taiwan and Luzon: consequence of ridge subduction. Tectonophysics, 258 (1-4): 85-101.

Yang Y, Liu M, 2009. Crustal thickening and lateral extrusion during the Indo-Asian collision: a 3D viscous flow model. Tectonophysics, 465 (1): 128-135.

Yu M, Yan Y, Huang C Y, et al., 2018. Opening of the South China Sea and upwelling of the Hainan plume. Geophysical Research Letters, 45 (6): 2600-2609

Yu S B, Chen H Y, Kuo L C, 1997. Velocity field of GPS stations in the Taiwan area. Tectonophysics, 274 (1): 41-59.

Yu S B, Hsu Y J, Bacolcol T, et al., 2013. Present-day crustal deformation along the Philippine Fault in Luzon, Philippines. Journal of Asian Earth Sciences, 65: 64-74.

Zeng H, Zhang Q, Li Y et al., 1997. Crustal structure inferred from gravity anomalies in South China. Tectonophysics, 283 (1): 189-203.

Zhang G L, Luo Q, Zhao J, et al., 2018. Geochemical nature of sub-ridge mantle and opening dynamics of the South China Sea. Earth and Planetary Science Letters, 489: 145-155.

第 2 章　区域构造背景*

本章首先从区域构造上对东亚地区的构造演化和区域构造应力场特征做简要介绍，进而陈述南海的新生代基底特征和新构造运动及其时空和强度差异，并在此基础上重点介绍南海东部古洋脊俯冲所对应的马尼拉海沟俯冲带的地质构造情况。

2.1　区域构造特征

2.1.1　区域构造演化

东亚大陆是世界上地质构造最复杂、地貌现象最丰富、地质灾害最严重、气候环境最多变的地区之一。东亚地壳的形成经历了一系列复杂的构造演化，既有板块（包括陆块、岛弧）的俯冲碰撞、克拉通的裂解破坏，也有造山带的形成和海陆变换的沧海桑田。复杂的地质演化同时又塑造了丰富多彩的地貌现象，从平均海拔近 5000m 的“世界屋脊”——青藏高原，到深达 10000m 的马里亚纳海沟，广袤无垠的戈壁沙漠，一望无际的盆地平原，各种地貌现象应有尽有（张培震等，2014）。

东亚大陆的新生代构造演化受两大地球动力系统所控制：印度-欧亚板块的碰撞及陆内汇聚体系、西太平洋-印度尼西亚板块俯冲消减体系。从晚白垩世到古新世期间，温暖宽阔的新特提斯洋分割着欧亚大陆和印度次大陆，并且向北俯冲消减于欧亚板块之下。与此同时，太平洋板块继续向西俯冲消减于欧亚板块之下，随着俯冲速率的大幅度降低，俯冲边界发生海沟后撤（trench rollback），使得欧亚大陆东边界开始形成一系列 NNE 走向的弧后拉张盆地。尽管印度与欧亚大陆碰撞的起始时间仍有争议，但至少可以确定强烈碰撞发生在距今 55 ~ 45Ma 期间。陆陆碰撞及印度板块持续的楔入作用导致了新特提斯海的退出和青藏高原南部及中部地壳的增厚，并隆起形成“原青藏高原”，而且导致了青藏高原南部岩石圈块体向东南方向的大规模挤出。青藏高原南部块体的挤出时间与西太平洋-印度尼西亚海洋俯冲消减带的加速后撤是一致的，表现为沿消减带上盘弧后盆地的快速拉张和裂陷，构成具有成因联系的“源-汇关系”。距今 30 ~ 20Ma 期间，随着青藏高原大规模向南东挤出的减弱，碰撞和楔入引起了向北东方向挤压的增强，导致了青藏高原本身向南和向北东方向的扩展。构造变形向南迁移到主边界逆冲推覆带，向北扩展到昆仑山断裂，造成柴达木盆地、河西走廊、陇西盆地开始接受最初的新生代沉积，形成青藏高原东北缘的大规模晚新生代沉积盆地群。西太平洋-印度尼西亚板块的海沟后撤大幅度减速或停止，直接导致了日本海扩张的停止，华北盆地裂陷期终止，进入整体热下沉阶段。大约距今

---

* 作者：孙杰、詹文欢

10Ma 以来，青藏高原内部的高海拔地区晚中新世以来开始出现近 SN 向的拉张，形成一系列 SN 向裂谷以及 NW 向右旋和 NE 向左旋的共轭走滑断裂系。与此同时，青藏高原向周边生长扩展，祁连山快速隆起形成高原北边界，龙门山也第二次加速隆升，与四川盆地形成近 4000m 的地貌高差。在东部，沿西太平洋-印度尼西亚板块俯冲消减带的运动开始加速，不仅弧后拉张作用停止，一些早新生代的拉张盆地还发生反转而遭受到挤压缩短作用（张培震等，2014）。

南海位于东亚陆缘板块，其形成和演化与东亚的大地构造演化息息相关。而关于东亚的大地构造演化，已经有较多的学者提出了自己的模式，此处以 Sibuet 等（2002）提出的演化过程为代表进行介绍。该模式假设欧亚大陆为稳定的静止大陆，因此下面所涉及的板块运动均相对于欧亚大陆而言。

根据 Sibuet 等（2002）的研究，东亚地区的板块在 15Ma 左右发生了一次影响深远的重组，南海、日本海及苏禄海等在此阶段停止了扩张。按照 Sibuet 等（2002）的解释，东亚地区复杂的板块分布形态演化为一个简单的三板块相互作用的系统，这三个板块分别为欧亚板块（EU）、菲律宾海板块（PH）和太平洋板块（PA），并且这种格局一直延续到现在（图 2-1）。

8Ma 以来，菲律宾海板块/太平洋板块的旋转中心位置位于日本的东北部地区，菲律宾海板块相对于欧亚板块顺时针运动了 9°（Hall，2002）。在台湾岛，菲律宾海板块相对欧亚板块的运动方向和速度分别为 307°N 和 7. 1cm/a。根据 GPS 测量数据，目前菲律宾海板块相对于欧亚板块的运动速率为 8cm/a（Yu et al.，1999），与推测的速度（7. 1cm/a）比较接近，但也有学者推测 8Ma 以来菲律宾海板块相对于欧亚板块的运动速度为 5. 6cm/a（Sibuet et al.，2002）。15Ma 以前，俯冲带的位置发生了转变，由菲律宾群岛的东部变化到西部（Maleterre，1989；Wolfe，1981），由此产生了马尼拉海沟俯冲带，随后吕宋岛弧在俯冲作用下形成。在最初的阶段，新产生的吕宋岛弧在地形上并不明显，并且其北部地区作为菲律宾海板块的一部分与菲律宾海板块一同俯冲到欧亚板块之下。直到 9 ~ 6Ma，吕宋岛弧在地形上表现为高耸的海山，并且对俯冲作用产生了阻挡效应，然后与欧亚大陆开始发生碰撞，使欧亚大陆发生弯曲变形，由此形成了台湾岛的雏形（Sibuet et al.，2002）。在陆地上，海岸山脉与径向的峡谷为欧亚板块与菲律宾海板块的分界位置。台湾岛的雏形在那时位于现在冲绳海槽和其邻近的北部大陆架位置（Hsiao et al.，1999），其逆冲断裂带的东部边界位于 307°N 方向，大约为现今台湾岛向东移动 400km 处。而在菲律宾海板块与欧亚板块碰撞位置，为现今琉球海沟的走向发生由 NE-SW 转到 EW 方向的转折点位置。通过分析菲律宾海板块相对于欧亚板块的运动学参数，可发现过去的 8Ma，吕宋岛弧相对于欧亚板块向西运动的平均速度为 4. 5cm/a，并且两者之间的碰撞位置向西连续移动了约 400km。

作为南海东部边界的马尼拉海沟俯冲带及其周边地区，是南海四个边界中唯一的俯冲带边界，同时也是整个南海的地震多发带和潜在的海啸发生地。此外，马尼拉海沟俯冲带的东部地区存在大量的火山分布，它们独特的空间排列方式以及活动年龄差异，使得人们得以窥见发生在地球深部的俯冲板块与上覆板块之间的相互作用。与古洋脊扩张和俯冲密切相关的南海东部边界即马尼拉海沟俯冲带的地质构造特征将在本章第 3 节中进行详细介绍。

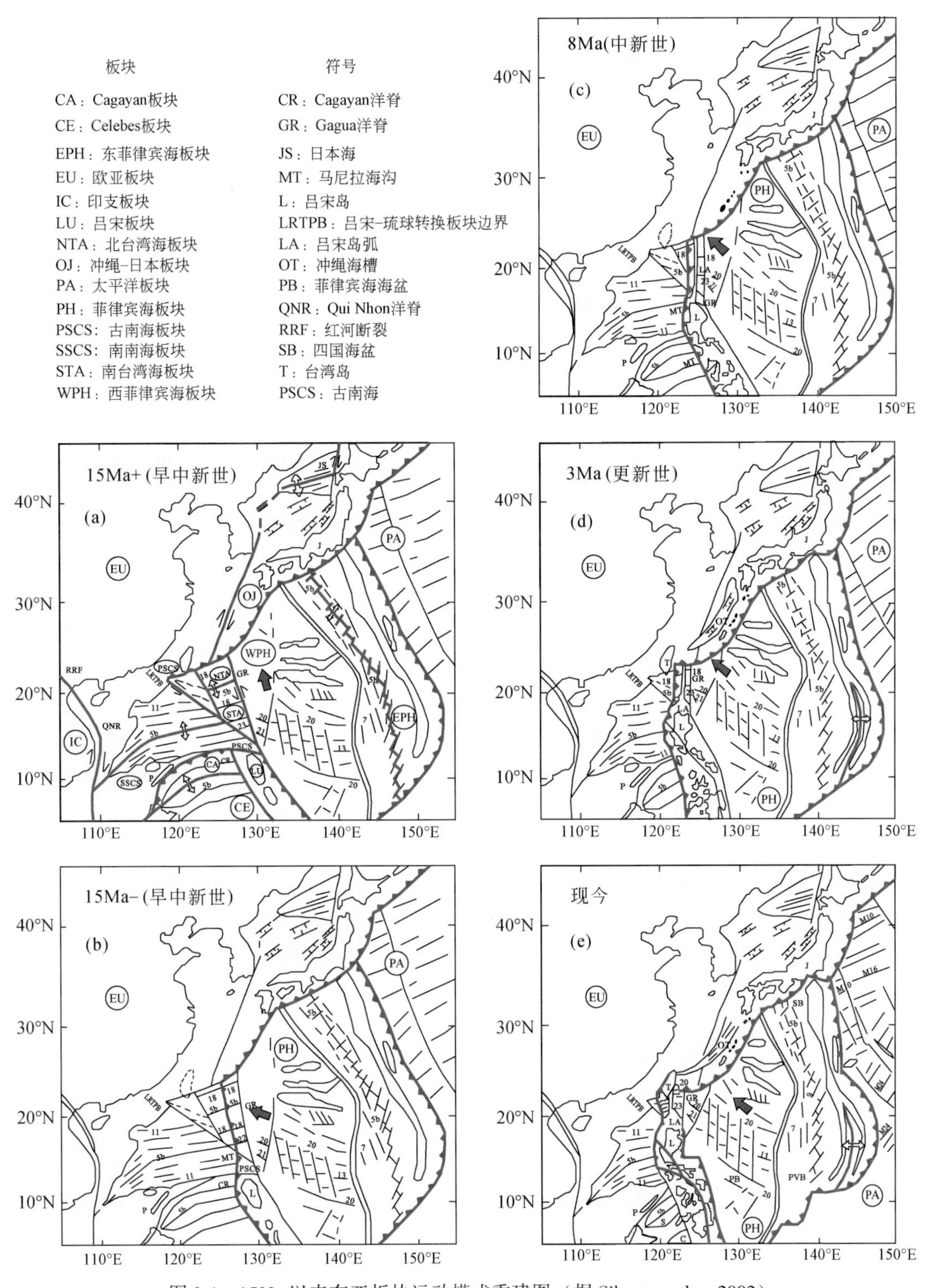

图 2-1　15Ma 以来东亚板块运动模式重建图（据 Sibuet et al.，2002）

2.1.2 区域构造应力场

构造应力场是指一定空间范围内构造应力的分布，它是地球中与构造运动有关的各种动力作用于地质体的综合反映，与构造运动及动力源问题的研究密切相关。揭示构造应力场的展布规律不仅有助于对各种构造现象的解释，而且可为探讨地球构造运动的动力源问题提供重要的线索。因此，古今构造应力场及其演化的研究一直作为大地构造学和地球动力学的重要内容。因位于欧亚板块、菲律宾海板块和印-澳板块的交汇地带，南海及其周边地区的形成演化受南海陆缘扩张作用和上述三大板块的相互作用与制约，在中生代至新生代的漫长地质历史中，经历了挤压应力、陆缘扩张、应力调整和挤压俯冲四个演化阶段。

1. 挤压应力阶段

中生代中期，由于受太平洋板块向欧亚板块俯冲和特提斯海逐渐封闭的影响，已趋稳定的东亚大陆边缘重新活动，构造应力场以强烈挤压为主。

中晚侏罗世—早白垩世，太平洋板块增生，库拉板块向 NW 向漂移，自 NNW 向大幅度消减到华南印支大陆之下，俯冲位置大致位于台东纵谷—东沙南—纳土纳一线，导致华南大陆挤压抬升和构造岩浆活化，形成 NNE 向压性断裂系、陆相断陷盆地以及钙碱性岩浆带。此时，南沙的礼乐地块尚未从华南大陆分离出来，在陆缘发育有晚中生代优地槽沉积。此阶段南海中北部及华南沿海属于华夏型（安第斯型）活动大陆边缘，在大地构造上称为华南中生代滨太平洋型（洋-陆俯冲型）活化。

华南华夏型陆缘受库拉板块的俯冲作用和挤压，导致东沙-西菲律宾优地槽褶皱、大陆向东南增生，形成华南大陆边缘的燕山断褶带，陆缘强烈活化。构造作用以断裂活动为特色，由于处在相对隆起的仰冲板块上，断裂活动自上而下发展，沿断裂带活动的岩浆以中酸性为主。中侏罗世进入华夏型陆缘发展初期，岩浆活动规模仍较小，形成中侏罗统漳平群的中酸性火山熔岩和火山碎屑岩等。随着断裂带的拉张断陷，沿断裂带形成一系列雁列式或串珠状的内陆型断陷盆地，并堆积了山间湖沼相的上侏罗统百足山群火山碎屑岩建造和高基坪群中酸性火山熔岩-火山碎屑岩建造，形成中国东南沿海火山弧的重要组成部分。同时，花岗岩侵入活动也十分强烈，形成 NEE 向展布、同位素年龄为距今 170 ~ 135Ma 的大规模岩基。

早白垩世，华南大陆边缘以断块差异上升运动为特征，断裂切割深度加大，沿断裂带发生高温动力变质作用，使晚侏罗世火山岩系及其相应的中酸性侵入岩混合岩化，断陷内堆积紫红色为主的陆相碎屑岩和火山岩建造，岩浆活动相对减弱，沿 NE-NNE 向和 NWW 向断裂入侵，多以岩株、岩墙、岩脉等产出，岩性属酸性偏碱，少量偏基性。在东沙和西南菲律宾，此时发生强烈的造山作用，缺失下白垩统，南沙礼乐滩则处于浅海环境而接受沉积。与纳土纳-古晋陆缘仰冲-增生的同时，中南半岛东南沿海陆缘活化，马来半岛以及西加里曼丹也发生较大规模的、同位素年龄为距今 171 ~ 127Ma 的岩浆活动和断裂活动。

在华夏型大陆边缘阶段，东亚陆缘与库拉板块在强烈挤压和俯冲作用下，形成强大的 NW-SE 向区域挤压应力场，位于仰冲板块的华南大陆边缘发生强烈隆起和遭受侵蚀，地表的剥蚀引起地壳的均衡反应，导致进一步的隆起，形成挤压隆起-剥蚀-均衡隆起-剥蚀的旋回，直至地表夷平、地壳厚度变薄。而在区域挤压应力背景下，隆起区发生次级纵张，形成平行于消亡带的地堑式断陷盆地，孕育了边缘海陆缘地堑系的胚胎，为下一阶段的陆缘扩张和南海的形成奠定构造基础。

2. 陆缘扩张阶段

早白垩世末期，太平洋板块对华南大陆边缘的俯冲作用暂时停止，从而结束了华夏型陆缘的演化，长期持续的NW-SE向区域挤压应力场发生松弛，进而转化为NW-SE向拉张，开始了南海构造应力场由挤压转为拉张的一个转变阶段。该阶段印度板块与欧亚板块汇聚和碰撞，产生向东和向东南蠕散的地幔流，库拉-太平洋中脊向东亚大陆的东南缘消减，洋脊在仰冲板块之下阻挡向东南蠕散的地幔流，促使地幔隆升，高热流上升至地面，地壳减薄、裂离，产生2~3次的扩张作用。南海的扩张奠定了现代陆缘海的地貌格局，使南海北部变为蠕散型陆缘，东部为仰冲型挤压陆缘，南部（南沙地区）为聚敛型陆缘，西部为张剪性陆缘，南海中央海盆为微型扩张盆地。

晚白垩世（距今100~63Ma），地壳上部继承华夏型陆缘断裂系，由压或压剪性转变为张或张剪性，地壳运动以水平运动为主，华南大陆边缘发生解体，地壳隆起，剥蚀加剧和地表夷平，中酸性岩浆活动增强，构成从台湾海峡金门、马祖经珠江口盆地和西沙群岛到越南昆仑岛的晚燕山期岩株状花岗岩侵入带，而三水盆地等则为粗面岩火山活动。此时的堆积以紫红色砂砾岩为主，如粤北的南雄组和三水盆地的三水组。与此同时，南海发生第一次扩张作用，扩张轴为NE向，古南海扩张中心位于西菲律宾—礼乐滩—曾母盆地一线以南，这种扩张作用还形成了NE向展布的地堑型南海中央海槽。

古新世—中始新世（距今63~42Ma），由于地壳进一步裂离，华南大陆边缘地壳以水平运动和垂直运动兼而有之为特征，沿区域性深大断裂带形成一系列地堑型或半地堑型断陷盆地，盆地走向为NE向，如珠江口盆地、台西盆地、北部湾盆地等，盆地内堆积了厚达数千米的陆相为主的碎屑充填式沉积，中酸性及基性岩浆沿断裂带活动。

在古南海一方面发生NE轴向NW-SE向扩张的同时，古南海西南海盆另一方面受加里曼丹地块的阻挡，沿古晋构造带发生挤压和俯冲消减。此时，加里曼丹相对于中南半岛作逆时针旋转达60°~70°，菲律宾优地槽形成蛇绿岩建造、火山碎屑岩建造、复理石建造等。

晚始新世—早渐新世（距今42~33Ma），印度洋板块和欧亚板块沿喜马拉雅构造带发生剧烈碰撞以及太平洋板块由NNW向转为NWW向漂移，极大地改变了南沙群岛及邻域的构造应力场格局。古南海西南海盆沿加里曼丹西北发生闭合-褶皱-变质，形成西部构造带，曾母盆地基底与加里曼丹地块拼贴而成为统一的整体。随后，华南大陆边缘进入近SN向扩张和裂离，扩张中心位于东沙群岛和礼乐滩地块以北之间。陆缘的张裂-隆起-侵蚀，形成了上始新统或渐新统—上始新统与下伏地层的角度不整合接触。除部分陆缘为碳酸盐沉积外，上始新统—下渐新统均以地堑-半地堑盆地的陆相堆积为主，表明中始新世末—早渐新世整个南海北部及其邻区均处于区域性隆起的拉张构造应力场背景之下。

中晚渐新世—早中新世（距今33~16Ma），礼乐-北巴拉望地块与南海北部陆缘发生分离，地幔物质沿近EW向的裂离-扩张中心涌出，南海海盆出现，礼乐地块向南漂移并顺时针旋转25°。南海北部陆缘强烈活动，南海北部和西部地堑带内的NEE和NWW向断裂基本控制了断陷、断隆的展布，形成了一系列南断北超或北断南超的掀斜断陷盆地，盆内堆积了晚渐新世—早中新世的滨-浅海相沉积。与此同时，古南海向南消减，菲律宾优地槽地层强烈褶皱，中酸性和中基性岩浆大规模侵入-喷发，岛弧隆起。随着菲律宾岛弧的发育和不断加积-增生，南海周缘的边界条件逐渐发生改变。

3. 应力调整阶段

自上新世至更新世，菲律宾海板块向西和印澳板块向NNE挤压，使吕宋岛弧自中中新世以来逆时针旋转约14°，至上新世末导致台东火山弧与台西地块碰撞，南海扩张受阻，海盆停止扩张，洋壳冷却下沉，海盆拗陷加深，南沙及其北部周缘向海盆中心产生大规模阶梯状重力陷落。它是在水平扩张与水平挤压相互转换过程中，地质体在垂直方向上因重力作用下降而所做的调整，这种因断阶状重力作用而产生的陷落称为重力滑动构造。

再度下沉阶段发生于上新世（距今5.2～1.8Ma）。在岩石圈受到进一步拉伸的作用下，曾母盆地的构造沉降由原来的冷却调整缓慢沉降逐渐转变为加速沉降。此发育期的构造沉降为0.3～0.4km，平均构造沉降速率约100m/Ma。虽然各拗陷或隆起间的沉降幅度存在一些差异，但其构造沉降速率得到加速的趋势是明显的。加速沉降的结果使曾母盆地海水深度加大，形成一套连续性好、厚度较稳定（400～600m）的以泥岩为主的砂泥岩互层。上新世晚期（距今约0.3Ma），本区域发生了一次较强烈的构造运动。这次运动使曾母盆地及其邻区上新世以前的沉积层广泛发生变形和断裂切割。曾母盆地的加速沉降，可能是这次运动的孕育和发生引起岩石圈受拉张作用的结果。

差异升降阶段发生于第四纪以来，可能是上新世晚期的构造运动在第四纪的继续，该运动使地幔物质上涌，造成曾母盆地的高热流值、高地温梯度和高重力值。这就使得断裂获得重新运动的能量，断裂的活化造成了断块间的差异升降运动。此发育期沉积拗陷以差异沉降为主，沉降幅度为100～200m，其间的隆起则以上升为主，上升幅度约200m。另外，南沙与南海中央海盆之间，即南海西南海盆南缘的断裂带是由断阶组成的断阶断裂带，它向海盆逐级陷落，构成醒目的重力断阶构造带。

本区NW向断裂带如北康-廷贾断裂带、巴拉巴克湾断裂带、乌卢甘湾断裂带等有平移断裂性质。其中，乌卢甘湾和巴拉巴克湾断裂带是左旋平移断裂带，这种左旋活动主要与菲律宾岛弧挤压带逐渐向北的迁移和旋动有关。据古地磁资料，自晚白垩世以来菲律宾各地块向北迁移了20°～35°，并发生了逆时针旋动。中中新世晚期由于吕宋岛向北延伸部分在台湾岛东部发生碰撞而形成阻挡，从而停止了向北迁移和逆时针旋动，但仍受到太平洋板块NW向挤压应力的影响，所以在吕宋地块与南菲律宾地块之间产生左行剪切作用力，吕宋地块发生约15°顺时针旋转运动，从而使菲律宾岛弧形成“S”形的构造格局。

4. 挤压俯冲阶段

南海及其邻区的构造应力场演化至现代，又表现出另一幅分布图像。根据詹文欢等（1993）的研究，南海及邻域现代构造应力场的分布具有明显的区域特征，大约以北纬5°为界分为南北两部分。北部地区主压应力轴方向由西往东从NNE向变为NW向，在菲律宾地区甚至变为EW向，东面以菲律宾海板块作用为主，西面以印澳板块作用为主；南部地区由西往东主压应力轴由NE向变为NEE向。将最大剪应力值分成烈、强、中和弱四等，可发现应力分布呈环带状，由外向内最大剪应力值逐渐减小。

南海及其邻域的地震带沿岛弧区分布也汇合成环带状，7级以上强震大多分布于烈应力和强应力区内，中应力区分布较少，弱应力区只有几次集中于苏拉威西岛上。这种环形的应力分布图像反映了南海及邻区强震活动的特点，最大剪应力与强震的对应关系与外缘的菲律宾海板块和印澳板块的挤压作用密切相关，正是这两大板块的共同推挤，才导致本区出现环带状的强震分布规律。

2.2　前新生代基底与新构造运动特征

2.2.1　南海前新生代基底特征

南海位于三大板块的结合处，新构造运动之前的基底较复杂（图2-2）。前新生代基底的形成过程，不仅反映了三大板块的相互作用和演化，而且还制约着南海新构造运动的时限及其演化。除南海海盆未发现前新生代基底外，其余均存在新构造运动起始之前的地层和岩石。

1. 北部地区

南海北部地区包括西沙群岛、中沙群岛和北部陆缘等，以南海海盆为过渡带而与南沙群岛分开。西永1井于井深1251m处钻遇前寒武纪花岗片麻岩和黑云母二长片麻岩，其同位素测年为627Ma，后期贯入岩脉的同位素测年为77Ma，基底表层见28m厚的风化壳（金庆焕，1989），中新统—第四系沉积呈不整合接触直接覆盖其上。据钻井和物探资料，南海南、北陆缘均发育晚三叠世以后的盖层沉积。北部陆缘的前新生代基底为中生代岩浆岩和海西期、加里东期变质岩，岩浆岩分布面积较广，岩浆活动比较强烈。中新生代沉积中的层状火山物质比较丰富，而南部陆缘岩浆岩分布面积比较局限，岩浆活动比较贫乏，沉积物中的火山物质较少。北部陆缘的磁力异常分带明显，总体异常值较高，而南部陆缘磁异常值基本上为低值负异常。这种现象可能是南部陆缘为汇聚边缘，地壳总体在压应力作用下缺乏岩浆活动通道所致（Hayes et al.，1995）。

南海的南北陆缘均发育有三套构造层，下构造层和上构造层的沉积均为滨浅海相沉积，但中构造层差异很大，北部陆缘为陆相沉积，而南部陆缘为海相沉积（刘光鼎，1992）。因此，下构造层由北往南，沉积相带由陆相河湖沉积到滨-浅海相至半深海和深海相洋壳沉积，说明在晚始新世以前，现今的南海海盆尚未形成，南北陆缘是连在一起的，同属华南-印支大陆的一部分。在始新世时，北部陆缘处于陆内裂谷环境，而南沙地区处于华南-印支陆缘，与古加里曼丹之间为古南海所隔。

2. 东部地区

东部地区包括北巴拉望在内的西南菲律宾，零星出露有上古生界—中生界变质岩系，

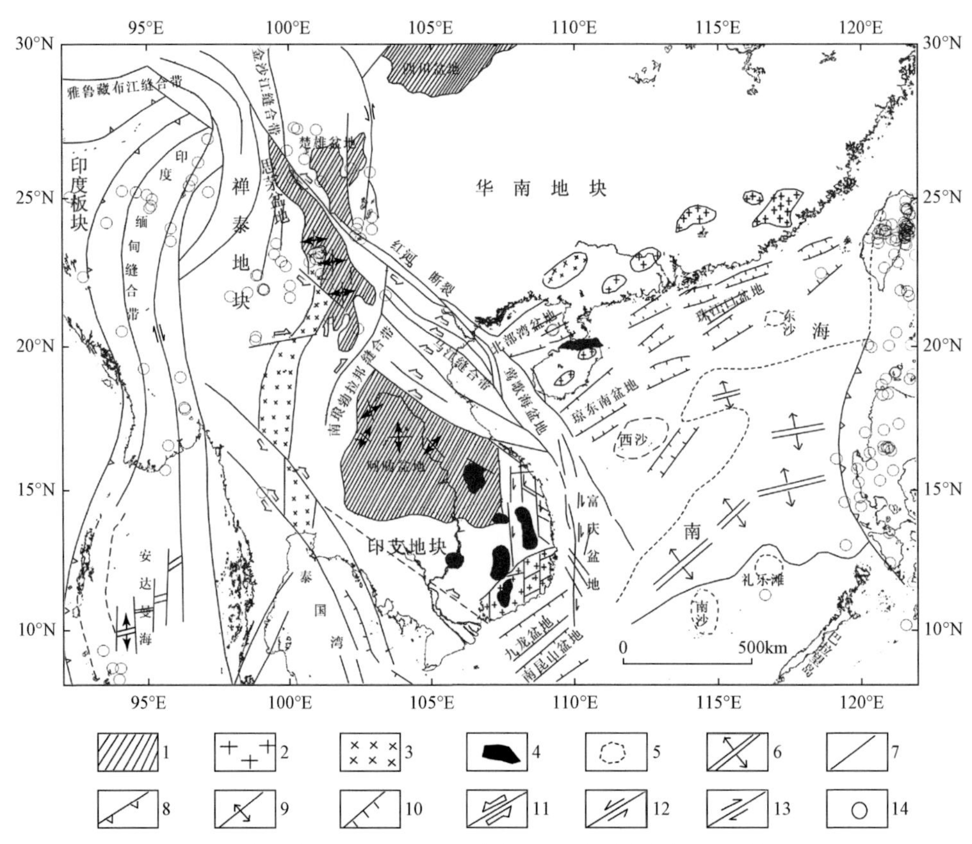

图 2-2　南海及邻区新构造运动纲要图（构造形迹据郭令智等，2001）

1. 中生代盆地；2. 白垩纪花岗岩；3. 早古生代—三叠纪花岗岩带；4. 晚中新世—第四纪玄武岩；5. 群岛或水下高地；6. 扩张脊；7. 主缝合带；8. 推覆或俯冲带；9. 褶皱；10. 正断层；11. 始新世—早渐新世走滑运动；12. 晚渐新世—中新世走滑运动；13. 上新世—第四纪走滑运动；14. 大于 6 级的地震震中分布

为石炭系—二叠系，下部为角闪片岩、片麻岩及由细碧岩和基性火山岩经变质形成的绿片岩，上部为云母片岩、片麻岩、板岩、砂岩和大理岩，与上覆层呈不整合接触。卡拉棉及北巴拉望、民都洛中三叠统—上侏罗统为碎屑岩组成的复理石夹硅质岩及凝灰岩，上部有含锰沉积，厚度为 6500 ~ 10000m（Lee and Lawver，1995）。下白垩统缺失，上白垩统下部为硬砂岩、页岩、长石砂岩及熔岩流，上部为细碧熔岩、硅质岩及硬砂岩，并见以橄榄岩为主的基性-超基性岩侵入体。

其中，巴拉望北部为晚古生代—中生代变质岩、沉积岩和酸性深成岩，最老的为晚古生代片岩、千枚岩、板岩和石英岩；上覆为二叠系中部的角砾化和褶曲的砂岩夹凝灰岩、板岩和灰岩，以及中三叠统含牙形石燧石层，未见确切的侏罗系和白垩系，但有始新统—上新统灰岩（Paut 灰岩）。在巴拉望岛，乌卢甘湾断裂以北由含有变质沉积岩和酸性侵入岩的强烈变形的晚古生代褶皱杂岩层组成，以南则由白垩纪—古近纪蛇绿岩建造组成。由此可见，礼乐滩和西北巴拉望的基底特征与南海北部及台湾西部的基底特征相似或相同，揭示中生代末期（甚至延续至始新世末期）该基底可能与南海北部基底连在一起而组成统一的华南陆缘。

3. 西部地区

西部地区包括纳土纳群岛、巽他陆架和越南南部。纳土纳岛见有燕山晚期—喜马拉雅早期的花岗岩和基性-超基性岩；西纳土纳盆地钻遇中生代岩浆岩和变质岩；东纳土纳含油气区钻遇的基底为白垩系变质岩、岩浆岩和古近系古新统—始新统千枚岩，为古晋带和西布带的延伸部分；昆仑盆地钻遇石英闪长岩和前新生代变质岩；湄公河盆地钻遇前新生代地层，其中发育白垩纪变质的侵入岩和喷出岩（角闪岩）、石英岩、石英闪长岩及安山岩。据大叻地块出露的地层推测，其基底为中生代沉积岩系及中酸性喷发岩系，伴有以花岗岩为主的大型侵入体。

4. 南部地区

南部地区包括加里曼丹西北部及其沿岸，新构造运动起始之前出露最老的为晚古生代变质岩系，三叠系与下伏地层呈不整合接触，由复理石建造和火山岩系组成。侏罗系—白垩系不整合覆盖于三叠系之上，下部为灰岩、泥岩、砂岩、砾岩、放射虫硅质岩和熔岩、凝灰岩夹蛇绿岩，厚3000m左右。在古晋带以南，分布有早白垩世晚期（116～110Ma）和晚白垩世（92.4～85Ma）的安山岩、流纹岩及云英闪长岩的火成岩，它们构成一条岩浆岩带。白垩纪末期，地槽褶皱隆起，并有大规模花岗岩侵入。在古晋带西北侧的伊兰山脉和卡普阿斯山脉一带，晚白垩世—始新世为拉让群蛇绿岩建造，厚度大于15km。始新世末，强烈的构造变动使其形成紧密的褶皱构造并发生浅变质，从而形成这一地区的变质基底（Briais et al., 1993）。

在曾母盆地，前新生界与下构造层相当。地震剖面显示，下构造层与中构造层呈不整合接触，在大多数地区反射波特征呈杂乱反射或无反射结构，层序难以辨认，在个别剖面可追踪到该层，但底界不清（夏戡原，1996）。在盆地西南部，已有钻井钻遇前新生代基底，为千枚岩和变质沉积岩。由此推测，曾母盆地南部地区的基底与加里曼丹西北部及其沿岸的前新生代基底相似。

南沙海区除了在西南端的纳土纳东侧钻遇晚白垩世—始新世的千枚岩外，其余大部分地区的基底年代较老。在曾母盆地西部钻遇中生代岩浆岩，在礼乐滩钻遇早白垩世地层，在礼乐滩西南采获大量未变质的晚三叠世—早侏罗世地层。而出露于南沙东部北巴拉望岛的变质杂岩被含纺锤虫䗴科化石的二叠纪灰岩覆盖，变质杂岩的时代应为前二叠纪。在美济礁与仁爱礁之间采获的晚三叠世砂岩中的黑云母K-Ar年龄为340～260Ma（夏戡原，1996），显示这些矿物碎屑来源于前石炭纪的结晶基岩。据地震资料，南沙北缘双子群礁、道明群礁地区可能出露这套变质岩系，因此推测南沙海区的基底为中生代岩浆岩及年代更老的变质岩。

2.2.2　南海新构造运动特征

1. 整体特征

南海的新构造运动主要发生在中中新世末至晚中新世（N_1^2/N_1^3）之间，此时南海深部构造应力场进行调整（Zoback et al., 1989；詹文欢等，1993），地壳挤压隆升，使南海北部前期起伏的低山丘陵、河湖地貌遭受强烈剥蚀作用，成为低平的准平原地貌。而南海南部由前期起伏较大的深海至半深海的大陆坡或深海拗陷地貌转变为浅海和滨海平原的平缓地貌。据反射地震和钻井资料分析，整个南海大陆边缘经历或长或短的侵蚀期，侵蚀面以下为中、新生界的残留盆地，侵蚀面以上地层缺失下中新统。对南海地区新生代地层不整合进行区域性对比分析，得出本区新构造运动具有明显的脉动性或旋回性。新构造运动在南海及邻域的整体特征表现是，在强度上东强西弱，在应力性质方面为东挤西张，或先挤后张；在时间上具有东早西晚、自东向西波动递进的特点。这些特征反映了该区新构造运动是在全球构造应力场作用下的幕式运动或称脉动性与多旋回性，因而它并不是毫无内在联系的地壳运动。

在南海北部沿海地区，发生于中中新世末至晚中新世（N_1^2/ N_1^3）之间的构造变动事件，表现为中新世末地层直接为第四系所覆盖。同时在中中新世末至晚中新世（N_1^2/ N_1^3）之间见有中基性岩浆活动，并有玄武岩、安山岩、流纹岩和粗面岩喷出，如三水盆地、西樵山、河源盆地、雷琼盆地、广州南郊等地。在中中新世，华南沿海普遍隆起上升的同时，发生断裂和断块活动。在南海北部海域中中新世末至晚中新世（N_1^2/ N_1^3）之间的构造变动事件波及许多新生代盆地：北部湾盆地表现为中新统下洋组不整合（地震剖面为 T_2）覆盖于下渐新统涠洲组之上；莺歌海盆地、琼东南盆地和珠江口盆地地震剖面表现为 T_5 不整合，NEE 向断裂强烈拉张，中性及基性火山熔岩有多次喷发；台西盆地也出现区域不整合，延续时间较长。南海东北部邻域该期构造变动十分强烈，在台湾岛弧断褶带，发生于中中新世末至晚中新世（N_1^2/ N_1^3）之间的构造变动事件主要见于脊梁山南部的中新世砾岩不整合覆于始新统毕禄山组之上，缺失始新统顶部和渐新统。该次运动伴随有岩浆活动，断裂发生强烈拉张。

南海南部和东南部中中新世末至晚中新世（N_1^2/ N_1^3）之间的构造变动事件亦十分普遍，在时间上比北部稍早。礼乐盆地、曾母盆地在该时段出现不整合界面；沙巴-文莱盆地古近系穆卢组与中新统塞塔普组之间呈不整合接触，穆卢组上部地层缺失。早中新世，曾母盆地总体拗陷，广泛海侵的同时加里曼丹岛逐渐隆升，为曾母盆地提供了丰富的沉积物源，古拉让河在巴林基安地区入海形成了大型的向海推进的河控三角洲。在整个曾母盆地充填发育过程中，早中新世为最大海侵时期，其沉积稳定且分布广泛。中中新世，盆地开始新的断陷，构造沉降加速，平面上自加里曼丹岛往北，依次发育滨岸平原相、三角洲相、浅海碎屑岩亚相、浅海碳酸盐岩亚相。在台地边缘，还发育有浅海碎屑与碳酸盐岩过渡亚相。在剖面上，碎屑岩地层形成两个海退为主的旋回，在碳酸盐台地上表现为一个海进到海退的完整旋回。中中新世末的构造运动在南沙地区有强烈反映，表现为前期地层的总体变形并上升隆起遭受剥蚀。

2. *差异特征*

通过上述对南海地区中中新世末至晚中新世（N_1^2/ N_1^3）之间的构造变动事件的对比研究，可以看出南海的新构造运动有下列差异性特征。

1）时间和强度的差异性

在时间和强度上由南向北、由东向西逐步推迟，其构造变动逐步增强。南部海域大都发生在中中新世早期，延续时间长；北部海域大多发生在中中新世末至晚中新世之间，延续时间较短；东部和东北部海域发生于中中新世早期，延续时间较长；西部海域则发生于晚中新世末期，延续时间短。这一特征反映出构造变动由挤压俯冲型岛弧地区向南海陆缘扩张区和沿海逐步推进，东部及南部发生时间早，延续时间长；西北部则相反，发生时间晚，延续时间短。

2）构造运动的差异性

南海海域构造运动的特点是在普遍区域性抬升和剥蚀作用下，伴随有断裂活动和大量岩浆活动（图2-3），在北部形成破裂性不整合面。在台湾岛-菲律宾-西北加里曼丹岛弧地区除了表现区域性抬升和剥蚀作用外，尚有地层变形、褶曲和变质作用，形成挤压性不整合面。这反映出在同一动力学机制下，东部和南部岛弧为地块碰撞或俯冲消减作用产生强烈挤压背景下所形成；而在南海北部则表现为地幔上升，在热隆起背景上产生张裂。

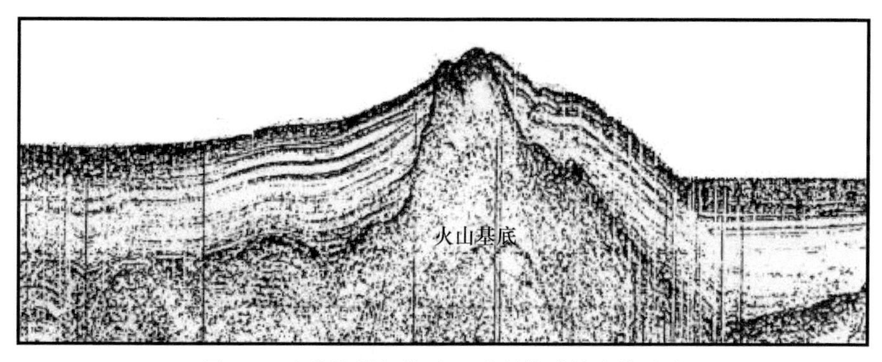

图2-3　南海海域新构造运动所伴随的岩浆活动

2.3　马尼拉俯冲带构造特征

马尼拉俯冲带是南海的东部边缘，马尼拉海沟是南海的唯一海沟，它分布在深海盆东缘与东部陆坡的交接处，与马尼拉海沟断裂位置相吻合（图2-4）。南海扩张活动的停止和马尼拉海沟俯冲带的形成是由于印澳板块在15Ma前后与东南亚岛弧前锋发生碰撞，东亚大陆边缘分裂地块向东南的位移受阻以及应力机制的调整，因此南海海盆停止扩张并向马尼拉海沟俯冲控制着南海东部的构造演化。

2.3.1　断裂构造特征

马尼拉海沟东部的菲律宾群岛位于巽他地块和菲律宾海板块相向运动的挤压带内，北菲律宾群岛即吕宋岛被东西两个俯冲带控制，内部发育大型走滑断裂。菲律宾海板块沿群岛东边的菲律宾海沟和东菲律宾海槽俯冲于群岛之下，菲律宾海沟是地震运动活跃的南北走向凹陷带，它的Wadati-Benioff带发育并不特殊，向深部延伸只有100km（Cardwell et al.，1980），而且它的展布范围也只在民都洛岛到吕宋岛的中部。在吕宋岛的西边，南海海盆沿马尼拉海沟向东俯冲于菲律宾群岛之下，马尼拉海沟发育有完整的岛弧体系，其北

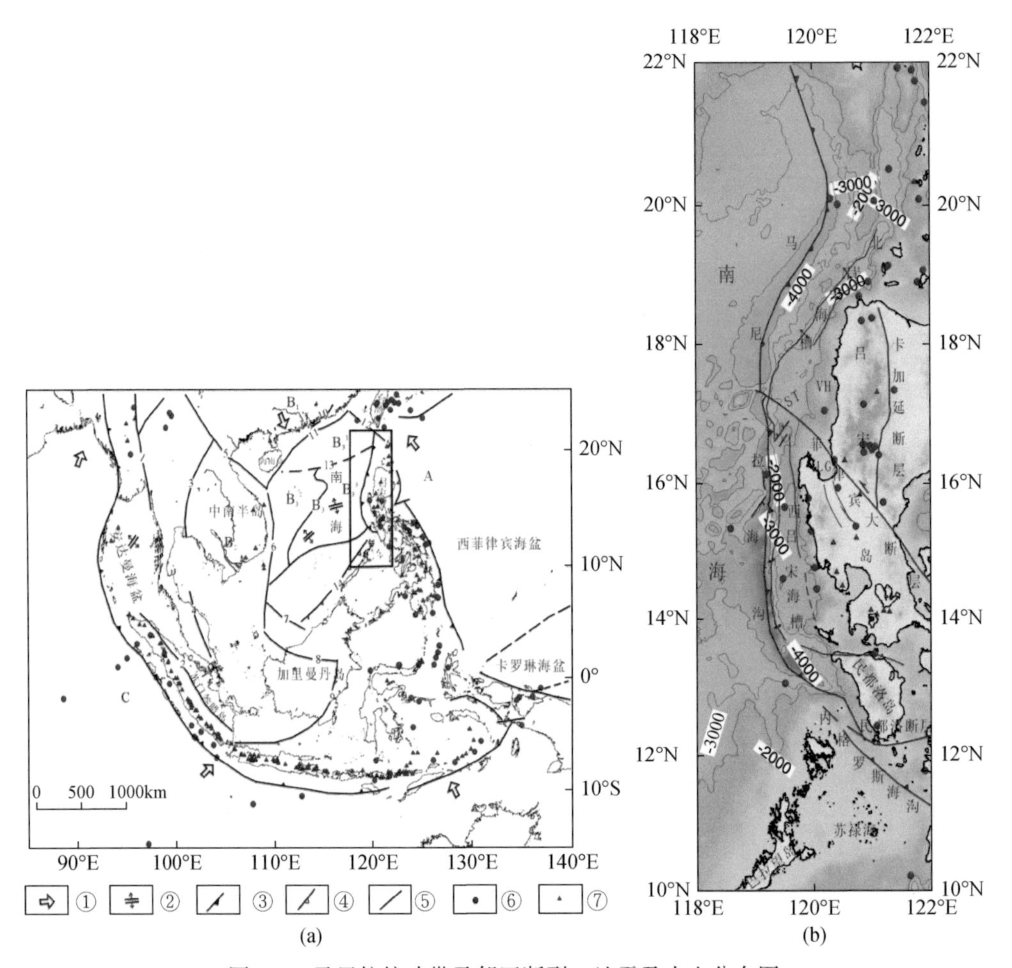

图 2-4　马尼拉俯冲带及邻区断裂、地震及火山分布图

图例：①板块与亚板块相对欧亚板块运动方向；②扩张中心；③俯冲带；④推覆带前锋；⑤断层；⑥≥7 级地震；⑦火山。图（a）中字母代表板块或地块：A. 太平洋板块；B. 欧亚板块；B_1. 华南亚板块；B_2. 印支-巽他亚板块；B_3. 南海亚板块；B_3^1. 东沙地块；B_3^2. 西沙地块；B_3^3. 南海海盆；B_3^4. 南沙地块；C. 印澳板块。图（a）中数字代表断裂：1. 掸帮断裂；2. 巴里散断裂；3. 琅勃拉邦断裂；4. 劳勿-文东断裂；5. 金沙江-红河断裂；6. 越东断裂；7. 廷贾断裂；8. 卢帕尔断裂；9. 默腊土斯断裂；10. 丽水-海丰断裂；11. 琼粤滨海断裂；12. 澎湖西断裂；13. 西沙海槽北缘断裂；14. 南沙海槽断裂。地震数据来自国家数字地震台网分中心的地震目录，火山位置数据来自斯密逊研究所全球火山项目火山目录。(b) 中：ST. 斯图尔特浅滩；VH. 维甘高地

部末端位于台湾岛南部，南部末端位于民都洛岛和巴拉望群岛之间。

在两个俯冲带之间的菲律宾群岛之上发育有大型 NW-SE 向左旋走滑断裂——菲律宾断裂（Barrier et al.，1991；Rangin et al.，1999；Bacolcol，2003）；菲律宾断裂从民都洛岛穿过中菲律宾岛到达吕宋岛西北部，基本横穿整个菲律宾群岛（图 2-4）。一般认为，断裂活动开始于约 15Ma（Karig，1973），也有少量的研究认为断裂活动开始于更晚的时代（Barrier et al.，1991）。以菲律宾断裂为主干，延伸出一系列的分支断裂，有些甚至延伸到

马尼拉海沟内部，这些断裂所在的区域为地震的高发区域。对于该断裂的滑动速率，许多学者进行了比较详细的研究，其中地貌学研究数据推测滑动速率为9～17mm/a（Daligdig，1997），板块动力学研究数据推测滑动速率为20～25mm/a（Barrier et al.，1991），GPS测量数据推测滑动速率为35mm/a（Rangin et al.，1999；Yu et al.，1997；Thibault，1999）。Verde Passage断裂是发端于马尼拉海沟南端、穿过菲律宾中部的东西走向的左旋走滑断裂。该断裂将民都洛岛与吕宋岛西南部分开，同时也是民都洛岛与巴拉望地块相对于吕宋岛向东运动的调整边界（Karig，1973；Hayes and Lewis，1984；Bischke et al.，1990）。菲律宾大断裂及其分支断裂在菲律宾群岛东西两侧俯冲带构造的共同作用下形成，并且在两侧俯冲带的应力作用中发挥了比较重要的调节作用。

马尼拉海沟西侧断裂构造的识别，主要来自海底地震探测以及地貌构造研究的结果。马尼拉海沟北部区域按照构造变形的样式，可以分为三个变形区域：正断裂带（normal fault zone）、主逆冲断裂带（proto-thrust zone）和逆冲断裂带（thrust zone）（Ku and Hsu，2009）。正断裂带为正断裂相对集中的一个区域，且断裂带北窄南宽，其中有些断裂已经穿透海底，该正断裂带应为南海板块向下俯冲弯曲所产生。主逆冲断裂带实际上是张应力环境（正断裂带）和压应力环境（逆冲断裂带）的过渡环境，因此正断层和逆断层都可以在该断裂带内存在。逆冲断裂带为逆冲断裂相对集中的区域，主要发育于马尼拉海沟增生楔中，应为俯冲挤压环境下的产物。

在南海东部海盆区，李家彪等（2002）根据多波束调查和高分辨率的地形地貌资料研究，发现南海东部海盆主要有NE向和NW向两组线性构造（图2-5）。NE向构造的优势走向为NE67°，并可分为三组构造走向和形成时代不同的线性构造带，对称分布于黄岩海山链南北两侧。NE向张裂构造带在海盆扩张上具有以下特点：①在交切关系上，三组构造带具有从中脊海山链向南北两侧构造扩张年龄变老的特点；②三组构造带之间构造走向均有3°～5°的跃变，而各带内部（代表同扩张期内）构造走向则呈连续变化，反映出扩张方向存在突变和渐变的演化特点；③各带内部走向线性构造展布方向受NW向构造的影响变化较大，反映扩张轴纵向延伸的不稳定性，并且有明显的分段性。NW向断裂带不仅控制了绝大多数海山的形成，而且空间上呈带状密集分布，优势走向为NE137°，大型断裂可识别出6条。从交切关系来看，它们与NE向断裂是同期构造，并且有以下特点：①各构造带密集分布，间距为50km或100km，而且带间有大量亚带分布，尤其以西部沉降区最为明显，呈20～25km的等间距分布，将NE向构造切割成若干段；②各构造带具有右行走滑断裂特征；③纵向上各构造带走向从南侧的NE157°转为中脊区的NE150°再到北侧的NE142°，呈向北东弧凸的特点。

2.3.2　地震活动特征

俯冲带区域是全球板块相互作用最强烈和构造最复杂的地区之一，绝大多数地震的发生均与板块的运动直接相关。马尼拉俯冲带位于世界三大地震带之一的环太平洋地震带的西段，是地震的多发地带。根据美国国家地震信息中心（NEIC）地震目录数据，1919～2018年马尼拉俯冲带119°～127°E、12°～23°N区域发生3.0级以上地震共7529次，其

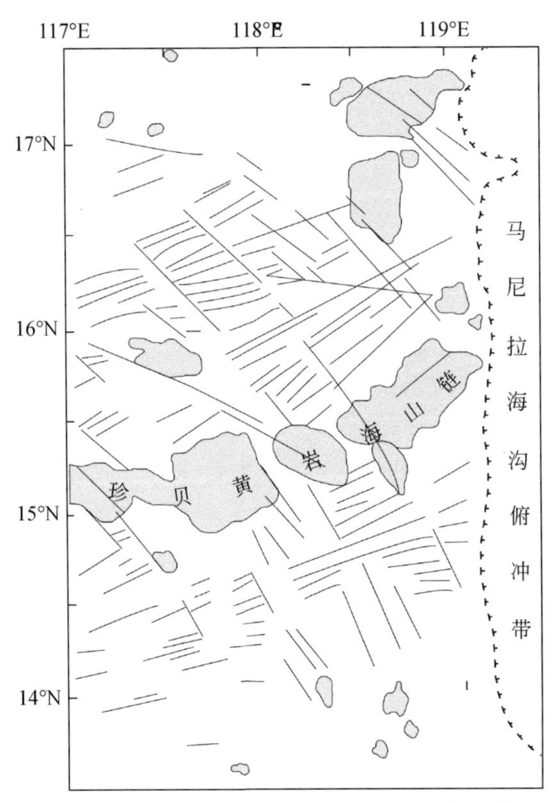

图 2-5　马尼拉海沟东部海区断裂分布图（据李家彪等，2002）

中 6.0 级以上地震 207 次，7.0 级以上地震 36 次。将震源进行三维空间投影发现，该区域地震具有明显的丛集性，以 5.0 级以下的小震为主，6.0 级以上地震主要沿着马尼拉海沟分布，7.0 级以上地震则主要分布在菲律宾大断裂附近。震源深度从浅部至 200 多千米均有分布，但以深度小于 70km 的浅源地震为主，大于 100km 的深源地震主要分布在马尼拉海沟北部区域以及海沟南部 12°～14°N 区域（图 2-6）。从整体上而言，震源深度具有自北向南逐渐变深的特点，反映出南海板片的俯冲由南面开始，逐渐向北扩展，这主要是由南海东部板块斜向俯冲和菲律宾海板块沿西北向运动所控制（范建柯和吴时国，2014）。

按不同纬度观察地震深度的分布，可发现以下两个特征：①马尼拉俯冲带以密集的浅源（0～70km）地震为主，中深源地震主要分布在 20°～23°N 的北部区域和 13°～15°N 的南部区域，其中 20°～23°N 的北部区域最大震源深度为 250km 左右，13°～15°N 的南部区域最大震源深度达到 300km 左右；②马尼拉俯冲带的俯冲角度具有较大的变化。自南向北来看，13°～14°N 深部的俯冲倾角近于垂直；14°～16°N 的中深源地震分布相对较少，俯冲倾角相对变缓，为 70°左右；16°～20°N 的地震主要分布在 150km 的深度范围内，并且具有密集分布的特征，深部地震活动明显减弱，板块俯冲形态较不明显，但总体上呈现出俯冲角度变缓的趋势，在 40°～30°之间。

由地震分布所反映的南海俯冲板片特征与层析成像结果（范建柯和吴时国，2014）相似，均表现为南海板片在 13°～16°N 俯冲角度较陡、深部近于垂直的特点。自南向北俯冲

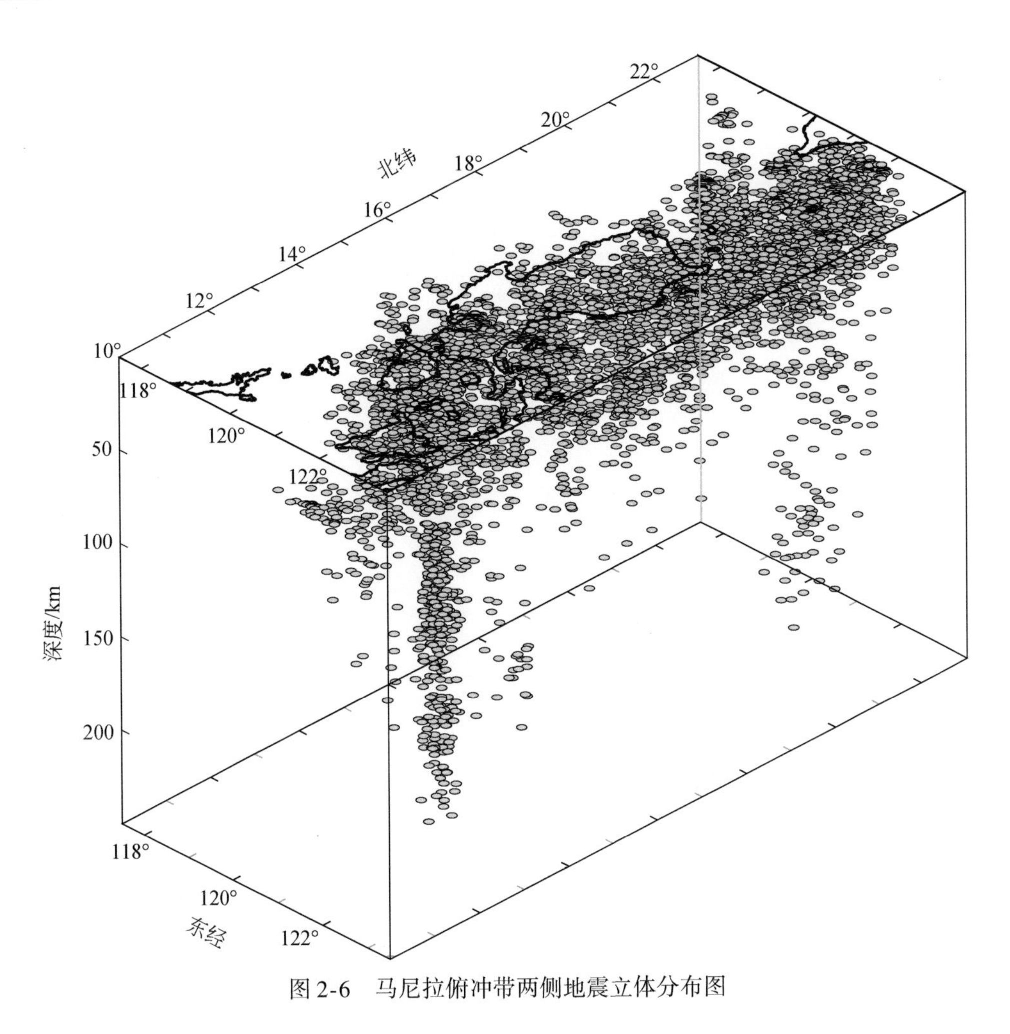

图2-6　马尼拉俯冲带两侧地震立体分布图

角度变缓，俯冲深度变浅，在台湾岛与吕宋岛之间的俯冲角度又由缓变陡，俯冲深度达到200km，表明了马尼拉俯冲带区域双向俯冲的复杂性。

2.3.3　火山活动特征

南海东部海盆与马尼拉海沟直接相邻，海底分布有大量海山，主要集中在扩张脊附近及其北部，由南向北依次为珍贝-黄岩海山链、涨中海山、宪南海山、宪北海山、玳瑁海山，其中以NEE向展布的珍贝-黄岩海山链最为壮观（图2-7）。该海山链由黄岩海山、珍贝海山等6座大小不等的海山（海丘）组成，其东西长约250km，南北宽40～60km，山体顶部相对海底高差达4km，沿NEE方向斜插入马尼拉海沟及吕宋岛弧之下（林巍等，2013）。海山玄武岩样品的全岩K-Ar、Ar-Ar测年结果显示，珍贝与黄岩海山形成年龄分别为9.1～10Ma和7.77Ma（王叶剑等，2009），表明这些火山活动发生在南海海盆扩张停止后，且在空间上受南海古扩张脊控制，被认为是南海东部海盆的残留扩张中心（王叶剑等，2009；鄢全树等，2008）。

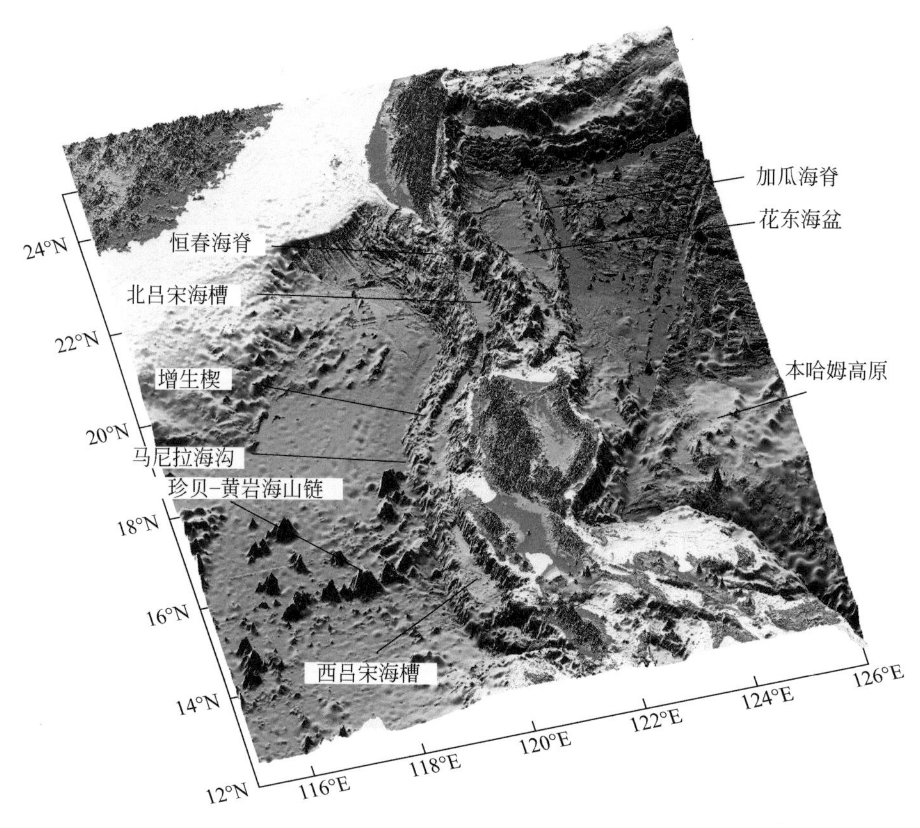

图 2-7　马尼拉俯冲带三维海底地形地貌图

吕宋岛弧是一条正在活动的火山弧，呈近 NNE-SN 向条带状展布，从台湾岛东部海岸山脉向南一直延伸至菲律宾东北的巴浦耶火山弧，并穿越吕宋主岛后直至北巴拉望-民都洛陆区，延伸 1200km，从北向南依次划分为台湾段、巴士海峡段、北吕宋段、巴坦段以及民都洛段，其中巴士海峡段密集分布了超过 22 个火山岛。根据地理分布、喷发年代、地貌和火山岩地球化学特征，可以识别为东、西两条火山链，分布于 18°～23°N 的三角形区域内。其中，东火山链（EVC）从北向南由绿岛、小兰屿、亚米、北岛、马布迪斯、锡亚、迪奥戈、巴坦（伊拉耶山）、巴林塘、巴布延、迪迪卡斯、甘米根岛和卡瓜山组成。西火山链（WVC）由兰屿、伊特巴亚特、巴坦（马他力姆山）、赛卜塘、伊博霍斯、德昆延、帕努延坦和加拉鄢、达卢皮里、富加等岛组成，并延伸至北吕宋（Yang et al.，1996）。它们由大量的成层火山和火山颈组成（Castillo and Newhall，2004），喷发的火山岩成分从钙碱质玄武岩到钾玄质玄武岩（Defant et al.，1990）。在较老的（>15Ma）和年轻的（<5Ma）火山中还发现有埃达克岩，北吕宋火山岩的整岩 K-Ar 同位素年龄为 32.3～5.6Ma（Bellon and Yumul，2000）。

2.3.4　板块运动与地壳形变特征

南海位于太平洋、印度洋和欧亚三大板块相互作用形成的复杂大地构造环境中，东部区域作为欧亚板块和菲律宾海板块的汇聚边缘，与周边不同性质的岩石圈板块发生碰撞或俯冲作用，北部发育台湾弧–陆碰撞造山带，南部发育洋–陆俯冲带，形成了复杂的板块运动和地壳形变特征，为南海板块与菲律宾海板块之间相互作用力的研究增加了难度，而板块运动方式和速度的监测与研究是解决这一问题的关键。

在 20 世纪 90 年代以前，欧亚板块和菲律宾海板块之间的相对运动，一直是国内外地学界的难题。1776 年，欧拉对刚体在球面上的运动进行探讨，提出了一个刚体绕固定点转动的欧拉定理，它是现代板块运动定量描述的基本定理。此后，学者利用地震滑动矢量、洋中脊扩张速率和转换断层方位角，通过最小二乘法拟合来确定板块的相对运动欧拉矢量，并运用欧拉定理定量描述现代板块运动。然而，由于缺乏菲律宾海板块条带状磁异常或转换断层资料，学者只能基于菲律宾海板块西侧边界的地震滑动矢量资料，或结合全球板块的运动模式及其他地质与大地测量资料，推断板块之间的相对运动速度以及转动极（Karig，1975；Huchon et al.，1986）。但是地震滑移向量不能够充分代表板块的相对运动速度（Ranken et al.，1984），所以上述研究无法准确确定板块运动的欧拉参数。DeMets 等（1990）利用更多地质资料获得的板块运动模型 NUVEL1 得到国际认可，但也未给出菲律宾海板块的运动欧拉矢量。Seno 等（1993）在其基础上，利用菲律宾海板块与欧亚板块（PH-EU）边界的冲绳海槽–琉球海沟处 11 个滑动矢量及菲律宾海板块与太平洋板块（PH-PA）边界的伊豆–小笠原海沟的 16 个滑动矢量，提出了计算整个欧亚板块与菲律宾海板块转动极与相对运动速度的改进模型，得到菲律宾海板块边缘各点的最佳运动速度，然而资料数量仍然比较缺乏，特别是运动速率的资料。

近年来，随着全球 GPS 台站的增加和精度的提高，GPS 技术已经成为监测地壳运动强有力的工具，实现了高精度地监测板块构造运动、区域性地壳形变以及地球质心运动。因而，最新的 GPS 数据精细地揭示了台湾岛与吕宋地区的地壳运动与变形状态以及台湾造山带的地球动力学过程，对南海东部边界地壳运动与形变特征的研究具有重大推动作用（Yu et al.，1997，1999）。Yu 等（1999）结合 1996 ~ 1998 年吕宋地区三次 GPS 测量资料和 1994 ~ 1998 年台湾地区 20 个 GPS 连续观测站的观测资料，重新探讨了台湾–吕宋地区的地壳变形与运动状态，结果显示中国大陆边缘相对于稳定的欧亚大陆以 11 ~ 12mm/a 的速率朝东南东方向移动，加上吕宋岛弧的兰屿以 68 ~ 72mm/a 的震后速率朝西北方向快速移动，说明台湾弧陆碰撞带的聚合速率高达 80mm/a，而这种聚合速率自兰屿向南逐渐增加，在北吕宋处则增加为 86mm/a。臧绍先等（2001）应用 Seno 的模型（Seno et al.，1993）重新确定了菲律宾海板块的欧拉参数，为弥补其不足而增加了 GPS 观测得到的运动速率资料，并结合地震滑动矢量获得了更可靠的欧拉矢量，认为在 PH-EU 边界上，水平主压应力按应力大小排列，依次为台湾岛地区、南海地区、菲律宾岛弧区和琉球岛弧区；而在琉球地区，菲律宾海板块对欧亚板块并没有形成挤压作用。

孙金龙等（2011，2014）将台湾–吕宋汇聚带不同观测网获得的 GPS 速度合并到统一的参考框架下，通过对速度场进行样条插值获得了该区连续的速度场、主应变率场、最大剪切应变场等，并通过将地震滑动矢量与 GPS 观测数据相结合获得了菲律宾海板块的运动欧拉矢量。其地壳运动速度场研究结果显示，以马尼拉海沟变形前缘为界，该区运动方向可分成截然相反的两部分。界线以东表现的是来自菲律宾海板块的北西向高速运动，以西表现的是欧亚板块的缓慢东向运动。根据地壳运动速度场的东西向分量场，从民都洛岛东侧至吕宋岛东北部的西向运动速率由 20mm/a 逐渐增加到 65mm/a，并呈现出明显的梯度带特征，表明巴拉望微地块对菲律宾海板块西向运动的阻挡作用相当显著（孙金龙等，2011）。

为进一步了解巴拉望微陆块对菲律宾海板块北西向运动影响的详细情况，孙金龙等（2014）选择马林杜克岛（Marinduque）上的 MRQ1 站作为参照点，对该区的地壳运动速度场进行转换。马林杜克岛位于巴拉望微陆块最东北侧，处于与菲律宾海板块碰撞的最前缘。从转换后的地壳运动可以看出，在菲律宾群岛中部，围绕 MRQ1 站周边的地壳运动呈现逆时针方向旋转，特别是在锡布延海断裂与菲律宾大断裂之间的部分，整体运动趋势相对一致，但速率向北增加（图 2-8）。在吕宋岛北部，卡加延断裂西侧区域运动方向逐渐转为正西，速率同样向北逐渐增大。而在整个菲律宾大断裂东侧，整体上运动方向与菲律宾海板块一致，速率与断裂带西侧差异明显。

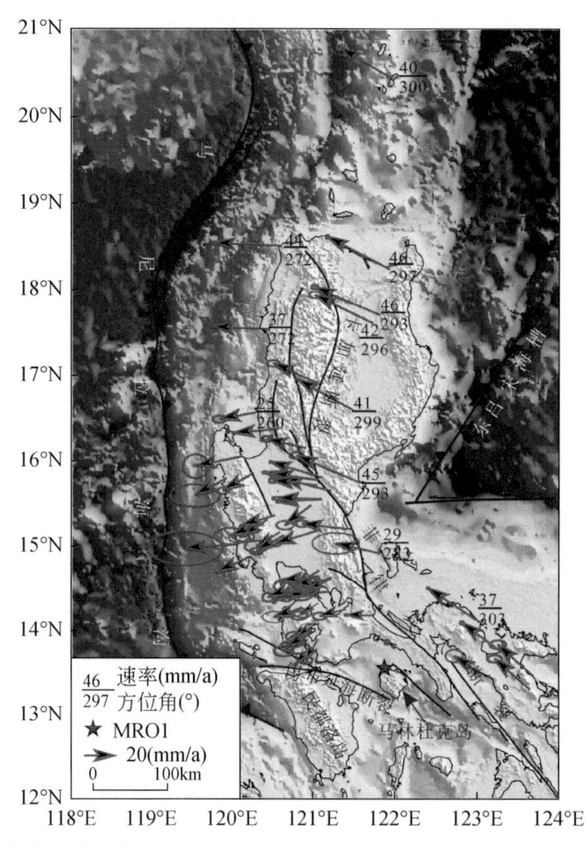

图 2-8　菲律宾群岛北部地区相对于 MRQ1 站的地壳运动（孙金龙等，2014）

综合南海东部边缘总的地壳运动特征可以看出，在南部巴拉望微陆块和北部华南陆缘的阻挡下，中间区域成为对菲律宾海板块北西向高速运动来说相对自由的通道。然而受南北两端阻挡的影响，中间区域的西向运动速率先是由南（巴拉望微陆块与菲律宾海板块碰撞区域）向北逐渐增加，至吕宋岛北部最大，继续向北开始逐渐减小，表明菲律宾海板块与欧亚板块沿马尼拉海沟的汇聚在北段比南段有着更高的汇聚速率。在地壳运动分析的基础上，结合俯冲板片在地幔流影响下的变形特征，认为马尼拉海沟现今的构造形迹与其俯冲板片的宽度无关，同时构造隆起也非塑造北部弯曲的主因，而是在晚中新世受到巴拉望微陆块的碰撞阻挡后，碰撞带北侧部分首先向西凸出，随后在北部受到陆缘基底隆起阻挡后，在走滑断裂的调整下，以及向北逐渐递增的西向运动速率驱动下，这一“凸出”逐渐向北扩展，形成了现今的构造弯曲（图 2-9）。

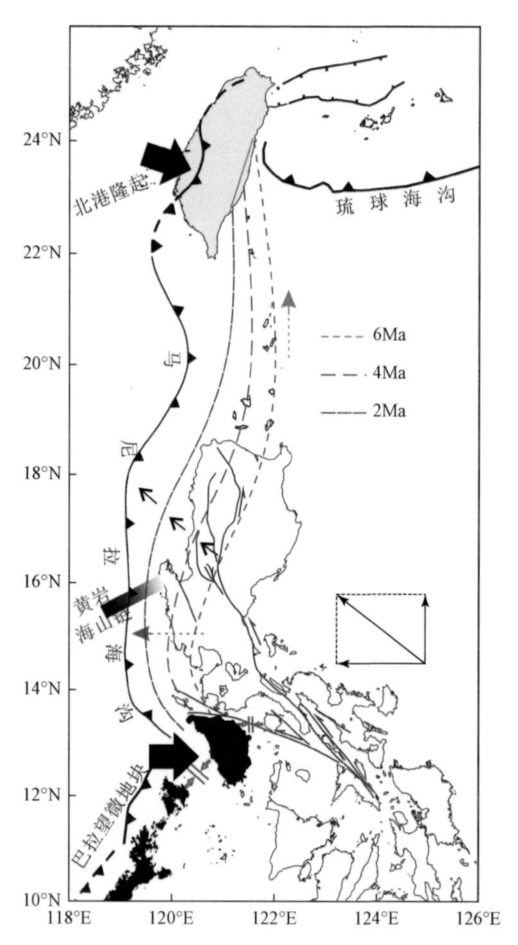

图 2-9　晚中新世末期以来马尼拉海沟的构造形迹变迁（孙金龙等，2014）

参考文献

范建柯，吴时国，2014. 马尼拉俯冲带的地震层析成像研究 . 地球物理学报，57（7）：2127-2137.

郭令智，钟志洪，王良书，等，2001. 莺歌海盆地周边区域构造演化 . 高校地质学报，7（1）：1-12.

金庆焕，1989. 南海地质与油气资源 . 北京：地质出版社 .

李家彪，金翔龙，高金耀，2002. 南海东部海盆晚期扩张的构造地貌研究 . 中国科学（D 辑），32（3）：239-248.

林巍，张健，李家彪，2013. 南海中央海盆扩张期后海山链岩浆活动的热模拟研究 . 海洋科学，37（4）：81-87.

刘光鼎，1992. 中国海区及邻域地质地球物理特征. 北京：科学出版社 .

孙金龙，徐辉龙，曹敬贺，2011. 台湾—吕宋会聚带的地壳运动特征及其动力学机制 . 地球物理学报，54（12）：3016-3025.

孙金龙，曹敬贺，徐辉龙，2014. 南海东部现时地壳运动、震源机制及晚中新世以来的板块相互作用 . 地球物理学报，57（12）：4074-4084.

王叶剑，韩喜球，罗照华，等，2009. 晚中新世南海珍贝-黄岩海山岩浆活动及其演化：岩石地球化学和年代学证据 . 海洋学报（中文版），31（4）：93-102.

夏戡原，1996. 南沙群岛及其邻近海区地质地球物理与油气资源 . 北京：科学出版社.

鄢全树，石学法，王昆山，等，2008. 南海新生代碱性玄武岩主量、微量元素及 Sr-Nd-Pb 同位素研究 . 中国科学（D 辑），38（1）：56-71.

臧绍先，宁杰远，2002. 菲律宾海板块与欧亚板块的相互作用及其对东亚构造运动的影响 . 地球物理学报，45（2）：188-197.

臧绍先，陈起咏，宁杰远，等，2001. 菲律宾海板块运动欧拉参数的确定及其推论 . 中国科学（D 辑），31（6）：441-448.

詹文欢，钟建强，丘学林，1993. 南海及邻区现代构造应力场与形成演化. 北京：科学出版社 .

张培震，张会平，郑文俊，等，2014. 东亚大陆新生代构造演化 . 地震地质，36（3）：574-585.

Bacolcol T C，2003. Etude géodésique de la faille Philippine dans les Visayas. France，l'Université de Paris 6.

Barrier E，Huchon P，Aurelio M A，1991. Philippine fault-A key for philippine kinematics. Geology，19（1）：32-35.

Bellon H，Yumul Jr G P，2000. Mio-pliocene magmatism in the Baguio Mining District（Luzon，Philippines）：age clues to its geodynamic setting. Comptes Rendus de l'Académie des Sciences-Series IIA-Earth and Planetary Science，331（4）：295-302.

Bischke R E，Suppe J，Pilar R D，1990. A new branch of the Philippine fault system as observed from aeromagnetic and seismic data. Tectonophysics，183（1-4）：243-264.

Briais A，Patriat P，Tapponnier P，1993. Updated interpretation of magnetic anomalies and seafloor spreading stages in the South China Sea：implications for the tertiary tectonics of Southeast Asia. Journal of Geophysical Research，98（B4）：6299-6328.

Cardwell R K，Isaacks B L，Karig D E，1980. The spatial distribution of earthquakes，focal mechanism solutions，and subducted lithosphere in the philippine and northeastern indonesian islands. Tectonic & Geologic Evolution of Southeast Asian Seas & Islands，23：1-24.

Castillo P R，Newhall C，2004. Geochemical constraints on possible subduction components in lavas of Mayon and Taal Volcanoes，Southern Luzon，Philippines. Journal of Petrology，45（6）：1089-1108.

Daligdig J，1997. Recent faulting and paleoseismicity along the Philippine Fault Zone，North Central Luzon，Philippines. Kyoto：Kyoto University.

Defant M，Maury R C，Joron J L，et al.，1990. The geochemistry and tectonic setting of the northern section of the Luzon arc（The Philippines and Taiwan）. Tectonophysics，183（1-4）：187-205.

Demets C，Gordon R G，Argus D F，et al.，1990. Current plate motions. Geophysical Journal International，101（2）：425-478.

Hall R，2002. Cenozoic geological and plate tectonic evolution of SE Asia and the SW Pacific：computer-based reconstructions，model and animations. Journal of Asian Earth Sciences，20（4）：353-431.

Hamilton W B, 1979. Tectonics of the Indonesian Region. Washington, DC: United States Government Printing Office.

Hayes D E, Lewis S D, 1984. A geophysical study of the Manila Trench, Luzon, Philippines 1. Crustal structure, gravity, and regional tectonic evolution. Journal of Geophysical Research, 89 (NB11): 9171-9195.

Hayes D E, Nissen S S, Buhl P, et al., 1995. Through-going crustal faults along the northern margin of the South China Sea and their role in crustal extension. Journal of Geophysical Research, 100 (B11): 22435-22446.

Hervé B, 2000. Chronologie du magmatisme mio-pliocène du district minier de Baguio (Luzon, Philippines): contraintes temporelles du contexte géodynamique. Comptes Rendus de l'Académie des Sciences-Series IIA-Earth and Planetary Science, 331 (4): 295-302.

Hsiao L Y, Lin K A, Huang S T, et al., 1999. Structural characteristics of the southern Taiwan-Sinzi folded zone. Petroleum Geology of Taiwan, 32 (12): 133-153.

Huchon P, Barrier E, Debremaecker J, et al., 1986. Collision and stress trajectories in Taiwan: a finite element model. Tectonophysics, 125 (1-3): 179-191.

Karig D E, 1973. Plate convergence between the Philippines and the Ryukyu Islands. Marine Geology, 14 (3): 153-168.

Karig D E, 1975. Basin genesisi in the Philippe Sea. Initial Reports of the Deep Sea Drilling Project, 31: 857-879.

Karig D E, 1983. Accreted terranes in the northern part of the Philippine archipelago. Tectonics, 2 (2): 211-236.

Ku C Y, Hsu S K, 2009. Crustal structure and deformation at the northern Manila Trench between Taiwan and Luzon islands. Tectonophysics, 466 (3-4): 229-240.

Lee T Y, Lawver L A, 1995. Cenozoic plate reconstruction of Southeast Asia. Tectonophysics, 251 (1-4): 85-138.

Lin C H, 2002. Active continental subduction and crustal exhumation: the Taiwan Orogeny. Terra Nova, 14 (4): 281-287.

Malavieille J, Lallemand S E, Dominguez S, et al., 2002. Arc-continent collision in Taiwan: new marine observations and tectonic evolution. Geological Society of America Special Paper, 358: 189-213.

Maleterre P, 1989. Histoire sédimentaire, magmatique, tectonique et métallogénique d'un arc cénozoïque déformé en régime de transpression: Cordillère centrale de Luzon. Revue De Neuropsychologie, 1 (4): 288.

Rangin C, Pichon X L, Mazzotti S, et al., 1999. Plate convergence measured by GPS across the Sundaland/Philippine sea plate deformed boundary: the Philippines and eastern Indonesia. Geophysical Journal International, 139 (2): 296-316.

Ranken R B, Cardwell K, Karig D E, 1984. Kinematics of the Philippine Sea Plate. Tectonics, 3 (3): 555-575.

Seno T, Stein S, Gripp A E, 1993. A model for the motion of the Philippinie Sea Plate consistent with NUVEL-1 and geological data. Journal of Geophysical Research: Solid Earth, 98 (B10): 17941-17948.

Sibuet J C, Hsu S K, Pichon X L, et al., 2002. East Asia plate tectonics since 15 Ma: constraints from the Taiwan region. Tectonophysics, 344 (1-2): 103-134.

Thibault C, 1999. GPS measurements of crustal deformation in the northern Philippine Island arc. Indiana: Indiana University.

White R S, McKenzie D, O′Nions R K, 1992. Oceanic crustal thickness from seismic measurements and rare earth element inversions. Journal of Geophysical Research: Solid Earth, 97 (B13): 19683-19715.

Wolfe J A, 1981. Philippine geochronology. Journal of the Geological Society of the Philippines, 35: 1-30.

Yang T F, Chen T L, Rasdas A R, 1996. A double island arc between Taiwan and Luzon: consequence of ridge subduction. Tectonophysics, 258 (1-4): 85-101.

Yu S B, Horng-yue C, Kuo L C, 1997. Velocity field of GPS stations in the Taiwan area. Tectonophysics, 274 (1-3): 41-59.

Yu S B, Kuo L C, Punongbayan R S, et al., 1999. GPS observation of crustal deformation in the Taiwan-Luzon region. Geophysical Research Letters, 26 (7): 923-926.

Zoback M L, Zoback M, Adams J, et al., 1989. Global patterns of tectonic stress. Nature, 341 (6240): 291-298.

第3章 洋脊的形成与扩张*

南海海盆由海底扩张形成，受到水平拉张作用和地幔上涌的共同影响。洋中脊的演化、岩浆熔融和洋壳的形成过程是海底扩张的核心，是研究南海演化机制的关键。南海的扩张过程已结束，现有的洋中脊形态特征不明显，而深部地球物理数据采集又困难，所以对于南海海盆扩张过程及洋中脊相关的研究也存在一定的局限性。本章以已有的地球物理和岩石地球化学资料以及相关理论为基础，运用有限元数值模拟的计算方法，分别建立南海扩张过程的动力学模型和洋中脊形成过程的岩浆热演化模型，以探究洋脊的形成与扩张，以及南海海盆的演化机制。

3.1 大陆边缘及相关数值模拟研究

3.1.1 大陆边缘演化研究

大陆边缘是指大陆与大洋盆地的过渡地带，包括大陆架、大陆坡、陆隆以及海沟等海底地貌-构造单元。根据大陆边缘的地形和构造特征，大陆边缘可分为被动大陆边缘和活动大陆边缘。被动大陆边缘是由大洋岩石圈的扩张而造成的由拉伸断裂所控制的宽阔的大陆边缘，又称稳定大陆边缘。被动大陆边缘是最初大陆裂谷的所在地，因此有一系列阶梯状正断层和地堑、地垒等伸展构造发育在新生代沉积地层和基底中。这种大陆边缘常常切断邻近大陆上的较老的构造。与被动大陆边缘位于漂移大陆的后缘相反，活动大陆边缘是漂移大陆的前缘，为板块俯冲的边界，地震、火山活动频繁，主要分布在太平洋周缘，因而又称太平洋型大陆边缘。在演化阶段上，可体现为被动大陆边缘向活动大陆边缘转化的过程。国际上被动大陆边缘的研究多集中于大西洋两侧共轭大陆边缘，其经历了大陆张裂到海底扩张成洋的全过程，研究尤为详细。其中，有关大陆边缘形成演化的共性成果，可作为其他地区研究的参照（Manatschal，2004）。

在环绕大西洋的大陆边缘中，根据大陆裂开方位相对于两侧板块运动方向为垂直还是平行，可分为张裂型和转换型大陆边缘。根据张裂过程中岩浆活动的强度，又可分为火山型被动大陆边缘和非火山型大陆边缘。火山型被动大陆边缘，地壳拉伸变薄所起的作用有限，强烈的岩浆活动可能在大陆破裂中起决定性作用。非火山型被动大陆边缘则在大陆破裂阶段不伴有强烈的火山活动，岩石圈的拉伸减薄在陆缘演化中占主导地位。

边缘海作为大陆与深海洋盆的过渡地带，是研究大陆边缘演化和地球动力学的主要地区，是大陆物质搬运的重要聚集场所，也是油气资源及天然气水合物能源的重要富集区。

---

* 作者：李延真、许鹤华

因此，对于边缘海形成演化的研究，不仅有助于完善和深化全球板块理论，对于海底油气资源勘探也具有重要的指导意义。边缘海是大陆和大洋岩石圈过渡带上的特殊地质构造单元，蕴藏着大陆边缘增生和裂解、洋壳的产生和消亡、洋陆间物质交换和能量传递等重要信息。对大陆边缘演化和边缘海成因机制的研究已成为国际上三大研究计划——IODP（国际大洋发现计划）、InterRidge（国际洋中脊计划）和 InterMargin（国际大陆边缘计划）的重要主题，体现了边缘海的发展趋势。大陆边缘的形成是多种因素共同作用的结果，需要地质、地球物理和地球化学等多学科系统的研究。在现有的研究方法、手段和地质资料有限的情况下，通过数值模拟的方法进行研究，不仅可以综合利用前人的研究成果，还可以为边缘海新的演化模式的建立提供启示（张亮，2012）。

Lavier 和 Manatschal（2006）对非火山型大陆边缘岩石圈裂解机制进行的数值模拟，取得了很好的效果，提出了地壳流变性的新形式，认为延性剪切带的软化是应力和应变联合控制的效果，导致黏度的局部下降，整个裂解过程分为拉伸模型、减薄模型和地幔抬升模型三个阶段。此外，岩石圈被定义为非线性黏弹性到塑性材料，地壳为非线性 Maxwell 黏弹体。模拟实验认为主要的拆离断层在岩石圈的伸展过程中起着关键的作用，岩石圈的弱化强烈降低了地壳的抗弯曲强度，从而易于拉伸、张裂，大陆最终裂开的位置和形态受裂谷前继承性构造及区域演化的控制，裂前地壳结构形态对共轭陆缘非对称裂解有重要的控制作用，完全没有岩浆活动的陆缘是不存在的，岩浆活动对地幔抬升来说是必需的。

岩石的部分熔融关系着岩浆房和岩浆供应量，熔融区域的大小控制着洋壳厚度的变化、洋中脊的形态和海底玄武岩的主要元素和微量元素的丰度。深海玄武岩通常与洋脊的形成、深海裂谷作用、板块构造作用及地幔柱等直接相关，因此研究深海玄武岩形成的物理化学条件及岩石地球化学特征对于研究地幔演化、壳幔作用、海底扩张及深海海盆的形成具有重要意义。

3.1.2　南海的演化研究

西太平洋大陆边缘集中了世界上75%以上的边缘海盆，其中南海是发育成熟的边缘海盆，是西太平洋最大的边缘海盆地之一。长期以来，南海吸引了许多中外专家学者对其进行调查研究，他们从不同角度提出了众多的南海演化模式。尽管这些张裂模式的动力学机制有许多争议，但各种演化模式都肯定南海是由海底扩张形成的。从中生代到新生代，南海构造应力场在周边板块的作用下，经历了挤压应力/扩张应力、复杂应力调整和挤压收缩等阶段，而南海中央海盆的形成主要是在扩张应力场的作用下形成的（刘迎春等，2005）。栾锡武和张亮（2009）通过对南海各构造演化模式的建立依据和存在问题进行分析和总结，发现通过一个动力源来研究南海的形成演化是片面的，南海海盆主体经历了被动大陆张裂到海底扩张的演化过程，动力源主要是古南海向南俯冲的拖曳力，辅助于南、南东向的地幔流作用。

若要完整地理解南海的扩张过程就需要对南海的扩张、洋中脊的形成演化、岩浆的供应模式以及岩石组分进行多方面的研究。虽然传统的地球物理、地球化学理论和分析方法是研究地质构造演化的重要手段。但由于难以直接采集相关样品，加之南海的海盆扩张过程已结束，现有的地质特征不够明显，因此传统的研究方法会有很多局限性。尽管物理模型实验也可以辅助于对构造变形过程及动力学机制的理解，但受到时空尺度的制约。随着计算机技术的发展，数值模拟的方法可以综合已有资料（包括地球物理、地球化学等相关研究成果），建立合理的任意时间和空间尺度的模型，通过模型的正演，重建研究区的构造演化历史，并了解各演化阶段的成因机制。根据模拟结果与实测地质特征的对比，可更好地认识和理解各种地质因素和地质作用对构造演化之间的影响，进而优化并得到可靠的模型。

因此，根据已有地质资料和前人研究成果，以南海中央海盆的地质环境为背景，建立数值模型，通过数值计算方法探究南海中央海盆形成的动力学机制、岩浆演化以及岩石组分的变化情况，再以实际地质特征加以对比和约束，从而更好地认识和理解南海海盆的形成模式、岩浆演化的主要影响因素及岩石组分特征。

3.1.3　数值模拟方法

关于数值模拟的研究，建立科学、合理的地质模型是至关重要的一环。在建立地质模型的阶段，首先需要根据已有的相关研究和观测数据，提取合理的模型参数和边界条件，并在模拟过程中不断地调整和修正，使得实验结果不断趋近于观测到的结果或者科学推测，从而建立起符合区域地质情况的地质模型。通过模型结果的后处理为进一步的地质研究提供可参考依据。关于南海海盆的扩张，需要对扩张的动力源、扩张中心薄弱带及岩浆热演化过程做重点分析，具体方法与过程如下：

1. 数据收集和处理

收集南海中央海盆的相关研究成果、海底OBS探测及岩石地球化学等相关资料，建立南海海盆的扩张模型。收集研究区内的实测热流资料，最终获得南海海盆的热结构。根据地球动力学和岩石热力学的理论，综合地球物理资料和岩石学的资料建立关于岩石圈动力学扩张、岩浆演化及岩石组分的模型。

2. 理论基础

采用地球动力学、地球化学热力学和岩石学知识相结合，主要包括质量守恒、动量守恒、能量守恒方程、热传导、固相线、矿物相等理论知识。建立动力学、热力学和相图计算的数值模拟。

3. 综合研究

主要包括针对整个海盆扩张过程的两个模型的分析计算：第一部分是岩石圈在水平拉张和地幔上涌力作用下的减薄扩张过程的定量分析；第二部分是岩石圈扩张过程中地幔物质受热流作用发生减压熔融情况的热演化过程的对比模型分析。

4. 应用COMSOL软件进行模拟

COMSOL是以有限元法为基础，通过求解偏微分方程（单场）或偏微分方程组（多场）来实现真实物理现象的仿真，用数学方法求解真实世界的物理现象。与其他有限元程序的本质区别是其专门针对多物理场耦合问题求解而设计的，具有 MATLAB 语言的强大编程功能，易于实现耦合方程的建立和有限元求解，进行多物理场耦合的工程问题研究。该软件广泛应用于各个领域的科学研究以及工程计算，模拟科学和工程领域的各种物理过程。在 COMSOL 中，网格剖分是一个自动完成的过程，可以针对模型的结构以不同的疏密程度对模型进行合理的网格划分。在本书中，我们对岩石圈薄弱地带采用了不规则的网格进行更精密的划分，进一步提高了模型计算的精确度。该软件强大的后处理功能为模型计算结果的分析提供了很大的帮助，不仅可以得到模型各个边界的变形数据，还可以得到形象的模型状态图，从而获得更直观的分析结果。

3.2 南海海盆扩张的动力学模拟

南海地处欧亚、印澳、太平洋三大板块相互作用的交汇点，晚中生代以来西太平洋构造域、印澳板块先后以不同方向和速度朝欧亚大陆发生汇聚。在这复杂的动力学背景下，东亚陆缘发生了有地幔参与传动的“超级剪切”，其应力场经历了左行压扭阶段和右行张扭阶段的交替变化。东亚陆缘在右行张扭应力场作用下发生裂解，形成了南海和其他内带边缘海（周蒂等，2002）。

张训华和徐世浙（1997）通过对前人工作的总结，提出南海海盆是在单向地幔流背景下，受统一应力场作用，经两次重要的单向拉张、地壳减薄、断陷、岩浆侵入、洋壳生成和整体稳定沉降及局部拉张而形成的，是一个拉张断陷盆地。栾锡武和张亮（2009）认为南海的形成模式为综合作用下的被动扩张，动力源主要是古南海向南俯冲的拖曳力，并辅助于地幔流作用。姚伯初和万玲（2010）根据地震层析成像资料，推测南海发生海底扩张时，大陆岩石圈被拉开，上地幔减压融熔，部分融熔岩浆不断上涌，形成新的大洋地壳。Sun 等（2006）通过物理模拟实验，提出引起南海伸展的原因是古南海俯冲产生的拖曳力和印度-欧亚板块碰撞引起的地幔流。另外，林舸等（2004）、夏斌等（2005）和崔学军等（2005）分别采用了不同数值模拟方法验证南海的打开需要南北向拉张和地幔上涌的共同作用。Li 等（2007）认为南海的形成利用了晚中生代古太平洋构造活动形成的北东向的薄弱带，后来古南海向东南方向俯冲所形成的拖曳力使南海发生海底扩张。闵慧等（2010）通过深反射地震资料分析，认为南海北部陆坡位置存在古俯冲带，晚中生代时为俯冲带和地块缝合带的南海北部陆坡作为当时伸展环境下最为软弱的地带，成为南海的初始张裂发育部位。

尽管这些张裂模式的动力学机制仍有争议，但各种演化模式都肯定南海是由海底扩张形成的，南海洋盆扩张的重建几乎全部依据磁异常条带（图 1-6），认为南海形成于距今 32 ~ 16Ma 前，海盆扩张在 15.5Ma 左右结束。因此，南海海盆的扩张是以右行拉张作用下的裂解薄弱带为发育中心，在被动的水平拉张作用下薄弱带优先发生减薄，减薄区域的地幔对流作用使得岩石圈在该区域受到了垂直向上的地幔上涌力，岩石圈在两种力的共同作用下发生进一步的减薄破坏，最终形成南海海盆。本节将以南海中央海盆的地质结构为背景，利用有限元计算方法建立模型，定量化探讨水平拉张、地幔上涌力及薄弱带的存在对南海张开的贡献。

3.2.1　模型建立

南海中央海盆的物理性质及其在外部因素影响下表现出来的力学特性是十分复杂的，在长期的构造运动、重力和其他地质因素影响下形成了比较复杂的地质体。在南海盆地演化过程中，岩石圈减薄和扩张是主要控制因素之一，因此模型中主要考虑岩石圈在水平拉张力和下部地幔上涌力作用下的减薄和扩张情况。由于南海中央海盆在形成过程中具有非瞬时性、动态性以及表现出非线性的力学性质，因此建模时根据南海中央海盆及其邻区地块的地质特点来对模型进行简化。

为清晰地记录岩石圈各地层的减薄和水平延伸情况，将几何模型定义为沿岩石圈受拉张力方向的二维模型。本书主要探究的是南海海盆在受力作用下的变形张裂情况，模型为弹塑性体，采用有限元计算方法。由于岩石圈底面的地幔对流引起的黏滞拖曳力和外部的构造应力方向基本相同，所以模拟过程中不考虑静压应力的影响。根据已有的研究成果认为岩石圈在演化过程中主要受水平拉张力的作用，故将其简化为水平应力问题。模型中设定左边界为固定边界，右边界为受力边界，对其施加水平向右方向的水平拉张力，对底部边界施加垂向上的地幔上涌力。此外，根据岩石圈结构将模型分为上地壳、下地壳和地幔三层。

由于实际地质结构中存在着破碎带和断层，而这些薄弱带的存在恰恰对岩石圈受力发生变形破坏的情况有着很大的影响，即薄弱带将是模型中相对震速和几何变形最明显的部位，因此需要重点模拟薄弱带和断层的作用。但实际地层中的薄弱带往往为一系列不连续裂隙，模拟中因难以实现而影响计算的精准度，所以在建立的模型中运用岩石性质减弱定律来定义岩石圈的薄弱带，用相对强度减弱的局部区域来代替一系列不连续裂隙。

通过以上分析，最终确定的模型为一个长 1000km、深 125km 的岩石圈，由上至下分别为 0 ~ 20km 的上地壳、20 ~ 40km 的下地壳及 40 ~ 125km 的上地幔三层（图 3-1）。根据南海中央海盆的地质背景，定义距中心轴左侧 100km 以内为上地壳薄弱带，薄弱带的屈服应力为上地壳正常强度的十分之一（表 3-1）。在水平 400 ~ 600km，距模型水平中心以下 42.5km 厚处的地幔区也是一个薄弱带，屈服应力较其他地幔处小。此外，模型中还存在一个贯穿整个岩石圈的断层，它的杨氏模量为相应层次的杨氏模量。对几何模型添加上述薄弱带和断层，并进行网格划分后，所得到的最终模型结构如图 3-2 所示。这种简化模拟对模型中问题的连续计算很有意义。另外，在模型中划分疏密不同的自由三角形，对边界和薄弱带等处的精细计算也有很大的帮助。

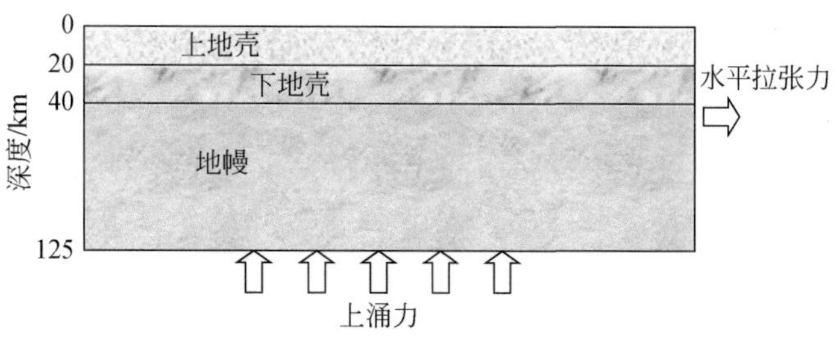

图 3-1　模型结构与力的加载情况

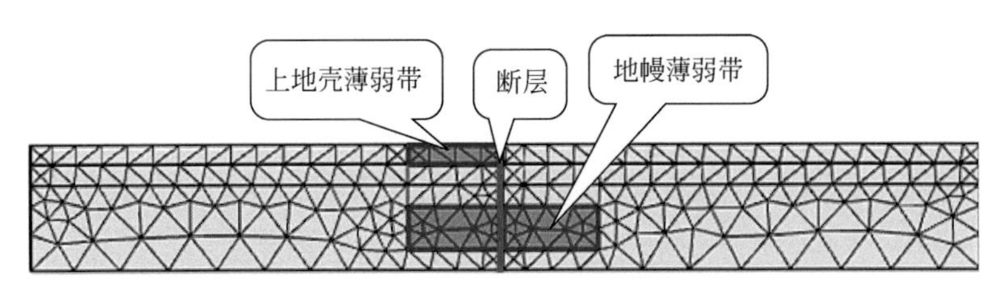

图 3-2　模型中的薄弱带分布及网格划分

表 3-1　模型材料参数

位置	杨氏模量/10^5 MPa	泊松比	岩石密度/(kg/m^3)	屈服应力/MPa	切线模量/10^4 MPa
上地壳	0.5	0.25	2650	200	0.5
下地壳	0.8	0.28	2800	250	8.0
地幔	1.5	0.28	3300	500	1.5
上地壳薄弱带	0.5	0.3	2650	20	0.5
断层	—	0.3	—	100	—
地幔薄弱带	1.5	0.3	3300	125	1.5

3.2.2　理论依据

建模中设定模型为线弹性模型，所以在初始加载阶段，模型处于弹性变形阶段。由于弹性变形的特点——无论材料在单向应力或是复杂应力下，线弹性变形阶段的应力应变均呈线性关系，因此在模拟的初始阶段，模型的各方面应变应该与应力呈线性关系。

当应力满足式（3-1）时，材料发生屈服并处于塑性状态：

$$f(\boldsymbol{\sigma},\boldsymbol{\sigma}^{\mathrm{p}},k)=0 \tag{3-1}$$

式中，$\boldsymbol{\sigma}$ 为应力矢量；$\boldsymbol{\sigma}^{\mathrm{p}}$ 为塑性应力矢量；k 为内变量。w^{p} 为塑性功；θ^{p} 为塑性体应变；$\bar{\varepsilon}^{\mathrm{p}}$ 为等效塑性应变；ε^{p} 为塑性应变。各个参数分别由下列方程式定义：

$$\boldsymbol{\sigma}^{\mathrm{p}}=\boldsymbol{D}\boldsymbol{\varepsilon}^{\mathrm{p}} \tag{3-2}$$

$$w^{\mathrm{p}}=\int\boldsymbol{\sigma}^{\mathrm{T}}\mathrm{d}\varepsilon^{\mathrm{p}} \tag{3-3}$$

$$\theta^{\mathrm{p}}=\int\boldsymbol{m}^{\mathrm{T}}\mathrm{d}\varepsilon^{\mathrm{p}},\ \boldsymbol{m}^{\mathrm{T}}=\{1,\ 1,\ 1,\ 0,\ 0,\ 0\}^{\mathrm{T}} \tag{3-4}$$

$$\bar{\varepsilon}^{\mathrm{p}}=\int[(\mathrm{d}\varepsilon^{\mathrm{p}})^{\mathrm{T}}\mathrm{d}\varepsilon^{\mathrm{p}}]^{1/2} \tag{3-5}$$

以上公式中，$\boldsymbol{D}$ 为材料刚度张量；$\boldsymbol{m}^{\mathrm{T}}$ 表示矩阵转置，即变量关系矩阵。通常 $f(\boldsymbol{\sigma},\boldsymbol{\sigma}^{\mathrm{p}},k)$ 为屈服函数，屈服条件或屈服准则为公式（3-1）。

矢量 $\boldsymbol{\sigma}^{\mathrm{p}}$ 和标量 k 都是标志材料内部结构永久性变化的量，统称为内变量，是加载的历史函数。从自然状态开始第一次屈服的屈服条件叫初始屈服条件，由于产生了塑性变形，随内变量的增长屈服条件发生了变化，这时屈服条件叫后继屈服条件。

对于一个特定的物质质点，它的状态可用应力 $\boldsymbol{\sigma}$ 和内变量来描述。一般地，屈服函数有以下两种状态：

$$f(\boldsymbol{\sigma},\boldsymbol{\sigma}^{\mathrm{p}},k)<0$$

$$f(\boldsymbol{\sigma},\boldsymbol{\sigma}^{\mathrm{p}},k)=0$$

其中，满足 $f(\boldsymbol{\sigma},\ \boldsymbol{\sigma}^{\mathrm{p}},\ k)<0$ 时，称为弹性状态，这时对无限小的外部作用反应是弹性的；满足式 $f(\boldsymbol{\sigma},\ \boldsymbol{\sigma}^{\mathrm{p}},\ k)=0$ 的状态称为塑性状态，对外部作用的反应是弹塑性。

3.2.3　模拟方案和相关参数

本书主要目的是运用对比模拟计算的方法，定量探讨南海中央海盆演化过程中受水平拉张力、地幔上涌力和地壳薄弱带及断层三个因素的影响。根据已有研究成果和对模型试探性实验得到的合理加载力大小，经过几次简单的模拟计算及分析后，最终确定利用方案一和方案二来设计对比模拟。由于以往相关研究显示，下地壳比上地壳出现更大程度的减薄，这与我们方案一和方案二的模拟结果并不相同，为了探究这一现象的出现，增加了方案三的模拟。

1）方案一

存在薄弱带和断层情况下，对模型依次施加 700MPa、900MPa、1100MPa 的水平拉张力，记录各加载力条件下岩石圈的减薄和水平延伸及其各地层的垂直减薄和变形情况，得到相应数据和可视化模型状态。

2）方案二

在方案一的基础上，每施加一个水平拉张力的同时，依次施加 2×10^4Pa、4×10^4Pa、6×10^4Pa、8×10^4Pa、10×10^4Pa 的地幔上涌力，记录相应计算数据和观察模型的变形情况。

3）方案三

分别在存在和不存在上地壳薄弱带的两种模型下，调整下地壳的岩石参数，再次进行方案二的操作，观察和对比计算结果的变化。

3.2.4　模型计算结果与分析

1. 方案一的计算结果与分析

当水平拉张力为 700MPa 时的应力分布如图 3-3 所示。从图中可以看出，当受到水平拉张时，模型水平方向会有少量的延伸，下边界也有小幅度抬升。颜色分布显示，垂直方向上从上到下颜色依次变暖，表明从上地壳、下地壳到地幔所受应力依次增大；水平方向上，模型中部相对于两端应力较大。结合图 3-4 的曲线走向可以得知，岩石圈在垂向上发生了减薄，并且以中部薄弱带和断层区域的减薄量最大。

依次计算水平拉张力为 700MPa、900MPa、1100MPa 情况下的模型变化。从表 3-2 的统计数据可以看出，随着水平拉张力的增大，模型的水平延伸和减薄量均逐渐增加，其趋势图也显示岩石圈的水平延伸量和减薄量与水平拉张力呈近似的正比关系（图 3-5）。

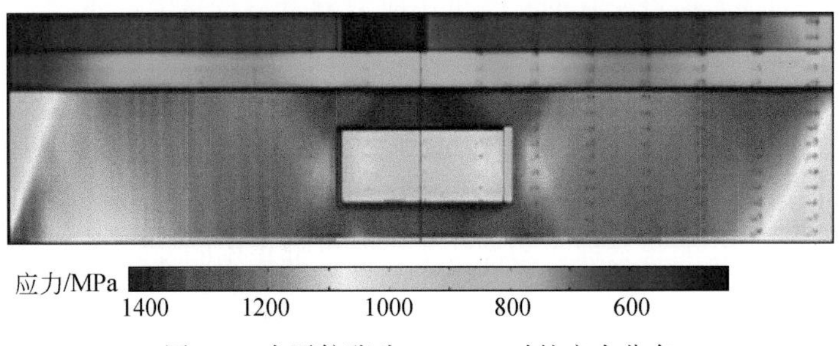

图 3-3　水平拉张为 700MPa 时的应力分布

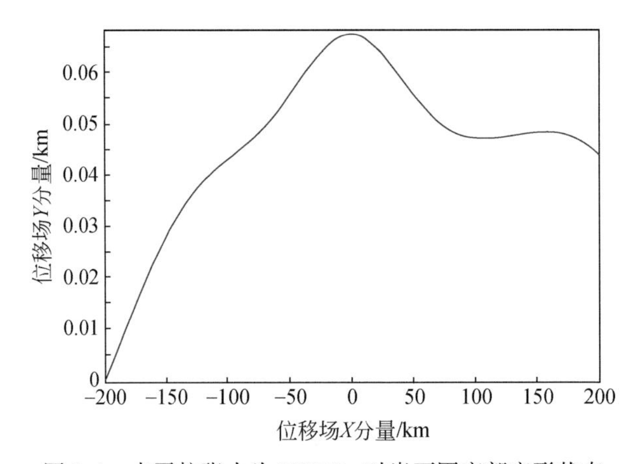

图 3-4　水平拉张力为 700MPa 时岩石圈底部变形状态

表 3-2　模型受拉张力时的变形量

拉张力/MPa	岩石圈水平延伸量/km	岩石圈减薄量/km
700	22	2. 65
900	35	4. 40
1100	46	5. 50

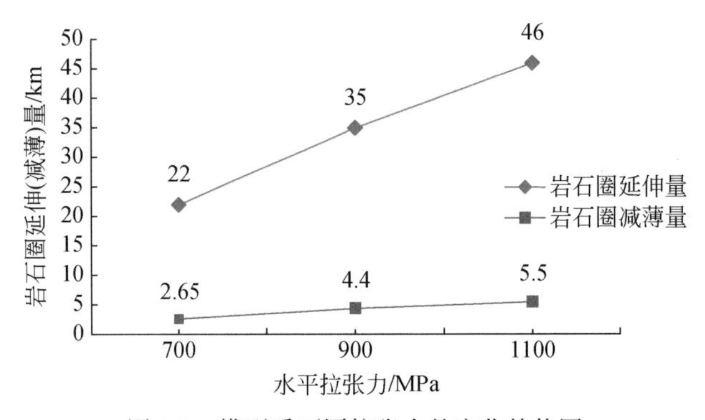

图 3-5　模型受不同拉张力的变化趋势图

2. 方案二的计算结果与分析

当水平拉张力依次为700MPa、800MPa和1100MPa时，等梯度地增大地幔上涌力，得到不同水平拉张力和地幔上涌力条件下的上地壳、下地壳和地幔减薄结果，以及岩石圈水平拉伸的参数和变化情况（表3-3）。

表3-3 方案二不同受力条件下的模型变形参数

拉张力/MPa	地幔上涌力/MPa	拉张长度/km	拉张率	岩石圈		地壳层		上地壳		下地壳		地幔	
				减薄量/km	减薄率	减薄量/km	减薄率	减薄量/km	减薄率	减薄量/km	减薄率	减薄量/km	减薄率
700	0	21.5	0.02	2.90	0.02	1.01	0.03	0.56	0.03	0.45	0.02	1.89	0.02
	0.02	23	0.02	3.45	0.03	1.23	0.03	0.68	0.03	0.55	0.03	2.22	0.03
	0.04	25	0.03	4.40	0.04	1.55	0.04	0.85	0.04	0.70	0.04	2.85	0.03
	0.06	29	0.03	5.70	0.05	2.15	0.05	1.15	0.06	1.00	0.05	3.55	0.04
	0.08	36	0.04	8.60	0.07	3.25	0.08	1.78	0.09	1.47	0.07	5.35	0.06
	0.10	55	0.06	17.2	0.14	6.75	0.17	3.65	0.18	3.10	0.16	10.45	0.12
900	0	35	0.04	4.4	0.04	1.48	0.04	0.79	0.04	0.69	0.03	2.92	0.03
	0.02	37	0.04	5.2	0.04	1.80	0.05	0.96	0.05	0.84	0.04	3.40	0.04
	0.04	41	0.04	6.5	0.05	2.30	0.06	1.23	0.06	1.07	0.05	4.20	0.05
	0.06	47	0.05	8.6	0.07	3.15	0.08	1.68	0.08	1.47	0.07	5.45	0.06
	0.08	58	0.06	13.1	0.10	4.90	0.12	2.62	0.13	2.28	0.11	8.20	0.10
	0.10	90	0.09	26.5	0.21	10.30	0.26	5.50	0.28	4.80	0.24	16.20	0.19
1100	0	46	0.05	5.5	0.04	1.70	0.04	0.82	0.04	0.88	0.04	3.80	0.04
	0.02	50	0.05	6.6	0.05	2.15	0.05	1.05	0.05	1.10	0.06	4.45	0.05
	0.04	55	0.06	8.3	0.07	2.80	0.07	1.40	0.07	1.40	0.07	5.50	0.06
	0.06	64	0.06	11.2	0.09	3.90	0.10	2.00	0.10	1.90	0.10	7.30	0.09
	0.08	78	0.08	17.00	0.14	6.30	0.16	3.26	0.16	3.04	0.15	10.70	0.13
	0.10	122	0.12	35.5	0.28	13.80	0.35	7.80	0.39	6.00	0.30	21.70	0.26

由表3-3中的数据对比可以看出：①当水平拉张力一定时，随着地幔上涌力的增加，岩石圈的水平拉张率和各地层的减薄率依次增大；②地幔上涌力每增加0.02MPa，最大可以发生10km多的岩石圈减薄增量和40km多的水平延伸增量，然而当地幔上涌力不变而每增加200MPa的水平拉张力时，岩石圈的最大减薄增量小于10km，水平延伸量最大也只增加了10km多；③当地幔上涌力为0时，增加百兆帕的拉张力也只能引起很小程度的岩

石圈减薄和水平延伸。

根据不同拉张力条件下岩石圈各层的减薄率统计，可获得如下规律：①在三种不同拉张力条件下，当上涌力不超过0.085MPa时，岩石圈的减薄量、水平拉伸量均与地幔上涌力的改变呈线性关系，而且不同拉张力情况下的增加趋势相似，即模型处于弹性变形阶段；②在相同受力条件下，岩石圈的减薄率由上地壳、下地壳到地幔依次减小。

计算过程中发现当水平拉张力为700MPa、地幔上涌力达到0.1MPa时，模型开始出现塑性变形区域；当水平拉张力为900MPa、地幔上涌力达到0.1MPa时，塑性变形区增大；当水平拉张力为1100MPa、地幔上涌力为0.085MPa时，模型就开始出现塑性变形区。取地幔上涌力为0.1MPa时的不同水平张力条件下，可观察到有效塑性变形区域的变化如图3-6所示。

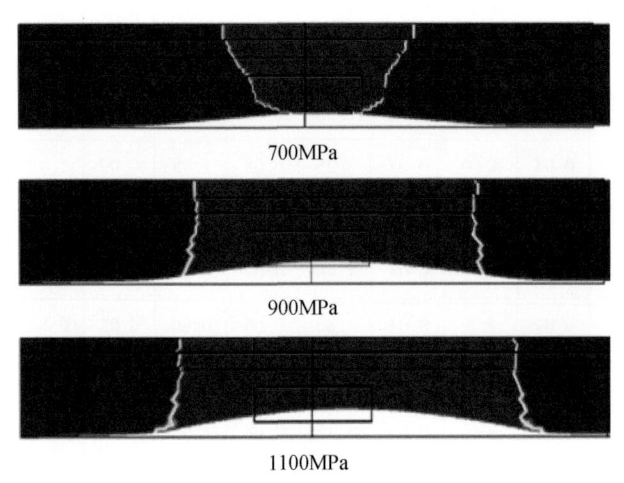

图3-6　地幔上涌力为0.1MPa时不同水平拉张力条件下的有效塑性变形
红色区域代表塑性变形区域

根据模拟结果，模型的塑性变形首先发生在上地壳，而且当地幔上涌力一定时，水平拉张力越大，模型的塑性变形区域就越大，减薄和水平延伸也越大。由这一规律可以得知，水平拉张力越大，模型达到塑性变形所需要的地幔上涌力越小。

3. 方案三的计算结果与分析

通过上述模拟实验发现，当上地壳存在薄弱带时，下地壳切线模量的减小对实验参数的影响并不明显。然而，当模型中不存在上地壳薄弱带时，下地壳切线模量的减小会导致下地壳比上地壳有更大的减薄率。

当模型中不存在上地壳薄弱带，并且下地壳的切线模量为0.8×10^4MPa时，不同水平拉张力条件下改变地幔上涌力，岩石圈上地壳、下地壳和地幔各层减薄与水平拉伸的参数及变化趋势如表3-4所示。

表3-4　方案三不同受力条件下的模型变形参数

拉张力/MPa	地幔上涌力/MPa	拉张长度/km	拉张率	岩石圈		地壳层		上地壳		下地壳		地幔	
				减薄量/km	减薄率	减薄量/km	减薄率	减薄量/km	减薄率	减薄量/km	减薄率	减薄量/km	减薄率
700	0	23	0.02	3.00	0.02	0.96	0.02	0.44	0.02	0.52	0.03	2.04	0.02
	0.02	25	0.03	3.64	0.03	1.24	0.03	0.58	0.03	0.66	0.03	2.40	0.03
	0.04	28	0.03	4.90	0.04	1.72	0.04	0.83	0.04	0.89	0.04	3.18	0.04
	0.06	34	0.03	7.30	0.06	2.72	0.07	1.35	0.07	1.37	0.07	4.58	0.05
	0.08	49	0.05	14.30	0.11	5.90	0.15	2.85	0.14	3.05	0.15	8.40	0.10
	0.09	78	0.08	29.50	0.24	13.30	0.33	6.70	0.34	6.6	0.33	16.20	0.19
900	0	38	0.04	4.6	0.04	1.48	0.04	0.68	0.03	0.8	0.04	3.12	0.04
	0.02	41	0.04	5.8	0.05	1.90	0.05	0.90	0.05	1.00	0.05	3.90	0.05
	0.04	46	0.05	7.5	0.06	2.62	0.07	1.28	0.06	1.34	0.07	4.88	0.06
	0.06	56	0.06	11.3	0.09	4.30	0.11	2.10	0.11	2.20	0.11	7.00	0.08
	0.08	82	0.08	23.5	0.19	9.90	0.25	5.00	0.25	4.90	0.25	13.60	0.16
	0.085	103	0.10	35.0	0.28	16.50	0.41	7.58	0.38	8.92	0.45	18.50	0.22
1100	0	53	0.05	6.2	0.05	2.00	0.05	0.91	0.05	1.09	0.05	4.20	0.05
	0.02	57	0.06	7.7	0.06	2.48	0.06	1.22	0.06	1.26	0.06	5.22	0.06
	0.04	70	0.07	10.2	0.08	3.60	0.09	1.75	0.09	1.85	0.09	6.60	0.08
	0.06	78	0.08	15.3	0.12	5.85	0.15	2.90	0.15	2.95	0.15	9.45	0.11
	0.08	120	0.12	36.0	0.29	16.00	0.40	8.00	0.40	8.00	0.40	20.00	0.24

根据以上计算数据和图形分析可以看出，岩石圈各层的减薄率是由下地壳、上地壳到地幔依次减小的，即上地壳中不存在薄弱带且下地壳的切线模量比较小时，下地壳的减薄率会大于上地壳的减薄率。

在计算过程中发现，在拉张力为700MPa情况下，当上涌力达到0.08MPa时，模型出现塑性变形区，当上涌力加载到0.1MPa时，模型已经受破坏，计算无法闭合；在拉张力为900MPa情况下，当上涌力达到0.06MPa时，模型出现塑性变形区，当上涌力加载到0.09MPa时，模型被破坏；在拉张力为1100MPa情况下，当上涌力达到0.085MPa时，模型被破坏。当上涌力为0.085MPa时，不同拉张力条件下的塑性变形结果如图3-7所示。从图中可看到，当模型发生塑性变形时，下地壳表现出一定的流变性，从而较上地壳和地幔更容易发生塑性变形。

从方案二的加载情况分析，当地幔上涌力达到0.1MPa时，3种水平拉张力条件下的模型均没有发生破裂。而在方案三中，根据表3-4的实验数据，3种水平拉张力条件下，当地幔上涌力分别达到0.09MPa、0.085MPa和0.08MPa时，模型就已经发生破裂。

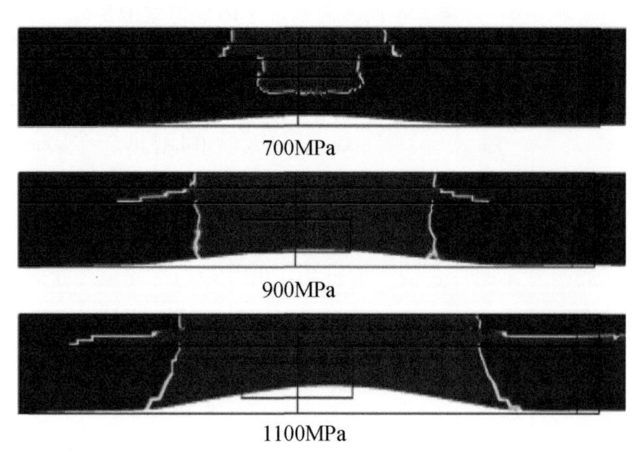

图 3-7　地幔上涌力为 0.085MPa 时不同水平拉张力条件下的有效塑性变形
红色区域代表塑性变形区域

3.3　洋中脊形成过程中的岩浆演化模拟

长期以来，国内外学者主要从地球物理学角度对南海的形成演化做了大量研究工作，而通过岩石“探针”手段去揭示地幔深部过程进而探讨南海形成演化问题的相关资料却比较缺乏。从大陆破裂到海底扩张的过程就是洋中脊地幔熔融上涌的过程，岩石熔融和岩浆作用是其中的重要组成部分。地幔物质在一定深度部分熔融形成岩浆，岩浆上涌到达地表固结形成新洋壳。因此，对岩浆岩进行岩相学、年代学、地球化学研究，辨别其物质组成，反演岩浆演化历史，不仅可以帮助了解地球深部的物质组成，而且还可以进一步了解深部的动力学过程。

3.3.1　南海扩张的岩浆活动

南海及其围区新生代岩浆活动比较活跃，广泛分布于南海海盆、南海北部陆缘、中南半岛、我国华南地区和台湾、吕宋岛弧等地区。根据与南海扩张事件（32 ~ 15.5Ma）的前后关系，将南海及周缘的新生代岩浆活动分为三期：扩张前（>32Ma）、扩张期（32 ~ 15.5Ma）和扩张停止后（<15.5Ma）。扩张前的岩浆活动主要分布于南海北部陆缘及华南沿海地区（Chung et al.，1997；肖龙等，2006；Huang et al.，2013），此外在台湾西部地区也有分布（Wang et al.，2012a）。

扩张期岩浆活动主要集中在南海海盆内，但由于南海海盆沉积物较厚，样品获取困难，研究资料相对较少。然而，扩张期南海海盆的岩浆活动与南海的扩张直接相关，对其进行研究将是解决南海扩张问题的关键。IODP 349 航次在南海海盆打了 5 口钻井，其中 U1431、U1433 和 U1434 三口钻井成功打入洋壳基底并首次获得了南海海盆基底玄武岩样品，为研究扩张期岩浆活动提供了宝贵的机会。Wang 等（2012b）在台湾西南部附近海山获得了一些约 20Ma 的拖网玄武岩样品，在台湾西北部及粤东的韭菜地和普寨等地也发现了约20Ma的岩浆活动（Chung et al.，1995；Huang et al.，2013），而扩张期南海周缘的岩浆活动则很少。从目前的研究资料来看，扩张期陆上岩浆岩岩性单一，都为碱性玄武岩，地球化学特征相似，均呈典型的OIB特征和EM2富集的特征。学者们认为该期岩浆地幔源区已由岩石圈地幔转为上升的软流圈地幔，而其中的富地幔物质来自上覆的岩石圈地幔，其岩石演化过程较为简单，分离结晶作用影响程度较低，因此该期岩浆岩的特征可以较好地反映其地幔源区的性质（Chung et al.，1995；Wang et al.，2012c；Huang et al.，2013）。

扩张停止后的岩浆活动活跃，在南海及围区均有分布，因此关于扩张停止后的岩浆研究资料也比较丰富。根据岩相学研究，扩张停止后的岩浆岩主要为拉斑玄武岩和碱性玄武岩，早期以拉斑玄武岩为主，随着时间演化逐渐变为碱性玄武岩，杨蜀颖等（2011）认为这种变化趋势主要是分离结晶作用造成的。任江波等（2013）在对玳瑁海山岩石进行研究时，提出岩石圈的“顶盖效应”也会促使南海拉斑玄武岩向碱性玄武岩演化，即岩石圈的厚度控制了地幔物质减压熔融时的平衡压力，岩石圈越厚，熔融区间越小，岩浆越呈碱性并富集不相容元素；相反，岩石圈越薄则会向拉斑玄武岩过渡，而扩张后南海岩石圈厚度整体上随时间演化慢慢增厚。南海周缘扩张后岩浆的这种变化趋势，部分学者认为是地幔源区物质不同程度的部分熔融与不同比例或不同性质的富集物质混合造成的（Flower et al.，1992；Ho et al.，2000；韩江伟等，2009；Wang et al.，2012c）。关于岩浆地幔源区中富集端元的性质，学者在对北部湾、雷州半岛、海南岛等地的岩浆岩研究中获得较一致的认识，即岩浆源区的富集端元为EM2型（Tu et al.，1991；Ho et al.，2000；Zou et al.，2000；Li et al.，2013）。但关于南海海山玄武岩源区富集端元的性质则出现了争议，Tu等（1992）和鄢全树等（2008）认为富集端元为EM2型，而邢光福（1997）和杨蜀颖等（2011）则认为富集端元为EM1型。此外，Hoang等（1996）在对越南中南部晚期玄武岩和Chung等（1995）对我国台湾西北部晚中新世玄武岩进行研究时，认为其源区富集端元为EM1型。这些富集物质是从何而来的呢？其中一种观点认为富集物质来源于受古俯冲物质交代的大陆岩石圈地幔，即在南海扩张之前，古太平洋板块持续向东南亚板块下俯冲，俯冲产生的流体与富集的大陆岩石圈地幔发生交代作用，使其具有EM2特征，随着岩石圈的持续拉张减薄，软流圈地幔上升，引发岩石圈中EM物质的熔融，与软流圈熔体混合形成了扩张后的岩浆（Tu et al.，1991；Flower et al.，1992；Tu et al.，1992；Ho et al.，2000；韩江伟等，2009；任江波等，2013）。

3.3.2　洋中脊岩浆演化模拟的理论依据

在地球内部高压环境下的地幔为固体状态，当板块张裂时固体地幔上升，压力释放，在扩张中心下的深部地幔会发生岩石部分熔融。岩石部分熔融关系着岩浆房和岩浆供应量，熔融区域的大小控制着洋壳厚度的变化、洋中脊的形态和海底玄武岩的主量及微量元素丰度，因而具有重要的地质意义。但是由于无法获取相应的岩石样品，数值模拟成了有利的研究工具，同时还可以更好地整合和理解已有的地球物理、地球化学等资料（Hasenclever，2010），因此学者提出了许多地球动力学模型来模拟洋中脊和洋壳的形成演化过程。其中，Kusznir 和 Karner（2007）、Gregg 等（2009）、许鹤华等（2011）认为在上升离散地幔流的作用下，大陆岩石圈减薄，并最终导致大陆岩石圈裂解与海底扩张。这一理论下的模型主要包括上升离散地幔流模型、质量守恒方程、岩石圈热结构模型和参数化的部分熔融模型相结合（Kinzler and Grove，1992，1993），即建立扩张洋脊下方的地幔流模型和岩石圈热模型，模拟岩石圈温度结构，并以此来计算熔体区域和熔化程度，进而根据岩浆的熔融量来估算洋壳的厚度。

地幔发生熔融的必要条件是绝热地温线与地幔固相线相交，促使两者相交的方式有 3 种（徐义刚，2006）：①地幔热柱使得地温线升高，形成 OIB 型岩浆及大火山岩省；②岩石圈拉张使软流圈绝热上涌的减压熔融，如形成大洋中脊玄武岩（MORB）；③挥发分的加入导致固相线降低，如汇聚板块边界的地幔楔熔融。地幔岩石开始熔融的深度、熔化区域的宽度、最大熔化程度均与地幔的温度、岩石组分、岩石含水量和板块扩张速率相关（Asimow and Langmuir，2003）。相对于快速扩张，在慢速扩张环境下，将形成相对较薄的洋壳和更深的裂谷，岩浆熔融程度也相对较低。在快速扩张环境，如南部的东太平洋海隆，脊轴下方的熔融地区可能宽数百千米、深约 100km（Toomey et al.，1998）。在非常缓慢的扩张脊，熔体区较窄（Montési and Behn，2007），并且熔融程度较低。大洋中脊地幔中的 H_2O 起着降低地幔固相线温度的作用，从而增加地幔的起始熔融深度和熔融区范围，但同时也会降低地幔的平均熔融程度（Asimow and Langmuir，2003；Hutchison，2004）。

为了探究洋中脊形成过程中岩浆的减压熔融演化模式以及扩张速度和岩石含水量两个参数在岩浆熔融过程中的作用，本节将以南海中央海盆的地球物理和地球化学相关数据为背景，建立数值模型，并通过改变参数建立对比模型，从而得出扩张速度和含水量两个因素分别对起始熔融深度、熔融速度及岩浆产量的影响情况。

当地幔所处的温压条件位于地幔固相线之上时，地幔便开始发生部分熔融，之所以是“部分”而非“全部”是因为地幔的温压条件不会越过地幔的液相线（Niu，2005）。理论上，有 4 种机制可以引发地幔的部分熔融：加热、减压、挥发分加入、加压。对于地幔橄榄岩的岩浆熔融，减压和挥发分加入是主要因素（Carmichael et al.，1974；Yoder，1976）。大洋扩张过程中洋中脊下的地幔岩石熔融，其主要机制是岩石上升引起的减压熔融，地幔绝热上升围压下降，岩石一旦达到固相温度减压，熔融就开始发生。地幔岩石固相线的温度相对于压力的梯度大约是 0.13℃/MPa（Healy and Kusznir，2007），而在板块扩张中心，随着板块的扩张，地幔被动上涌，其温度相对于压力的梯度可达到 0.01 ~ 0.02℃/MPa（Langmuir et al.，1992）。地幔岩石绝热上升如图 3-8 中的红线所示，与地幔岩石固相线相交时发生部分熔融，岩石加入挥发分水时，由于水的熔点较低，岩石地幔的熔点降低，即地幔的起始熔融温度下降。

在上升离散地幔流作用下，地幔热流从岩石圈底部沿薄弱带位置逐渐向上传播，随着来自软流圈的热物质不断上涌，岩石圈开始发生部分熔融现象。一般认为岩石熔融的区域是一个三角形（图 3-9），三角形的底部就是岩石固相线，其深度为 60 ~ 80km（Langmuir et al.，1992）。

目前已有大量地球物理资料表明在快速扩张洋脊下存在稳定的、持续的、深度很浅的岩浆房（Sinton and Detrick，1992；Carbotte et al.，1998；Dunn and Forsyth，2003）。快速

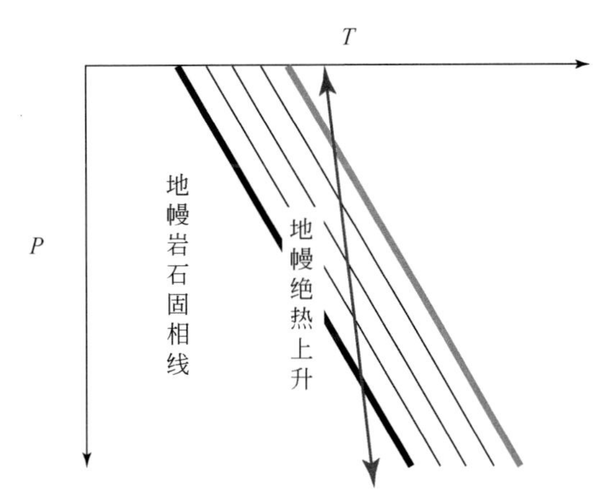

图3-8　洋脊下地幔岩石绝热上升引起部分熔融过程示意图（据许鹤华等，2011）

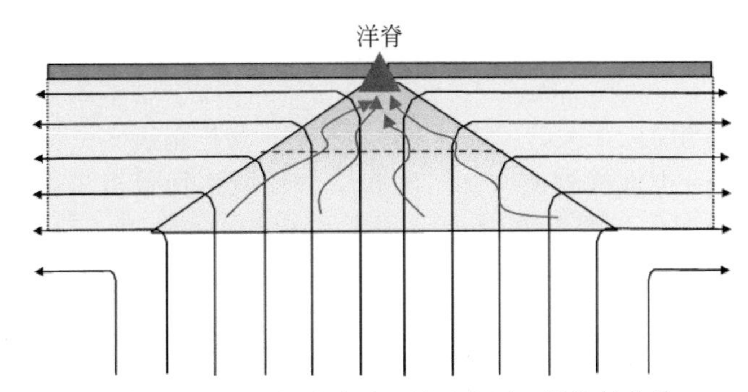

图3-9　洋脊下地幔岩石部分熔融区域示意图（据许鹤华等，2011）

扩张脊下的地幔熔融程度更高，这与快速扩张洋脊下更大的地幔供给量有关，而慢速扩张洋脊则表现为缺少岩浆房、高 MgO 以及结晶度高等特征（Niu and Hekinian，1997；Sinton and Detrick，1992）。

大陆岩石圈变形导致岩石圈裂解和张裂大陆边缘的形成，是建立在改进的上升离散地幔流模型基础上的。上升离散地幔流由等黏态的角落流模型给出：

$$\nabla^4\varphi=0 \tag{3-6}$$

式中，φ 为流函数。Batchelor（1967）给出了 式（3-6）的解析解：

$$\varphi=(Ax+Bz)+(Cx+Dz)\arctan\left(\frac{z}{x}\right) \tag{3-7}$$

$$v_x=-B-D\arctan\left(\frac{z}{x}\right)+(Cx+Dz)\left(\frac{-x}{x^2+z^2}\right) \tag{3-8}$$

$$v_x=A+C\arctan\left(\frac{z}{x}\right)+(Cx+Dz)\left(\frac{-x}{x^2+z^2}\right) \tag{3-9}$$

式中，A、B、C、D 为常数，由边界条件确定，式（3-8）和式（3-9）为上升流的速度分布，上升离散地幔流模型的边界条件为

$$v_z = v_0,\quad v_x = \begin{cases} u_0, & x>0 \\ -u_0, & x<0 \end{cases} \tag{3-10}$$

式中，u_0、v_0分别为在边界上的水平和垂直速度分量；当 $x=0$ 时，$u_0=0$；当 $z=0$ 时，$v_0=0$。将边界条件代入式（3-8）和式（3-9），由此可以得到常数 A、B、C、D 和速度分布。

由式（3-8）和式（3-9）确定的速度场与对流-扩散热传导方程耦合得到：

$$\frac{\partial T}{\partial t} = k\left(\frac{\partial^2 T}{\partial x^2} + \frac{\partial^2 T}{\partial z^2}\right) - u\frac{\partial_T}{\partial x} - v\frac{\partial_T}{\partial z} - \frac{T\Delta S}{C_p}H + \frac{q}{\rho C_p} \tag{3-11}$$

式中，T 为温度；t 为时间；k 为热扩散率；q 为岩石的生热率；ΔS 为由单位质量岩石熔融引起的熵增量；H 为岩石熔融比例；C_p为岩石的比热容；ρ 为岩石密度。上、下边界条件为

$$T|z=0=T_0,\quad T|z=L=T_m \tag{3-12}$$

模型的侧边界为绝热边界，假设模型的初始条件是在岩石圈扩张前就达到了稳态的热分布，其中固体模型的热传导为

$$\rho C_p\frac{\partial T}{\partial t} + \rho C_p u \cdot \nabla T + \nabla \cdot (-k\nabla T) = Q \tag{3-13}$$

并且初始的热稳态是与时间无关的。式（3-13）中，u 为扩张速度；Q 为热源。

随着热流的上升，上地幔物质所受温度和压力环境达到固相线就会发生部分熔融现象，假设材料发生熔融的相变温度为 T_{pc}，并且发生相变的温度范围在（$T_{pc}-\Delta T/2$）和（$T_{pc}+\Delta T/2$）之间，其中相变转换率 θ 是平滑函数，在温度低于（$T_{pc}-\Delta T/2$）时未发生熔融，表示为 1；当温度高于（$T_{pc}+\Delta T/2$）时发生熔融，表示为 0。岩石密度 ρ、比焓 H 的相互关系表达式为

$$\rho = \theta\rho_{phase1} + (1-\theta)\rho_{phase2} \tag{3-14}$$

$$\rho H = \theta\rho_{phase1}H_{phase1} + (1-\theta)\rho_{phase2}H_{phase2} \tag{3-15}$$

式中，phase1 和 phase2 分别为不同相状态的材料，根据温度的不同，岩石的比热容变化情况为

$$C_p = \frac{\partial}{\partial T}\left(\frac{\theta\rho_{phase1}H_{phase1} + (1-\theta)\rho_{phase2}H_{phase2}}{\rho}\right) \tag{3-16}$$

经过一定的相变反应，比热容的表达式变为

$$C_p = \frac{1}{\rho}(\theta_1\rho_{phase1}C_{p,phase1} + \theta_2\rho_{phase2}C_{p,phase2}) + (H_{phase2} - H_{phase1})\frac{d\alpha_m}{dT} \tag{3-17}$$

式中，θ_1和 θ_2分别为 θ 和 $1-\theta$，质量分数 α_m定义为

$$\alpha_m = \frac{1}{2}\frac{\theta_2\rho_{phase2} - \theta_1\rho_{phase1}}{\rho} \tag{3-18}$$

在转换之前等于-1/2，转换之后为 1/2，比热容是等价热容 C_{eq}的总和，为

$$C_{eq} = \frac{1}{\rho}(\theta_1\rho_{phase1}C_{p,phase2} + \theta_2\rho_{phase1}C_{p,phase2}) \tag{3-19}$$

其中，潜伏热为

$$C_L(T) = (H_{phase2} - H_{phase1})\frac{d\alpha_m}{dT} \tag{3-20}$$

潜热分布 C_L 近似于：

$$C_L(T)=L\frac{\mathrm{d}\alpha_\mathrm{m}}{\mathrm{d}T} \tag{3-21}$$

相变转换过程中，单位体积的总散热量与潜伏热一致，即

$$\int_{T_\mathrm{pc}-\frac{\Delta T}{2}}^{T_\mathrm{pc}+\frac{\Delta T}{2}}C_L(T)\,\mathrm{d}T=L\int_{T_\mathrm{pc}-\frac{\Delta T}{2}}^{T_\mathrm{pc}+\frac{\Delta T}{2}}\frac{\mathrm{d}\alpha_\mathrm{m}}{\mathrm{d}T}\mathrm{d}T=L \tag{3-22}$$

其中潜热 L 只与压力有关，与温度无关。因此，公式中用到的实时热容 C_p 为

$$C_\mathrm{p}=\frac{1}{\rho}\left(\theta_1\rho_\mathrm{phase1}C_\mathrm{p,phase1}+\theta_1\rho_\mathrm{phase1}C_\mathrm{p,phase1}\right)+C_L \tag{3-23}$$

有效热传导率 k 为

$$k=\theta_1k_\mathrm{phase1}+\theta_2k_\mathrm{phase2} \tag{3-24}$$

有效密度 ρ 为

$$\rho=\theta_1\rho_\mathrm{phase1}+\theta_2\rho_\mathrm{phase2} \tag{3-25}$$

3.3.3　模型结构与参数选取

正常情况下，岩石圈各层的减薄率与岩石强度成反比，而下地壳的切线模量较小时，下地壳表现出流变性，发生比上地壳更大程度的减薄。相比于薄弱带的存在，下地壳的流变性更容易使岩石圈发生减薄破坏，有助于海盆的扩张（李延真和许鹤华，2016）。为了使模型计算更加精确，本次模型用下地壳的流变性替代薄弱带和断层的存在，即通过加大下地壳的厚度来实现局部地区薄弱带的存在效果。设计的模型分为三层，宽400km，深120km，上地壳厚度为10km，下地壳的下边界坐标为-45～-20km的内插曲线。在温度边界条件方面，模型上边界温度（T_0）为300K，下边界温度（T_in）为1650K，左右两边界为绝热边界。

Taylor和Hayes（1980）认为南海中央海盆的扩张过程发生在距今32～17Ma期间，如果要模拟得到与实际情况更为接近的熔融过程，就需要研究熔融过程的瞬态变化（Hasenclever，2010）。因此，模型采用瞬态计算，时间尺度从洋中脊扩张开始到扩张结束，历时15Ma，时间步长设为0.5Ma。下面出现的演化时间均以洋脊扩张开始（0Ma，即距今32Ma）作为起始计算的时间。

在大陆张裂和海底扩张模型中，扩张速度是一个重要参数。在实际地质演化过程中，速度是随着时间变化的，为此许多学者对南海的扩张速率进行了研究，其中Macdonald（1982）将洋中脊的扩张速率分为慢速扩张（1～5cm/a）、中速扩张（5～9cm/a）和快速扩张（9～18cm/a）。根据Taylor和Hayes（1983）的研究，南海属于较慢速扩张，故本节初始模型选取1.04cm/a的半扩张速率，并假设洋脊之下的垂直扩张（即地幔上升）速率为洋脊的半扩张速率。

根据Hasenclever（2010）的研究，橄榄岩在不同环境中的固相线分布如图3-10所示。本次模型中选用固相线PYX+200×10^{-6}水，计算得到温度与压力之间的关系为 $T=T_0+3/10\times P$，其中压力 P 为关于深度的分段函数。模型中涉及的其他参数及取值见表3-5。

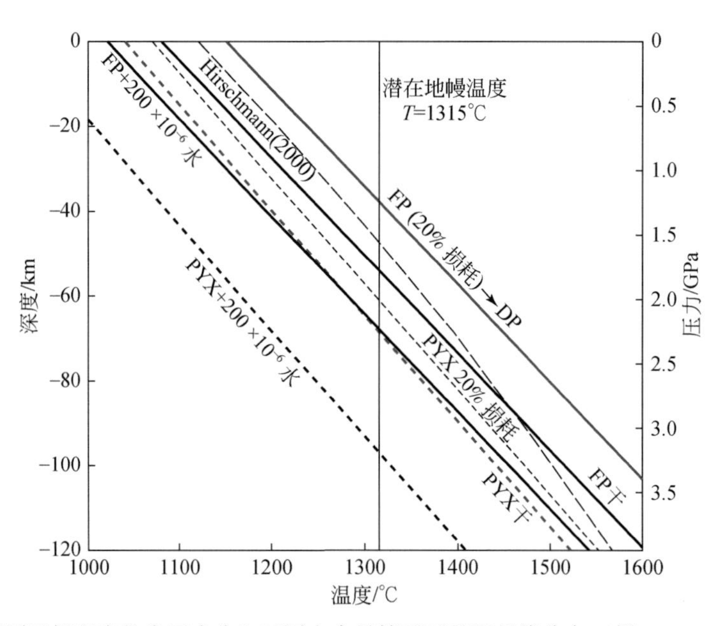

图 3-10　不同亏损程度的岩石成分和不同含水量情况下的固相线分布（据 Hasenclever，2010）

表 3-5　模型计算中涉及的相关参数

参数	单位	取值
下地幔温度（*T*_in）	K	1650
地表温度（*T*_0）	K	300
模型厚度 D	km	120
初始相变温度 T_0	K	1000
上地壳导热系数	W/(m·K)	3.0
下地壳导热系数	W/(m·K)	2.3
地幔导热系数	W/(m·K)	3.3
温度梯度 dT	K	10
温度潜热 L_m	kJ/kg	600
洋盆半扩张速率 v_x	cm/a	1.04
地幔上升速率 v_y	cm/a	1.04
各层初始温度 T_2	K	$-(T\_in-T\_0)\times y/D$
相变温度 T	K	$T_0+3/10\times P$

3.3.4　模型计算结果分析

利用上述模型结构和参数，对地幔热作用下岩石圈扩张过程中的温度变化进行模拟，其结果如图 3-11 所示。在热流上升过程中，上地幔发生减压熔融现象，图 3-12 展示了模型在不同时期的熔融情况。根据其动态演化可知，减压熔融发生的初始时刻在 9.0 ~

8.5Ma，起始熔融出现在上地幔部分，随着热演化的进行，减压熔融区域不断增大，但不连续，在下地壳优先发生减压熔融，从模型参数可知下地壳具有流变性的特点，即低黏度系数岩石会优先发生熔融（Hasenclever，2010）。

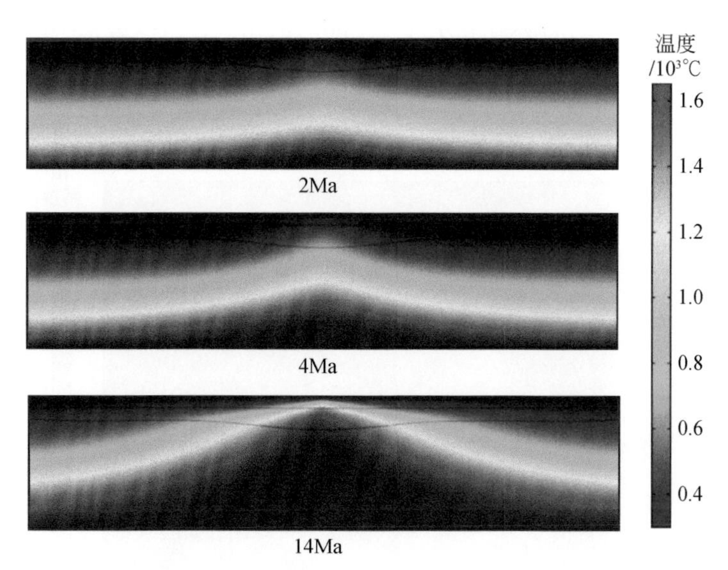

图 3-11　不同扩张时期的温度分布情况

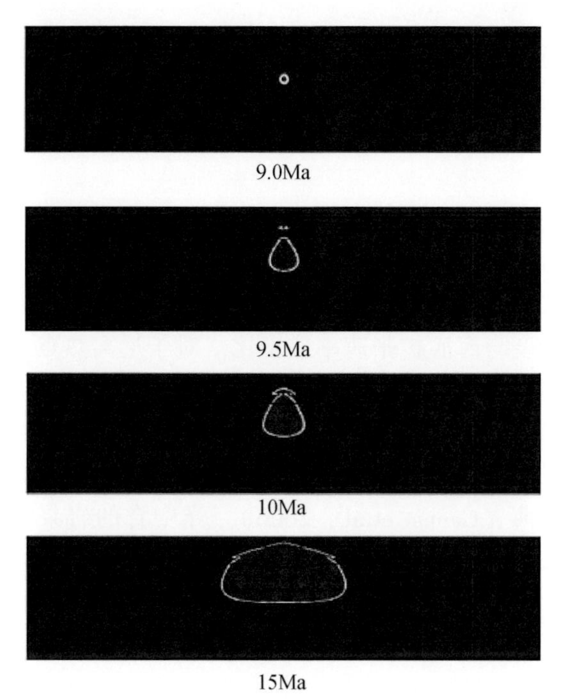

图 3-12　扩张过程中不同时期岩浆的熔融情况

红色区域代表熔融区域

通过对模型扩张结束时（15Ma）熔融区域的面积积分，可以计算得到熔融部分约占总面积的9.2%。为了更清晰地看到熔融区域各部分的熔融程度，对9.0Ma的熔融区域进行放大，并对其相变转换率进行计算，结果显示不同区域减压熔融发生的比率是不同的(图3-13)。因为岩石中不同的矿物组分具有不同的固相线，所以会在不同的深度达到其相应的固相线并发生熔融。此外，不同区域的温压环境不同，其熔融程度也有所差异。该模型的起始熔融深度为50km左右。

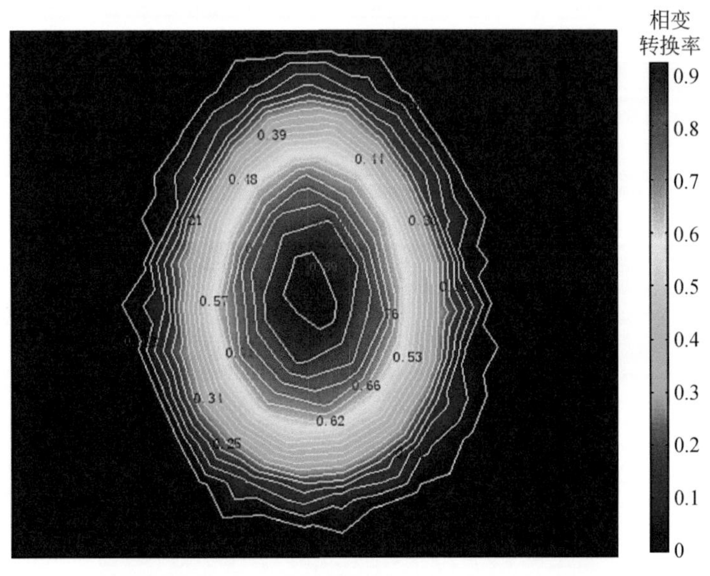

图3-13　9.0Ma时熔融区域相变转换率

3.3.5　对比模型的建立和分析

通过对收集到的13个洋脊段的岩浆计算和对其扩张速率的研究发现，洋中脊的岩浆供应量和岩浆活动强度与海底扩张速率成正比。对于远离热点的洋中脊，地幔上涌速率的差异，会造成地幔终止熔融的深度和熔融区间的不同（Niu and Hekinian，1997；Niu and O′Hara，2008）。快速扩张洋脊下方地幔熔融程度高，产生的岩浆量大，形成较厚的洋壳；而慢速扩张洋脊下方的地幔熔融程度低，产生的岩浆量少，形成的地壳厚度明显比快速扩张洋脊要薄（Cannat et al.，2006）。洋中脊的岩浆活动强度受扩张速率的一级控制，扩张速率既决定了地幔熔融程度，同时也影响着地幔熔融区的范围（Niu and Hekinian，1997）。

水在洋中脊地幔中的含量非常低，以晶格H_2O的方式存在于洋中脊地幔矿物中。水在洋中脊地幔熔融过程中发挥着重要作用，水含量的不同会改变地幔的熔融深度，水含量越高，地幔的起始熔融深度越大，但深部的地幔熔融区往往发生程度极低的熔融。低程度熔融区虽然拓宽了地幔熔融区的范围，增加了岩浆量，但是会降低整个地幔熔融区的平均熔融程度，洋中脊地幔的水含量与熔融程度具有明显的负相关关系（Asimow and

Langmuir，2003；Cushman et al.，2004；Kelley et al.，2006）。

为了探究扩张速率和岩石含水量在扩张过程中对岩石热演化的影响作用，本次模拟增加了两个对比模型：①半扩张速率由 $v_x=1.04$cm/a 增加到 $v_x=1.07$cm/a，其他各项参数不变，以探究扩张速率的影响；②保持扩张速率 $v_x=1.04$cm/a 不变，相变温度由 $T=T_0+0.3\times P$ 增加到 $T=T_0+0.33\times P$，即降低岩石的含水量，以探究含水量的影响。

1. 含水量不变，半扩张速率增加

前已述及，洋中脊的岩浆供应量和岩浆活动强度与海底扩张速率成正比。地幔上涌速率的差异，会造成地幔终止熔融深度及地幔熔融区间的不同。当洋中脊的半扩张速率增加而其他模型参数不变时，随着热演化的进行，地幔岩发生减压熔融，图3-14展示了其不同时刻的熔融情况。

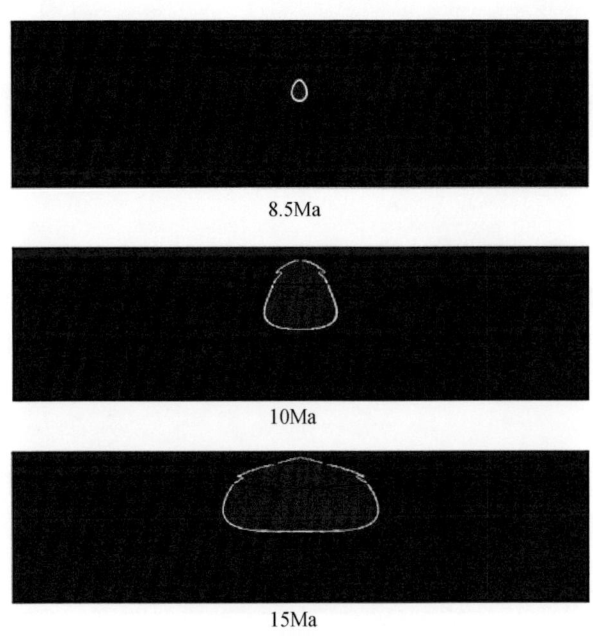

图3-14　不同时期岩浆的熔融情况
红色区域代表熔融区域

在半扩张速率为 $v_x=1.07$cm/a 时，减压熔融发生的起始时刻在8.5～8.0Ma，相对于参照模型，更早地发生了减压熔融，即随着洋中脊扩张速率的增加，岩浆开始熔融的速率也加快。根据两模型在相同时刻（如10Ma时）的熔融区域对比（图3-12和图3-14），可以明显看出，随扩张速率的增加，减压熔融区的面积也增大。

图3-15为8.5Ma时刻熔融区域的相变转化程度，从图中可以看出，起始熔融的深度依然在50km左右，并没有明显的改变。对15Ma时熔融区域面积的积分可得出熔融比为10.5%，相对于参照模型有少量的增加，即扩张速率的增加，在一定程度上促使熔融程度增加。

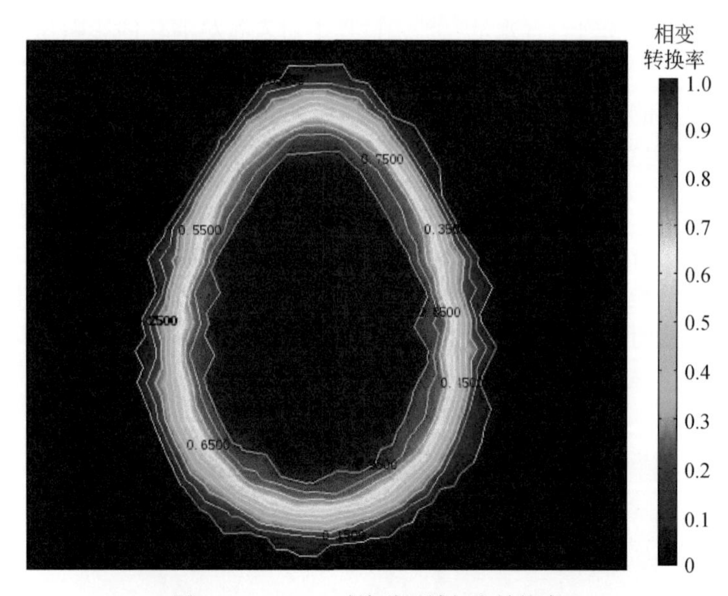

图 3-15　8. 5Ma 时熔融区域相变转换率

2. 半扩张速率不变，含水量减少

水在洋中脊地幔熔融过程中发挥着重要的作用，水含量的不同会改变地幔的熔融深度。利用对比模型，通过减少含水量，模拟得到地幔岩石减压熔融的情况如图 3-16 所示，其中初始熔融时各区域的相变转换率见图 3-17。

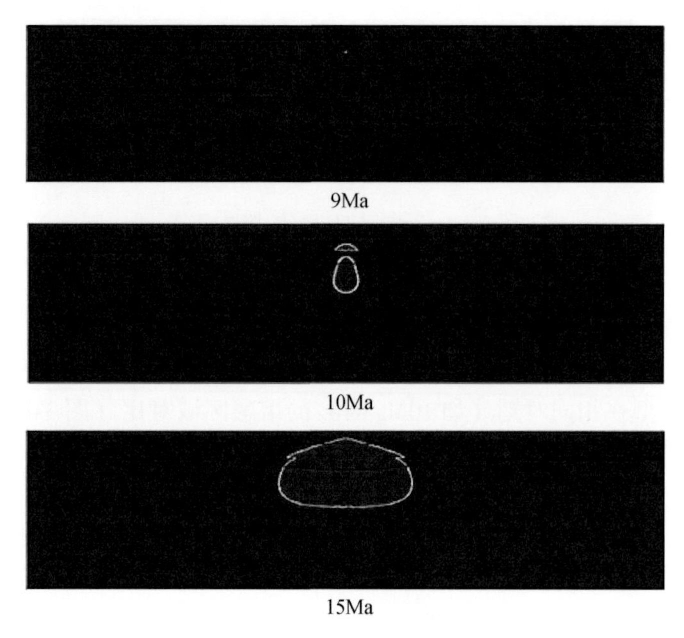

图 3-16　不同时期岩浆的熔融情况

红色区域代表熔融区域

在扩张速度不变的情况下，含水量减少时，初始熔融发生在9.5～9.0Ma，即含水量的降低导致地幔岩石的熔点升高，从而岩石的减压熔融发生较慢。因为水具有很低的熔点，岩石中水含量的增加相当于使地幔岩石熔点降低。由图3-16可以看出，上地幔在9Ma时出现了极少量的部分熔融。对比图3-12和图3-16两个代表模型，在含水量减少时，10Ma时刻岩浆熔融产量有明显的减少，15Ma时刻的熔融区域面积比例为7.21%，说明岩石含水量的减少使岩石熔融发生的速度和体积明显降低。该模型的起始熔融深度为20km左右（图3-17），说明含水量很大程度上也影响着熔融发生的起始深度。

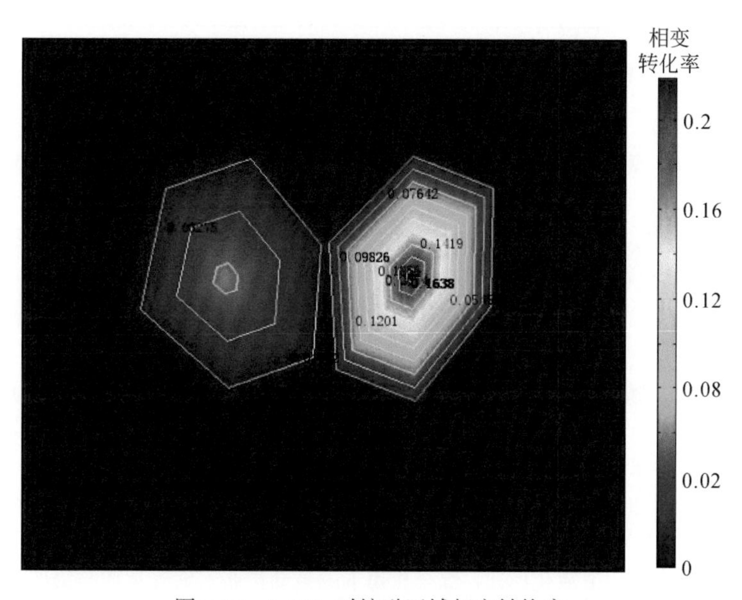

图3-17　9.5Ma时熔融区域相变转换率

3.3.6　模拟结果综合分析

对以上三个不同参数模型得到的计算结果进行汇总（表3-6），根据汇总数据的对比分析可以看出：

（1）洋中脊的半扩张速率越大，熔融越早发生，并且相同时间内，熔融的发生比率越高，即岩浆房岩浆较充足，对于起始熔融深度没有明显影响；

（2）当洋中脊的半扩张速率一定时，岩石的含水量越高，地幔岩石熔点越低，熔融越早发生，熔融发生的起始深度也越深；

（3）相对于含水量的改变，扩张速率的差异对熔融产量和起始深度的影响均较小。

综上所述，扩张速率和含水量都是影响地幔熔融起始深度和熔融程度的主要因素，相对于扩张速率的改变，水的加入会造成更加明显的作用。

表 3-6　不同模型计算结果的对比汇总

模型条件	初始熔融时间/Ma	初始熔融深度/km	15Ma 时的熔融比/%
半扩张速率 v_x = 1.04cm/a 相变温度 $T = T_0 + 0.3 \times P$	9.0～8.5	50	9.20
半扩张速率 v_x = 1.07cm/a 相变温度 $T = T_0 + 0.3 \times P$	8.5～8.0	50	10.5
半扩张速率 v_x = 1.04cm/a 相变温度 $T = T_0 + 0.33 \times P$（含水较低）	9.5～9.0	20	7.21

参考文献

崔学军，夏斌，张宴华，等，2005. 地幔活动在南海扩张中的作用数值模拟与讨论．大地构造与成矿学，29（3）：334-338.

韩江伟，熊小林，朱照宇，2009. 雷琼地区晚新生代玄武岩地球化学：EM2 成分来源及大陆岩石圈地幔的贡献．岩石学报，25（12）：3208-3220.

李付成，2015. 南海中生代俯冲构造恢复模式及俯冲背景下边缘海盆形成的数值模拟．北京：中国科学院大学．

李延真，许鹤华，2016. 南海海盆扩张机制的动力学模拟．海洋地质与第四纪地质，36（2）：75-83.

林舸，王岳军，郭锋，等，2004. 华北陆块岩石圈减薄作用：热薄化与机械拉伸的数值模拟研究．大地构造与成矿学，28（1）：8-14.

刘迎春，刘海龄，张健，2005. 南海中央海盆岩石圈纵向演化模拟．海洋地质与第四纪地质，25（4）：47-53.

栾锡武，张亮，2009. 南海构造演化模式：综合作用下的被动扩张．海洋地质与第四纪地质，29（6）：59-74.

闵慧，任建业，高金耀，等，2010. 南海北部古俯冲带的位置及其对南海扩张的控制．大地构造与成矿学，34（4）：599-605.

任江波，王嘹亮，鄢全树，等，2013. 南海玳瑁海山玄武质火山角砾岩的地球化学特征及其意义．地球科学——中国地质大学学报，38（S1）：10-20.

夏斌，崔学军，张宴华，等，2005. 南海扩张的动力学因素及其数值模拟讨论．大地构造与成矿学，29（3）：328-333.

肖龙，周海民，董月霞，等，2006. 广东三水盆地火山岩：地球化学特征及成因——兼论火山岩性质的时空演化和南海形成的深部过程．大地构造与成矿学，30（1）：72-81.

邢光福，1997. Dupal 同位素异常的概念，成因及其地质意义．火山地质与矿产，18（4）：281-291.

徐义刚，2006. 用玄武岩组成反演中-新生代华北岩石圈的演化．地学前缘，13（2）：93-104.

许鹤华，马辉，宋海斌，等，2011. 南海东部海盆扩张过程的数值模拟．地球物理学报，54（12）：3070-3078.

鄢全树，石学法，王昆山，等，2008. 南海新生代碱性玄武岩主量、微量元素及 Sr-Nd-Pb 同位素研究．中国科学（D 辑），38（1）：56-71.

杨蜀颖，方念乔，杨胜雄，等，2011. 关于南海中央次海盆海山火山岩形成背景与构造约束的再认识．地球科学——中国地质大学学报，36（3）：455-470.

姚伯初，万玲，2010. 南海岩石圈厚度变化特征及其构造意义．中国地质，37（4）：888-899.

张亮，2012. 南海构造演化模式及其数值模拟. 北京：中国科学院大学.
张训华，徐世浙，1997. 南海海盆形成演化模式初探. 海洋地质与第四纪地质，17（2）：1-7.
周蒂，陈汉宗，吴世敏，等，2002. 南海的右行陆缘裂解成因. 地质学报，76（2）：180-190.
Asimow P D，Langmuir C H，2003. The importance of water to oceanic mantle melting regimes. Nature，421（6925）：815-820.
Batchelor G K，1967. An introduction to fluid dynamics. Cambridge：Cambridge University Press.
Cannat M，Sauter D，Mendel V，et al.，2006. Modes of seafloor generation at a melt-poor ultraslow-spreading ridge. Geology，34（7）：605-608.
Carbotte S，Mutter C，Mutter J，et al.，1998. Influence of magma supply and spreading rate on crustal magma bodies and emplacement of the extrusive layer：insights from the East Pacific Rise at lat 16° N. Geology，26（5）：455-458.
Carmichael I S E，Turner F J，Verhoogen J，1974. Igneous Petrology. New York：McGraw-Hill Companies.
Chung S L，Jahn B M，Chen S J，et al.，1995. Miocene basalts in Northwestern Taiwan：evidence for Em-Type mantle sources in the continental lithosphere. Geochimica et Cosmochimica Acta，59（3）：549-555.
Chung S L，Cheng H，Jahn B M，et al.，1997. Major and trace element，and Sr-Nd isotope constraints on the origin of Paleogene volcanism in South China prior to the South China sea opening. Lithos，40（2）：203-220.
Cushman B，Sinton J，Ito G，et al.，2004. Glass compositions，plume-ridge interaction，and hydrous melting along the Galápagos Spreading Center，90. 5° W to 98° W. Geochemistry，Geophysics，Geosystems，5（8）：E17.
Dunn R A，Forsyth D W，2003. Imaging the transition between the region of mantle melt generation and the crustal magma chamber beneath the southern East Pacific Rise with short-period Love waves. Journal of Geophysical Research：Solid Earth，108（B7）：2352.
Flower M F J，Zhang M，Chen C Y，et al.，1992. Magmatism in the South China Basin：2. Post-spreading Quaternary Basalts from Hainan Island，South China. Chemical Geology，97（1-2）：65-87.
Gregg P M，Behn M D，Lin J，et al.，2009. Melt generation，crystallization，and extraction beneath segmented oceanic transform faults. Journal of Geophysical Research：Solid Earth，114（B11）. DOI：10. 1029/2008JB006100.
Hasenclever J，2010. Modeling Mantle Flow and Melting Processes at Mid-Ocean Ridges and Subduction Zones—Development and Application of Numerical Models. Hamburg：Universität Hamburg.
Healy D，Kusznir N J，2007. Early kinematic history of the Goban Spur rifted margin derived from a new model of continental breakup and sea-floor spreading initiation. Geological Society London Special Publications，282（1）：199-215.
Hirschmann M M，2000. Mantle solidus：experimental constraints and the effects of peridotite composition. Geochemistry，Geophysics，Geosystems，1（10）. DOI：10. 1029/2000GC000070.
Ho K S，Chen J C，Juang W S，2000. Geochronology and geochemistry of late Cenozoic basalts from the Leiqiong area，southern China. Journal of Asian Earth Sciences，18（3）：307-324.
Hoang N，Flower M F J，Carlson R W，1996. Major，trace element，and isotopic compositions of Vietnamese basalts：interaction of hydrous EM1-rich asthenosphere with thinned Eurasian lithosphere. Geochimica et Cosmochimica Acta，60（22）：4329-4351.
Huang X L，Niu Y L，Xu Y G，et al.，2013. Geochronology and geochemistry of Cenozoic basalts from eastern Guangdong，SE China：constraints on the lithosphere evolution beneath the northern margin of the South China Sea. Contributions to Mineralogy and Petrology，165（3）：437-455.

Hutchison C S, 2004. Marginal basin evolution: the southern South China Sea. Marine and Petroleum Geology, 21 (9): 1129-1148.

Kelley K A, Plank T, Grove T L, et al., 2006. Mantle melting as a function of water content beneath back-arc basins. Journal of Geophysical Research: Solid Earth, 111 (B9). DOI: 10.1029/2005JB003732.

Kinzler R J, Grove T L, 1992. Primary magmas of mid-ocean ridge basalts: Ⅰ-Experiments and methods. Journal of Geophysical Research: Solid Earth, 97 (B5): 6885-6906.

Kinzler R J, Grove T L, 1993. Corrections and further discussion of the primary magmas of mid-ocean ridge basalts, 1 and 2. Journal of Geophysical Research: Solid Earth, 98 (B12): 22339-22347.

Kusznir N J, Karner G D, 2007. Continental lithospheric thinning and breakup in response to upwelling divergent mantle flow: application to the Woodlark, Newfoundland and Iberia margins. Geological Society London Special Publications, 282 (1): 389-419.

Langmuir C H, Klein E M, Plank T, 1992. Petrological systematics of mid-ocean ridge basalts: constraints on melt generation beneath ocean ridges//Morgan J P, Blackman D K, Sinton J M. Mantle Flow and Melt Generation at Mid-Ocean Ridges. Hoboken: Wiley Online Library: 183-280.

Lavier L L, Manatschal G, 2006. A mechanism to thin the continental lithosphere at magma-poor margins. Nature, 440 (7082): 324-328.

Li C F, Zhou Z Y, Li J B, et al., 2007. Structures of the northeasternmost South China Sea continental margin and ocean basin: geophysical constraints and tectonic implications. Marine Geophysical Researches, 28 (1): 59-79.

Li N, Yan Q, Chen Z, et al., 2013. Geochemistry and petrogenesis of Quaternary volcanism from the islets in the eastern Beibu Gulf: evidence for Hainan plume. Acta Oceanologica Sinica, 32 (12): 40-49.

Macdonald K C, 1982. Mid-ocean ridges: fine scale tectonic, volcanic and hydrothermal processes within the plate boundary zone. Annual Review of Earth and Planetary Sciences, 10 (1): 155-190.

Manatschal G, 2004. New models for evolution of magma-poor rifted margins based on a review of data and concepts from West Iberia and the Alps. International Journal of Earth Sciences, 93 (3): 432-466.

Montési L G J, Behn M D, 2007. Mantle flow and melting underneath oblique and ultraslow mid-ocean ridges. Geophysical Research Letters, 34 (24). DOI: 10.1029/2007GL031067.

Niu Y L, 2005. Generation and evolution of basaltic magmas: some basic concepts and a new view on the origin of Mesozoic-Cenozoic basaltic volcanism in eastern China. Geological Journal of China Universities, 11 (1): 9-46.

Niu Y L, Hekinian R, 1997. Spreading-rate dependence of the extent of mantle melting beneath ocean ridges. Nature, 385 (6614): 326-329.

Niu Y, O'Hara M J, 2008. Global correlations of ocean ridge basalt chemistry with axial depth: a new perspective. Journal of Petrology, 49 (4): 633-664.

Sinton J M, Detrick R S, 1992. Mid-ocean ridge magma chambers. Journal of Geophysical Research: Solid Earth, 97 (B1): 197-216.

Sun Z, Zhou D, Zhong Z H, et al., 2006. Research on the dynamics of the South China Sea opening: evidence from analogue modeling. Science in China Series D: Earth Sciences, 49 (10): 1053-1069.

Taylor B, Hayes D E, 1980. The tectonic evolution of the South China Basin//Hayes D E. The Tectonic and Geologic Evolution of Southeast Asian Seas and Islands. Hoboken: Wiley Online Library: 89-104.

Taylor B, Hayes D E, 1983. Origin and history of the South China Sea basin//Hayes D E. The Tectonic and Geologic Evolution of Southeast Asian Seas and Islands: Part 2: Hoboken: Wiley Online Library: 23-56.

Toomey D R, Wilcock W S D, Solomon S C, et al., 1998. Mantle seismic structure beneath the MELT region of the East Pacific Rise from P and S wave tomography. Science, 280 (5367): 1224-1227.

Tu K, Flower M F J, Carlson R W, et al., 1991. Sr, Nd, and Pb isotopic compositions of Hainan basalts (south China): implications for a subcontinental lithosphere Dupal source. Geology, 19 (6): 567-569.

Tu K, Flower M F J, Carlson R W, et al., 1992. Magmatism in the South China Basin: 1. Isotopic and trace-element evidence for an endogenous Dupal mantle component. Chemical Geology, 97 (1-2): 47-63.

Wang K L, Chung S L, Lo Y M, et al., 2012a. Age and geochemical characteristics of Paleogene basalts drilled from western Taiwan: records of initial rifting at the southeastern Eurasian continental margin. Lithos, 155: 426-441.

Wang K L, Lo Y M, Chung S L, et al., 2012b. Age and geochemical features of dredged basalts from offshore SW Taiwan: the toincidence of intra-plate magmatism with the spreading South China Sea. Terrestrial Atmospheric and Oceanic Sciences, 23 (6): 657-669.

Wang X C, Li Z X, Li X H, et al., 2012c. Temperature, pressure, and composition of the mantle source region of Late Cenozoic basalts in Hainan Island, SE Asia: a consequence of a young thermal mantle plume close to subduction zones? Journal of Petrology, 53 (1): 177-233.

Yoder H S, 1976. Generation of Basaltic Magma. Washington: National Academies Press.

Zou H, Zindler A, Xu X, et al., 2000. Major, trace element, and Nd, Sr and Pb isotope studies of Cenozoic basalts in SE China: mantle sources, regional variations, and tectonic significance. Chemical Geology, 171 (1): 33-47.

第4章　古洋脊对应俯冲带分段活动*

近年来，国家自然科学基金重大研究计划“南海深海过程演变”（简称“南海深部计划”）的开展以及南海第二次和第三次大洋钻探 IODP 349、IODP 367 & 368 航次的完成，不仅为南海现代深海过程与地质演变研究提供了丰富的基础观测资料和宝贵的研究样品，以及推动了边缘海的演变规律及其对海底资源和宏观环境的影响研究，而且通过多学科研究成果的全面集成，促成不同研究方向的学术交叉与集成升华，成为再造边缘海“生命史”系统研究的典范，从而也为本项研究提供了坚实的基础和宝贵的契机。南海形成于十分复杂的大地构造环境之中，它不仅是东亚大陆最大的边缘海，也是西太平洋边缘海系列的关键组成部分，在三个不同板块的相互作用下，经历了由主动大陆边缘向被动大陆边缘的演化过程，四周形成了性质各异的边界，具有南北张裂型、东侧俯冲型和西侧剪切型三种典型大陆边缘（丘学林和刘以宣，1989）。马尼拉海沟作为南海四个边界中唯一的俯冲汇聚边界，是南海洋壳向菲律宾海板块下方俯冲的结果。近 30 年来，已经有大量文献对南海海盆的前期张裂模式、中期演化过程等进行了深入探讨（丘学林和刘以宣，1989；刘以宣等，1993；臧绍先等，1994；臧绍先和宁杰远，1996，2002；詹文欢等，1993），但是对于海盆后期沿马尼拉海沟向东俯冲的构造演化过程及其动力学机制方面的研究却相对薄弱。由于马尼拉俯冲带上覆岛弧的东侧，还存在着相向俯冲的东吕宋海槽-菲律宾俯冲体系，形成了“双向俯冲”的构造格局。双向俯冲作用的特殊性和复杂性增加了马尼拉海沟俯冲带研究的不确定性，导致迄今为止俯冲机制问题还处于探索阶段。然而，南海东部洋壳俯冲的地球动力学特征及其演化机制，不仅是揭示边缘海演变规律的重要科学问题，而且是控制俯冲带地震活动以及成岩成矿过程的主要因素，对于揭示南海形成演化与资源环境效应、开展防震减灾工作等具有重要意义。因此，本章将通过马尼拉俯冲带几何学与运动学特征的系统分段研究，识别出南海东部洋壳俯冲过程的主控因素，利用数值模拟方法探讨俯冲带动力学机制及其地质效应，为简化马尼拉海沟俯冲机制、再造边缘海“生命史”提供新的思路。

4.1　俯冲带分段依据

4.1.1　俯冲带分段研究的内涵及意义

马尼拉海沟发育于十分复杂的大地构造环境，受到三个不同板块的共同作用，形成了“双向俯冲”的构造格局，因此俯冲带受控于多种动力学因素，产生的动力学效应由南至

---

* 作者：姜莲婷、姚衍桃

北呈现出复杂的变化特征。海沟由南至北跨越纬度近10°，长约1000km，覆盖面积较广，经过的海底地形相当复杂，洋壳性质不均一，其俯冲的动力学过程存在着显著的南北差异。前人基于俯冲带上覆板块的地震和火山活动分析，发现地震和火山的密集区具有明显的分段特征（臧绍先等，1994），震源深度和最大主应力轴方向自北向南明显变化（朱俊江等，2005），火山地貌特征、喷发年龄以及地球化学特征等都存在明显的差异（Yang et al. ,1996）。基于上述差异，学者提出南海东部俯冲带存在分段性（李刚等，2011；薛友辰等，2012），李刚等（2011）通过重磁异常分析俯冲带增生楔构造地貌特征，推断这种分段性与南海周边板块动力学机制和南海扩张脊俯冲机制有关；也有观点认为与吕宋岛的向北运动和旋转消减了一部分南海新生洋壳有关（薛友辰等，2012），但目前还缺少俯冲带分段特征的系统阐述，对其成因研究更是十分薄弱。

关于俯冲带的动力学机制问题现已形成了多种观点，但还存在较大争议，不能综合解释多种地质现象或特征。Seno等（1993）利用地震滑动矢量和地质资料确定菲律宾海板块的欧拉参数，研究板块之间相互作用。臧绍先等（1994）早期利用国际地震中心提供的1971～1987年的57个M_B>5.0的地震机制解资料，结合前人的40个震源机制解结果，讨论了台湾岛南部-菲律宾群岛地震及俯冲带上的应力状态，认为菲律宾群岛是一个形变过渡带，由于该过渡带的存在，南海板块俯冲于菲律宾群岛之下，菲律宾海板块对南部的影响很弱。臧绍先和宁杰远（2002）后期又引入GPS观测数据，利用地震滑动矢量，应用Seno的模型重新确定菲律宾海板块的欧拉参数，得到了相对可靠的板块运动特征。朱俊江等（2005）分析了台湾岛-吕宋岛震源机制解最大主压应力轴特征，认为以菲律宾大断层为界，北部以NW向挤压应力为主；南部较为复杂，存在NW、NE和近NS向挤压应力，呈顺时针旋转特征。Hsu等（2012）和Yu等（2013）的研究表明西吕宋海槽至黄岩海山链东部区域的滑移亏损20～30mm/a，耦合率为0.4，并指出由于数据问题而无法详细了解海山的俯冲作用。此外，还有学者引入俯冲带各种特征性的地形地貌以及火山岛弧等研究，以此来推测俯冲板块之间相互作用的过程。如Yang等（1996）根据对吕宋岛北部火山弧的详细研究，认为古扩张脊因受到较大的正浮力作用而阻碍了洋壳的俯冲过程，造成南海板块沿洋陆过渡带（20°N附近）发生了撕裂；Bautista等（2001）对吕宋岛北部开展了更详尽的地震活动和地形地貌分析，改进了Yang等（1996）的理论，提出南海东部海底高原的俯冲作用导致洋壳沿古洋脊发生了撕裂；而刘再峰等（2007）则用“板片窗”的概念解释双火山链现象，认为古洋脊并不能产生足够的正浮力作用，而是由于地形特征影响了应力场分布，引发板片窗构造的形成。

值得关注的是，Yang等（1996）和Bautista等（2001）的研究都指出了海底高原或古洋脊俯冲过程中的正浮力作用对俯冲系统具有重要影响。事实上，海底高原、海山、无震脊、残余弧脊和大洋中脊都属于高地形隆起（bathymetric highs），它们往往形成于岩浆侵入或者底侵作用，与正常洋壳相比具有较低的密度。其中，无震脊和海底高原通常形成于地幔柱动力学，组分上具有洋岛玄武岩（OIB）特点，而残余弧脊和大洋中脊与板块构造动力学密切相关，组分上具有洋中脊玄武岩（MORB）的特征。虽然可能受到不同地球化学组分的岩浆作用影响，但是它们具有相似的地球物理学特征，与正常洋壳相比，密度较轻、地形较高、厚度较大，如翁通爪哇高原和奄美（Amami）海底高原具有接近大陆地壳的厚度。在环太平洋地区广泛存在着洋脊和海底高原俯冲的现象，其动力学效应问题一直是地学界关注的焦点，现有大量研究揭示它们不仅对俯冲带的热结构、大陆边缘的岩浆活动和成矿活动等具有控制作用（Iwamori，2000），而且会导致海沟形态凹曲、俯冲板片撕裂与俯冲倾角减小，以及上覆板块的地震活动性变化与火山空白带的形成（Rosenbaum and Mo，2011）。迄今为止，已有许多学者利用数值模拟和砂箱模拟实验，探讨了海底高原或无震脊俯冲的某种地质效应及其动力学机制。Espurt 等（2008）通过砂箱模拟实验，探讨了南美板块平板俯冲的动力学机制，认为其形成与洋脊俯冲具有成因联系。van Hunen 等（2002）利用数值模拟方法研究了海底高原对板块俯冲倾角的影响。Martinod 等（2013）通过砂箱模拟实验与南美俯冲带观测资料对比分析，探讨了无震脊俯冲对板块几何学特征和上覆板块形变的影响。Mason 等（2010）运用三维数值模拟方法，探讨了 Izu-Bonin-Mariana 俯冲带海沟形态与板片撕裂等现象的成因机制，认为可能由 Ogasawara 高原俯冲所导致。南海东部洋壳也发育海底高原、古洋脊和其他众多海山，然而对它们俯冲效应的研究目前还比较薄弱。李家彪等（2004）和 Li 等（2013）探讨了马尼拉海沟中段古洋脊的俯冲对增生楔构造特征的影响；陈传绪等（2014）和 Fan 等（2015）分析了北段海底高原的俯冲对海沟形态和板片撕裂构造的控制作用。换言之，南海东部洋壳海底高原、古洋脊和海山都是岩浆活动形成的高地形隆起，具有相似的地球物理学特征，它们与正常洋壳的性质差异会导致俯冲洋壳不均匀，因而具有分段性，并且在俯冲过程中产生特殊的地球动力学效应，对俯冲带的地震与火山活动，以及构造地貌等特征具有重要的控制作用。

另外，对马尼拉海沟俯冲带南部和北部研究程度的显著不均衡性，也限制了从整体上对俯冲带地壳运动与动力学机制的研究。俯冲带北段的台湾岛到吕宋岛北部区域已积累了大量的地质调查资料与观测数据（Yang et al.，1996；Bautista et al.，2001；Huang et al.，2001），其中陈传绪等（2014）整合了横跨马尼拉海沟北段的 21 条多道地震层位信息、海底地形以及天然地震数据，分析了研究区内的输入板块性质差异及其对增生楔变形和地震活动性的影响。马尼拉海沟中段（17 ~ 18°N）对应着南海东部古扩张脊的俯冲，虽然现有观测资料并不十分丰富，但因其特殊的动力学背景而备受关注，其中李家彪等（2004）在对该段构造地貌分析的基础上，与地震剖面进行了对比研究，给出了洋脊俯冲形成的增生楔构造特征。至于马尼拉海沟的南段，现有的地质资料与观测数据非常匮乏，相关的俯冲过程研究十分薄弱。因此，有必要着眼于整个马尼拉俯冲带，系统地分析俯冲带的几何学与构造学特征，进而从俯冲过程角度建立俯冲带与区域板块运动的动力学联系。

本章正是基于南海东部洋壳的不均一性及其俯冲效应的差异性，将整个马尼拉海沟俯冲带作为研究对象，系统地分析俯冲带的地震与火山活动及构造地貌等特征，探讨俯冲带几何学与运动学的分段性，识别南海东部洋壳俯冲动力学过程的主控因素，运用数值模拟方法有效简化马尼拉海沟俯冲机制研究，为解决局部区域尤其是古洋脊俯冲段的动力学争议而提供更为有力的依据和支撑。

4.1.2　俯冲带分段的依据

随着深海探测技术的进步和南海探索项目的开展，越来越多的高精度高质量观测数据揭示，马尼拉海沟俯冲带的输入板块具有显著的南北向不均一性（Yeh and Hsu，2004；Ku and Hsu，2009）。陈传绪等（2014）综合分析了马尼拉海沟北段俯冲洋壳的性质差异，认为输入板块的不均一性是控制马尼拉海沟北段变形的主要因素之一。换言之，输入板块的性质差异对板块之间的相互作用力具有重要影响，进而控制着俯冲带的几何学与运动学特征。本章将依据南海东部地壳性质的不均一性，对其东侧俯冲带几何学与运动学特征进行系统的分段研究，探讨俯冲带分段性与输入板块地壳性质的对应关系。

1. 海底地形

马尼拉海沟是整体呈近南北向展布且向西突出的弧形深水槽地，北连台湾造山带，南接民都洛构造带，东依吕宋岛弧和西菲律宾海板块。海沟长约1000km，平均水深4800～4900m，深度总体呈现出由北向南逐渐增大的趋势，在最深的南端，深度≥5000m，在北段区域水深≤4000m。马尼拉海沟的断面呈不对称的V形，海槽地形平坦，其地层向东微倾。海沟底部宽度不一，最宽处大于20km，最窄处不到5km，大多超过10km，整体上北部宽而浅，南部窄而深。

南海东部海盆水深大都在2000m以上，海底地形不平坦，具有明显的分段性，本章研究即主要以这种地形差异作为俯冲带分段的依据，对研究区划分为R1、R2、R3、R4和R5共五段（图4-1）。其中，发育的高地形区域有R1、R3和R5，R1是位于19°～21°N的海底高原，水深1500～3000m；R3是包括古洋脊在内的15°～17°N海山密集带，水深范围基本为1500～3500m，它们的地形显然高于邻区水深3500～4000m的R2和R4区域；俯冲带南部R5区域地形最高，水深<2000m。在成因上，R1区域位于岩浆侵入或者底侵

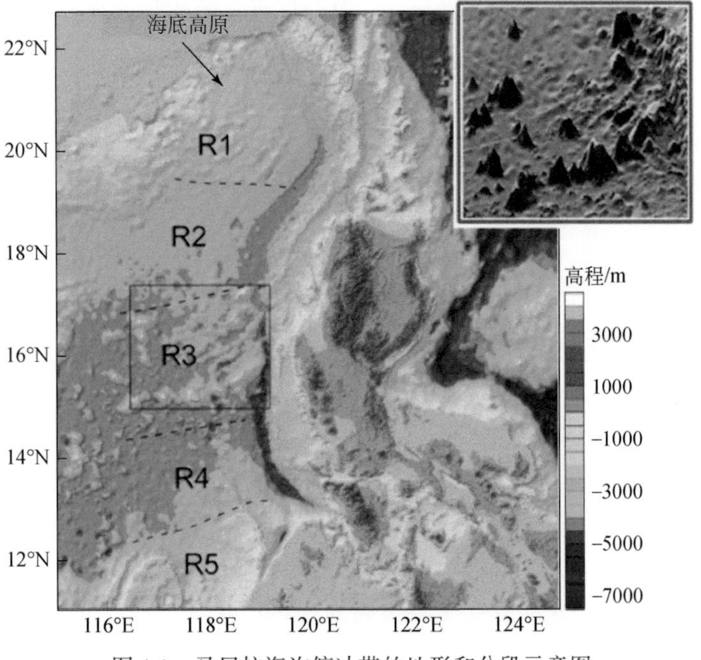

图4-1　马尼拉海沟俯冲带的地形和分段示意图

右上角为R3区段三维海底地形图

作用的影响范围内（栾锡武等，2011；Yeh et al.，2012），是岩浆活动形成的构造隆起（Hsu et al.，2004）；R3 区域的海山形成于海盆扩张停止及扩张中心冷却后的强烈热沉降作用（阎贫和刘海龄，2005），其中的珍贝-黄岩海山链是南海中央海盆的残留扩张中心，形成于南海扩张期后晚中新世的火山活动（王叶剑等，2009）。换言之，海底高原（R1）和海山密集带（R3）都是岩浆侵入或者底侵作用下形成的地形隆起区，它们俯冲的动力学过程具有一定相似性，对俯冲带几何学和运动学特征具有重要的控制作用。另外，俯冲带南部 R5 区域是北巴拉望微陆块与菲律宾海板块西缘发生碰撞的位置，具有与北部区域不同的动力学演化过程。

2. 布格重力异常

根据布格重力异常调查资料（图 4-2），19°～21°N 区域洋壳的布格重力异常（BGA）约-80mGal，17.5°～19°N 区域 BGA 约 50mGal，15°～17.5°N 区域 BGA 约-50mGal，13°～15°N区域 BGA 约 80mGal，12°～13°N 区域 BGA 约-50mGal。由此可知，岩浆活动形成的地形隆起区 R1（海底高原）和 R3（海山密集带）地壳密度较低，对应的布格重力异常为负值，其邻区 R2 和 R4 地壳密度较大，对应的布格重力异常为正值。另外，俯冲带南部的微陆块 R5 与北部洋壳相比密度较低，具有负的布格重力异常特征。

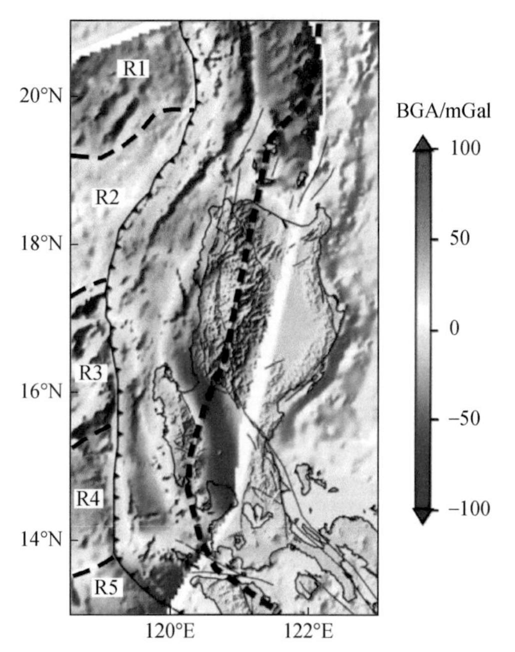

图 4-2　马尼拉海沟俯冲带布格重力异常（BGA）分布图

3. 沉积物厚度

图 4-3 显示了马尼拉海沟以及南海东部距海 40km 处沉积物厚度变化曲线，表明南海东部 R1 和 R3 区域对应着沉积物厚度曲线的波谷位置，沉积物厚度较小，最薄仅约 1km。俯冲带北部区域沉积物厚度最大，平均厚度为 3～4km，最厚可达 7km；南部区域沉积物厚度较小，约 1km，这种南北差异可能是物源区位于北侧，造成俯冲带南部的沉积物供给不足、沉积物厚度较薄。换言之，海底高原 R1 和海山密集带 R3 不仅具有较高的地形和负的布格重力异常，而且沉积物厚度与邻区相比较小，对应着沉积物厚度曲线的波谷位置。

4. 地壳厚度

根据苏达权等（2004）计算的南海海域莫霍面深度（图 4-4）判断，东部 R1、R3 和 R5 区域莫霍面深度较深，与秦静欣等（2011）利用声呐浮标和海底地震仪探测得到的莫霍面深度图、地壳厚度图，以及地震探测剖面的地形与莫霍面深度图（图 4-5）对比表明，南海东部 R1 区域地壳厚度较大，莫霍面深度最深可达 18km，平均深约 16km；R3 区域地壳厚度变化相对急剧，莫霍面深度最深可达 16km，平均深约 14km；R2 和 R4 区域地壳厚度较小，莫霍面深度平均约为 11km；

俯冲带南部 R5 区域地壳厚度最大，莫霍面深度最深可达 27km，平均深约 22km。

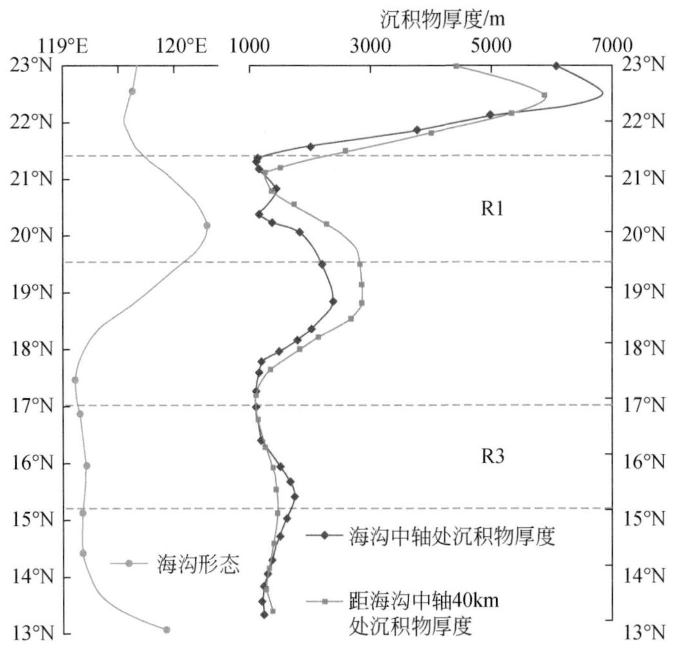

图 4-3　马尼拉海沟形态及海沟与南海东部距海沟 40km 处沉积物厚度变化曲线

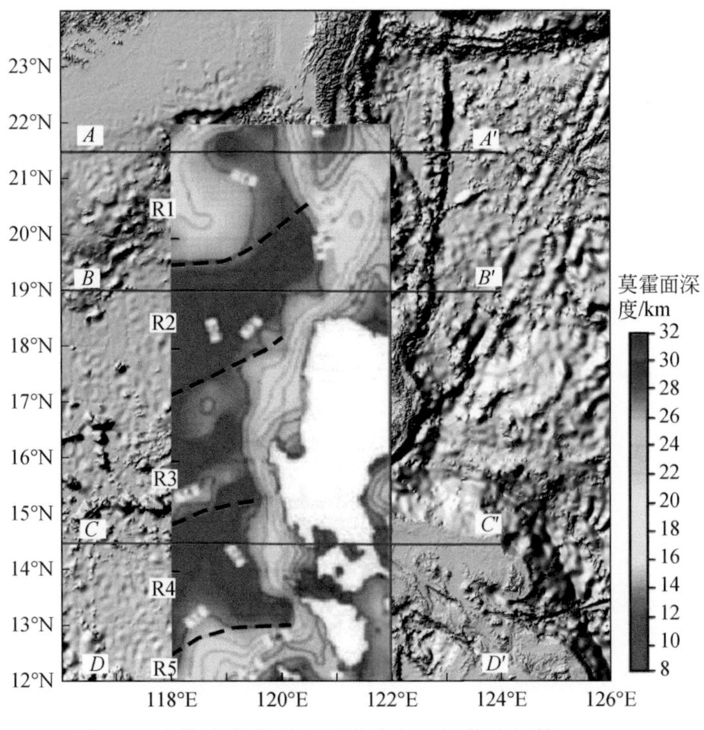

图 4-4　南海东部莫霍面深度分布（据苏达权等，2004）

关于南海东部地壳属性问题，现有研究揭示 R2 和 R4 区域的地壳为正常厚度的洋壳，R3 区域地壳属性为加厚的洋壳，R5 区域地壳为陆壳，然而 R1 区域地壳的性质问题目前还存在较大争议。Taylor 和 Hayes（1980）认为 R1 区域属于磁静区的一部分，是陆壳和洋壳之间的过渡区域；Bautista 等（2001）认为该区是由华南块体分离出的微陆块；Hsu 等（2004）认为 R1 地形隆起区是南海洋壳受到后期岩浆侵入或者底侵作用的结果；而 Lester 等（2013）认为南海东北部的地壳属性是受到了岩浆活动影响的陆壳。虽然 R1 区域地壳属性尚未明确，但南海东部地壳的地球物理学性质具有显著的不均一性，那么其俯冲过程必然会产生不同的地球动力学效应。

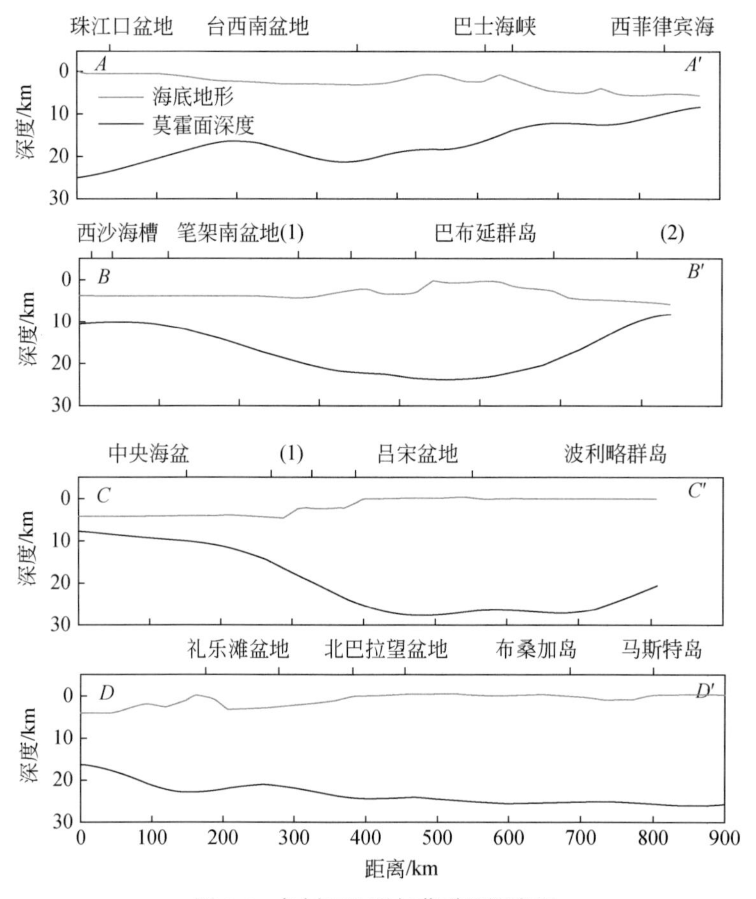

图 4-5　各剖面地形与莫霍面深度图

图中（1）代表马尼拉海沟所在位置，（2）代表西菲律宾海槽所在位置；剖面位置见图 4-4

根据上述特征分析，南海东部地形分段特征标识了俯冲地壳性质的不均一性。由于输入板块的性质差异对板块之间的相互作用力具有重要影响，控制着俯冲带的几何学与运动学特征，因此可根据上述海底地形差异对整个马尼拉海沟俯冲带进行分段研究，探讨俯冲带地震与火山活动，以及构造地貌特征的分段性和差异性，辨别俯冲带主要的动力学控制因素。

4.2　南海东部俯冲带的分段特征

4.2.1　构造地貌分段特征

1. 马尼拉海沟形态

世界上大部分海沟和岛弧都呈现朝向输入板片外凸的弧形［图4-6（b）］，如南海海槽、马里亚纳海沟、阿留申海沟等，这一现象是由海沟后撤过程中的环形回流作用导致，可用乒乓球类比理论（Ping-Pong Ball Analog）来解释（Frank，1968）。Schellart等（2007）通过数值模拟实验，探讨板块强度、宽度与厚度特征对海沟几何形态演化的影响，模拟结果与众多海沟移动速率观测数据一致，然而该模型未考虑洋中脊或海山链俯冲对海沟几何形态造成的影响。与实验模型相对比可知，马尼拉海沟形态应是圆弧向西凸，但是海沟中段（16°N附近）却呈现为扁平凸曲，并且20°N附近形成了反向的凹曲形态，即16°N和20°N附近海沟俯冲前锋受到了向东的挤压，导致16°N附近本应呈圆弧西凸的形态变成了扁平西凸，而20°N海沟则向东凹曲［图4-6（a）］。由此可知，马尼拉海沟形态也具有分段特征，可划分为T1、T2、T3和T4共四段，其中T1和T3段分别是海底高原（R1）和海山密集带（R3）俯冲作用区，与正常海沟形态相比，具有向东凹曲的形态特征，暗示着马尼拉海沟形态可能与R1和R3海底地形隆起区的俯冲作用具有成因联系。

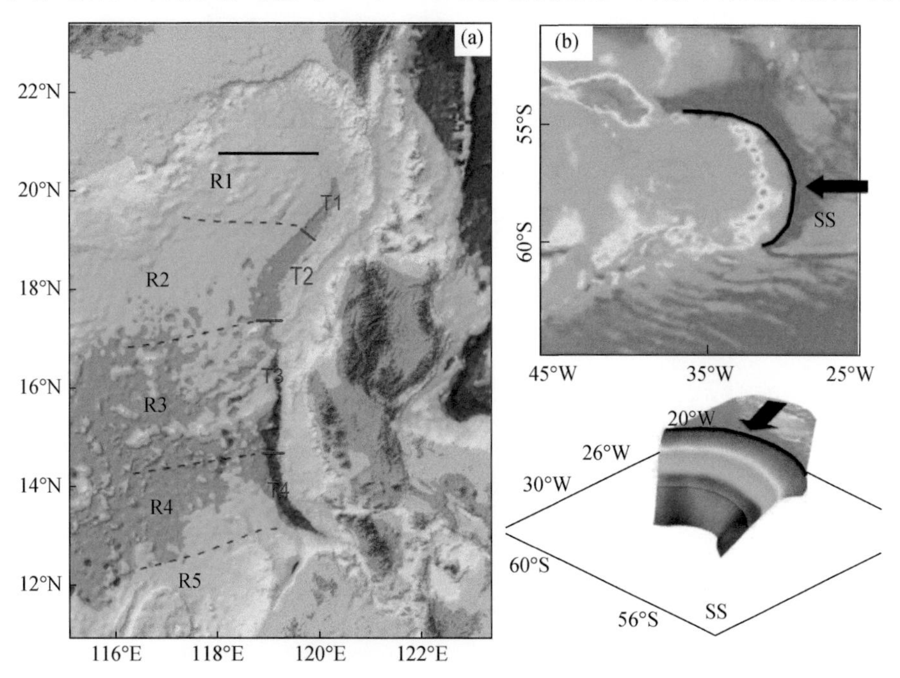

图4-6　马尼拉海沟形态的分段性（a）和Scotia俯冲带海沟形态以及俯冲板片三维立体图（b）（Mahadevan et al.，2010）

图（a）中黑色实线为973地震剖面；图（b）中SS代表Scotia板块

2. 增生楔地形坡度

增生楔作为板块俯冲过程的特征性产物，其地形坡度不仅是指示变形特征的重要参数之一，更是分辨不同类型俯冲作用的衡量标准（Clift and Vannucchi，2004），对俯冲带动力学机制具有重要的指示意义，故本节对马尼拉俯冲带增生楔的地形坡度特征进行了区域性分段研究。

根据马尼拉海沟北段973地震剖面［测线位置见图4-6（a）］，增生楔分布范围具有明显的地形标志，西侧以马尼拉海沟为界，向东延伸至吕宋海槽，即东、西边界都具有明显的地形突变特征，因而可以利用地形数据圈定增生楔范围。本研究从美国国家地球物理数据中心（NGDC）抽取了马尼拉俯冲带的地形数据来计算增生楔坡度，其精度为20′。由于数据涵盖了局部的多波束覆盖区，高精度的多波束数据会对计算结果有一定影响，因此对相应地形数据进行4倍抽稀处理。然后，依据马尼拉俯冲带的分段性，将增生楔也进行分区研究，分别划分为P1、P2、P3和P4四个区域，并在各增生楔区域内沿垂直海沟方向提取多条地形剖面（图4-7），利用MATLAB软件在地形线上选取不同节点，计算每两点间地形坡度的绝对值后求取平均值，代表该条测线的地形坡度。最后分别计算四个区域内多条测线地形坡度的平均值，用以表示该区域的地形坡度，结果显示P1、P2、P3和P4四个区域的平均地形坡度分别为4.8°、3.6°、5.1°和3.8°（图4-8，表4-1），即P1和P3

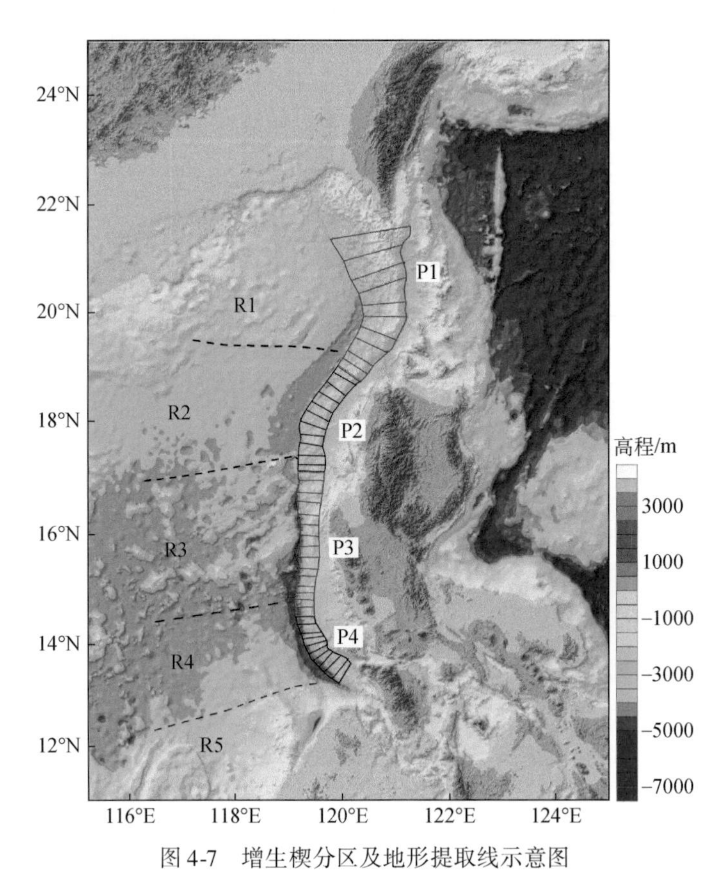

图4-7　增生楔分区及地形提取线示意图

区域增生楔地形坡度明显大于邻区，表明与俯冲板块性质的分段性相对应，增生楔地貌呈现出相应分段特征：随着南海东部沿马尼拉海沟俯冲到菲律宾海板块下方，上覆板块边缘整体抬升，形成增生楔，其中海底高原和海山密集带俯冲作用区（R1 和 R3）的增生楔 P1 和 P3 地形坡度明显较大，而正常洋壳俯冲作用区（R2 和 R4）的增生楔 P2 和 P4 地形坡则相对较小。

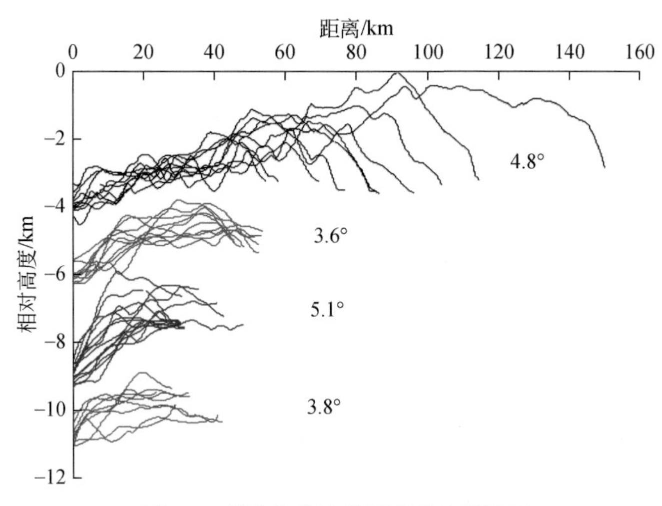

图 4-8　增生楔地形线及平均地形坡度

表 4-1　增生楔测线平均地形坡度和区域平均地形坡度

区域	测线	测线平均地形坡度/（°）	区域平均地形坡度/（°）
P1	L1-1	4. 2	4. 8
	L1-2	4. 6	
	L1-3	4. 2	
	L1-4	6. 3	
	L1-5	5. 1	
	L1-6	4. 7	
	L1-7	5. 7	
	L1-8	3. 7	
	L1-9	4. 8	
	L1-10	4. 3	
P2	L2-1	4. 4	3. 6
	L2-2	5. 3	
	L2-3	4. 1	
	L2-4	3. 2	
	L2-5	2. 5	
	L2-6	3. 3	

续表

区域	测线	测线平均地形坡度/（°）	区域平均地形坡度/（°）
P2	L2-7	3.2	3.6
	L2-8	4.3	
	L2-9	3.9	
	L2-10	2.0	
P3	L3-1	5.9	5.1
	L3-2	4.7	
	L3-3	5.5	
	L3-4	4.9	
	L3-5	7.4	
	L3-6	6.8	
	L3-7	5.3	
	L3-8	3.3	
	L3-9	3.1	
	L3-10	4.0	
	L3-11	4.1	
	L3-12	7.0	
	L3-13	4.2	
	L3-14	4.9	
P4	L4-1	6.3	3.8
	L4-2	4.4	
	L4-3	3.0	
	L4-4	2.1	
	L4-5	4.9	
	L4-6	2.9	
	L4-7	3.7	
	L4-8	3.6	
	L4-9	3.3	

4.2.2　地震活动分段特征

马尼拉俯冲带是南海地震的多发和活跃地带，地震发生总数占到了整个南海海区的80%以上；同时也是中国主要的海啸高风险区之一，强震引发的海啸极有可能对我国东南沿海城市造成破坏（杨马陵和魏柏林，2005；潘文亮等，2009）。本研究着眼于马尼拉俯冲带，利用概率统计方法分析俯冲带地震震级的空间分布规律，讨论俯冲带地震活动性的分段特征及其与输入板块性质的对应关系，并且从地球动力学角度探索俯冲洋壳的属性特征对强震触发的重要影响。

根据美国国家地震信息中心（NEIC）地震目录的数据，1919～2018年马尼拉俯冲带119°～127°E、12°～23°N区域发生3.0级以上地震共7529次，其中6.0级以上地震207次，7.0级以上地震36次。该区域地震以5.0级以下的小震为主，6.0级以上地震主要沿着马尼拉海沟分布。地震震源深度从浅部到深部200多千米均有分布，但是以深度小于70km的浅源地震为主，深度大于100km的深源地震主要分布在马尼拉海沟北部区域以及海沟南部12°～14°N。本书引入古登堡公式对上述数据进行定量分析，深入探讨马尼拉俯冲带地震震级的空间分布规律。古登堡公式是基于统计学方法得出的经验公式，揭示出一定的震级区域内，地震震级大小与发生频率之间特定的函数关系：

$$\lg N = a - bM$$

式中，N为震级≥M的地震数目；a和b为常数，其中a值反映区域地震频率的相对大小，b值则描述区域地震震级大小的分布特征。该公式是地震活动性研究中最有普适意义的规律之一，在定量描述特定区域地震特征及地震预报和地震危险性分析中都有广泛的应用。

利用古登堡公式求取马尼拉俯冲带的地震a和b值，首先根据地震数据删除研究区中地震稀少的区域（图4-9右上角空白区），将剩余区域划分为51个1°×1°的小方格，用（i，j）来标识每个方格，i值以1～8的顺序标记经度从119°至127°E的变化，j值以1～10的顺序标记纬度从12°至22°N的变化（图4-9）。然后，读取每个方框内部的地震数据，按照一定的震级步长来求取大于震级M的地震数目N，并根据公式计算出相应的a值和b值（表4-2）。

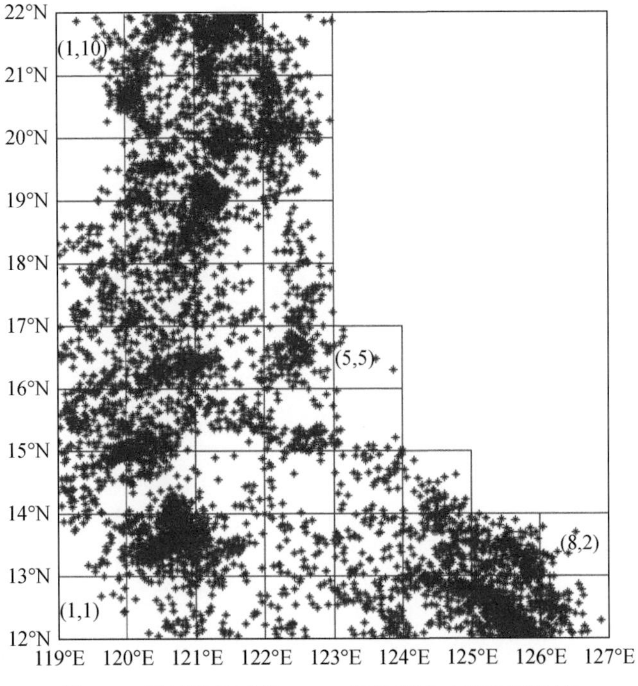

图4-9　马尼拉俯冲带M≥3级地震分布及区域划分

表 4-2　马尼拉俯冲带 51 个子区域地震 *a* 值和 *b* 值以及投影位置

(*i*, *j*)	*a* 值	*b* 值	投影位置	
			东经	北纬
(1, 1)	5.49	1.07	119.5°	12.5°
(1, 2)	6.56	1.17	119.5°	13.5°
(1, 3)	6.48	1.05	119.5°	14.5°
(1, 4)	5.64	0.84	119.5°	15.5°
(1, 5)	5.59	0.88	119.5°	16.5°
(1, 6)	5.24	0.84	119.5°	17.5°
(1, 7)	5.13	0.80	119.5°	18.5°
(1, 8)	3.37	0.60	119.5°	19.5°
(1, 9)	5.34	0.90	119.5°	20.5°
(1, 10)	5.13	0.98	119.5°	21.5°
(2, 1)	4.43	0.67	120.5°	12.5°
(2, 2)	6.58	0.92	120.5°	13.5°
(2, 3)	5.57	0.83	120.5°	14.5°
(2, 4)	7.19	1.16	120.5°	15.5°
(2, 5)	6.22	0.93	120.5°	16.5°
(2, 6)	5.34	0.80	120.5°	17.5°
(2, 7)	5.65	0.80	120.5°	18.5°
(2, 8)	6.73	1.08	120.5°	19.5°
(2, 9)	5.79	0.84	120.5°	20.5°
(2, 10)	4.73	0.68	120.5°	21.5°
(3, 1)	3.81	0.52	121.5°	12.5°
(3, 2)	6.45	1.03	121.5°	13.5°
(3, 3)	5.72	1.04	121.5°	14.5°
(3, 4)	4.90	0.72	121.5°	15.5°
(3, 5)	7.49	1.30	121.5°	16.5°
(3, 6)	5.04	0.80	121.5°	17.5°
(3, 7)	4.80	0.67	121.5°	18.5°
(3, 8)	7.60	1.15	121.5°	19.5°
(3, 9)	5.97	0.87	121.5°	20.5°
(3, 10)	5.65	0.78	121.5°	21.5°

续表

(i, j)	a 值	b 值	投影位置	
			东经	北纬
(4, 1)	5.11	0.83	122.5°	12.5°
(4, 2)	3.90	0.58	122.5°	13.5°
(4, 3)	6.86	1.33	122.5°	14.5°
(4, 4)	5.62	0.89	122.5°	15.5°
(4, 5)	4.86	0.68	122.5°	16.5°
(4, 6)	6.17	1.02	122.5°	17.5°
(4, 7)	7.80	1.44	122.5°	18.5°
(4, 8)	5.23	0.84	122.5°	19.5°
(4, 9)	5.91	0.90	122.5°	20.5°
(4, 10)	5.01	0.90	122.5°	21.5°
(5, 1)	4.36	0.59	123.5°	12.5°
(5, 2)	4.96	0.79	123.5°	13.5°
(5, 3)	6.68	1.14	123.5°	14.5°
(5, 4)	7.38	1.41	123.5°	15.5°
(6, 1)	4.87	0.66	124.5°	12.5°
(6, 2)	5.02	0.68	124.5°	13.5°
(6, 3)	5.42	0.89	124.5°	14.5°
(7, 1)	6.07	0.80	125.5°	12.5°
(7, 2)	6.82	1.07	125.5°	13.5°
(8, 1)	8.64	1.50	126.5°	12.5°
(8, 2)	8.23	1.61	126.5°	13.5°

计算得到每个方格的 a 值和 b 值后，将各数据投影在方格中心坐标点，通过插值运算，分别获得研究区的 a 值和 b 值分布特征（图4-10，图4-11）：①计算区域具有5个a值极大值点A1～A5，其中以A4和A5为中心的高值区紧邻东吕宋海槽和菲律宾海沟，推测主要受到菲律宾海板块俯冲作用的控制；②A1～A3附近的高值区，邻近马尼拉海沟，推测主要受控于南海东部洋壳的俯冲作用，它们对应于海底高原（R1）和海山密集带（R3）俯冲区；③A5高值区对应于菲律宾海本哈姆海底高原的俯冲作用区；④b 值具有6个极大值点B1～B6，其中以B4～B6为中心的高值区紧邻东吕宋海槽和菲律宾海沟，主要受菲律宾海板块俯冲作用的控制；⑤研究区域B1～B3附近的高值区邻近马尼拉海沟，主要受控于南海东部洋壳的俯冲作用，它们对应于海底高原（R1）和海山密集带（R3）俯冲区；⑥B5高值区也同样对应于菲律宾海本哈姆海底高原的俯冲作用区。

以上 a 值和 b 值分布特征表明，在南海东部和菲律宾海板块双向俯冲构造格局下，台湾–吕宋岛弧上对应于海底高原 R1、海山密集带 R3 以及本哈姆海底高原俯冲作用区的计算格子具有较高的地震活动 a 值和 b 值特征。对于其物理内涵的问题，将在后文结合区域动力学进行详细的讨论。

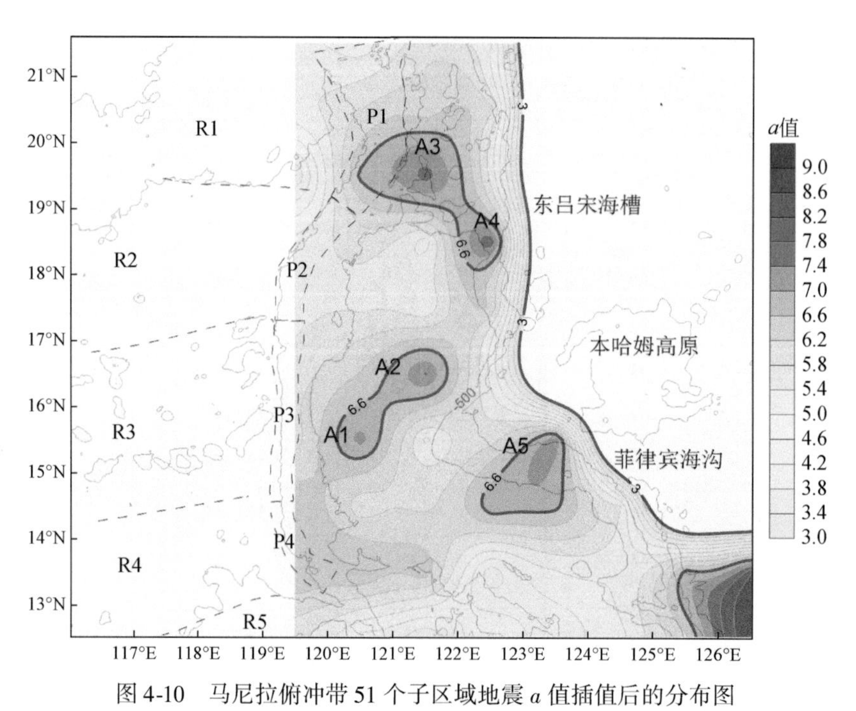

图 4-10　马尼拉俯冲带 51 个子区域地震 a 值插值后的分布图

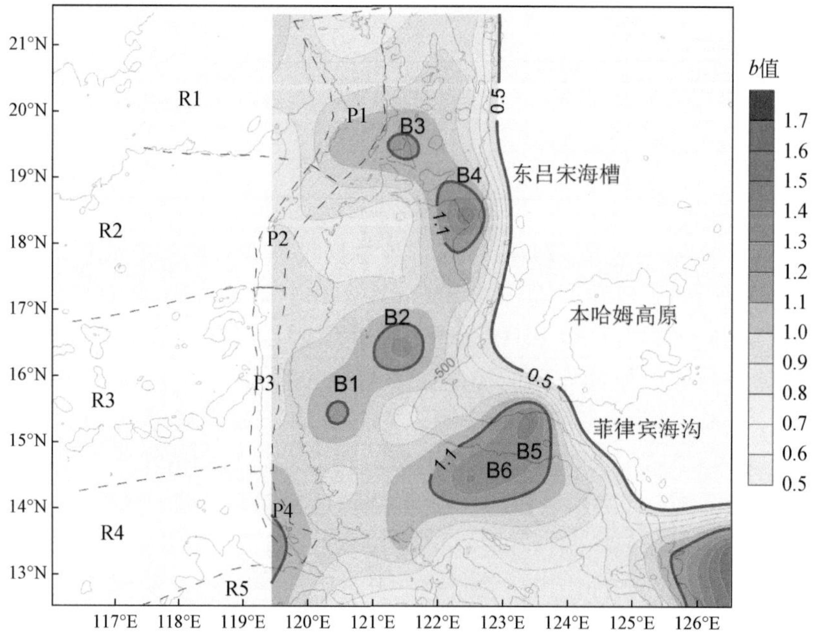

图 4-11　马尼拉俯冲带 51 个子区域地震 b 值插值后的分布图

4.2.3　火山活动分段特征

南海东部边界的火山活动主要集中在台湾岛和吕宋岛之间的岛弧区，这些火山的地理分布、喷发年代、地形地貌和地球化学特征等呈现出明显的南北向差异。Yang 等（1996）认为吕宋岛弧为双岛弧构造，根据火山岩测年数据和空间分布特征，将 17°N 以北区域内的火山活动划分为东、西两条火山链。本节基于火山喷发的年代特征，将台湾岛–吕宋岛的火山活动划分为中新世死火山（MVC）和第四纪活火山（QVC），认为同纬度 MVC 与 QVC 的特征对比蕴含了岩浆活动和深部构造随时间演化的重要信息，因此能够揭示该纬度火山活动的时空演化特征。

研究区火山及全岩^{40}K-^{40}Ar 同位素年龄的分布显示（图 4-12），吕宋岛弧中新世死火山整体呈现由南向北逐渐变年轻的趋势（Defant and Drummond，1990），意味着马尼拉海沟的俯冲活动由南向北逐渐扩展，其中 4 ~ 2Ma 期间是吕宋岛弧地区的火山活动空白期。Yang 等（1996）和 Bautista 等（2001）提出 5 ~ 4Ma 时南海古扩张脊的俯冲作用导致洋壳向下迁移受阻和火山喷发停止，然而已经俯冲的板块所具有的重力和动能，引起了板块在深部的撕裂，导致 2Ma 左右停止俯冲的板块又重新开始俯冲。换言之，距今约 2Ma 时俯冲带的深部构造发生了重大变化，直接导致火山活动在时空上的显著差异，因此本节以 2Ma 作为时间节点，详细对比 MVC 与 QVC 的活动特征。

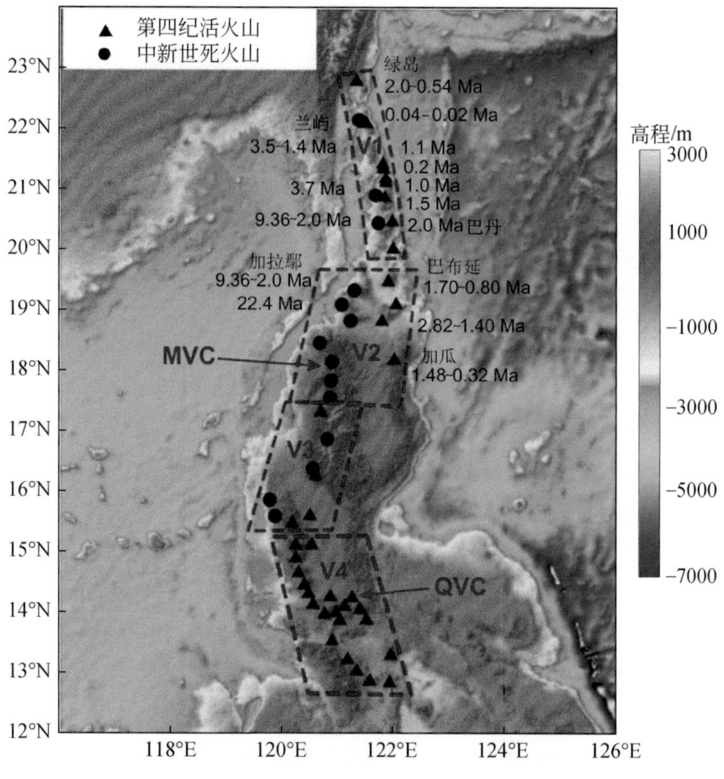

图 4-12　台湾岛–吕宋岛地区火山活动分段性

第四纪活火山数据来源于 USGS，中新世死火山参考 Yang 等（1996）

Tatsumi 等（1986）提出岛弧火山岩浆常产生于地表下约 110km 深度，因此火山活动在地表的分布反映了其下方俯冲板片的深度特征。图 4-12 展示的俯冲带火山活动空间分布特征，表明 QVC 与 MVC 的相对位置存在着明显的南北向差异：北部 V1 区域内 QVC 与 MVC 分布位置一致，与海沟距离基本相等；V2 区域内 QVC 与同纬度的 MVC 相比，大幅度地向东迁移，在吕宋岛北部 18°N 处 QVC 与 MVC 之间的距离最大，达约 100km，揭示了 2Ma 以前板片重新开始俯冲之后，火山活动向远离海沟的方向迁移，并且迁移的距离由北向南逐渐增大；V3 区域内 QVC 与 MVC 又汇聚在一起，与海沟距离基本相等，即 2Ma 以来的火山活动并未在垂直于海沟方向上发生明显位移，然而 QVC 与海沟的距离在 V2 与 V3 区域交界处发生了突变，可能是深部构造突变带在地表的反映；V4 区域则仅发育有第四纪火山，未见中新世火山。事实上，俯冲带火山岛弧不仅在时空分布特征上存在分段性，而且在岩浆演化方面也存在差异。整体来讲，吕宋岛弧 QVC 岩浆成分与同纬度 MVC 相比，含有更高的 K_{Si}、La_N、$(La/Yb)_N$和低 ε_{Nd}，暗示 QVC 岩浆受到了富集地幔源组分的影响（Yang et al., 1996）。然而，V2 与 V1 区域的 QVC 岩浆成分并不相同，前者具有 Sr-Nd 同位素位于地幔配分之下的特征，Bautista 等（2001）认为与下伏板块的撕裂构造有关。总之，台湾岛-吕宋岛的岛弧火山活动的时空演化特征沿马尼拉海沟走向具有明显的分段性，各段的差异性实质上是俯冲到菲律宾海板块下方的南海板片分段演化的结果。

4.3　俯冲带分段演化的动力学机制模拟

4.3.1　模拟原理

南海东部洋壳发育大规模的海底高原（R1）和海山密集带（R3），造成了俯冲板片的不均一性，对板块间相互作用力的分布产生重要影响，进而控制着南海东部俯冲系统的地震与火山活动以及构造地貌等特征，是造成俯冲带分段性的主要原因。迄今为止，许多学者利用数值模拟和砂箱模拟实验，探讨了海底高原或海山俯冲的某方面地质效应及其动力学机制（Van Hunen et al., 2002；Espurt et al., 2008；Martinod et al., 2013），但是针对整个马尼拉俯冲带的模拟研究相对较少。Galgana 等（2007）和 Liu 等（2009）假定沿海沟方向俯冲性质均匀，运用数值模拟方法解释了吕宋岛运动特征及其动力学机制。然而，南海东部海底高原或海山的存在，导致输入板块性质不均一性，俯冲板块与上覆板块之间的作用力沿海沟走向发生变化，即耦合系数（C_r）存在差异。若 C_r 值较大，则断层处于相对锁定状态，俯冲作用受阻，接触面的正应力增大；反之，则板块间作用力较小，易于俯冲。Hsu 等（2012）利用马尼拉俯冲带重力异常数据，结合 GPS 观测资料，通过不同反演方程推断板块耦合率空间分布特征，结果显示沿海沟走向各区域具有不同的耦合系数。基于此，我们根据前文的俯冲带分段研究，将马尼拉海沟划分为物理性质存在差异的 5 个区域，以表征板块间相互作用力的不均一性，利用 COMSOL 软件进行二维弹性力学有限元分析，模拟研究区速度场以及应力场特征。但是引入耦合系数的概念会使建模方程较为复杂。由于模型假设地质体遵循弹性变形规律，即 E 决定了应力与应变之间的线性关系，E 值较大则在相同应力作用下较难变形，俯冲作用受阻，板块间作用力增大；反之则相反。因此，通过设置地质体物理性质 E 值差异，可以等效于不同 C_r 值对区域应力场的影响，其简化模型的本构方程如下所示：

$$\sigma=\varepsilon \cdot E$$

式中，σ 为正应力；ε 为应变；E 为杨氏模量。

基于上述讨论，我们对马尼拉海沟5个分区以及吕宋岛的主要断裂分别赋予不同的杨氏模量（E），等效代替俯冲带和断裂耦合系数（C_r）对区域应力分布的影响。在给定边界速度的前提下，利用有限元方法对马尼拉俯冲带开展二维弹性力学分析，模拟研究区域速度场，并通过与实测GPS速度对比，定量评价模型仿真程度，探讨研究区域主要断裂和海沟的耦合系数特征及其对速度场和应力场的控制作用，分析南海东部海底高原和海山俯冲的动力学效应，揭示俯冲带分段演化的动力学机制。

4.3.2　地质模型的建立

1. 主要断裂及构造分区

研究区的吕宋岛和民都洛岛被东西侧两个俯冲带控制，形成了双向俯冲的构造格局，内部发育大型走滑断裂，其东侧的菲律宾海板块沿菲律宾海沟和东菲律宾海槽俯冲。其中，菲律宾海沟呈NNW向延伸，并未发育形成特征的Wadati-Benioff带。东菲律宾海槽呈NE走向，此处的俯冲作用受到了菲律宾海板块本哈姆海底高原的强烈阻碍，仅具有海沟俯冲带的雏形。在吕宋岛西侧，南海海盆沿马尼拉海沟向东俯冲于菲律宾群岛之下，马尼拉海沟发育有完整的岛弧体系。

在两个俯冲带之间的菲律宾群岛上发育有大型的北西向左旋走滑断裂带——菲律宾大断裂，从吕宋岛的北部一直延伸至棉兰老岛的东南部，长度为1250km，贯穿了整个菲律宾群岛，同时具有扭压和扭张分量（Tsutsumi and Perez，2013）。以菲律宾断裂为主干，延伸出一系列的分支断裂，有些甚至延伸到马尼拉海沟内部。断层带切割了马蒂、东达沃、棉兰老岛南部的全新世砂岩，表明断层带仍处于活动状态。菲律宾断裂对该区的板块运动和应力场调整发挥着重要作用，现今的维甘高地和斯图尔特浅滩便是在菲律宾左旋走滑断裂作用下，由原来本是古扩张脊的一部分发生了向北的错动而到达现在的位置（Hayes and Lewis，1984）。贝尔德通道断裂发育于马尼拉海沟南部，是一条近东西走向的左旋走滑断裂（图4-13）。该断裂穿过菲律宾中部，分隔了吕宋岛和其西南部的民都洛岛，同时也是民都洛岛与巴拉望地块相对于吕宋岛向东运动的调整边界（Hayes and Lewis，1984）。

由于地壳性质的差异以及大型海沟和断裂等不连续面的强烈切割作用，研究区域可划分为运动学特征不同的微块体。Galgana等（2007）利用研究区的GPS速度和哈佛大学CMT目录地震震源机制解数据，探讨了区域构造变形特征，并且通过重力异常、地震及地质等资料的综合分析，将巽他板块和菲律宾海板块之间的陆块划分为6个弹性微块体（图4-13），分别为：①吕宋岛东北部或卡加延（Northeastern Luzon or Cagayan 1

(CAG1))；②吕宋岛西北部或伊罗戈斯（Northwestern Luzon or Ilocos（ILOC））；③卡加延2（Cagayan 2（CAG2））；④吕宋岛中部，吕宋岛西南部1，吕宋岛西南部2（Central Luzon（CLUZ）），（Southwestern Luzon 1 and 2（SWL1，SWL2））；⑤民都洛岛和中米沙鄢（Mindoro（MIND）and Central Visayas（CENV））；⑥吕宋岛东南部或比科尔（Southeastern Luzon or Bicol（BBLK））。Galgana等（2007）的研究成果是本节数值模型建立的重要理论依据。

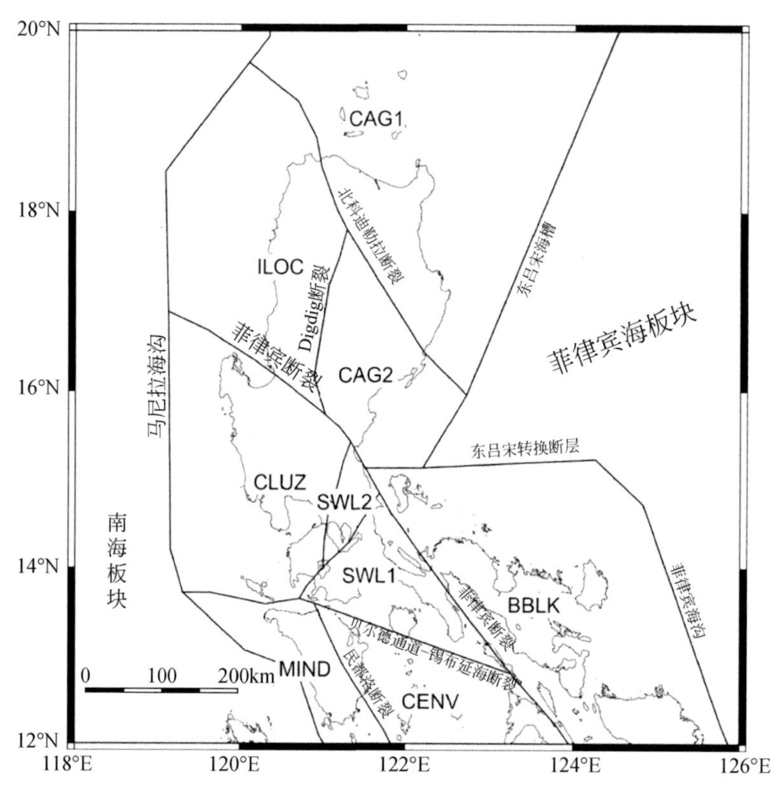

图4-13　巽他板块和菲律宾海板块之间的陆块分区（据Galgana et al.，2007）

2. 边界条件与模型参数

本研究建立的模型中包含了马尼拉海沟（F1）、东吕宋海槽（F2）、菲律宾海沟（F3）以及菲律宾群岛上的主要断裂：北科迪勒拉断裂（F4）、Digdig断裂（F5）、菲律宾断裂（F6）和贝尔德通道-锡布延海断裂（F7）。以这些海沟和断裂带为边界，参照Galgana等（2007）和Liu等（2009）的研究结果，按照壳体性质差异将研究区划分为具有洋壳的南海板块（S1）、菲律宾海板块（S2）以及具有陆壳的菲律宾群岛（C1 ~ C6）（图4-14），并赋予各分区特征的物理性质参数。除海沟和断裂的杨氏模量之外，其他参数参考Liu等（2009）的研究。根据Kreemer（2009）的全球板块运动数据设置了模型速度边界，用于代替应力边界，南北边界则设为自由边界（图4-14）。研究区的网格划分如图4-15所示，网格密集程度取决于区域结构复杂程度，COMSOL模拟软件智能地将复杂区域进行网格加密，网格间距从几千米到几十千米不等。

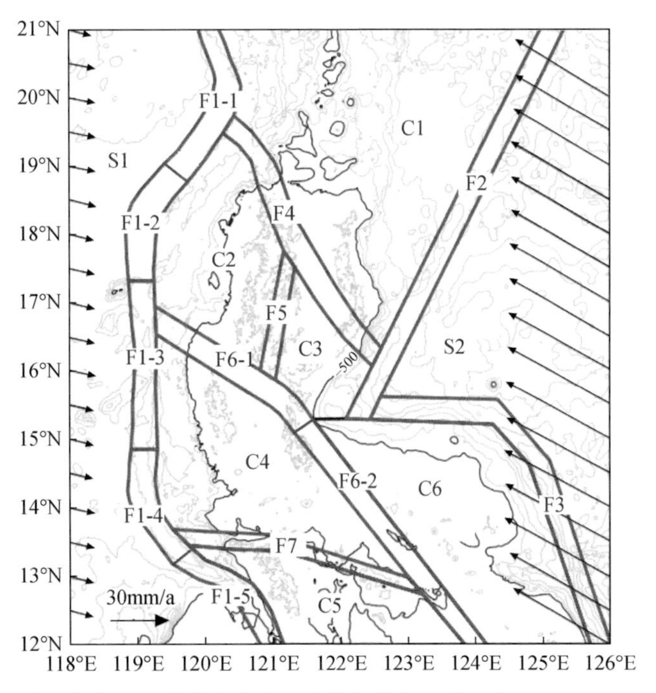

图 4-14　马尼拉俯冲区域简化的动力学数值分析模型（据 Galgana et al.，2007）
黑色箭头代表边界速度

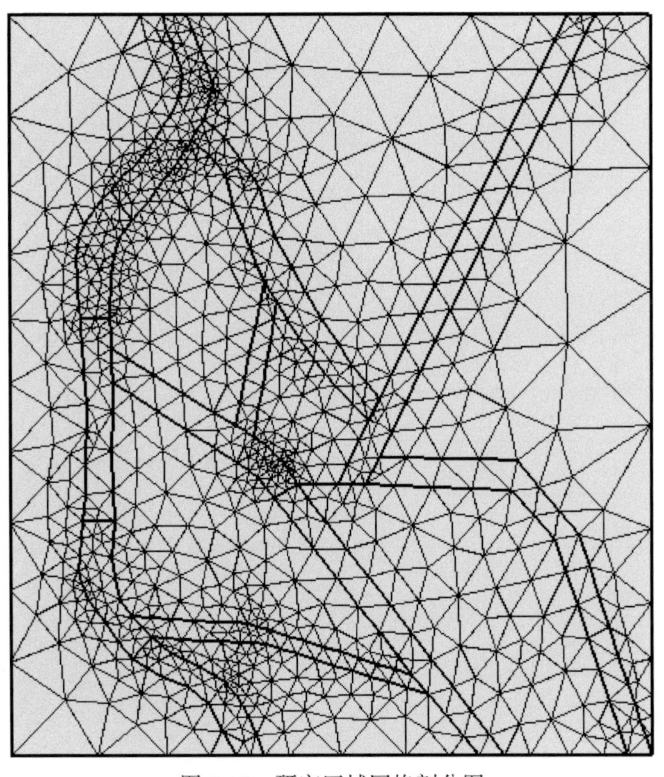

图 4-15　研究区域网格剖分图

4.3.3 模拟结果讨论

1. 最佳模型的参数求取

通过对模型中海沟和断裂区域赋予不同 E 值，利用弹性力学公式，结合给定的速度边界计算研究区域速度场，将模拟的速度场与大地测量数据进行对比，评价模型的仿真程度。GPS 数据参考孙金龙等（2014）的研究，速度点主要位于吕宋岛。由于模型中每一条断裂的 E 值仅对一定范围内的质点运动速度有影响，而每一个区域内的质点运动速度主要受到相邻几条断裂的共同控制，为获得最佳模型，需对参数进行调试。首先以单一变量的形式，赋予某一条断裂不同 E 值，计算并分析不同 E 值下所得速度场差异。以此方法对所有断裂计算分析后，归纳总结研究区域每一条断裂的 E 值对吕宋岛速度场的影响范围以及具体的控制作用。之后，就 C1 ~ C6 中的每一个微陆块，确定相应的控制断裂，利用上述方法进行 E 值调试，获得各陆块计算速度与实测速度的最佳拟合。由于一条断裂同时控制着几个分区的速度，若取某一微块体的最佳拟合则可能牺牲了其他分区的，那么在各分区的逐一调试过程中，如果出现误差较大的情况，则需要重新调整其他分区的参数设置，以实现全部分区都能达到较好的拟合。基于大量的调试后，我们最终获得了与观测数据最为接近的模型 T01，其参数设置如表 4-3 所示，模拟速度场（图 4-16）与吕宋岛实测 GPS 数据的对比如图 4-17 所示。

表 4-3　与观测数据最为接近的模型 T01 参数设置

<table>
<tr><th>分区</th><th>杨氏模量 E 值/Pa</th><th>泊松比</th><th>屈服应力/MPa</th></tr>
<tr><td>S1 ~ S2</td><td>6×10^{10}</td><td>0. 25</td><td>300</td></tr>
<tr><td>C1 ~ C6</td><td>3×10^{10}</td><td>0. 25</td><td>240</td></tr>
<tr><td>F1-1</td><td>7×10^{8}</td><td rowspan="7">0. 2</td><td rowspan="7">60</td></tr>
<tr><td>F1-2</td><td>1×10^{7}</td></tr>
<tr><td>F1-3</td><td>1×10^{8}</td></tr>
<tr><td>F1-4</td><td>1×10^{7}</td></tr>
<tr><td>F1-5</td><td>5×10^{9}</td></tr>
<tr><td>F2</td><td>7×10^{9}</td></tr>
<tr><td>F3</td><td>7×10^{8}</td></tr>
<tr><td>F4 ~ F5</td><td>7×10^{9}</td><td rowspan="4">0. 25</td><td rowspan="4">120</td></tr>
<tr><td>F6-1</td><td>1×10^{8}</td></tr>
<tr><td>F6-2</td><td>3×10^{9}</td></tr>
<tr><td>F7</td><td>5×10^{8}</td></tr>
</table>

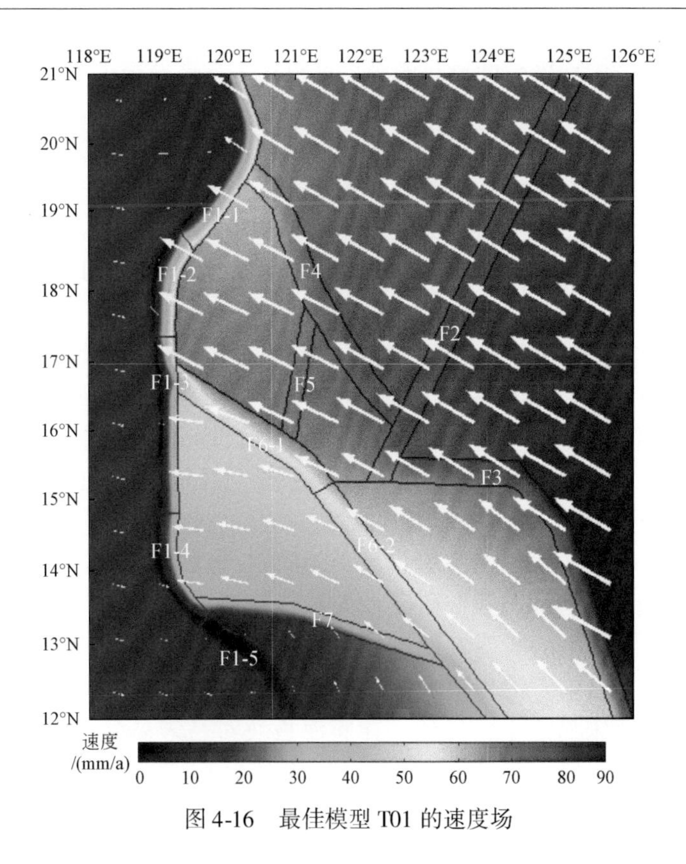

图4-16　最佳模型T01的速度场

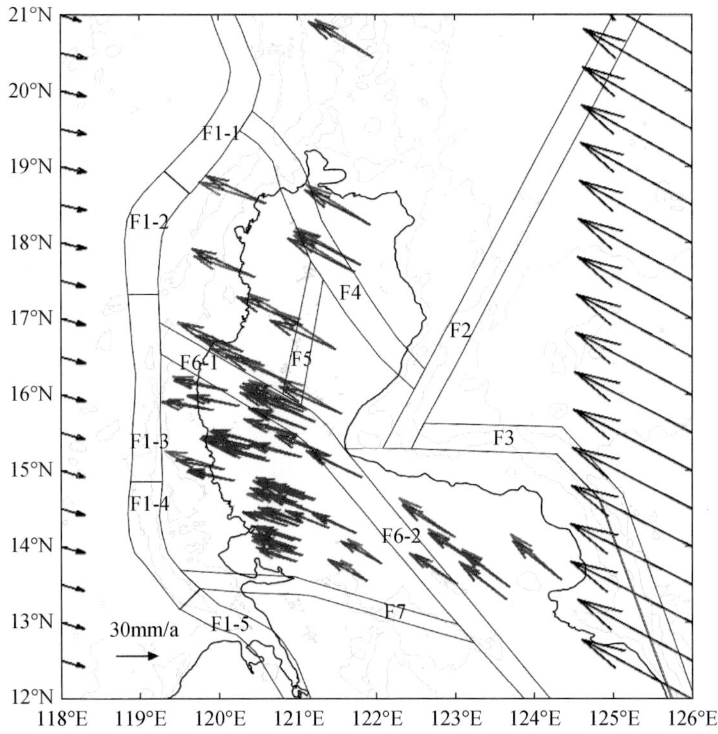

图4-17　最佳模型T01的计算速度与吕宋岛实测GPS数据的矢量对比

黑色、红色与蓝色箭头分别代表边界速度、GPS速度（据孙金龙等，2014）和计算速度

各点计算速度与实测速度之间误差的定量分析，主要根据以下公式进行计算：

$$V_{erro}=（V_{cal}-V_{GPS}）/V_{GPS}\times100\%$$

式中，V_{cal}为模型计算得到的某点速度；V_{GPS}为该点的 GPS 实测速度；V_{erro}为该点计算速度与实测速度的误差比。根据各点的误差比，可求得所有点速度误差比的平均值与标准差。计算结果显示，与实测 GPS 数据相对比，最佳模型 T01 的速度大小误差平均值为 3%，标准差为 10.7%；速度方向误差平均值为−0.4%，标准差为 1.3%（以 360°方位角标识速度方向）。

Galgana 等（2007）利用研究区域的 GPS 速度和地震震源机制解数据，探讨了区域构造变形特征，并推测了吕宋岛各点速度与实际观测速度。在他们的研究结果中，东吕宋海槽（F2）、北科迪勒拉断裂（F4）和 Digdig 断裂（F5）耦合率分别为 1、0.95 和 1，而我们的最佳模型赋予的最大的断裂 E 值为 7×10^{9} Pa；马尼拉海沟（F1）、菲律宾海沟（F3）耦合率明显较小，分别为 0.01 和 0.27（Galgana et al.，2007），我们的最佳模型中 F1 各部分的 E 值最低可达 1×10^{7} Pa，F3 断裂 E 值为 7×10^{8} Pa，同样明显偏小。由此可见，Galgana 等（2007）给出的断裂耦合率与我们研究中的最佳模型的断裂 E 值具有可对比性，即较大的断裂耦合率对应了较大的断裂 E 值，反之亦然，表明马尼拉海沟吸收了南海板块向东俯冲的大部分动能，东吕宋海槽和菲律宾海沟则分别将菲律宾海板块向西俯冲的动能几乎全部和部分传递到了吕宋岛之上，导致菲律宾海板块对吕宋岛的运动速度具有较大的影响。另外需指出的是，本研究获得的模拟速度场比 Galgana 等（2007）的结果更接近实际观测数据，反映了本次对马尼拉海沟俯冲带的分段研究具有一定的合理性。

2. 马尼拉海沟的分段性及海底高原与海山对俯冲的作用

在本研究的最佳模型 T01 中，马尼拉海沟被划分为 F1-1 至 F1-5 五段，E 值依次为 7×10^{8} Pa、1×10^{7} Pa、1×10^{8} Pa、1×10^{7} Pa 和 5×10^{9} Pa，代表了各分段间耦合系数的差异，即板块之间的相互作用沿马尼拉海沟走向并不均匀，而是存在明显的分段性。然而，前人对吕宋岛地区运动特征及动力学机制的研究都是以沿海沟俯冲性质均匀为前提（Galgana et al.，2007；Liu et al.，2009）。为进一步验证沿马尼拉海沟板块之间相互作用具有分段性的认识，我们在 T01 模型基础上又建立了 6 个模型，同一模型中将马尼拉海沟 5 个分段设置为相同 E 值，6 个模型的 E 值分别为 5×10^{9} Pa、1×10^{9} Pa、5×10^{8} Pa、1×10^{8} Pa、5×10^{7} Pa 和 1×10^{7} Pa，代表俯冲带具有均匀的板块耦合系数情况下形成的速度场特征。然后，将计算得到的速度场与吕宋岛实测 GPS 数据进行对比，以检测模型的模拟效果。结果表明，若不考虑俯冲带的分段性而将俯冲性质视为均匀，那么模拟所得速度场与实测数据的误差（图 4-18）远高于模型 T01 的误差，说明板块间的相互作用力是不均匀的，在研究中需进行分段处理。

马尼拉海沟的 F1-1 与 F1-3 分段对应着海底高原与海山俯冲区，模型 T01 中的 F1-1 和 F1-3 比 F1-2 和 F1-4 所具有的 E 值较高，等效于海底高原与海山俯冲区具有较高的耦合系数。为了分析俯冲带速度场与应力场在海底高原及海山存在和缺失（匀质洋壳）情况下的差异，我们在 T01 模型的基础上将马尼拉海沟 F1-1 至 F1-4 四个分段设置为相同 E 值，分别建立了 T02 ~ T06 五个模型以模拟海底高原和海山缺失（匀质洋壳）的情况，等效于俯冲带具有相对均匀的板块耦合系数作用，具体参数见表 4-4。将计算得到的速度场与吕宋

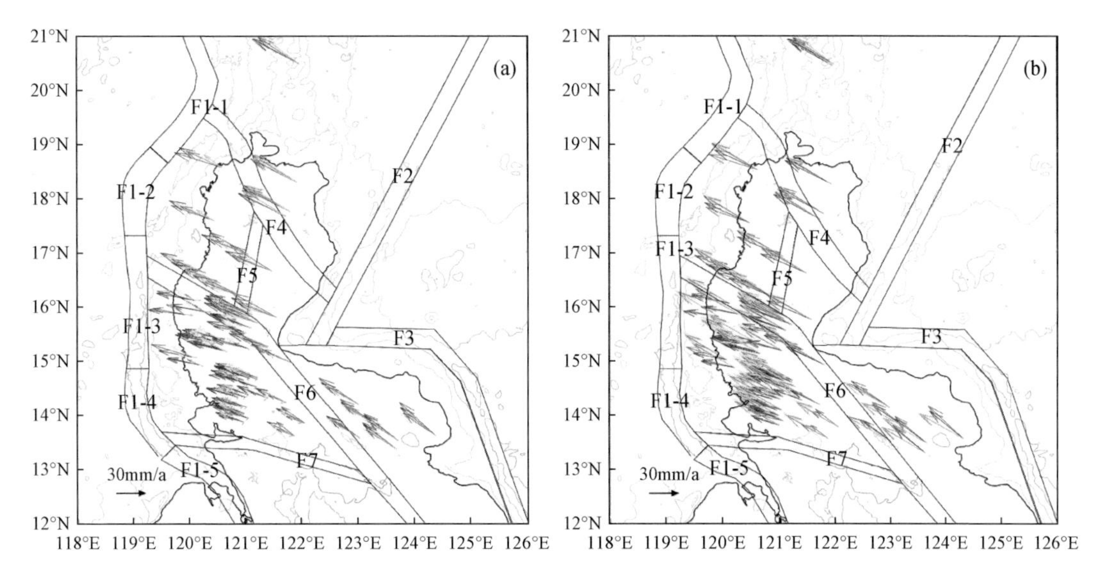

图 4-18 俯冲性质均匀情况下的模拟速度与实测 GPS 数据的矢量对比

粉红色和蓝色箭头分别代表实测 GPS（据孙金龙等，2014）和最佳模型 T01 速度场，（a）图中青、红、黄色箭头分别代表 E 值为 5×10^9 Pa、1×10^9 Pa 和 5×10^8 Pa 时的速度场；（b）图中青、红、黄色箭头分别代表 E 值为 1×10^8 Pa、5×10^7 Pa 和 1×10^7 Pa 时的速度场

岛实测 GPS 数据（孙金龙等，2014）进行对比，求取各速度点与 GPS 速度的误差率，并计算所有误差率的均值和标准差以评价模拟效果。各模型的误差计算与对比结果（表 4-4，图 4-19）同样表明，模型 T01 的模拟结果比 T02 ~ T06 更接近大地测量数据。因此，进一步揭示了马尼拉海沟各分段俯冲性质的不均一性，板块耦合系数存在差异，其中 F1-1 和 F1-3 的 E 值比相邻的 F1-2 和 F1-4 高，等效于 F1-1 和 F1-3 对应的海底高原与海山俯冲作用区比邻区具有较高的耦合系数，即该区域海沟处于相对锁定状态，洋壳俯冲的阻力较大，与上覆板块之间作用力较为强烈。同时，模拟结果也印证了通过对海沟和断裂带设置不同杨氏模量的方法确实能够实现不同耦合系数的效果。

表 4-4 模型 T01 ~ T06 的参数设置及误差情况

模型	断裂	杨氏模量 E 值/Pa	速度大小误差/%		速度方向误差/%	
			平均值	标准差	平均值	标准差
T01	F1-1，F1-2	7×10^8，1×10^7	−3.1	10.7	−0.4	1.3
	F1-3，F1-4	1×10^8，1×10^7				
T02	F1-1 ~ F1-4	7×10^8	−42.6	16.8	−0.1	1.8
T03	F1-1 ~ F1-4	3×10^8	−22	12.3	0.1	1.5
T04	F1-1 ~ F1-4	9×10^7	−0.9	10.8	0.2	1.5
T05	F1-1 ~ F1-4	5×10^7	4.4	11.6	−0.2	1.4
T06	F1-1 ~ F1-4	1×10^7	11.3	13.5	−0.4	1.5

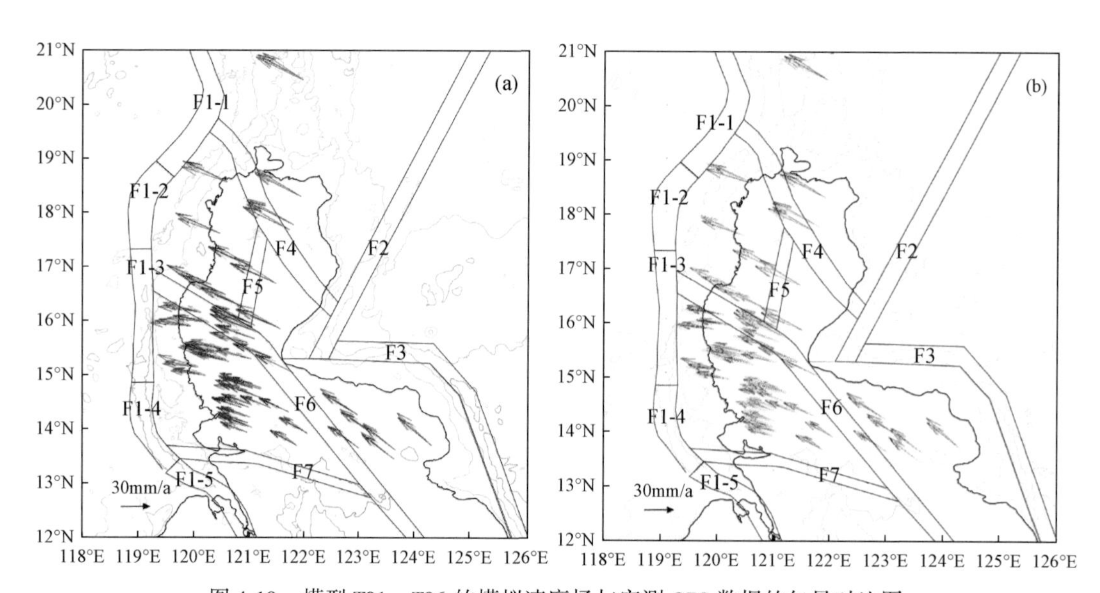

图 4-19　模型 T01 ~ T06 的模拟速度场与实测 GPS 数据的矢量对比图

粉红色和蓝色箭头分别代表实测 GPS（据孙金龙等，2014）和最佳模型 T01 速度场；（a）图中青与红箭头分别代表海沟 F1-1 至 F1-4 的 E 值为 7×10^8 Pa 和 3×10^8 Pa 情况下的速度场；（b）图中青、红、黄色箭头分别代表海沟 F1-1 至 F1-4 的 E 的值为 9×10^7 Pa、5×10^7 Pa 和 1×10^7 Pa 情况下的速度场

4.4　俯冲带分段演化的动力学效应

4.4.1　应力场特征

在前面的研究中，我们利用有限元方法对马尼拉俯冲带开展二维弹性力学分析，根据南海东部洋壳不均一性将马尼拉海沟划分为 5 个子区域，通过设置海沟和断裂不同的杨氏模量来代替不同耦合系数的作用，成功模拟了研究区的速度场特征，获得了最佳模型 T01，表明马尼拉海沟俯冲作用具有分段性，板块耦合系数沿海沟走向存在显著差异。基于最佳模型 T01 的参数设置，根据二维弹性力学方程 $\sigma=\varepsilon\cdot E$（$\sigma$ 为正应力，ε 为应变，E 为杨氏模量），对马尼拉俯冲带东西向正应力场进行了计算。根据结果分析，马尼拉海沟处板块间相互作用力为挤压应力（负值），沿海沟从北到南的应力大小分别为 $0.3\times10^6\sim1.3\times10^6$ Pa、$0.01\times10^6\sim0.02\times10^6$ Pa、$0.1\times10^6\sim0.2\times10^6$ Pa、$0.01\times10^6\sim0.02\times10^6$ Pa 和 $0.3\times10^6\sim1.5\times10^6$ Pa，表明 F1-1 和 F1-3 子区域正应力明显大于邻区，发生了应力集中（图 4-20）。F1-1 和 F1-3 对应于南海东部海底高原 R1 和海山密集带 R3 的俯冲作用区，其相邻的 F1-2 和 F1-4 子区域则对应于正常洋壳 R2 和 R4 的俯冲，前者比后者具有较高的耦合系数和较大的正应力，再次表明海底高原和海山的俯冲导致洋壳俯冲阻力大，对应的海沟处于相对锁定状态，板块间相互作用力也明显较大。

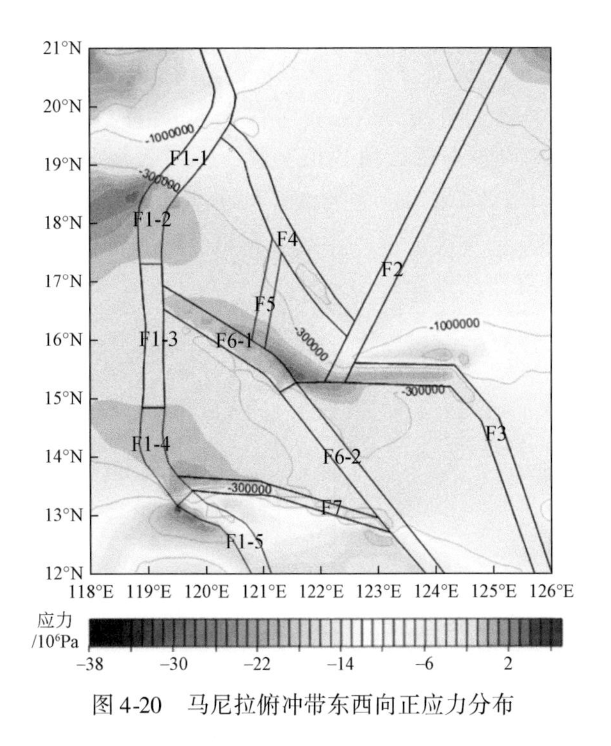

图4-20　马尼拉俯冲带东西向正应力分布

早期的研究表明俯冲带板块间相互作用方式受到多方面参数的影响，包括俯冲洋壳年龄、板块汇聚速率、沉积物厚度和弧后扩张（Uyeda and Kanamori，1979；Ruff and Kanamori，1980）等。而近期的研究揭示板块耦合系数（C_r）与上述参数并不存在明显的相关性，大量观测数据显示 C_r 值受到地形特征（Cloos，1992；Scholz and Small，1997；Bilek et al.，2003）、俯冲板片的力学性质与材料属性（Peacock and Hyndman，1999）等因素的影响。事实上，俯冲板块与上覆板块之间作用力沿马尼拉海沟存在显著的变化（图4-20），是由俯冲板块海底地形以及地壳性质的差异导致的。海底高原和海山具有高地形、负布格重力异常、较小密度和较大地壳厚度的显著特征，对板块间相互作用力具有重要影响。综上所述，南海东部海底高原R1和海山密集带R3比邻区正常洋壳R2和R4密度低，在俯冲过程中受到的正浮力较大，导致与上覆板块间的摩擦系数增加，俯冲阻力增大，因而断层耦合系数较高，接触面的正应力较大，即马尼拉海沟F1-1和F1-3子区域的俯冲板块与上覆板块的相互作用较为强烈。

4.4.2　构造地貌响应

1. 马尼拉海沟形态

世界上大部分海沟和岛弧对俯冲板片都呈外凸的弧形，马尼拉海沟形态整体向西即朝南海板块凸起，但又具有分段性。其中，在20°N和16°N附近（T1和T3段）形成了向东凹曲的特征，正好对应于海底高原R1和海山密集带R3俯冲作用区，反映了海底高原和海山俯冲与马尼拉海沟形态的分段性具有成因上的联系。

向输入板片内凹的海沟和岛弧形态在其他海区也有发育，这些例外情况往往伴有输入板块中海底隆起（海山、海岭以及洋底高原等）的存在，如日本海沟和千岛海沟地区的 Erimo 海山向海沟的挤入，以及南美洲 Nazca 洋脊和 Iquique Fernandez 洋脊的俯冲［图 4-21（b）］。Schellart 等（2007）通过数值模拟实验，探讨板块强度、宽度与厚度特征对海沟几何形态演化的影响，模拟结果与众多海沟移动速率观测数据一致，然而模型未考虑洋中脊或海山链俯冲对海沟几何形态造成的影响。在本节内容中，我们将基于前文所建立的数值模型，探讨海山俯冲对海沟形态的影响。

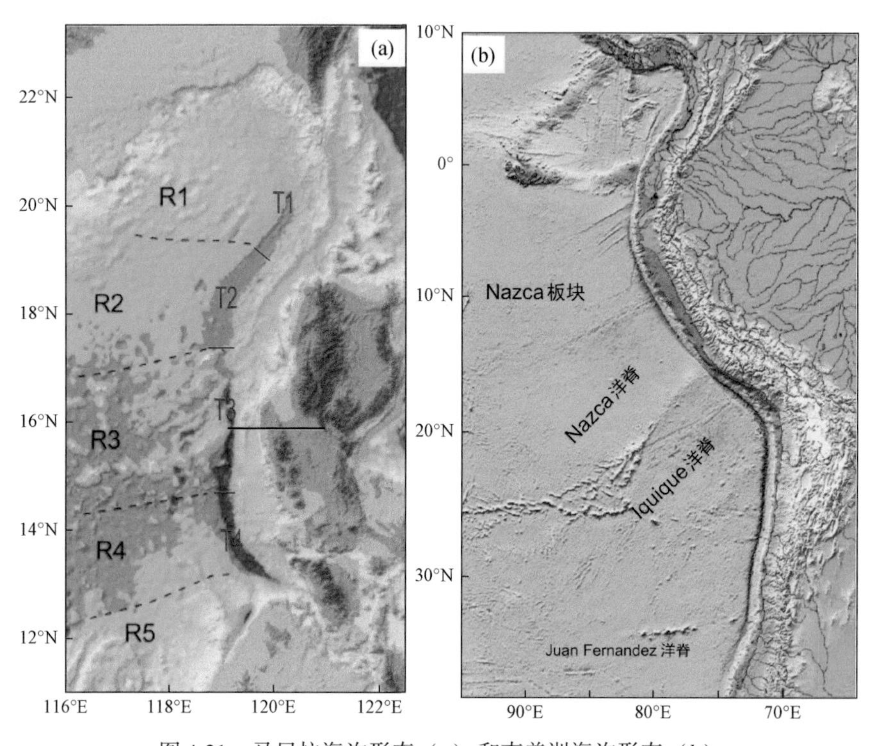

图 4-21　马尼拉海沟形态（a）和南美洲海沟形态（b）

首先，在最佳模型 T01 基础上建立模型 T07，设置其 F1-3 分段与邻段具有相同的杨氏模量，即将 F1-2 至 F1-4 视为耦合系数均匀的区段，之后进行模拟计算，并将模拟结果与模型 T01 作对比，分析海沟向西迁移速度分别在 F1-3 所对应海山密集带存在与缺失情况下的差异。图 4-22（a）所示为穿过 F1-3 并垂直于海沟走向的切线上的速度曲线对比［切线位置见图 4-21（a）］，对比结果显示模型 T01 中海沟向西迁移速度小于模型 T07 的计算结果；图 4-22（b）为同一切线上的东西向正应力曲线对比，对比结果显示模型 T01 的板块间相互作用力大于模型 T07 的计算结果。模型 T07 代表海山带缺失情况下的速度场，而模型 T01 代表海山带存在情况下的速度场，海山带对应的 F1-3 分段的耦合系数显著增大，俯冲板块与上覆板块接触面的正应力增大，摩擦系数增大，导致该段海沟水平运动受阻和向西迁移速度减小，即海山俯冲导致其对应海沟的回退速率降低。Gerya 等（2009）利用数值模拟方法研究了无震脊俯冲的动力学效应，对比了无震脊存在与缺失情况下，俯冲板块上边界位置随时间的迁移情况，结果表明无震脊的存在导致海沟回退速率降低，海沟位置向板片俯冲的相反方向偏移（图 4-23）。本研究所获得的认识与 Gerya 等（2009）的模拟研究结论相吻合。

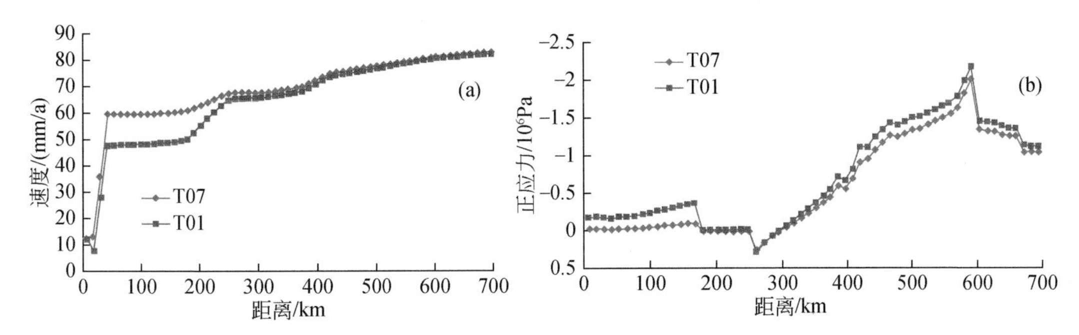

图 4-22　模型 T01 与 T07 的测线速度与东西向挤压正应力对比

测线位置如图 4-21（a）所示

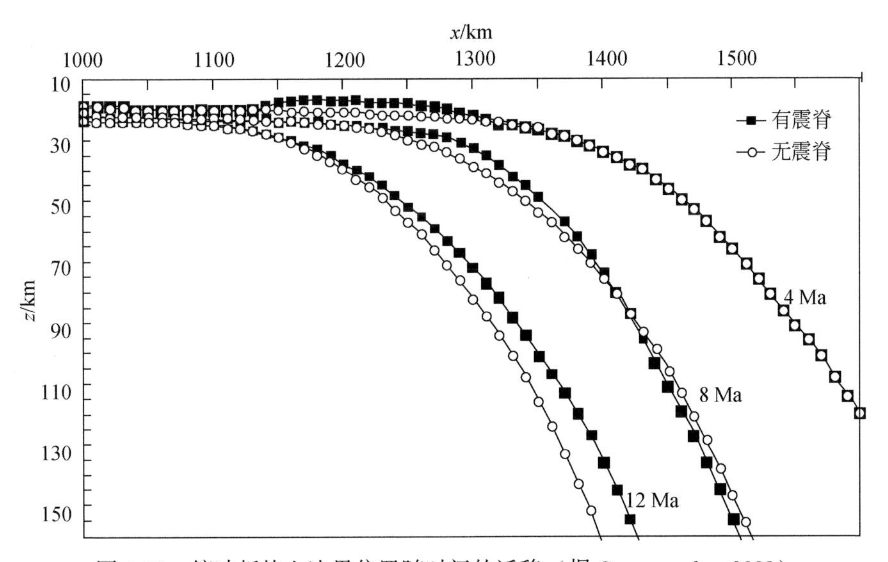

图 4-23　俯冲板块上边界位置随时间的迁移（据 Gerya et al.，2009）

上述对比研究表明，俯冲板块性质均一情况下，板块耦合系数沿海沟走向相对均匀，海沟将可能呈现明显的向西凸曲的圆弧状形态。然而，海底高原（R1）和海山密集区（R3）两个洋壳轻质体的存在，导致对应的海沟向西运动速度减小，分别形成了 20°N 附近（T1 段）的凹曲形态和 16°N 附近（T3 段）扁平的凸曲，使马尼拉海沟形态具有分段特征。

2. 增生楔地形坡度

增生楔作为板块俯冲过程的特征性产物，其地形坡度不仅是指示变形特征的重要参数之一，而且还成为不同类型俯冲作用的分辨标准。Clift 和 Vannucchi（2004）统计了全球俯冲带的板块汇聚速率以及增生楔地形坡度特征，对板块俯冲作用进行了分类研究。基于增生楔对俯冲带动力学机制的重要指示意义，本节将对马尼拉俯冲带增生楔的地形坡度特征进行探讨。

增生楔的发育特征受俯冲板块角度、俯冲速率、汇聚方向、沉积物供给等因素制约（Schott and Koyi，2001；Liu et al.，2004；Simpson，2010），输入板块的海山、无震海岭及洋底高原等构造隆起对上覆板块的变形模式及弧前区域的垂直运动也会引起显著的改变（Rosenbaum and Mo，2011；Martinod et al.，2013）。Dominguez 等（2000）开展了海山俯冲的 2D 和 3D 物理模拟实验，通过变换实验中海山的大小和形状，探讨不同类型的海山俯冲对上覆板块变形的控制作用。Li 等（2014）也运用物理模拟实验方法探讨了马尼拉海沟中段古洋脊的俯冲对增生楔构造特征的影响，识别出俯冲带微断裂束是海山挤入造成的张扭性微断裂束的残余，同时也反映了南海东部海底高原和海山的俯冲作用是控制增生

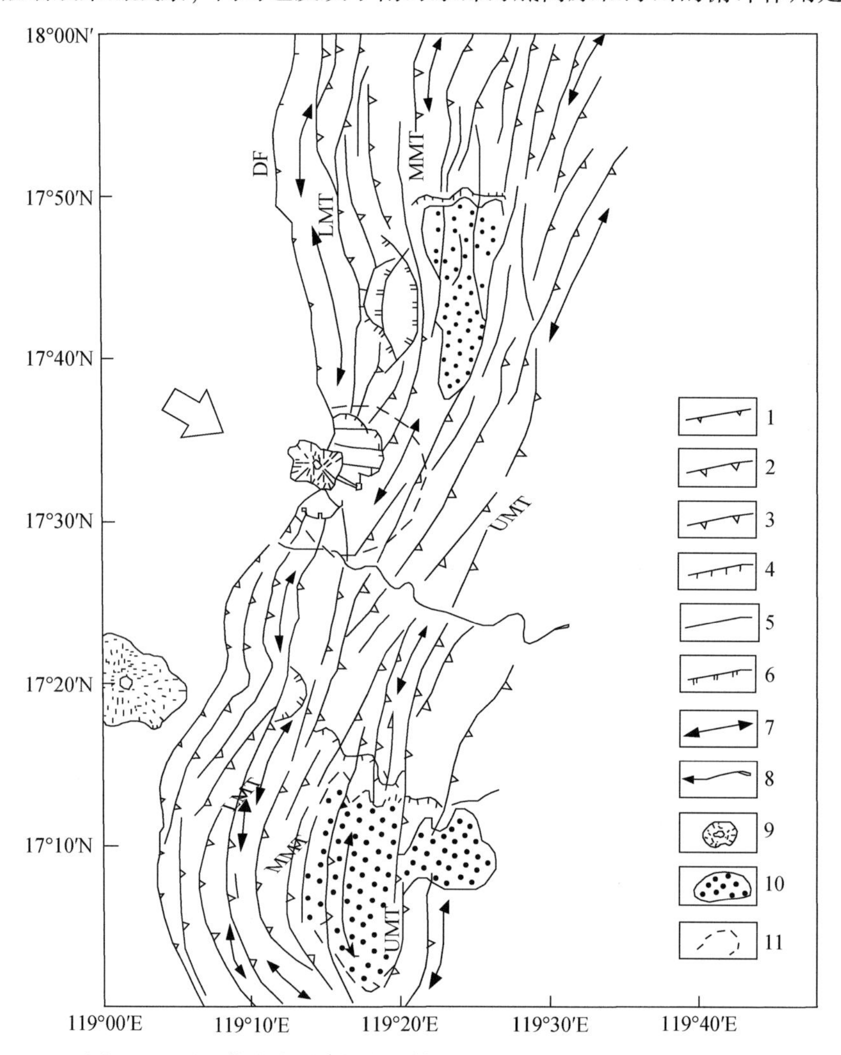

图 4-24　马尼拉海沟增生楔中段构造解释图（据李家彪等，2004）

1. 变形前锋（DF）；2. 主断裂构造带；3. 压性断裂带；4. 张性断裂带；5. 性质不明断裂带；6. 断裂陡崖；7. 褶皱；8. 海底峡谷；9. 海山；10. 陆坡沉积盆地；11. 俯冲海山引起的局部隆起。LMT. 下主断裂带；MMT. 中主断裂带；UMT. 上主断裂带

楔构造地貌特征的重要动力学因素。前面的数值模拟研究已表明，与正常洋壳俯冲作用相比，海底高原 R1 和海山密集带 R3 的俯冲导致板块间挤压正应力明显增大。强烈的挤压正应力作用，会造成增生楔大幅度的水平缩短和垂向抬升。马尼拉俯冲带中北部增生楔的高清晰多波束地形地貌数据与单道地震剖面相结合获取的精细构造（李家彪等，2004；尚继宏，2008）显示，海沟中部海山的挤入造成了增生楔特殊的逆冲断裂以及顶端推覆隆升，在海山挤入处出现强烈的凹陷区域，使增生楔在水平方向上明显缩短（图 4-24）。Martinod 等（2013）将砂箱模拟实验结果与南美俯冲带的观测资料进行了对比分析，结果表明无震脊的俯冲对增生楔的垂直运动具有重要影响，造成增生楔强烈的构造抬升。在马尼拉海沟俯冲带，海底高原 R1 和海山密集带 R3 随着南海东部洋壳向菲律宾海板块下俯冲，造成了板块之间挤压正应力的显著增大，其作用区内的增生楔发生了大幅的水平缩短和垂向抬升，因而具有地形坡度较大的特征。

此外，输入物质的组分、厚度、流变性、孔隙率和孔隙压力等性质对俯冲带的增生楔变形和地震活动也会产生重要影响（Schott and Koyi，2001；Simpson，2010）。因此，马尼拉海沟俯冲板片中的沉积物厚度对增生楔的地形坡度可能也起一定的控制作用。南海东部洋壳海底高原 R1 和海山密集带 R3 的沉积物厚度较小，最薄仅约 1km，而俯冲带北部沉积物平均厚度为 3 ~ 4km，最厚可达 7km。Moore 和 Vrolijk（1992）的研究表明洋壳沉积物在进入俯冲带时分为两部分：大部分沉积物被刮下堆积在上覆板块形成增生楔，少部分则随下伏板块俯冲至深部，其内蕴含的水分会随挤压排出，排出的水分倾向于沿着主要的断层面流动，从而使得断层区的孔隙压力增大，导致断层面以及围岩剪切强度减弱，增生楔内部摩擦系数降低。由此推测，南海东部 R1 和 R3 区域的沉积物厚度较薄，为上覆板块提供的流体较少，增生楔摩擦系数较大，有利于形成地形坡度较大的增生楔。海底高原和海山密集带俯冲形成较大挤压正应力和较薄沉积物这两个特征，不仅造成上覆增生楔大幅的水平缩短和垂向抬升，而且其内部摩擦系数较大，因而在两种因素的共同作用下，增生楔地形坡度显著增大。

4.4.3　地震活动响应

南海东部边界马尼拉海沟俯冲带，位于世界三大地震带之一的环太平洋地震带的西段，地震发生总数占到了整个南海海区的 80% 以上，是南海地震多发带和海啸发生地。本节将从地球动力学角度，分析马尼拉海沟俯冲板块性质的不均一性与俯冲带地震活动分段特征的内在联系，探索俯冲洋壳的属性特征对强震触发的重要影响，以期为地震或海啸的预测、防震减灾和区域工程地质条件评估等工作提供科学依据。

俯冲带地震的发生往往与上覆板片和俯冲板片之间的应力积累有关，而板块之间的相互作用方式则明显受到俯冲板片特征的影响，如海山的俯冲会改变板块间的接触关系，从而对区内强震的孕育及发生产生作用。因此，关于海山俯冲与强震触发之间的关系近年来也得到了广泛关注，而这一问题正是马尼拉俯冲带大地震危险性分析的关键所在。南海东部洋壳的地球物理性质存在着显著的南北差异，前面研究揭示南海东部海底高原 R1 和海山密集带 R3 的俯冲段与邻段相比，具有较高地震 a 值和 b 值的特征。根据地震 a 值和 b

值表征的意义可知，这两段俯冲带的地震发生次数多，其中以小地震为主，大地震相对较少。马尼拉俯冲带震源深度≥65km 的地震释放的应变能在（20°N，122°E）和（16°N，120°E）两点达到极大值（Bautista et al.，2001），即 R1 和 R3 俯冲段对应着地震应变能释放的高值区。也就是说，R1 和 R3 的俯冲作用导致板块间作用力增强，对应区段地震发生较多，但大地震却相对较少，说明是由数量众多的小地震释放了大量的应变能。换言之，南海东部海底高原和海山密集带对应的俯冲段具有相对较大的挤压应力而积累了较多能量，并且更易于以小地震的形式释放地震应变能。如果这一推理成立，那么海山和海底高原俯冲所积累的能量都消耗在哪些方面？为什么不易于以大地震的形式释放地震应变能？

传统观点认为断层强度越强，产生的地震越大，然而 Gao 和 Wang（2014）以大量的俯冲带热流实测数据为依据，分析了俯冲断层强度（视摩擦系数）与各俯冲带迄今发生过的最大板间地震震级的关系，认为俯冲洋壳的粗糙程度控制着俯冲断层的强度及地震活动性，光滑的俯冲洋壳导致弱的断层可产生更大的地震。在众多俯冲带中，马尼拉俯冲带断层视摩擦系数较大，最大板间地震震级相对较小（图 4-25）。这是由于俯冲板片上的海底高原（R1）和海山密集带（R3）占了南海东部边缘近一半的面积，而海山和海底高原等地形隆起区正是造成洋壳粗糙程度增大的主要因素，因此马尼拉海沟俯冲板片粗糙度较大，进而导致俯冲带断层视摩擦系数较大。马尼拉俯冲带断层在强蠕动（strong creep）过程中因摩擦而导致了大量的能量损耗，这些能量损耗主要集中在南海东部洋壳海底高原（R1）和海山密集带（R3）与上覆板块的接触面上。另外，南海东部洋壳海底高原（R1）和海山密集带（R3）对应的增生楔的地形坡度比相邻分段要大，反映了它们的俯冲造成增生楔大幅抬升，地形坡度增大，而这一强烈的构造变形也消耗了较多能量。

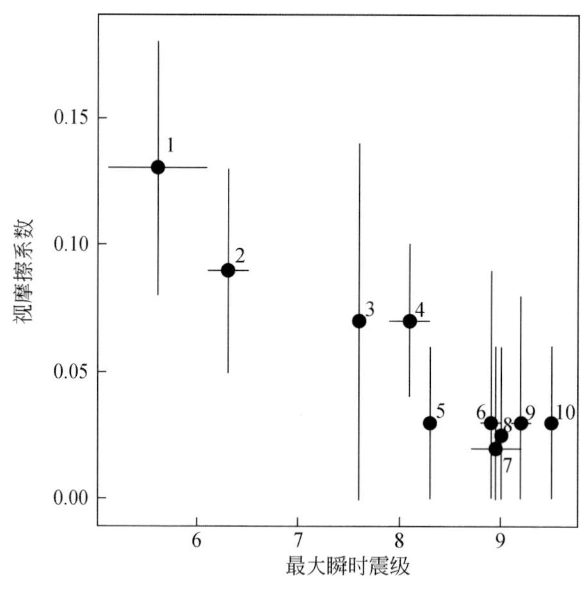

图 4-25　俯冲断层视摩擦系数与已知最大板间地震震级的关系（据 Gao and Wang，2014 修改）

1. 北希库朗伊；2. 马尼拉；3. 哥斯达黎加；4. 克马德克；5. 南海海槽；6. 堪察加半岛；7. 北卡斯卡迪亚；8. 日本海沟；9. 苏门答腊；10. 智利中南部

另外，地震同震破裂面的延伸方向及滑移量大小也不同程度地受俯冲海山的影响（李三忠等，2014）。全球俯冲带地震数据显示，发生于海山俯冲区及周缘的强震，其震时破裂面大多没有穿越古洋脊，如 2010 年秘鲁–智利俯冲带中部 M_S 8.8 大地震的震时破裂范围明显限于 Mocha 海山链与 Jun Fermandez 洋脊高地形之间（Lay et al.，2010），2004 年 12 月和 2005 年 3 月在苏门答腊俯冲带与 Wharton 古洋脊及其分支海山链斜交区相继发生的 M_S 9.3 和 M_S 8.5 强地震，其同震破裂面均未穿过古洋脊（Das and Watts，2009）。类似的情况在中北美洲的哥斯达黎加俯冲带也有发生，说明俯冲海山可以终止其周边强震破裂面的延伸。关于这一现象的机制问题，Cloos（1992）及 Kodaira 等（2000）认为是海山俯冲导致了板块接触界面处于强耦合状态，大大增加了接触面的正应力，其周缘发生强烈地震所释放的能量对高应力（强耦合）带的影响比较有限，这就造成了同震破裂面和滑移量在海山俯冲段的延伸终止。本章通过动力学数值模拟对马尼拉俯冲带应力状态的分析，揭示出轻质体俯冲造成板块间挤压正应力增大的现象（图 4-19），也佐证了上述观点。换言之，海底高原或海山俯冲区断层强度较大，导致同震破裂面难以穿越，有效抑制了大地震的发生，因而多以小地震的形式释放地震应变能，成为较高 b 值区。反之，如果地壳介质相对均匀，初始破裂一旦形成，则很容易进一步扩展成大破裂而发生大地震，形成较低 b 值区。

4.4.4　深部构造与岩浆活动的动力学成因

马尼拉俯冲带深部构造特征的研究揭示，俯冲到菲律宾海板块下方的洋壳可能发生了撕裂，导致北侧板片所处深度变浅，俯冲倾角小于南侧板片。事实上，全球俯冲带广泛存在着板片撕裂的现象，它们往往与海底高原、洋脊或海山等高地形的俯冲作用有关。最著名的两个平板俯冲带发育于秘鲁和智利中部，分别位于南美俯冲带 Nazca 洋脊和 Juan Fernandez 洋脊俯冲的下方，Van Hunen 等（2002）利用数值模拟方法研究了海底高原对板块俯冲倾角的影响，结果表明密度较低的 Nazca 洋脊和 Juan Fernandez 洋脊在俯冲过程中因受到较大的正浮力作用而导致了上述板片的倾角变小及深度变浅。此外，Izu-Bonin-Mariana 岛弧区域的 P 波、声呐与 S 波成像研究已经证实了俯冲到其下方的西北太平洋板块存在撕裂现象，Mason 等（2010）利用三维数值模拟方法探讨了其撕裂的成因机制，认为可能由 Ogasawara 高原俯冲所导致。因此，我们推测马尼拉海沟俯冲板片撕裂和变浅的现象，也可能是南海东部海底高原或海山俯冲作用的结果。

为验证这一推测，我们在马尼拉俯冲带运动学数值模拟取得的最佳模型 T01 的基础上，对研究区水平剪切应力的分布进行了计算，结果如图 4-26 所示。马尼拉海沟 F1-1、F1-2、F1-3 和 F1-4 分段的剪切应力分别为 $0.03\times10^5 \sim 0.06\times10^5$ Pa、$0.1\times10^5 \sim 0.25\times10^5$ Pa、$1\times10^5 \sim 2\times10^5$ Pa 和 $<0.04\times10^5$ Pa，表明在未设置古洋脊软弱带的情况下，F1-3 分段的剪切应力已明显高于邻段，说明单是由海山密集带 R3 的俯冲作用便造成了整个 F1-3 区段的高剪切应力特征。那么，在这个高剪应力背景下，区域内残留的中央海盆古扩张脊是一个显著的大型构造软弱带。Shi 等（2003）的研究结果显示古洋脊与马尼拉海沟交汇处具有异常高的热流值，是板块内部的薄弱地带，因此必然会引起剪切应力沿软弱带的集

中，从而导致俯冲板片沿古洋脊撕裂。另外，吕宋岛北部第四纪火山与同纬度中新世火山相比，其火山岩成分具有相对富集的幔源组分，是板片撕裂构造的存在，导致软流圈地幔上涌而使岩浆富集幔源组分（Yang et al., 1996）。

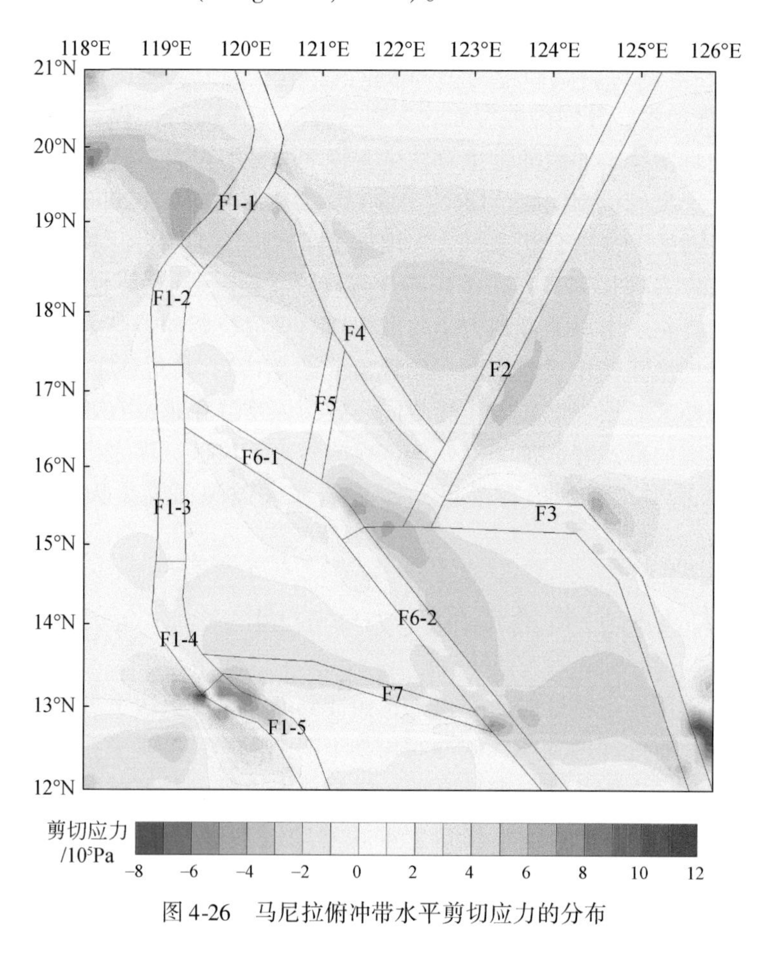

图 4-26　马尼拉俯冲带水平剪切应力的分布

综上所述，海山密集带 R3 对俯冲带的深部构造起重要的影响，导致第四纪时期俯冲到菲律宾海板块下方的洋壳在 17°～18°N 区间沿古洋脊发生了撕裂，为软流圈上涌提供通道，形成了富幔源成分的岛弧火山岩；同时，北侧的俯冲板片在海底高原 R1 的正浮力作用下，俯冲倾角沿撕裂边缘变缓，从而小于南侧板片的俯冲倾角（图 4-27）。

吕宋岛中部的大型、超大型斑岩铜金矿床及与其共生的埃达克岩是同一岩浆演化过程的不同产物，它们的形成与俯冲板片沿古洋脊发生撕裂密切相关。早在 20 世纪 70 年代开始，就有学者认识到环太平洋带上存在着许多洋脊俯冲，它们对其上板块的岩浆和成矿活动起重要影响，更有学者提出东太平洋的洋脊俯冲数量比西太平洋多是导致两岸斑岩铜矿床在数量和规模上悬殊的原因之一（Dickinson and Snyder, 1979；孙卫东等，2008）。相关研究揭示，洋脊在俯冲过程中容易产生撕裂，导致其上覆板块岩浆活动的地球化学特征发生变化，进而促进区内斑岩铜矿的成矿作用（Johnston and Thorkelson, 1997；孙卫东等，2008）。根据吕宋岛中部埃达克岩的时空分布与地球化学特征，结合俯冲带的深部构

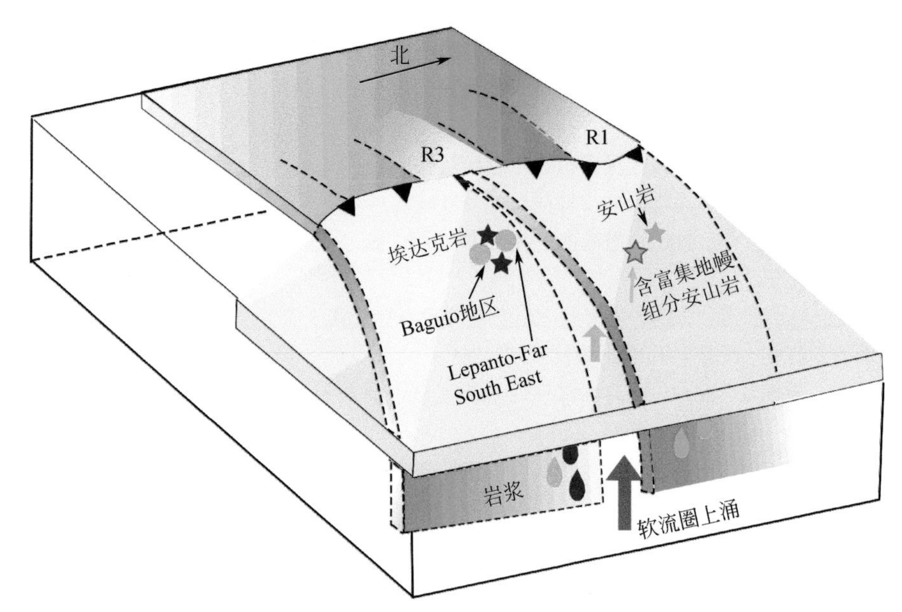

图 4-27 马尼拉俯冲带成矿模型示意图

造演化分析，南海东部俯冲板片沿古洋脊的撕裂导致了俯冲洋壳与上涌的软流圈地幔接触而发生部分熔融，形成埃达克质岩浆后向上运移至上覆板块对应撕裂构造的位置冷却成为埃达克岩。同时，撕裂边缘的洋壳在部分熔融过程中，矿物晶格被打破，导致洋壳中高丰度的铜、金元素被大量释放，并进入地幔楔对流，最后在合适条件下聚集形成了大型或超大型的斑岩铜金矿床（图 4-27）。因此，俯冲的古洋脊不仅由于撕裂构造为洋壳部分熔融提供了软流圈上涌的热源通道，同时也是成矿物质供给的主要来源，吕宋岛中部的斑岩铜金矿床及与其共生的埃达克岩是同一岩浆演化过程的不同产物，它们的形成与南海东部古洋脊的俯冲作用具有密切的成因联系。

参考文献

陈传绪，吴时国，赵昌垒，2014. 马尼拉海沟北段俯冲带输入板块的不均一性．地球物理学报，57（12）：4063-4073.

李刚，张丽莉，朱鲁，2011. 南海大陆边缘构造活动与重磁场特征研究．地球物理学进展，26（3）：858-875.

李家彪，金翔龙，阮爱国，等，2004. 马尼拉海沟增生楔中段的挤入构造．科学通报，49（10）：1000-1008.

李三忠，赵淑娟，刘鑫，等，2014. 洋–陆转换与耦合过程．中国海洋大学学报（自然科学版），44（10）：113-133.

刘以宣，詹文欢，丘学林，等，1993. 南海及邻域现代构造应力场与近代地壳运动及地壳稳定性研究．华南地震，13（1）：11-21.

刘再峰，詹文欢，张志强，2007. 台湾–吕宋岛双火山弧的构造意义．大地构造与成矿学，31（2）：145-150.

栾锡武，刘鸿，彭学超，2011. 南海北部东沙古隆起的综合地球物理解释．地球物理学报，54（12）：

3217-3232.
潘文亮，王盛安，蔡树群，2009. 南海潜在海啸灾害的模拟．热带海洋学报，28（6）：7-14.
秦静欣，郝天珧，徐亚，等，2011. 南海及邻区莫霍面深度分布特征及其与各构造单元的关系．地球物理学报，54（12）：3171-3183.
丘学林，刘以宣，1989. 南海及邻区现代构造应力场初探．热带海洋，8（2）：84-92.
尚继宏，2008. 马尼拉海沟中北段俯冲带特征对比及区域构造动力学研究．北京：中国科学院大学．
苏达权，刘云龙，陈雪，等，2002. 南海的三维莫霍界面//张忠杰，高锐，吕庆田．中国地球物理学会第十八届年会论文集．
苏达权，刘云龙，陈雪，等，2004. 南海的三维莫霍界面//张忠杰，高锐，吕庆田，等．中国大陆地球深部结构与动力学研究．北京：科学出版社：357-365.
孙金龙，曹敬贺，徐辉龙，2014. 南海东部现时地壳运动、震源机制及晚中新世以来的板块相互作用．地球物理学报，57（12）：4074-4084.
孙卫东，凌明星，汪方跃，等，2008. 太平洋板块俯冲与中国东部中生代地质事件．矿物岩石地球化学通报，（3）：218-225.
王叶剑，韩喜球，罗照华，等，2009. 晚中新世南海珍贝-黄岩海山岩浆活动及其演化：岩石地球化学和年代学证据．海洋学报（中文版），31（4）：93-102.
薛友辰，李三忠，刘鑫，等，2012. 南海东部俯冲系统分段性及相关盆地群成盆动力学机制．海洋地质与第四纪地质，32（6）：129-147.
阎贫，刘海龄，2005. 南海及其周缘中新生代火山活动时空特征与南海的形成模式．热带海洋学报，24（2）：33-41.
杨马陵，魏柏林，2005. 南海海域地震海啸潜在危险的探析．灾害学，20（3）：41-47.
臧绍先，宁杰远，2002. 菲律宾海板块与欧亚板块的相互作用及其对东亚构造运动的影响．地球物理学报，（2）：188-197.
臧绍先，宁杰远，1996. 西太平洋俯冲带的研究及其动力学意义．地球物理学报，39（2）：188-202.
臧绍先，陈奇志，黄金水，1994. 台湾南部-菲律宾地区的地震分布、应力状态及板块的相互作用．地震地质，16（1）：29-37.
詹文欢，钟建强，丘学林，等，1991. 南海及邻区现代构造应力场的反演及其与强震活动关系初探．热带海洋，10（4）：15-21.
詹文欢，钟建强，丘学林，1993. 南海及邻区现代构造应力场与形成演化．北京：科学出版社：1-117.
朱俊江，丘学林，詹文欢，等，2005. 南海东部海沟的震源机制解及其构造意义．地震学报，27（3）：260-268.
Bautista B C，Bautista M L P，Oike K，et al.，2001. A new insight on the geometry of subducting slabs in northern Luzon，Philippines. Tectonophysics，339（3）：279-310.
Bilek S L，Schwartz S Y，Deshon H R，2003. Control of seafloor roughness on earthquake rupture behavior. Geology，31（5）：455-458.
Cardwell R K，Isaacks L B，Karig D E，1980. The spatial distribution of earthquakes，focal mechanism solutions，and subducted lithosphere in the Philippine and northeastern Indonesian islands//Hayes D E. The tectonic and geologic evolution of Southeast Asian seas and islands. Geophysical Monograph Series，23：1-35. DOI：10. 1029/GM023p0001.
Clift P，Vannucchi P，2004. Controls on tectonic accretion versus erosion in subduction zones：implications for the origin and recycling of the continental crust. Reviews of Geophysics，42（2）. DOI：10. 1029/2003RG000127.

Cloos M, 1992. Thrust-type subduction-zone earthquakes and seamount asperities: a physical model for seismic rupture. Geology, 20 (7): 601-604.

Das S, Watts A B, 2009. Effect of Subducting Seafloor Topography on the Rupture Characteristics of Great Subduction Zone Earthquakes. Berlin: Springer.

Defant M J, Drummond M S, 1990. Derivation of some modern arc magmas by melting of young subducted lithosphere. Nature, 347 (6294): 662-665.

Dickinson W R, Snyder W S, 1979. Geometry of subducted slabs related to san andreas transform. Journal of Geology, 87 (6): 609-627.

Dominguez S, Malavieille J, Lallemand S E, 2000. Deformation of accretionary wedges in response to seamount subduction: insights from sandbox experiments. Tectonics, 19 (1): 182-196.

Espurt N, Funiciello F, Martinod J, et al., 2008. Flat subduction dynamics and deformation of the South American plate: insights from analog modeling. Tectonics, 27 (3) . DOI: 10. 1029/2007TC002175.

Fan J K, Zhao D P, Dong D D, 2015. Subduction of a buoyant plateau at the Manila Trench: tomographic evidence and geodynamic implications. Geochemistry Geophysics Geosystems, 17 (2): 571-586.

Frank F C, 1968. Curvature of island arcs. Nature, 220 (5165): 363.

Galgana G, Hamburger M, McCaffrey R, et al., 2007. Analysis of crustal deformation in Luzon, Philippines using geodetic observations and earthquake focal mechanisms. Tectonophysics, 432 (1-4): 63-87.

Gao X, Wang K L, 2014. Strength of stick-slip and creeping subduction megathrusts from heat flow observations. Science, 345 (6200): 1038-1041.

Gerya T V, Fossati D, Cantieni C, et al., 2009. Dynamic effects of aseismic ridge subduction: numerical modelling. European Journal of Mineralogy, 21 (3): 649-661.

Hayes D E, Lewis S D, 1984. A geophysical study of the Manila Trench, Luzon, Philippines 1. Crustal structure, gravity, and regional tectonic evolution. Journal of Geophysical Research, 89 (NB11): 9171-9195.

Hsu S K, Yeh Y C, Doo W B, et al., 2004. New bathymetry and magnetic lineations identifications in the northernmost South China Sea and their tectonic implications. Marine Geophysical Researches, 25 (1-2): 29-44.

Hsu Y J, Yu S B, Song T R A, et al., 2012. Plate coupling along the Manila subduction zone between Taiwan and northern Luzon. Journal of Asian Earth Sciences, 51: 98-108.

Huang C Y, Xia K, Yuan P B, et al., 2001. Structural evolution from Paleogene extension to Latest Miocene-Recent arc-continent collision offshore Taiwan: comparison with on land geology. Journal of Asian Earth Sciences, 19 (5): 619-638.

Iwamori H, 2000. Thermal effects of ridge subduction and its implications for the origin of granitic batholith and paired metamorphic belts. Earth and Planetary Science Letters, 181 (1): 131-144.

Johnston S T, Thorkelson D J, 1997. Cocos-Nazca slab window beneath Central America. Earth and Planetary Science Letters, 146 (3-4): 465-474.

Kodaira S, Takahashi N, Nakanishi A, et al., 2000. Subducted seamount imaged in the rupture zone of the 1946 Nankaido earthquake. Science, 289 (5476): 104-106.

Kreemer C, 2009. Absolute plate motions constrained by shear wave splitting orientations with implications for hot spot motions and mantle flow. Journal of Geophysical Research: Solid Earth, 114 (B10) . DOI: 10. 1029/2009 JB006416.

Ku C Y, Hsu S K, 2009. Crustal structure and deformation at the northern Manila Trench between Taiwan and Luzon islands. Tectonophysics, 466 (3): 229-240.

Lay T, Ammon C J, Kanamori H, et al., 2010. Teleseismic inversion for rupture process of the 27 February 2010 Chile (M_w 8.8) earthquake. Geophysical Research Letters, 37 (13): L13301.

Lester R, Mcintosh K, Avendonk H J A V, et al, 2013. Crustal accretion in the Manila trench accretionary wedge at the transition from subduction to mountain-building in Taiwan. Earth and Planetary Science Letters, 375 (8): 430-440.

Li C F, Xu X, Lin J, et al., 2014. Ages and magnetic structures of the South China Sea constrained by deep tow magnetic surveys and IODP Expedition 349. Geochemistry Geophysics Geosystems, 15 (12): 4958-4983.

Li C F, Li J B, Ding W W, et al., 2015. Seismic stratigraphy of the central South China Sea basin and implications for neotectonics. Journal of Geophysical Research-Solid Earth, 120 (3): 1377-1399.

Li F C, Sun Z, Hu D K, et al., 2013. Crustal structure and deformation associated with seamount subduction at the north Manila Trench represented by analog and gravity modeling. Marine Geophysical Research, 34 (3-4): 393-406.

Liu M, Cui X J, Liu F T, 2004. Cenozoic rifting and volcanism in eastern China: a mantle dynamic link to the Indo-Asian collision? Tectonophysics, 393 (1-4): 29-42.

Liu Z F, Zhan W H, Yao Y T, et al., 2009. Kinematics of convergence and deformation in Luzon Island and Adjacent Sea Areas: 2-D finite-element simulation. Journal of Earth Science, 20 (1): 107-116.

Mahadevan L, Bendick R, Liang H Y, 2010. Why subduction zones are curved. Tectonics, 29. DOI: 10.1029/2010 TC002720.

Martinod J, Guillaume B, Espurt N, et al., 2013. Effect of aseismic ridge subduction on slab geometry and overriding plate deformation: insights from analogue modeling. Tectonophysics, 588: 39-55.

Mason W G, Moresi L, Betts P G, et al., 2010. Three-dimensional numerical models of the influence of a buoyant oceanic plateau on subduction zones. Tectonophysics, 483 (1): 71-79.

McGeary S, Nur A, Benavraham Z, 1985. Spatial gaps in arc volcanism: the effect of collision or subduction of oceanic plateaus. Tectonophysics, 119 (1-4): 195-221.

Moore J C, Vrolijk P, 1992. Fluids in accretionary prisms. Reviews of Geophysics, 30 (2): 113-135.

Peacock S M, Hyndman R D, 1999. Hydrous minerals in the mantle wedge and the maximum depth of subduction thrust earthquakes. Geophysical Research Letters, 26 (16): 2517-2520.

Rosenbaum G, Mo W, 2011. Tectonic and magmatic responses to the subduction of high bathymetric relief. Gondwana Research, 19 (3): 571-582.

Ruff L, Kanamori H, 1980. Seismicity and the subduction process. Physics of the Earth and Planetary Interiors, 23 (3): 240-252.

Schellart W P, Freeman J, Stegman D R, et al., 2007. Evolution and diversity of subduction zones controlled by slab width. Nature, 446 (7133): 308-311.

Scholz C H, Small C, 1997. The effect of seamount subduction on seismic coupling. Geology, 25 (6): 487-490.

Schott B, Koyi H A, 2001. Estimating basal friction in accretionary wedges from the geometry and spacing of frontal faults. Earth and Planetary Science Letters, 194 (1-2): 221-227.

Seno T, Stein S, Gripp A E, 1993. A model for the motion of the Philippine Sea Plate consistent with NUVEL-1 and geological data. Journal of Geophysical Research: Solid Earth, 98 (B10): 17941-17948.

Shi X, Qiu X, Xia K, et al., 2003. Characteristics of the surface heat flow in the South China Sea. Journal of Asian Earth Sciences, 22 (3): 265-277.

Simpson G D H, 2010. Formation of accretionary prisms influenced by sediment subduction and supplied by sediments from adjacent continents. Geology, 38 (2): 131-134.

Tatsumi Y, Hamilton D L, Nesbitt R W, 1986. Chemical characteristics of fluid phase released from a subducted lithosphere and origin of arc magmas: Evidence from high-pressure experiments and natural rocks. Journal of Volcanology and Geothermal Research, 29 (1-4): 293-309.

Taylor B, Hayes D E, 1980. The tectonic evolution of the South China Basin. Geophysical Monograph Series, 23: 89-104.

Tsutsumi H, Perez J S, 2013. Large-scale active fault map of the Philippine fault based on aerial photograph interpretation. Active Fault Research, (39): 29-37.

Uyeda S, Kanamori H, 1979. Back-arc opening and the mode of subduction. Journal of Geophysical Research, 84 (NB3): 1049-1061.

van Hunen J, van den Berg A P, Vlaar N J, 2002. On the role of subducting oceanic plateaus in the development of shallow flat subduction. Tectonophysics, 352 (3): 317-333.

Yang T F, Lee T, Chen C H, et al., 1996. A double island arc between Taiwan and Luzon: consequence of ridge subduction. Tectonophysics, 258 (1-4): 85-101.

Yeh Y C, Hsu S K, Doo W B, et al., 2012. Crustal features of the northeastern South China Sea: insights from seismic and magnetic interpretations. Marine Geophysical Research, 33 (4): 307-326.

Yeh Y C, Hsu S K, 2004. Crustal structures of the northernmost South China Sea: seismic reflection and gravity modeling. Marine Geophysical Researches, 25 (1-2): 45-61.

Yu S B, Hsu Y J, Bacolcol T, et al., 2013. Present-day crustal deformation along the Philippine Fault in Luzon, Philippines. Journal of Asian Earth Sciences, 65: 64-74.

第5章　古洋脊俯冲区段地震静态库仑应力*

南海东部的马尼拉俯冲系统是整个南海地震的多发和活跃区域，本章根据该地区的地震活动资料，利用库仑应力方法对马尼拉俯冲带地震活动与库仑应力触发进行了研究。基于震源机制解模型和弹性半空间模型，选取了马尼拉俯冲带洋脊俯冲区段和菲律宾大断裂两个地震活跃区域的5个典型地震进行了静态库仑应力变化研究。分别计算了洋脊俯冲区段4个$M_W \geq 6.0$级地震和菲律宾大断裂1990年7月16日M_W 7.7级地震所产生的静态库仑应力变化，从应力变化和余震分布以及断层相互作用的角度，探讨了古洋脊俯冲区段地震活动与应力触发特点。

5.1　静态库仑应力方法概述

5.1.1　静态库仑应力的概念与原理

应力触发是地震发生后造成后续断层的力学性质及物理性质的改变，抑制或加速断层错动的现象（Harris，1998）。地震产生的应力变化可以通过库仑应力变化进行定量计算，一般认为在主震附近区域，若主震产生的库仑破裂应力变化为正，则会促使目标断层滑动，反之则会抑制断层的滑动（Harris，1998；Lin and Stein，2004）。根据库仑破裂准则，当岩石发生破裂时，促使它产生破裂的剪应力τ受到材料的内聚应力S（内聚强度或剪切强度）和乘以常数的平面法向应力σ_n（膨胀为正）及孔隙压力的抵抗，即平面中的抗剪强度为$S-\kappa(\sigma_n+p_r)$（Jaeger and Cook，1969；万永革等，2002a）。其中，κ为材料的内摩擦系数的常数，p_r为地壳内部孔隙流体产生的作用在该平面上的张应力。因此，τ越趋近于$S-\kappa(\sigma_n+p_r)$，材料越容易破裂。基于库仑应力假设，可以定义描述该物体趋近于破裂程度的库仑破裂应力（σ_f）为

$$\sigma_f = |\tau| - [S-\kappa(\sigma_n+p_r)] \tag{5-1}$$

式中，$|\tau|$为地震破裂面上的剪切应力的大小。由于很难精确确定地下应力张量，因此常通过库仑破裂应力变化来进行定量分析。如果κ和S不随时间变化，根据式（5-1）库仑应力变化可以定义为（Harris，1998）

$$\sigma_f = \Delta|\tau| + \kappa(\Delta\sigma_n+\Delta p_r) \tag{5-2}$$

导致地壳库仑破裂应力变化的原因很多，如板块运动、固体潮、人工爆破、火山喷发等。式（5-2）中的$\Delta|\tau|$、$\Delta\sigma_n$为这些事件产生的应力变化张量在断层面上的投影，

---

* 作者：李健、孙杰

Δp_r 为这些事件导致的孔隙流体压力变化（万永革等，2002a）。

式（5-2）中 $\Delta|\tau|$ 隐含地假定破裂面为各向同性，若已确定后续地震断层的滑动方向，则可将剪切应力变化投影到滑动方向上，此时式（5-2）中右边第一项为 $\Delta\tau_{rake}$，表示滑动方向上的剪切应力变化。

为了简化孔隙应力变化的影响，假定介质为各向同性均匀介质，则产生静态库仑应力变化之后、流体自由流动之前，流体压力变化和膨胀应力变化具有如下关系（Rice and Cleary，1976；Roeloffs，1988）：

$$\Delta p_r = \frac{\beta' \Delta\sigma_{kk}}{3} \tag{5-3}$$

式（5-3）中 β' 类似于Skempton系数 β（Skempton，1954），是一个重要的孔隙–流体参数，为不排水条件下平均应力变化所引起的孔隙压力变化与应力变化的比值，它不仅依赖于岩石体膨胀系数和流体所占体积比例的常数（Rice and Cleary，1976），而且随着有效压力的增大而减小，其取值范围为0.47～1.0，但多数学者常用的取值范围为0.7～1.0（Green and Wang，1986）；$\Delta\sigma_{kk}$ 为应力变化张量的对角元素之和。

如果假定断层区的岩性比周围更具延展性，断层区则有 $\sigma_{xx}=\sigma_{yy}=\sigma_{zz}$，$\Delta\sigma_{kk}/3=\Delta\sigma_n$（Rice，1992），并假定 $\mu'=\kappa(1+\beta')$，可得到：

$$\sigma_f = \Delta|\tau| + \mu'\Delta\sigma_n \tag{5-4}$$

式（5-4）是文献中常见的库仑应力变化的近似表达式。μ' 为有效摩擦系数，既包括了孔隙流体的影响，又包括了断层区介质性质的影响。由式（5-2）～式（5-4）可得

$$\mu' = \kappa\left(1 + \frac{\beta'}{3}\frac{\Delta\sigma_{kk}}{\Delta\sigma_n}\right) \tag{5-5}$$

在一般文献中，常忽略孔隙流体行为的细节，而将 μ' 看成常数（万永革等，2002a）。

应力触发可分为黏弹性应力触发、动态应力触发和静态应力触发。黏弹性应力触发的计算受地球模型、发震断层的滑动分布、格林响应函数、库仑应力模型参数选取等一系列因素的影响，使其包含诸多不确定性。计算静态库仑应力不需要考虑前面地震断层的破裂过程，而被触发地震的动态库仑应力变化需要考虑前面地震的震源时间函数（万永革等，2002a）。

静态应力触发是指地震断层的同震错动造成地壳应力场永久改变后的地震活动性变化（吴小平等，2007）。静态库仑应力变化在库仑破裂准则（Coulomb failure criterion）下，基于各向同性介质弹性半空间模型（Okada，1992），根据发震断层同震位错量来计算接收断层的库仑应力变化。静态库仑应力变化（$\Delta\sigma_f$），可由下式表示：

$$\Delta\sigma_f = \Delta\tau_s + \mu'\Delta\sigma_n \tag{5-6}$$

式中，$\Delta\tau_s$ 为断层滑动方向上的剪切应力变化，当 $\Delta\tau_s$ 与接收断层的滑动方向一致时为正，反之为负；$\Delta\sigma_n$ 为断层面上的正应力变化，使断层两盘分离为正，挤压为负；若 $\Delta\sigma_f$ 为正，则应力变化会促使目标断层滑动，反之则抑制断层的滑动。前人研究表明当 $\Delta\sigma_f$ 达到0.1bar（$1\text{bar}=10^5\text{Pa}$）时，便可能会触发一定范围内后续地震破裂事件的发生（Harris，1998；Lin and Stein，2004；Toda et al.，2005），导致其未来地震活动性发生改变。因此，

研究库仑应力变化与地震触发的关系，对研究中长期地震预测具有重要意义，同时也可为地震危险性分析提供依据。

在研究中，通常将有效摩擦系数μ'取为常数，并假定后续断层的几何参数和滑动方向已知。有效摩擦系数μ'的取值在不同研究中有所不同，某些断层比较适用于较低的有效摩擦系数，如 Bay Area 断层（0.1～0.3）、喜马拉雅逆断层区域（<0.3）等（Reasenberg and Simpson，1992；Bollinger et al.，2004）。Reasenberg 和 Simpson（1992）对 Loma Prieta 地震的静态应力触发研究中，当有效摩擦系数为 0.2 时，可以很好地解释余震与库仑应力变化的分布关系。在对 1992 年 Landers 地震静态应力触发研究中表明采用较高的有效摩擦系数 0.8 时，可以使 Landers 地震促使余震破裂与抑制余震破裂数目比例达到最大（Parsons and Dreger，2000；Seeber and Armbruster，2000）。有效摩擦系数的选取不仅与断层的类型相关，而且与断层的几何形态特征以及应变积累状态相关，通常取值为 0.2～0.8（Stein and Ekström，1992；King et al.，1994；Parsons et al.，1999；Toda and Stein，2002），研究中最常用的取值为 0.4。

基于上述静态库仑应力触发原理，日本地质调查局的远田晋次（Shinji Toda）、美国地质勘探局的 Ross Stein 和 Volkan Sevilgen、美国伍兹霍尔海洋研究所的林间等科学家，共同开发出 Coulomb 3.3 软件计算库仑应力变化（Lin and Stein，2004；Toda et al.，2005）。Coulomb 3.3 软件可用于计算常见的由地震、火山引起的三维的地形变、静态应力变化和地震应力触发等问题（王韶稳等，2011；盛书中等，2015；Toda et al.，2008）。

5.1.2　静态库仑应力的应用

在早期，基于人工模拟地震，采用弹性位错模型计算库仑应力增量，发现大部分余震都发生在同震库仑应力变化为正的区域。1997 年，南加利福尼亚地震中心（SCEC）和美国地质勘探局（USGS）组织了“应力触发、应力阴影及与地震危险性关系”的研讨班，议题为地震之间的相互作用，这个研讨班加速了对地震间“应力触发”理论和应用的研究（Harris，1998）。静态应力触发主要通过改变区域应力场来影响断层的应力状态（黄元敏和马胜利，2008）。研究表明，大地震产生的库仑应力变化对余震的时空分布具有影响，目前普遍认为当静态库仑应力变化达到 0.1bar 时便会影响到余震的发生（Hardebeck et al.，1998；Stein，1999；Lin and Stein，2004；Toda et al.，2005），即静态库仑应力的触发阈值为 0.1bar。Rydelek 和 Sacks（1999）运用细胞自动机模型的模拟结果也与此结论相一致。总体上，在采用该指标进行地震应力触发研究的解释中，余震多分布在库仑应力增加的区域，而库仑应力减小的区域却少有余震的出现，这种库仑应力减小的区域通常被称为应力阴影（Harris，1998）。随着对 1906 年旧金山湾大地震库仑应力研究的深入，应力阴影的存在性被广泛接受（Hardebeck et al.，1998；Kenner and Segall，1999；Toda et al.，1998；Parsons et al.，1999，2008；Toda and Stein，2003）。应力阴影常被用于粗略的地震预测，因地震的发生和地壳应力积累与释放有关，发震断层造成的应力阴影会随着地壳长期构造运动、地壳浅层闭锁和深部余滑等地壳作用而缩小，被削弱的应力得以恢复到地震前的水平，因此通过计算应力阴影的改变量，再结合长期应力积累率，二者之比即下次地震发生的大概时间间隔（汪建军，2010）。

库仑破裂应力的计算方法在不同断裂控制的构造背景下均得到了广泛的应用。King 等（1994）通过研究 1992 年 7.4 级的 Landers 地震对 San Andres 断层系统的应力影响，详细介绍了库仑应力的计算方法。Harris（1998）对应力触发、应力影区与地震危险性关系的研究，表明大震引起的应力变化会使邻近断层系统发生力学性质的改变。Lin 和 Stein（2004）对阿留申俯冲带 M_W 9.1 级主震传递到周围地壳应力的变化情况进行了研究，分别以正断层和逆断层作为接收断层时计算主震产生的应力变化，解释了阿留申俯冲带斜下延伸区逆冲型余震聚集以及俯冲带斜上方海沟向海岸方向正断层型余震聚集的现象。

国内学者在库仑应力的研究方面也做了大量的工作。宋金和蒋海昆（2010）研究了台湾地区 1976 年以来 13 次 7 级以上地震对福建水口水库 NE 向和 NW 向断裂产生的静态库仑破裂应力。王韶稳等（2011）通过对 1994 年 9 月 16 日台湾海峡 7.3 级地震造成静态库仑应力变化的研究，指出闽粤滨海断裂带西南段应力增加，促使其活动性增强，认为在闽粤滨海断裂带与 NW 走向的上杭–东山断裂交汇的南澎岛–东山海域发生地震的潜在危险性较大。缪淼和朱守彪（2012）对发生在俯冲带上的三次特大地震（2011 年日本 M_W 9.1 级地震、2010 年智利 M_W 8.8 级地震、2004 年苏门答腊–安达曼 M_W 9.0 级地震）进行了研究，从静态库仑应力变化的角度，考察了主震库仑应力变化对其后续余震空间分布的影响。盛书中等（2015）研究了 2015 年尼泊尔 M_S 8.1 级地震传递到中国已发生的震级为 M_S 5.0 级以上的地震震源机制解节面的应力变化，研究结果表明尼泊尔 M_S 8.1 级地震触发了其后续 2 次强余震的发生，其产生的应力加载区主要集中在其邻近的西藏和新疆地区的部分断层上，而其余地区的断层则主要受到了应力卸载作用。

应力触发已经成为研究地震间相互作用的重要手段之一，并且已被诸多的震例研究结果所证实。Stein 等（1997）以及 Nalbant 等（1998）对北安纳托利亚断裂带 1939 ~ 1992 年 10 个 6.7 级以上地震的研究表明 90% 的地震之间具有应力触发关系，并且认为 Izmit 地区是未来大地震潜在的发震区域，这一预言被 1999 年 Izmit 地震所证实。McCloskey 等（2005）对 2004 年 Sumatra-Andaman 地震进行了研究，该地震在 Nias-Simeulue 段产生的静态库仑应力变化为正，表明此处是未来地震的潜在发生地段，三个月后在此处果然发生了 M_W 8.7 级 Nias 地震。Toda 等（2008）对 M_W 7.9 级汶川地震的研究结果表明主震破裂面西南方的鲜水河断裂道孚至康定段是主要的应力加载区和潜在的大震孕震区，而 2014 年 11 月 22 日康定 M_S 6.3 级地震的发生证实了他们的预测。

随着越来越多地震震例研究成果的积累，以及地震震源机制解和地震参数确定方法的不断完善，断层面上库仑应力变化的相关研究为地震应力触发、划分潜在地震危险区、防震减灾等方面的研究提供了基础。南海东部边界的俯冲系统是强震的多发区域，强震引发的海啸极有可能会影响到我国东南部沿海城市造成破坏（魏柏林等，2006）。因此，对这一地区地震活动进行库仑应力分析与研究具有重要的意义。

5.2　马尼拉俯冲带地震震源机制与应力场特征

5.2.1　地震震源机制分布

根据 2.3.2 节中的地震活动特征介绍，南海东部俯冲带为地震的多发区。利用震源机制解数据库获取研究区的地震震源机制解分布特征，继而可对该区的构造应力状态进行分析。根据 1976 年 1 月至 2015 年 3 月全球震源机制解资料（GCMT），共收集 $M_W \geq 5.0$ 级地震的震源机制解 632 个，依据 Zoback 断层分类原则（表 5-1），对震源机制解进行分类。

表 5-1　Zoback 断层分类原则（Zoback，1992）

断层类型		P/σ_1	B/σ_2	T/σ_3	最大主压应力轴方位角
正断层型	NF	$P_1 \geq 52°$		$P_1 \leq 35°$	B 轴方位角
正断走滑型	NS	$40° \leq P_1 < 52°$	—	$P_1 \leq 20°$	T 轴方位角+90°
走滑型	SS_1	$P_1 < 40°$	$P_1 \geq 45°$	$P_1 \leq 20°$	T 轴方位角+90°
	SS_2	$P_1 \leq 20°$	$P_1 \geq 45°$	$P_1 < 40°$	P 轴方位角
逆冲走滑型	TS	$P_1 \leq 20°$	—	$40° \leq P_1 < 52°$	P 轴方位角
逆冲型	TF	$P_1 \leq 35°$	—	$P_1 \geq 52°$	P 轴方位角

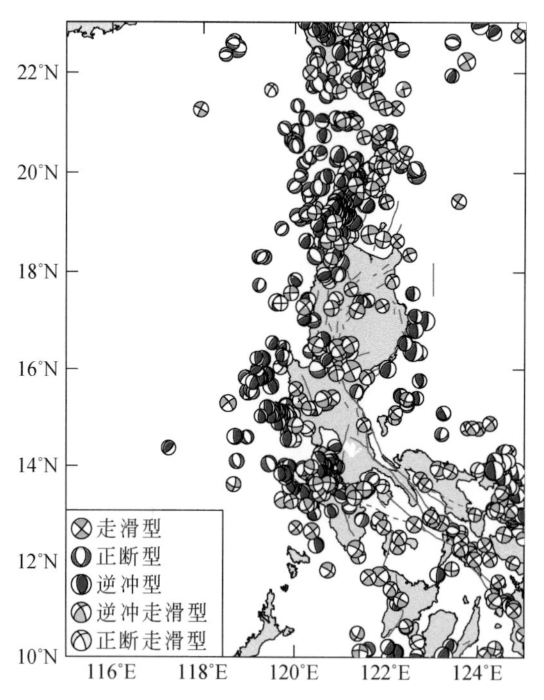

图 5-1　马尼拉俯冲带 $M_W \geq 5.0$ 级地震震源机制解分布

将分类后的震源机制解投影到相应区域（图 5-1），获得的震源机制解分布具有如下几个特征：①沿着菲律宾大断裂的轨迹两侧以走滑型震源机制解分布为主，反映菲律宾断裂是一条纵贯菲律宾群岛的左旋走滑型断裂；②吕宋岛 18°N 以北区域，震源机制解分带特征明显，自西向东依次为正断层型地震集中带、逆冲型地震集中带和走滑型地震集中带；③马尼拉海沟 13°～17°N 区段分布着大量的逆冲型地震，该处是古洋脊俯冲入菲律宾海板块的区段，古洋脊由于后期火山作用而被改造成海山链，海山链的俯冲易引发上覆板块的变形和大型的逆冲地震的产生，此处逆冲地震的聚集是海山链俯冲应力释放的结果。

5.2.2　震源应力场特征

应力场与相邻板块的相互作用相关，震源区的构造应力状态可以通过震源机制解和最大主压应力轴的分布特征来获得。为了更形象地展示南海东部俯冲系统的震源应力场特征，将收集到的 $M_W \geqslant 5.0$ 级地震震源机制解的最大主压应力轴投影到研究区（图 5-2）。将对应地震类型的最大主压应力轴走向换算成 NE 向和 NW 向，然后按照一定间隔将方位角进行分组，统计每组主压应力轴的数目，并计算出每组主压应力轴的平均走向，最后利用统计数据绘制成主压应力轴走向玫瑰花图（图 5-3）。

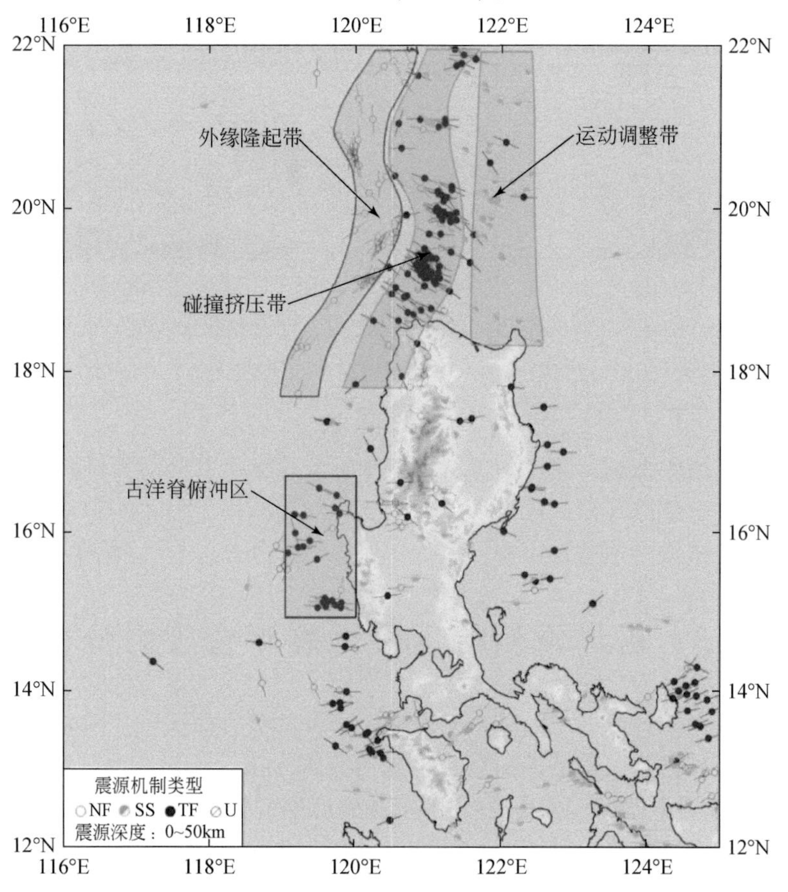

图 5-2　马尼拉海沟两侧 50km 深度范围内最大主压应力轴分布

主压应力轴分布显示，马尼拉海沟北部 18°～22°N 区段的主压应力轴主要呈 NW 向分布，地震活动具有明显的分带性，自西向东依次为正断层型地震集中带、逆冲型地震集中带和走滑型地震集中带（图 5-2）。正断层型地震集中带主压应力轴方位比较复杂［图 5-3（a）］，该处由于菲律宾海板块 NW 向运动斜向拼贴，马尼拉海沟北段与台湾碰撞带发生碰撞，使得海沟北段的海沟变形前锋受到影响而发生弯曲（Schellart et al., 2007；陈志豪等，2009），因此正断层型地震集中带主压应力轴方位由 NE 向逐渐转变为 NW 向，对应着南海板块在海沟处的外缘隆起带。逆冲型地震集中带主压应力轴方位为 NW 向［图 5-3（b）］，反映的是南海板块与菲律宾海板块的碰撞挤压带。走滑型地震集中带是菲律宾海板块被华南陆缘基底隆起阻挡之后的运动调整带，主压应力轴方位主要集中在 NW 向［图 5-3（c）］。马尼拉海沟洋脊俯冲区段以逆冲型地震分布为主（图 5-2），地震主压应力轴近 EW 向分布［图 5-3（d）］，反映了南海板块沿近 EW 向的俯冲运动。

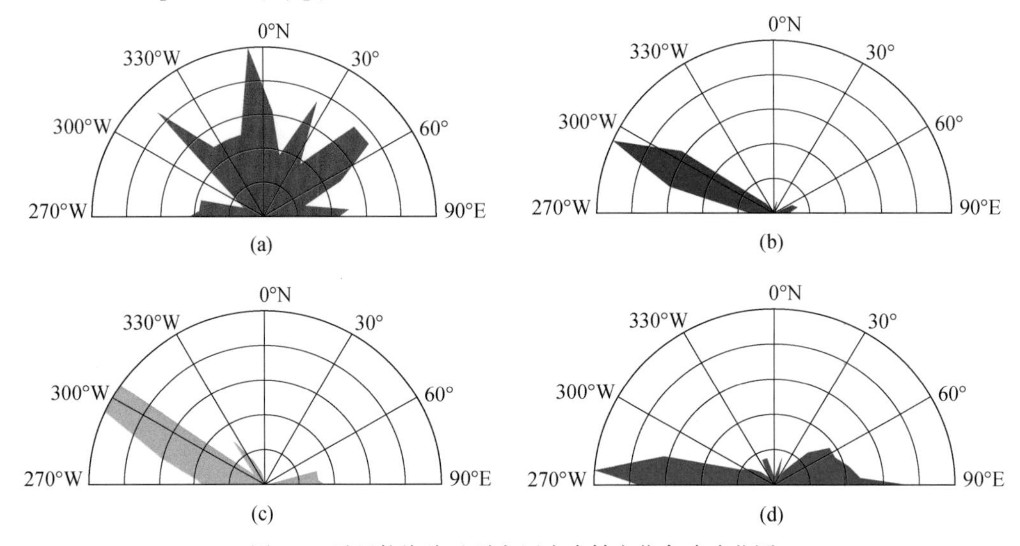

图 5-3　马尼拉海沟地震主压应力轴方位角玫瑰花图

（a）18°～22°N 正断层型地震主压应力轴方位角；（b）18°～22°N 逆冲型地震主压应力轴方位角；（c）18°～22°N 走滑型地震主压应力轴方位角；（d）洋脊俯冲区段逆冲型地震主压应力轴方位角

综上所述，南海东部俯冲系统地震震源机制解所反映的震源应力场表明马尼拉海沟北段与台湾碰撞带连接处以 NW 向区域应力为主，自西向东依次为正断层型地震集中带、逆冲型地震集中带和走滑型地震集中带；海沟洋脊俯冲区段以近 EW 向的挤压应力为特征。

5.3　古洋脊俯冲区段地震库仑应力分析

马尼拉俯冲带及其附近区域是整个南海地震的多发和活跃区域，同时也是中国主要的海啸高风险区之一，强震引发的海啸极有可能对我国东南沿海城市造成破坏（魏柏林等，2006）。南海海盆停止扩张后，扩张中脊由于受到后期的火山作用而被改造成为黄岩海山链，黄岩海山链沿着 NE 向俯冲于马尼拉海沟之下（Taylor and Hayes, 1983）。海山的俯冲及其周缘地区极易引发大地震的产生，建立现代地震台网以来该区共记录到 1 个 M_W 7.2

级强震和3个 M_W 6.0级以上的地震，强震的发生对海沟的几何形态、构造活动、应力调整必然会造成一定的影响，如2010年秘鲁-智利俯冲带中部的 M_W 8.8级地震和2011年日本俯冲带东北部的 M_W 9.0级地震（缪淼和朱守彪，2012）。前人对马尼拉海沟地震活动与应力特征的研究，主要是利用数值模拟以及台湾和吕宋岛弧一带地震的震源机制，对南海与周边地区的应力调整和南海形成、构造演化之间的关系进行分析（臧绍先等，1994；詹文欢，1998；臧绍先和宁杰远，2002；朱俊江等，2005；孙金龙等，2014），但大多是以整个南海板块或者以马尼拉海沟的最北段为主要研究对象，而对于南海东部古扩张脊俯冲于马尼拉海沟之下这样一个特殊构造部位，地震产生的应力变化与构造活动关系的研究还很缺乏。因此，对马尼拉俯冲带特别是俯冲洋脊区段强震引发的应力场变化、地震活动特点和应力触发等方面的研究具有重要意义。

5.3.1　地震事件的选取

1976～2015年的地震资料显示，南海东部古洋脊俯冲区段（117°～120.5°E，14.7°～16.5°N）共发生过47次 $M_W \geqslant 5.0$ 级的地震（图5-4），详细的震源机制解参数见表5-2。其中，有4次 $M_W \geqslant 6.0$ 级的地震，依据Zoback（1992）断层分类原则，按照时间顺序4次地震依次属于过渡型地震、逆冲型地震、走滑型地震和正断层型地震。1999年12月11日 M_W 7.2级地震为马尼拉海沟洋脊俯冲区段的最强震，并且 M_W 7.2级地震和位于其西北部约50km的 M_W 6.2级地震的发震时间间隔仅有20多天。此外，菲律宾地区历史上具有破坏性的地震中，超过一半均与菲律宾断裂的活动相关（Bautista and Oike，2000），菲律宾大断裂斜切过吕宋岛的地方，恰好是古洋脊俯冲入马尼拉海沟的位置，1990年7月16

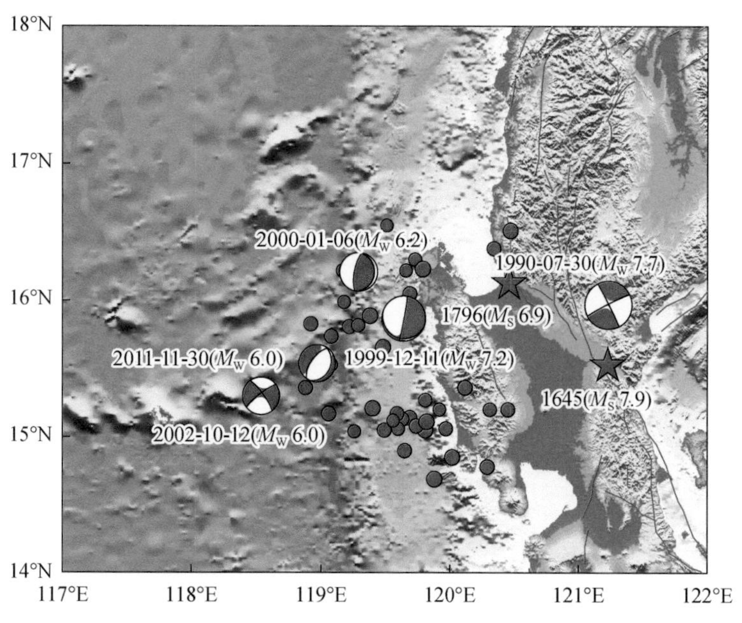

图5-4　马尼拉海沟俯冲洋脊区段 $M_W \geqslant 5.0$ 级地震分布

日 M_W 7.7 级地震是建立现代地震台网以来记录到的最大走滑型地震之一，并且其南北两侧历史上均发生过强震。那么这些地震之间是否存在联系，强震产生的库仑应力变化为我们研究该区域地震活动特点和构造活动特性提供了一条有效的途径。

表 5-2　马尼拉海沟俯冲洋脊区段 $M_W \geqslant 5.0$ 级地震震源机制解

年-月-日	经度 /°E	纬度 /°N	深度 /km	震级 (M_W)	节面Ⅰ			节面Ⅱ		
					走向 /(°)	倾角 /(°)	滑动角 /(°)	走向 /(°)	倾角 /(°)	滑动角 /(°)
1978-08-20	120.3	16.4	15	5.3	268	19	-93	91	71	-89
1979-08-08	119.1	15.7	15	5.4	344	26	53	204	69	107
1982-05-15	119.7	14.9	59	5.4	338	44	63	194	51	114
1982-12-29	120.3	14.8	92	5.5	62	45	-153	312	71	-48
1983-08-12	119.5	15.1	35	5.4	345	34	53	207	63	112
1985-05-27	120.3	15.2	83	5.2	351	61	157	93	70	31
1986-12-29	119.4	15.2	52	5.8	348	31	90	168	59	90
1988-05-08	119.8	15.1	46	5.9	348	43	54	213	56	119
1988-08-07	119.3	15.0	66	5.0	331	37	61	186	58	110
1990-07-23	119.7	16.1	15	5.4	287	59	-31	34	64	-145
1990-09-22	119.1	15.2	30	5.6	335	12	45	200	82	98
1991-06-15	120.1	15.4	15	5.6	234	90	-180	324	90	0
1991-06-16	120.5	15.2	15	5.4	220	20	149	339	80	73
1993-04-09	120.4	15.6	30	5.5	258	49	-172	163	84	-42
1995-02-10	119.2	16.0	44	5.1	280	45	129	50	57	58
1995-03-15	118.9	15.4	15	5.4	333	56	-179	242	89	-34
1996-11-20	120.5	16.5	22	5.9	209	68	-163	113	74	-23
1997-05-05	119.7	15.1	42	5.4	341	32	47	208	67	113
1997-12-22	119.7	15.1	32	5.5	4	25	70	206	67	99
1998-08-22	119.2	15.8	15	5.4	355	25	76	190	65	97
1998-08-23	119.9	14.7	30	6.0	158	35	80	350	56	97
1998-08-31	120.0	15.1	51	5.3	191	45	118	334	52	65
1999-05-27	119.8	15.3	48	5.2	247	17	-34	10	81	-104
1999-12-11	119.6	15.9	35	7.2	112	13	-169	11	88	-77
2000-01-06	119.3	16.2	15	6.2	3	18	83	191	72	92

续表

年-月-日	经度 /°E	纬度 /°N	深度 /km	震级 (M_W)	节面Ⅰ			节面Ⅱ		
					走向 /(°)	倾角 /(°)	滑动角 /(°)	走向 /(°)	倾角 /(°)	滑动角 /(°)
2002-10-12	118.5	15.3	15	6.0	324	78	-171	232	81	-12
2003-01-06	119.4	15.9	15	5.9	351	18	71	191	73	96
2003-10-29	119.2	16.2	15	5.2	45	36	134	175	65	63
2004-10-11	119.3	15.8	13	5.1	6	23	100	175	67	86
2004-10-29	118.9	15.8	12	5.4	355	35	-138	229	67	-62
2005-02-11	119.7	16.2	42	4.9	293	23	-44	65	74	-107
2005-04-08	119.0	15.6	19	5.3	2	40	-83	173	50	-96
2006-07-10	119.9	15.2	55	4.9	357	45	64	211	51	114
2007-11-27	119.8	16.2	43	5.9	199	31	110	356	61	78
2008-01-31	119.7	16.3	30	5.0	232	35	139	357	68	62
2008-08-20	119.6	15.1	29	5.1	357	26	80	188	64	95
2009-01-09	119.8	16.5	33	5.0	2	47	56	227	53	121
2009-04-20	120.0	15.6	30	5.2	316	72	-16	52	74	-161
2009-05-24	119.6	15.1	22	5.4	347	32	56	205	64	109
2010-04-12	119.5	16.6	32	5.0	9	24	68	212	68	99
2010-11-10	119.6	15.2	22	5.5	351	28	70	193	64	100
2011-07-25	119.8	15.1	15	5.9	348	42	65	200	53	111
2011-11-30	119.0	15.5	12	6.0	215	63	-85	25	28	-99
2011-11-30	119.1	15.5	19	5.0	200	43	-100	34	47	-81
2012-07-14	119.6	15.1	28	5.0	3	22	91	182	68	89
2012-06-16	119.5	15.7	28	5.9	324	25	77	158	66	96
2015-01-10	120.0	14.9	61	5.9	192	55	-158	89	72	-37

静态库仑应力变化是指主震断层的相互运动造成区域库仑应力场的变化，若作用于断层面上的库仑应力变化为正，则可加速该断层的破裂，反之则抑制断层的活动（King et al., 1994；Harris，1998）。静态库仑应力变化在库仑破裂准则下，基于各向同性介质弹性半空间模型（Okada，1992），根据发震断层同震位错量来计算接收断层的库仑应力变化。本书采用远田晋次（Shinji Toda）等开发的 Coulomb 3.3 软件（Lin and Stein，2004；Toda et al., 2005），分别计算洋脊俯冲区段 2011 年 M_W 6.0 级地震、1999 年 M_W 7.2 级最强震、$M_W \geqslant 6.0$级地震、菲律宾断裂 1990 年 M_W 7.7 级地震的库仑应力变化，探讨强震与余震之

间的联系和对周边断裂的影响。

5.3.2　地震参数的选取

研究静态应力触发问题，需要有明确的发震断层和接收断层参数（走向、倾角、滑动角）。主震和强余震震源机制解数据可从全球震源机制解（GCMT）目录上获得，对于没有明确发震模型的地震而言，本书利用已经发生的较大地震的震源机制解作为接收断层参数。因为在断层危险性分析中，一般遵循以下原则（袁一凡和田启文，2012；盛书中等，2015）：地震重复原则（或历史重演原则），即历史上发生过强烈地震的地方，将来还有可能再次发生同样的地震；构造外推原则，即在同一地质构造单元条件下可能发生同样强度的地震。此外，活断层的产状是一定的，区域构造应力场相对稳定，因此在一定时间内，同一条断层上发生地震的震源机制解应该是相近的。基于上述原则，本书利用马尼拉海沟区域已发生地震的震源机制解数据作为接收断层参数，以此来探讨强震产生的静态库仑应力对周边断裂的影响。

选取震源机制解不同节面作为发震断层面和接收断层面，会对静态库仑应力的计算结果产生影响。根据全球震源机制解（GCMT）目录提供的震源机制解资料难以确定其中的哪一个节面为实际的断层面，因此，本书选取最有可能的震源机制解节面作为发震断层面，选取依据为（盛书中等，2015）：①根据震源机制解周边的断层资料，选取和距离最近断层走向较为一致的节面作为断层面；②对于仅根据节面走向难以判断出断层面，且两个节面倾角相差较大的情况，若震源机制解为正断层型，选取两个节面中倾角较大的节面作为断层面，因为节面倾角较大有利于正断层型地震的发生，若震源机制解为逆冲型，选取节面倾角较小的节面作为断层面，因为节面倾角较小有利于逆冲型地震的发生；③当地震周围没有明确断层，或是上述依据也难以区分时，为了减少结果的不确定性，则舍弃掉该震源机制解。

计算静态库仑应力的变化，需要发震断层的破裂尺寸。由于震中位于海上，难以对震中地区作实地调查，因此，对于没有明确发震模型的地震，本书中断层的破裂长度依据不同震源机制解类型适用的矩震级-断层破裂长度经验关系式计算得到（Wells and Coppersmith，1994），如式（5-7）及式（5-8）所示：

$$\begin{cases} M_W = 4.34 + 1.54 \cdot \log(L) \cdots\cdots \text{NF} \\ M_W = 4.49 + 1.49 \cdot \log(L) \cdots\cdots \text{TF} \\ M_W = 4.33 + 1.49 \cdot \log(L) \cdots\cdots \text{SS} \\ M_W = 4.38 + 1.59 \cdot \log(L) \cdots\cdots \text{U} \end{cases} \tag{5-7}$$

$$\begin{cases} M_W = 4.04 + 2.11 \cdot \log(W) \cdots\cdots \text{NF} \\ M_W = 4.37 + 1.95 \cdot \log(W) \cdots\cdots \text{TF} \\ M_W = 3.80 + 2.59 \cdot \log(W) \cdots\cdots \text{SS} \\ M_W = 4.06 + 2.25 \cdot \log(W) \cdots\cdots \text{U} \end{cases} \tag{5-8}$$

式中，L、W 分别为断层破裂长度和下倾破裂宽度；NF 为正断层型地震；TF 为逆冲型地震；SS 为走滑型地震；U 为过渡型地震。根据式（5-7）和式（5-8），即可求出洋脊俯冲区段地震的破裂尺度（表 5-3）。

表 5-3　马尼拉海沟俯冲洋脊区段地震破裂基本参数

年-月-日	经度/°E	纬度/°N	深度/km	震级（M_W）	断层破裂尺寸		震源机制类型
					L/km	W/km	
1999-12-11	119.64	15.87	35.1	7.2	78.09	24.86	过渡型（U）
2000-01-06	119.29	16.21	15.0	6.2	14.05	8.68	逆冲型（TF）
2002-10-12	118.54	15.30	15.0	6.0	13.21	7.07	走滑型（SS）
2011-11-30	118.97	15.54	12.3	6.0	11.97	8.49	正断层型（NF）

注：表中只给出俯冲洋脊区段 $M_W \geqslant 6.0$ 级地震破裂参数。

5.3.3　2011 年 11 月 30 日 M_W 6.0 级地震静态库仑应力变化

南海海盆在近南北向和北西-南东向扩张过程中，在洋中脊两侧 150～200km 范围内的断裂构造十分发育（图 5-5），并且多为正断层，断层在脊轴两侧呈 NE 向分布，倾角较陡，其倾向在脊轴两侧向中央倾斜（Pautot et al.，1986；吴金龙等，1992；李家彪等，2002）。此外，平行于马尼拉海沟轴部近 NS 向的正断层，分布在距海沟轴部大约 20km 以内，这主要是由于俯冲板块向下弯曲而在外缘隆起处产生的张性断裂（Pautot and Rangin，1989）。南海扩张脊区的对称、内倾正断层的广泛发育表明南海洋中脊是在张应力作用下形成的。

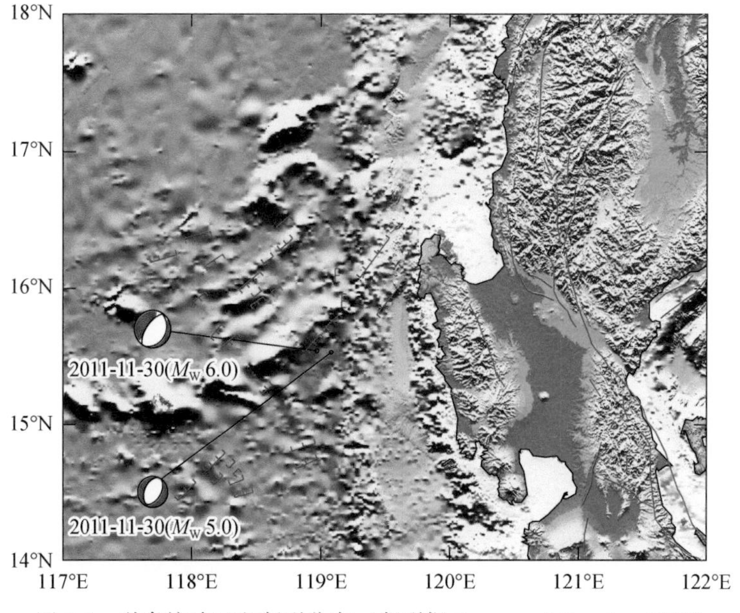

图 5-5　洋脊俯冲区段断裂分布（断裂据 Pautot and Rangin，1989）

2011 年 11 月 30 日的 M_W 6.0 级地震是由于张应力作用而产生的正断层型地震，这与南海扩张脊两侧对称、内倾正断层广泛发育相对应，其震源机制解中两个节面的滑动角均接近-90°，属于纯张性断裂性质的地震（图 5-6），其发震机制相对简单。此次地震也是有现代地震记录以来发生在马尼拉海沟西侧洋脊俯冲区段最大张性断裂性质的地震，并且该地震发生后紧接着又发生了一次震级达到 M_W 5.0 级的强余震（图 5-5），可更加准确地开展库仑应力计算。通过对地震目录资料的检索和分析，发现在 2011 年 11 月 30 日 M_W 6.0 级主震发生后的 50 天时间内，在主震附近共发生 1.0 级以上的余震达到 26 次，其中 4.0 ~ 5.0 级 7 次，最大余震震级达到 5.0 级。

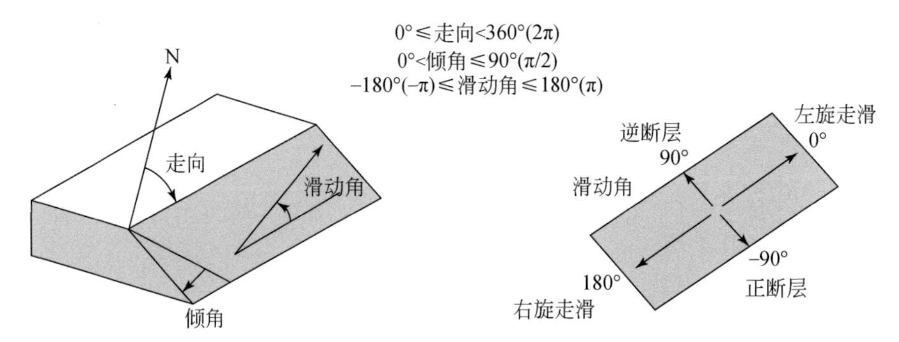

图 5-6　应力和震源机制解分析简图（据 Aki and Richard，1980）

根据上节的地震参数选取依据，选取 2011 年 M_W 6.0 级地震震源机制解节面 Ⅰ 数据作为发震断层面，杨氏模量取值为 8×10^5bar，泊松比为 0.25。节面 Ⅰ 的剪切应力变化与正应力变化如图 5-7 所示，剪切应力［图 5-7（a）］增加区域与正应力［图 5-7（b）］增加区域基本集中在破裂面附近，但破裂面附近正应力的变化比较复杂。剪切应力减小区域主要集中在破裂面的一侧，而正应力减小区域位于破裂面两侧呈对称的纺锤状分布。

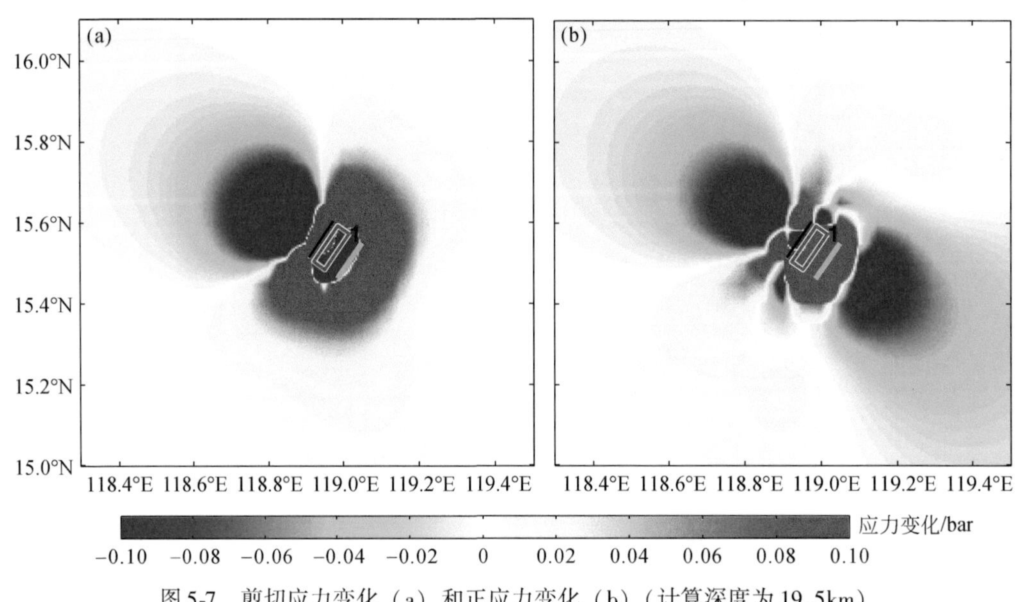

图 5-7　剪切应力变化（a）和正应力变化（b）（计算深度为 19.5km）

有效摩擦系数 μ' 的取值通常为 0.2 ~ 0.8，为了进一步探讨有效摩擦系数 μ' 对 2011 年 11 月 30 日 M_W 6.0 级地震静态库仑应力变化的影响，分别计算了有效摩擦系数 μ' 值为 0.2、0.4、0.6、0.8 时静态库仑应力的变化（图 5-8），计算深度均为 19.5km。

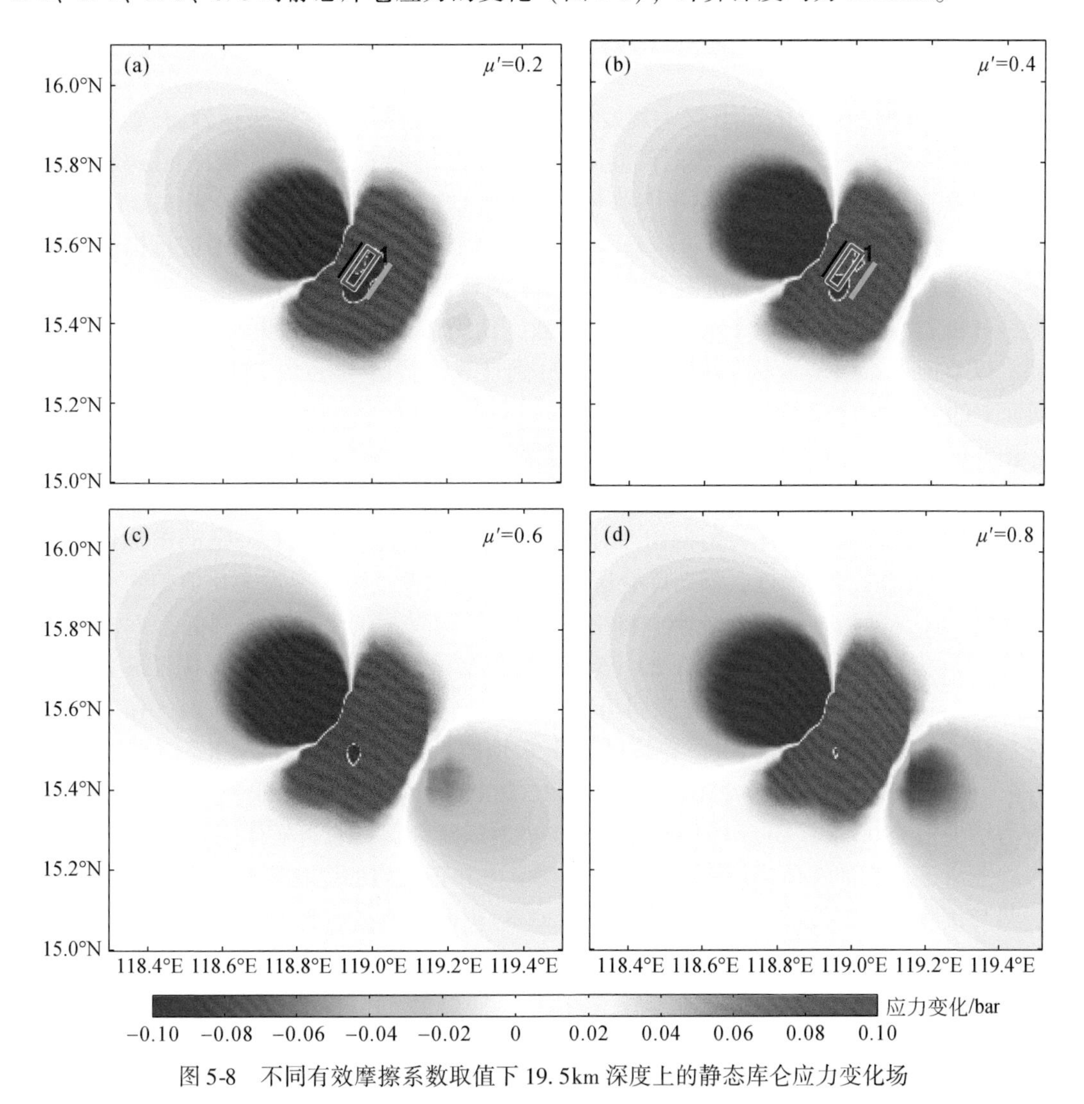

图 5-8　不同有效摩擦系数取值下 19.5km 深度上的静态库仑应力变化场

根据式（5-6）可知，不同的有效摩擦系数 μ' 会对静态库仑应力变化的计算结果产生影响。当有效摩擦系数为 0 时，正应力在静态库仑应力变化计算中所占权重为零，静态库仑应力变化即为剪切应力变化（图 5-7a）。改变有效摩擦系数 μ' 的取值对静态库仑应力变化的空间分布影响不大，但对应力变化的大小具有一定的影响（万永革等，2002b）。随着有效摩擦系数 μ' 的改变，正应力在静态库仑应力变化中的权重随之改变，位于破裂面两端的应力大小、形状均无明显变化，而位于破裂面两侧的静态库仑应力变化较两端明显（图 5-8）。

总的看来，有效摩擦系数μ'取值的改变对M_W 6.0级地震静态库仑应力场空间分布总体态势的影响并不大（图5-8）。因此，参照多数学者如Stein和Ekström（1992）、King等（1994）、万永革等（2000）、刘桂萍和傅征祥（2002）、王韶稳等（2011）的取值方法。结合图5-8中有效摩擦系数μ'对计算结果的影响，本书在后续的计算过程中选取有效摩擦系数μ'为0.4的中间值。

2011年11月30日M_W 6.0级主震发生后，紧接着发生了一次震级达到M_W 5.0级的地震，震源深度19.5km，两次地震时间间隔短，震中距离近（图5-5），依据Aki-Richard规定的地震分类法，两次地震均属于张性断裂性质的地震。因此，同时分析6.0级主震和5.0级最大余震，将更加准确地对静态库仑应力变化和静态应力触发作用进行描述。根据图5-6中应力和震源机制解分析简图以及选取震源机制解节面中最有可能为发震断层面的依据，分析震源机制解节面Ⅰ与节面Ⅱ的参数，认为节面Ⅰ的参数更符合上述判断依据。因此，以节面Ⅰ参数作为发震断层面参数，分别计算了节面Ⅰ在19.5km深度层面和沿*A-B*切面上的静态库仑应力变化（图5-9）。

图5-9中红色区域代表应力增加区，应力增加区域呈NE向展布，主要分布在破裂面的斜上方以及斜下方。应力增加区域的展布方向与古洋脊的俯冲方向和洋脊两侧正断层的展布方向均一致，表明古洋脊斜向俯冲对NE方向上的应力场值具有一定的增加作用。在主震和最大余震的震中附近，静态库仑应力变化情况比较复杂，应力变化值的大小随着距离主震震中距离的增加而逐渐减小。将主震后50天内发生的余震投影到静态库仑应力变化图像上，发现余震大部分发生在20～30km的深度范围内，这可能与5.0级最大余震发生在19.5km深度相关。前人研究表明当静态库仑应力增加值达到0.1bar时，便有可能会触发后续地震破裂事件的产生，导致区域未来地震活动性发生改变（King et al., 1994; Harris, 1998; Lin and Stein, 2004; Toda et al., 2005）。图5-9中大部分余震均位于静态库仑应力增加值为0.1～0.5bar的区域，表明主震对后续余震具有触发作用。

综上所述，在弹性位错理论中，震后剪切应力和正应力的变化不受有效摩擦系数的影响，只与接收断层的性质相关（周宇明等，2008）。改变有效摩擦系数μ'的取值，实际上只是改变正应力在计算静态库仑应力中的权重。通过对比图5-8中（a）～（d）的变化可见，有效摩擦系数对静态库仑应力计算结果总体态势的改变并不明显，这与King等（1994）对有效摩擦系数μ'的取值问题的讨论一致，即有效摩擦系数μ'取值的变化对库仑应力的计算结果影响较小。从区域构造应力场分析，南海洋中脊在张应力作用下形成（吴金龙等，1992），随着南海板块向东俯冲于马尼拉海沟之下，俯冲洋脊区段受区域构造应力场控制较大，使得M_W 6.0地震的静态库仑应力变化对有效摩擦系数的响应不明显。对M_W 6.0级、M_W 5.0级地震破裂产生的静态库仑应力变化进行计算，通过分析发现静态库仑应力增加区域的展布方向、古洋脊区段大震的展布方向均与古洋脊沿NE向俯冲一致，表明古洋脊俯冲方向与该区地震活动存在一定的对应关系。根据主震的静态库仑应力变化与后续余震分布对比分析，大部分余震位于应力增加的区域（图5-9），主震周围静态库仑应力的增加是诱发后续余震产生的重要因素。但是，并非所有的余震均位于静态库仑应力增加区域，这可能是因为主震震级不大，破裂尺度较小，造成的静态库仑应力变化量较小，古洋脊受区域应力场及附近断裂活动的控制比较大，主震产生的静态库仑应力变化未

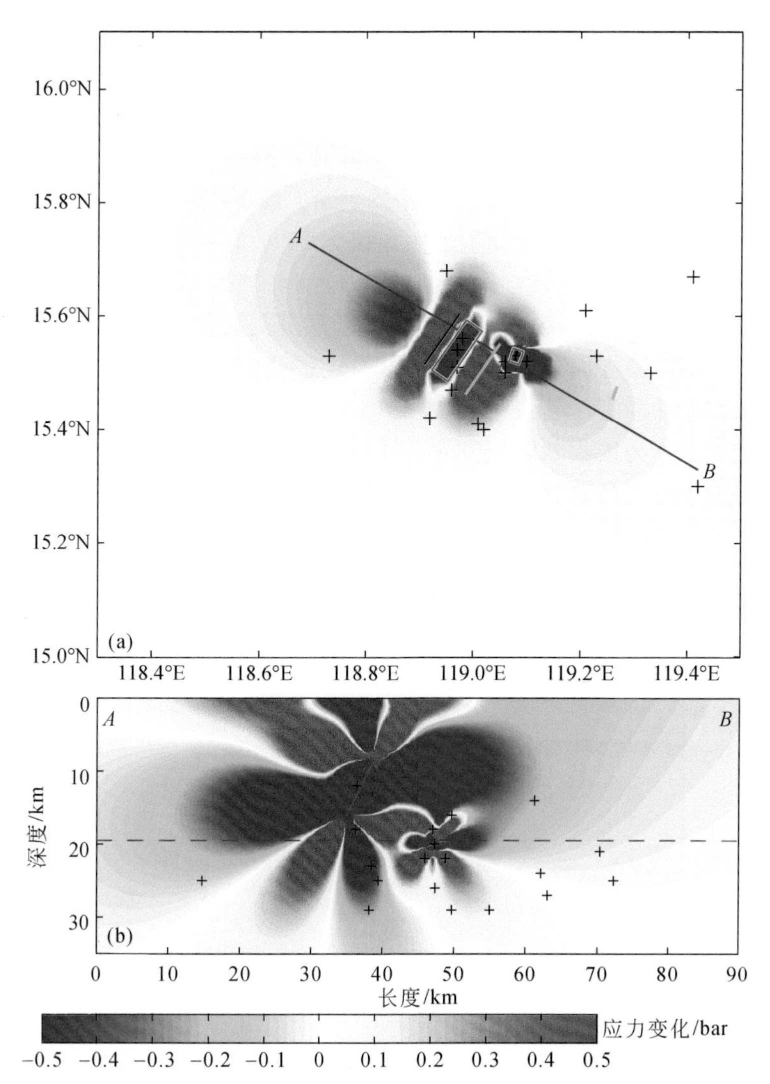

图5-9　2011年12月30日 M_W 6.0级地震静态库仑应力变化场与后续余震分布

（a）19.5km深度层面的静态库仑应力变化场；（b）沿图（a）中 *A-B* 切面的库仑应力变化场。虚线代表图（a）的取面深度，十字形代表余震位置（单位：bar）

对后续地震的发生和发展造成大范围的改变。

5.3.4　1999年12月11日 M_W 7.2级地震静态库仑应力变化

黄岩海山链在马尼拉海沟中段俯冲于菲律宾海板块之下，海山的俯冲往往伴随大震的生成，其中就包括一个 M_W 7.2级强震和三个6.0级以上的地震（图5-4）。1999年12月11日的 M_W 7.2级地震震中（119.64°E，15.87°N）位于马尼拉海沟的古扩张脊俯冲区段，并且与北西向距其约50km处的 M_W 6.2级地震发震时间仅间隔26天，M_W 7.2级地震对 M_W 6.2级地震的发生是否具有触发作用，下面将运用静态库仑应力的方法来探讨这一问题。

选取位于海沟内侧的 1999 年 12 月 11 日 M_W 7.2 级强震，计算其产生的静态库仑应力变化，考察本次强震对洋脊俯冲区段断裂的影响。发震断层面选取 M_W 7.2 级地震震源机制解数据中的节面Ⅱ数据（表 5-2），即走向、倾角、滑动角分别为 11°、88°、−77°。因为依据 Aki 和 Richard（1980）文中对滑动角的判断，震源机制解节面Ⅰ中−169°的滑动角应该属于右旋性质的地震，然而节面Ⅰ的倾角仅为 13°，显然不符合走滑型地震的发震条件。接收断层选取洋脊俯冲区段（117°～120.5°E，14.7°～16.5°N）震源深度小于 50km 的 $M_W \geq 5.0$ 级地震，并且依据 Zoback（1992）断层分类原则中选取最有可能是发震断层面的节面数据作为接收断层面参数。因此，可以建立一个以 1999 年 12 月 11 日 M_W 7.2 级地震为触发地震，俯冲洋脊区其余 35 个 $M_W \geq 5.0$ 级地震震源机制解两个节面中最有可能为发震断层面的节面作为接收断层的应力触发模型（图 5-10），计算主震产生的静态库仑应力对周边断层的影响。计算过程中，有效摩擦系数 μ' 取值为 0.4，杨氏模量取值 8×10^5 bar，泊松比为 0.25，获得 1999 年 M_W 7.2 级地震静态库仑应力变化结果如图 5-11、图 5-12 所示。

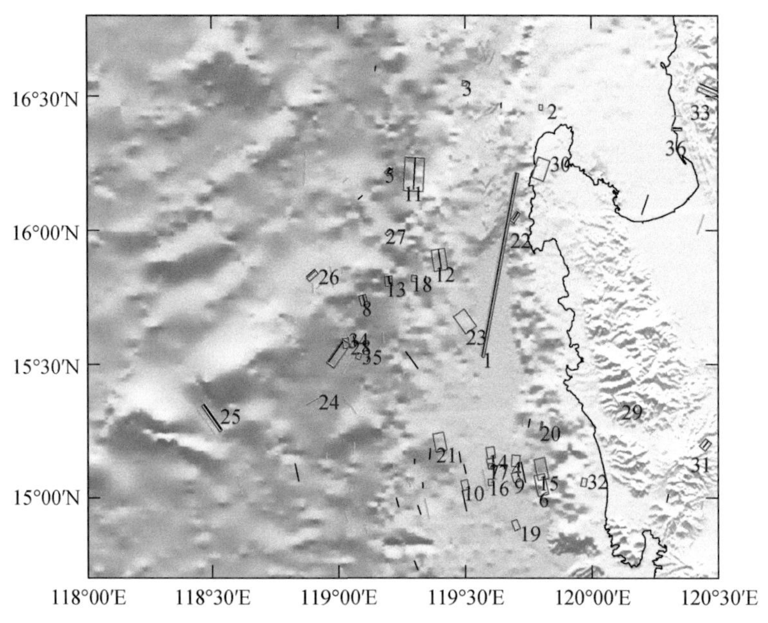

图 5-10　1999 年 12 月 11 日 M_W 7.2 级地震应力触发模型

图中绿色实线代表断层面延长线与地表的交线，红色方框代表断层面在地表的投影

1999 年 12 月 11 日 M_W 7.2 级地震静态库仑应力计算结果表明主震破裂面上的应力得到了释放，源断层对其南侧断层库仑应力变化的影响并不明显，应力变化值几乎为零（图 5-11、图 5-12）。源断层西侧区域为主要的应力加载区，部分区域的静态库仑应力增加值达到 0.3～0.5bar（图 5-11、图 5-12）。M_W 7.2 级地震北西向约 50km 处的 M_W 6.2 级地震，正好位于源断层西侧的应力加载区，静态库仑应力增加值达到 0.5bar（图 5-11、图 5-12），显然超过了应力触发阈值 0.1bar，并且两次地震发震时间间隔短、距离近，表明 M_W

7. 2 级地震对 M_W 6. 2 级地震具有触发作用。

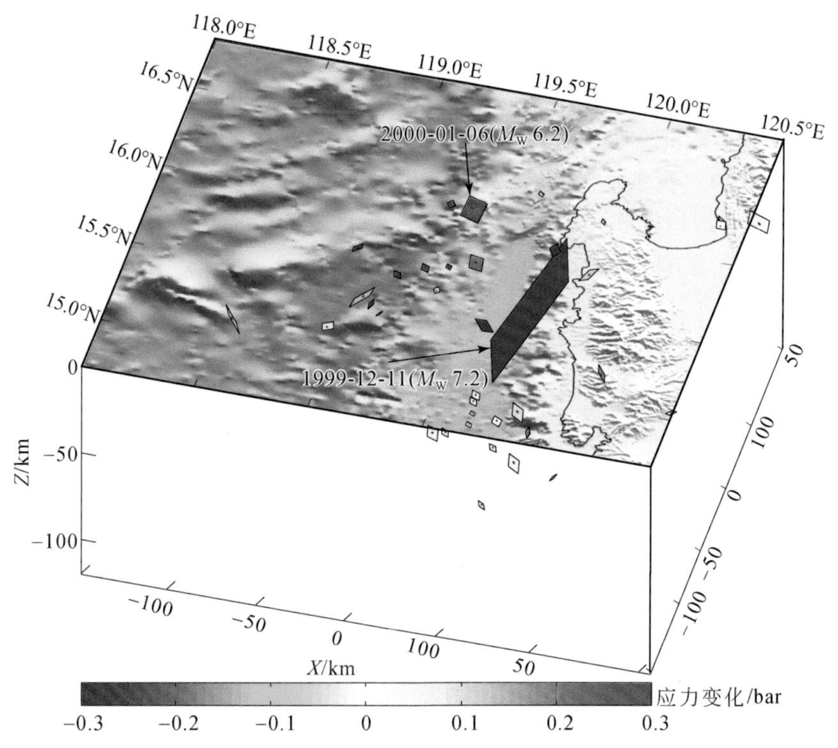

图 5-11　震源机制解节面上的静态库仑应力变化分布立体图

图中平行四边形表示发震断层面，计算深度为每个震源各自的深度

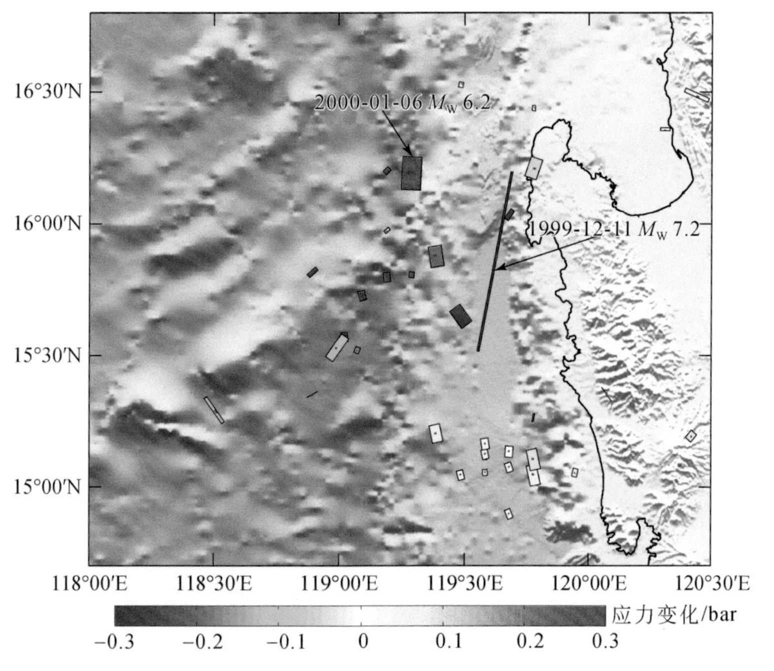

图 5-12　震源机制解节面上的静态库仑应力变化分布平面图

图中矩形表示发震断层面，计算深度为每个震源各自的深度

5.3.5　洋脊俯冲区段 $M_W \geq 6.0$ 级地震静态库仑应力变化

洋脊俯冲区段是地震的易发和频发区域，根据 1976 ~ 2015 年的地震资料，矩震级大于 5.0 级且震中位于南海东部古洋脊俯冲区段的地震达到了 47 次，其中包含了 4 次 $M_W \geq$ 6.0 级地震（图 5.4）。大地震的发生必将导致古洋脊俯冲区段静态库仑应力的变化，本节以该区域 $M_W \geq$ 6.0 级地震作为源断层，探讨古洋脊俯冲区段地震静态库仑应力变化对周围断裂和地震触发的影响。

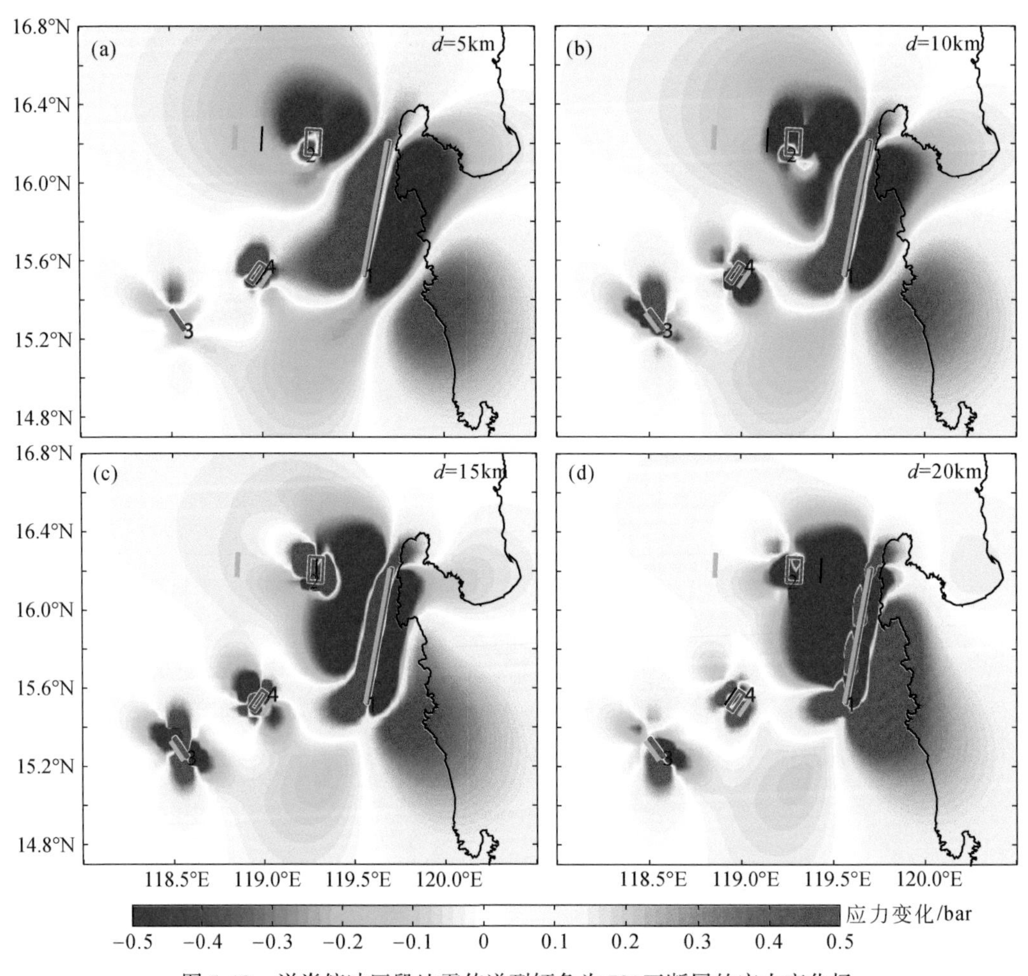

图 5-13　洋脊俯冲区段地震传递到倾角为 70°正断层的应力变化场

根据前人对南海东部地貌和线性构造的研究，14° ~ 17°N 的密集构造带主要为 NE 向构造（图 5-5），其优势走向为 NE67°，在洋中脊两侧 150 ~ 200km 范围内的断裂构造十分发育，并且多为正断层，断层倾角较陡（吴金龙等，1992；李家彪等，2002）。因此，我们选取走向为 67°的正断裂作为接收断层，分别假设接收断层倾角为 70°、60°、50°的情况，分析洋脊区段 $M_W \geq 6.0$ 级地震传递到周围断裂的应力变化，得到的库仑应力变化如

图5-13～图5-15所示。

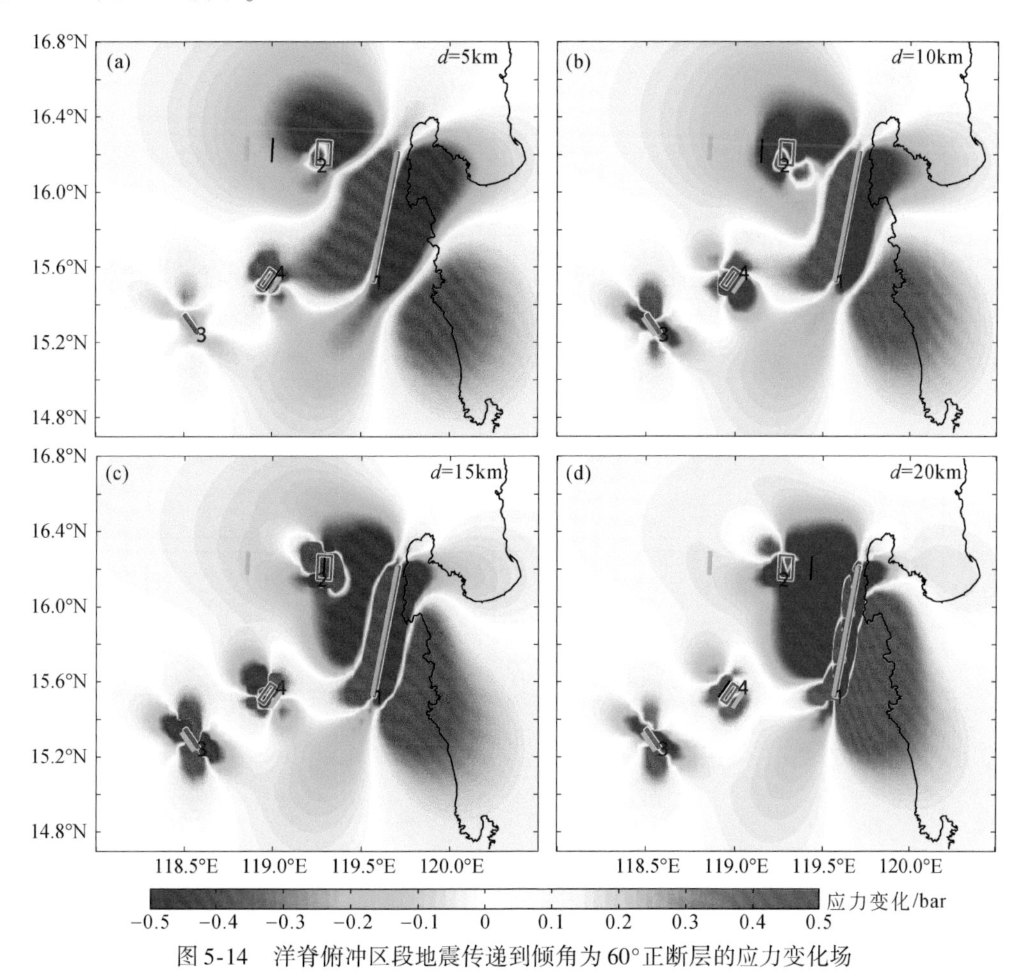

图5-14　洋脊俯冲区段地震传递到倾角为60°正断层的应力变化场

对比计算结果表明接收断层倾角的变化对静态库仑应力变化分布的总体态势影响并不显著，静态库仑应力增加和减小区域的分布范围以及变化量基本相同（图5-13～图5-15），可见接收断层倾角的变化在洋脊俯冲区段地震静态库仑应力变化场的计算中并不是主要的决定因素。下面以走向为67°、倾角为50°的正断层作为接收断层对不同深度静态库仑应力变化场进行分析（图5-15）。静态库仑应力变化为正值的区域主要位于吕宋岛弧一侧，在1999年7.2级主震震中南东方向的区域静态库仑应力增加值达到0.3～0.5bar，而在古洋脊一侧应力增加区域主要分布在深度小于10km的浅层区域，应力增加值普遍在0.3～0.5bar的范围内，呈NE向分布。随着深度的增加，古洋脊一侧库仑应力增加区域的范围逐渐变小，在15km和20km的深度平面上，应力变化较为复杂，应力增加区域主要分布在4次地震的震中位置附近。不同深度平面上的应力变化，表明吕宋岛弧一侧以及古洋脊的浅部区域为主要的应力增加区。将研究区内矩震级大于5.0级的地震投影到对应深度的库仑应力变化平面上，小于10km深度范围内并没有大于5.0级的地震发生。在15km和20km的深度平面上，吕宋岛弧一侧几乎所有的地震都分布在静态库仑应力变化值为正的区域，只有极少数的地震发生在库仑应力变化的边界附近，海沟西侧则有一部分地震分布在库仑应力减小的区域，表明在吕宋岛弧一侧地震的分布与计算所得静态库仑应力增加的区域较为吻合。

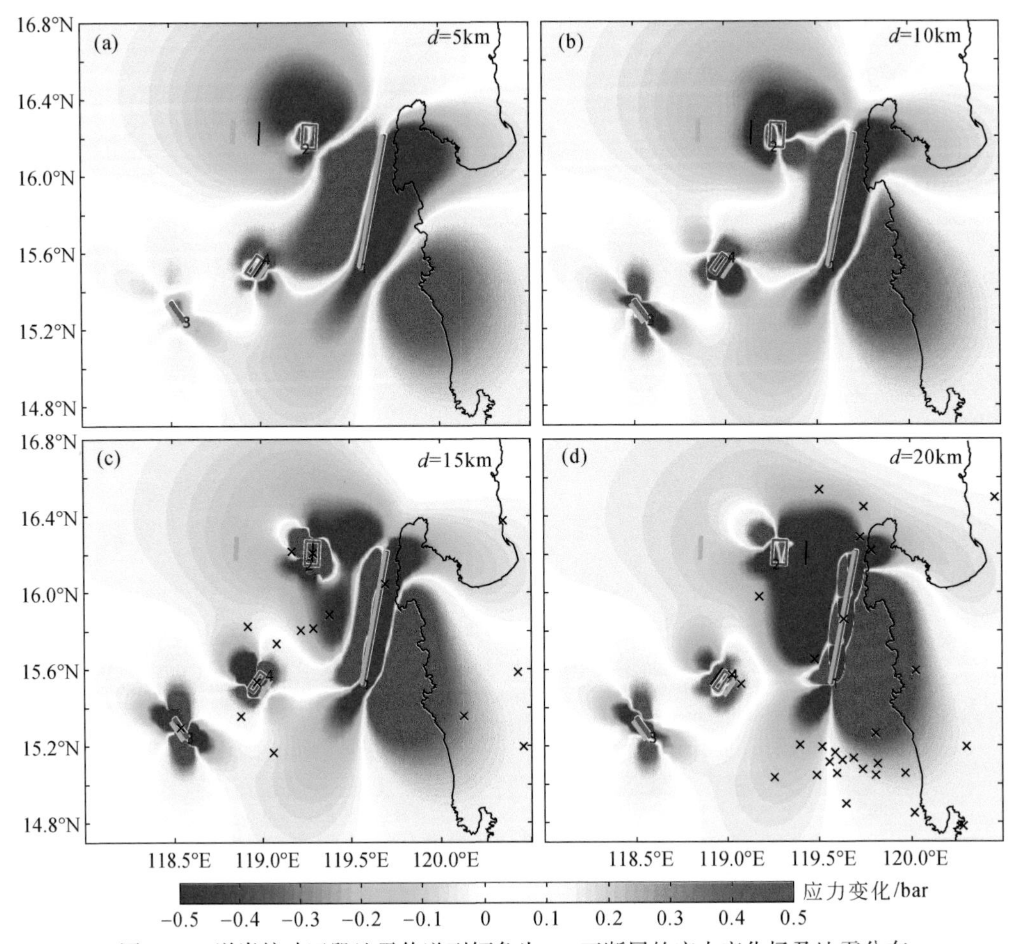

图 5-15　洋脊俯冲区段地震传递到倾角为 50°正断层的应力变化场及地震分布

综上所述，接收断层倾角的变化对洋脊俯冲段 $M_W \geqslant 6.0$ 级地震传递到周围断裂的静态库仑应力分布的总体态势影响并不显著。马尼拉海沟洋脊俯冲段吕宋岛弧一侧为主要的应力加载区，古洋脊一侧应力加载区主要分布在小于 10km 的深度层面上，应力加载区与地震的分布较为吻合。据此推测古洋脊俯冲区段大震产生的静态库仑应力变化主要对吕宋岛弧及古洋脊的浅部断层活动性具有促进作用，并认为在古洋脊俯冲区段吕宋岛弧一侧今后发生地震的可能性相对较大。

5.4　菲律宾断裂 1990 年 M_W 7.7 级地震静态库仑应力分析

1990 年 7 月 16 日，发生在菲律宾吕宋岛的 M_W 7.7 级地震是建立现代地震台网以来记录到的最大走滑型地震之一。该次地震震中位于菲律宾断裂吕宋岛段的中部，形成了近百千米的地表破裂带，造成至少 1621 人遇难，1000 多人失踪，超过 3000 人受伤，90 万人无家可归（张洪由，1991）。1990 年菲律宾地震过后不久，沿欧亚板块和菲律宾海板块边界的地震活动变化显著，我国的台湾地区、日本的九州地区以及吕宋岛弧相继发生震群现象（尾池和夫等，1994）。大范围地震活动的变化与菲律宾 M_W 7.7 级地震是否相关这一科学问题，至今还未开展过针对性的研究。应力触发作为研究地震间相互作用的一种重要手段，为我们研究它们之间的关系提供了可能。下面将从地震静态库仑应力触发角度探讨 1990 年菲律宾 M_W 7.7 级强震的静态库仑应力变化，进而揭示该次地震对马尼拉俯冲带和吕宋岛地震活动的影响。

5.4.1　菲律宾断裂构造特征

菲律宾断裂是一条纵贯菲律宾群岛的左旋走滑型断裂，从吕宋岛的北部一直延伸至棉兰老岛的东南部，其延伸方向为 NNW 向，全长约为 1250km（Tsutsumi and Perez，2013），其西边为马尼拉海沟，东边为东吕宋海槽和菲律宾海沟（图 5-16）。菲律宾大断裂的左旋

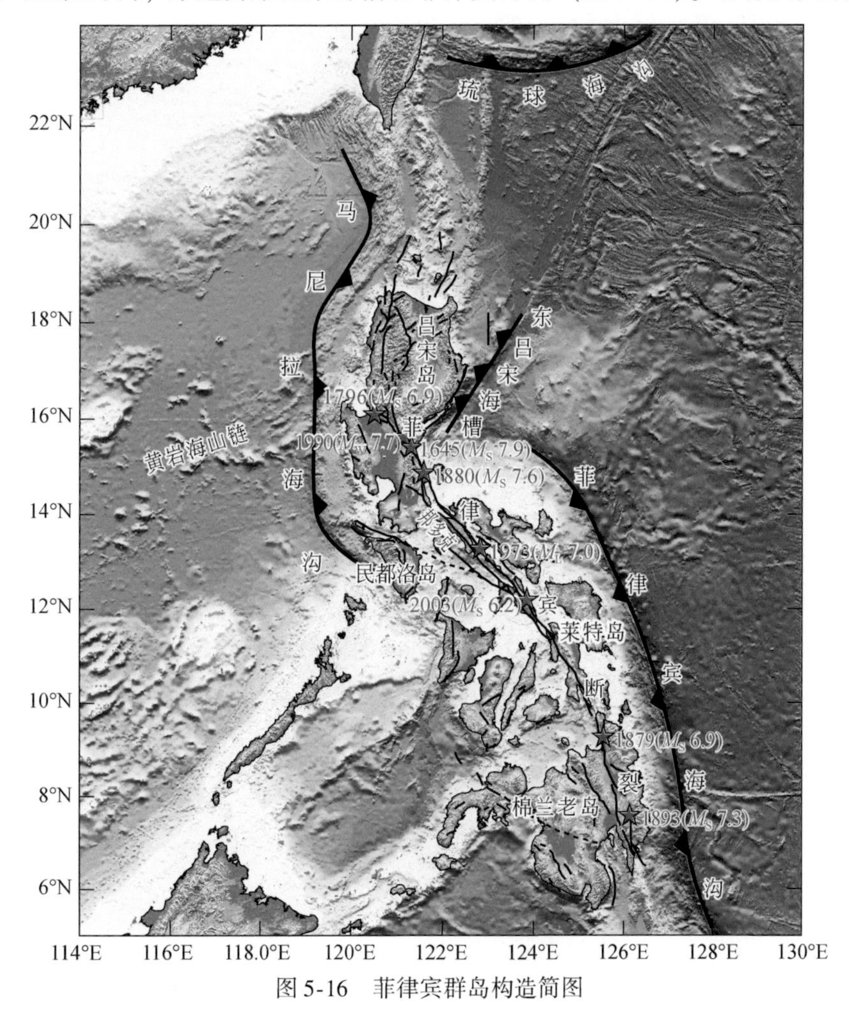

图 5-16　菲律宾群岛构造简图

走滑性质，通常被认为是菲律宾海板块斜向俯冲于巽他板块之下导致的（Fitch，1972）。该断裂可分为两个主要的区段，分别为邦多克半岛与棉兰老岛之间的南段和吕宋岛上的北段，在莱特岛和棉兰老岛北部出露的断层面显示出其具有纯左旋走滑特征的运动学性质，菲律宾断层的北段表现为显著的逆冲特征，在吕宋岛断层由西北-东南向朝北弯成近南北向。菲律宾断裂是一条非常活跃的并且极具破坏性的活动断裂，菲律宾群岛上数次极具破坏性的地震，均与菲律宾大断裂的活动相关，而菲律宾大断裂的不同区段上地震发生频率和大小略有不同。在马斯巴特岛和莱特岛区段近400年来均未发生过大于7级的地震（Bautista and Oike，2000），马斯巴特岛2003年M_S 6.2级地震是该区现代地震台网记录到的最大地震，此次地震造成沿菲律宾大断裂近18km的地表破裂带，而在莱特岛上还没有大的历史地震记录。历史地震记录表明棉兰老岛1879年M_S 6.9级地震和1893年M_S 7.3级地震是菲律宾大断裂在此区段的两大地震（Repetti，1946；Bautista and Oike，2000）。菲律宾大断裂吕宋岛区段最近一次造成严重人员伤亡和巨大财产损失的地震便是1990年7月16日M_W 7.7级地震。

5.4.2　1990年M_W 7.7级地震震源机制解特征

菲律宾地区历史上具有破坏性的地震中，一半以上都与菲律宾断裂的活动相关（Bautista and Oike，2000），在过去的150年中至少发生过10次7.0级以上的强震，最近同时也是最大的一次便是1990年M_W 7.7级地震。该地震发生后，很多学者对其开展了研究，并陆续公布了其震源机制解（表5-4）。Yoshida和Abe（1992）利用14个台站记录到的长周期面波进行反演，认为M_W 7.7级地震是一个断层面近乎直立的纯左旋走滑型的地震，震中深度为10km，断层面走向为155°、倾角为88°、滑动角为-7°，释放的地震矩为3.9×10^{20}N·m。余震的分布情况表明断层破裂面达到120km×20km，断裂北部走向为20°NW，向南变为40°NW。断层平均位错5.4m，最大位错达6m，应力降为52bar，主压应力轴近乎水平。Velasco等（1996）利用长周期面波反演的结果认为M_W 7.7级地震是一个断层面为NNW向展布的左旋型地震，断层面走向为153°、倾角为89°、滑动角为16°，释放的地震矩为$(4.2\pm0.1)\times10^{20}$N·m，破裂速度为3.0km/s，破裂时间为30～35s，震中深度为30±15km，具有较大的不确定性，应力降达到了71bar。Nakata等（1990）认为M_W 7.7级地震震中位于菲律宾断裂吕宋岛段的Digdig分支上，地表破裂带呈NW向展布，长达110km，由震中向两侧破裂，震中北部约60km的破裂面平均位错达到5～6m，沿N25°W方向破裂，南部约50km的破裂面平均位错为2～3m，沿N40°W方向破裂。

表5-4　M_W 7.7级地震震源机制解

发震时刻	经度/°E	纬度/°N	震级	深度/km	走向/(°)	倾角/(°)	滑动角/(°)	数据来源
1990-7-16 7：26：52	121.230	15.970	M_W 7.7	15	333	88	4	Dziewonski et al.，1991
1990-7-16 7：26：52	121.172	15.679	M_W 7.7 M_S 7.8	10	155	88	-7	Yoshida and Abe，1992

续表

发震时刻	经度/°E	纬度/°N	震级	深度/km	走向/(°)	倾角/(°)	滑动角/(°)	数据来源
1990-7-16 7：26：34	121.230	15.840	M_W 7.7	30	153	89	16	Velasco et al.，1996
1990-7-16 7：26：34	121.172	15.679	M_W 7.7 M_S 7.8	25	—	—	—	USGS

1990年M_W 7.7级地震震中位于菲律宾断裂的Digdig分支上（图5-17），震后的第二天即1990年7月17日18：06，在距主震NW向63km处发生了一次M_W 6.0级地震，发震断层面走向为135°、倾角为90°、滑动角为7°，此余震的性质与主震相同，均为左旋走滑型（Dziewonski et al.，1991）。主震后的M_W 6.5级最大余震则发生在7月17日21：14，距主震NW向43km处（图5-17），发震断层面走向为211°、倾角为46°、滑动角为79°，M_W 6.5级余震属于一次逆冲型地震（Yoshida and Abe，1992），与主震性质完全不同。这种现象与我国唐山1976年M_S 7.8级地震类似，即主震前均未监测到前震，并且主震后最大余震的性质均与主震不同（李保昆等，2009）。

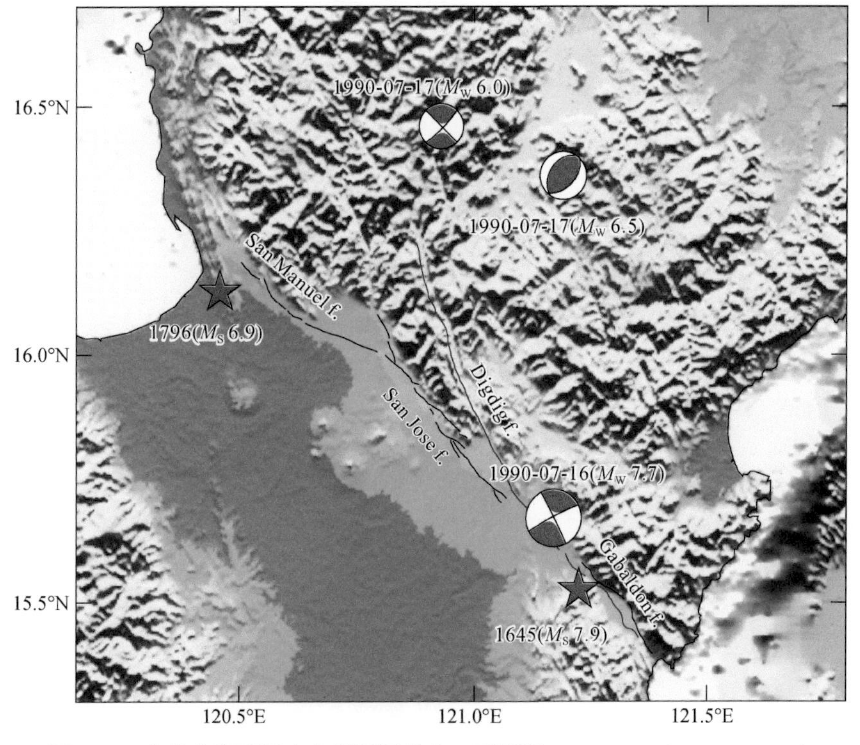

图5-17　菲律宾断裂吕宋岛段断层分布（断裂据Tsutsumi and Perez，2013）

5.4.3　M_W 7.7级地震的余震序列特征与库仑应力变化场的关系

1990年7月16日M_W 7.7级主震发生后，在主震破裂面的周围相继发生了大量的余震。根据美国地质勘探局地震目录的数据，1990 年 7 月 16 日至 1991 年 7 月 16 日，在研究区（14°～18°N，118°～123°E）共发生 4.0 级以上余震 328 次，其中 4.0～4.9 级余震 251 次，5.0～5.9 级余震 74 次，6.0～6.9 级余震 3 次，最大余震发生在震后第二天，震级为 M_W 6.5 级。

为观察余震随时间推移的分布情况，对主震发生后的余震按不同时间段进行投影，对比分析各时间段余震的分布变化。7 月 16 日主震发生当天共发生余震 78 次［图 5-18（a）］，其中主震西北方向余震数量较多，而东南方向余震较少，余震整体上呈 NW 向分布。截至 7 月 31 日共发生余震 142 次［图 5-18（b）］，围绕最大余震震中密集分布，主要分布在主震的西北方向，表现为向主震西北向集中的趋势。截至 12 月 31 日共发生余震 194 次［图 5-18（c）］，余震分布趋势仍然是西北方向多，东南方向少，沿着菲律宾断层在吕宋岛段两侧密集分布。截至 1991 年 7 月 16 日共发生余震 328 次［图 5-18（d）］，在主震的西南方向出现余震集中分布的现象。通过对比分析以上各时段的余震分布情况可知：主震发生后余震沿菲律宾断裂吕宋岛段两侧分布，主震西北方向为主要的余震集中区，余震密集分布；主震东南方向余震分布稀疏，随着时间推移，主震西南方向开始出现

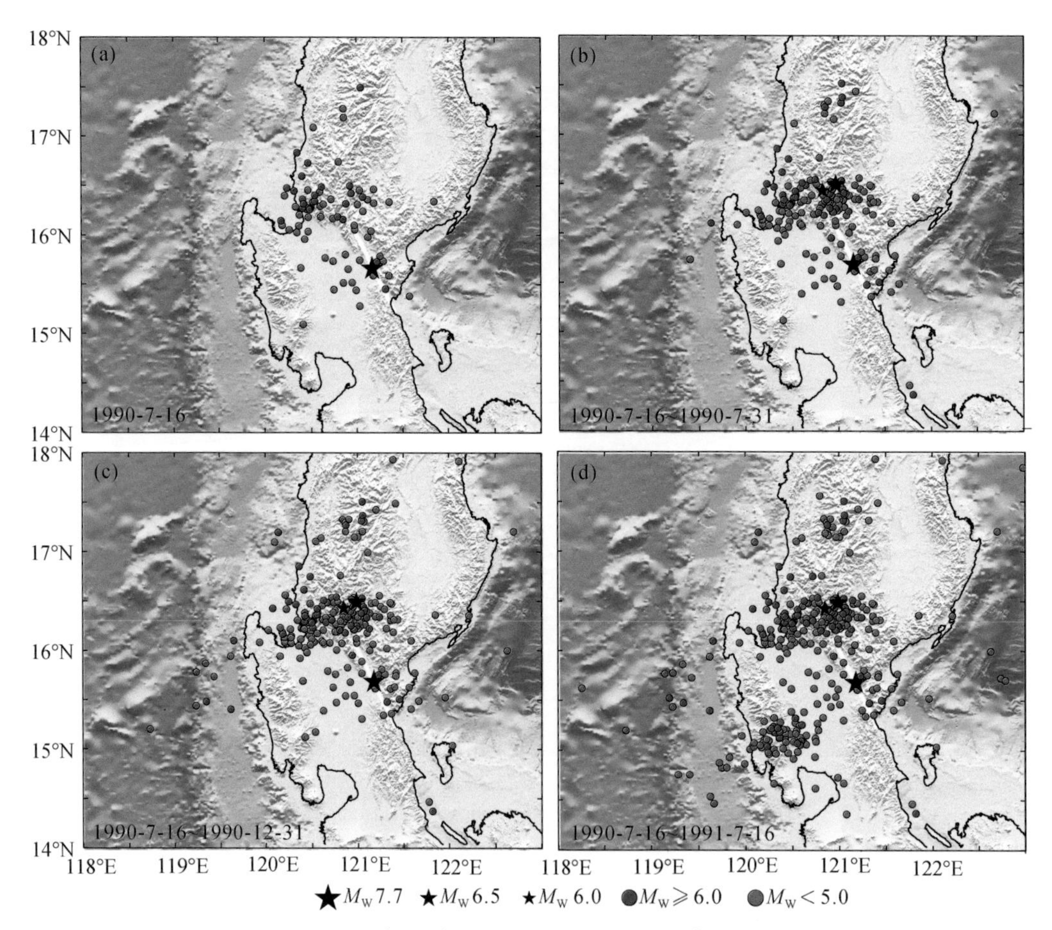

图 5-18　1990 年 7 月 16 日 M_W 7.7 级地震的余震分布特征

余震密集分布，这可能与主震周围的应力调整相关。下面将从静态库仑应力的角度出发，探讨主震的应力变化与余震序列分布的关系。

尽管不同学者给出的 M_W 7.7 级地震的震源深度不尽一致（表5-4），并且余震的震源深度也存在一定的误差，但对于由走滑型地震所产生的应力变化而言，其受深度的影响并不明显（Lin and Stein，2004）。因此，1990 年 7 月 16 日 M_W 7.7 级地震为研究走滑型地震静态库仑应力变化与余震分布的关系提供了一个良好的案例。

对于具有明显滑动的走滑断层而言，更倾向于选取较低的摩擦系数，如圣安德烈斯断层（Lin and Stein，2004）。因此依据静态库仑应力计算原理，设定有效摩擦系数 μ' 取值为 0.4，杨氏模量取值为 8×10^5bar，泊松比为 0.25，发震断层参数使用 Dziewonski 等（1991）的数据。通过 Coulomb 3.3 软件计算得到 M_W 7.7 级地震静态库仑应力变化如图 5-19 所示，静态库仑应力的截面深度为 15km。计算结果显示，应力增加值和减小值随着与破裂面距离的增加而减小，应力释放区域主要集中在断层面的两侧，并且呈对称分布，应力增加区域位于断层的两端呈纺锤形对称分布。主震发生的当天，余震主要集中在主震的西北部，7 月 17 日发生的 M_W 6.0 级余震和 M_W 6.5 级最大余震均位于主震西北部的应力增加区域，应力增加值分别达到了 21bar 和 9bar，已经远远超过了静态库仑应力的触发阈值 0.1bar

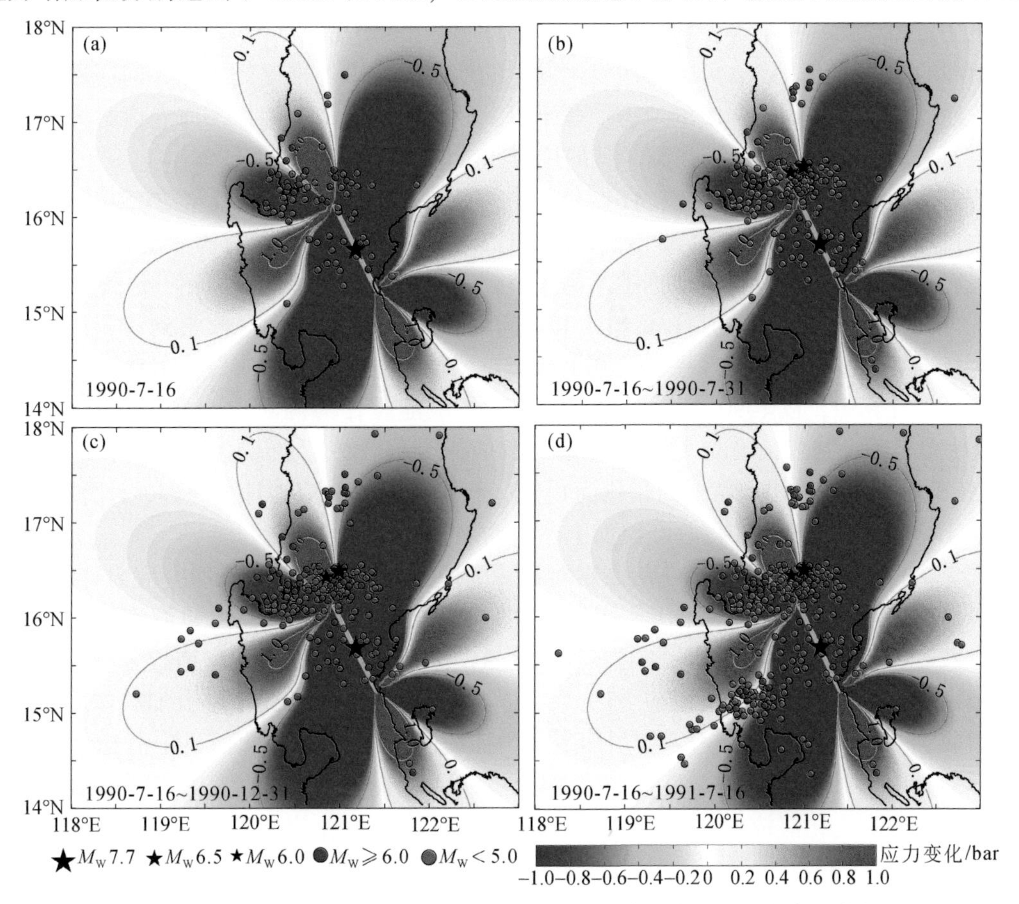

图 5-19　1990 年 7 月 16 日 M_W 7.7 级地震静态库仑应力变化与余震分布

(Harris, 1998; Lin and Stein, 2004; Toda et al., 2005)。随着时间的推移，余震继续向应力增加区域以及应力变化边界附近集中，图 5-19（d）中主震西南方向的密集余震区也基本位于应力增加区或应力变化边界处。因此，可以认为主震产生的应力变化，对后续的余震具有触发作用。然而仍存在着一定数量的余震分布在静态库仑应力减小区域，一方面可能是余震定位不够准确造成的，另一方面应力下降区只是减小了该区域地震发生的概率，并不等同于完全抑制地震的发生（单斌等，2012），地震的发生与否是该区域内背景地震活动和库仑应力变化共同作用的结果。

5.4.4　M_W 7.7 级强震对马尼拉俯冲带静态应力触发影响初探

菲律宾断裂对南海板块与菲律宾海板块的运动起着重要的调节作用，并且菲律宾断裂切过海沟的位置正好是南海东部古洋脊俯冲至海沟的位置。图 5-19 显示，古洋脊俯冲至菲律宾海板块之下的区域为 M_W 7.7 级地震的应力增加区，同时马尼拉海沟一侧聚集了大量的余震，并且静态应力变化是地震断层的同震错动造成的永久性的地壳应力场变化（吴小平等，2007）。在断层危险性分析中，一般遵循地震重复原则和构造外推原则（袁一凡和田启文，2012；盛书中等，2015）。地震重复原则（或历史重演原则），即历史上发生过强烈地震的地方，将来还有可能再次发生同样的地震；构造外推原则，即在同一地质构造单元条件下可能发生同样强度的地震。基于以上原则，本节将利用静态库仑应力方法探讨 1990 年菲律宾断裂 M_W 7.7 级强震对马尼拉俯冲带地震活动性的影响。

首先从全球震源机制解（GCMT）目录中查找自 1976 年 1 月 1 日至 2015 年 12 月 31 日发生在马尼拉俯冲带（12°～23°N，115°～125°E）$M_W \geq 6.0$ 级、震源深度小于 70km 的浅源地震的震源机制解资料。依据本章第 3 节介绍的震源机制解选取原则，最终获得了 61 个 $M_W \geq 6.0$ 级地震的震源机制解资料，其空间分布如图 5-20 所示，收集到的震源机制解资料大体上覆盖了马尼拉俯冲系统，其中马尼拉俯冲带北部地震分布较为密集。

在后续计算中，以 1990 年 7 月 16 日 M_W 7.7 级地震作为源断层，将收集到的 $M_W \geq$ 6.0 级地震震源机制解最有可能为断层面的节面作为接收断层面，有效摩擦系数 μ' 取值 0.4，杨氏模量取值 8×10^5bar，泊松比为 0.25。根据静态库仑应力计算原理，计算 1990 年 7 月 16 日 M_W 7.7 级地震在接收断层面上产生的静态库仑应力变化。

图 5-21 和图 5-22 为 M_W 7.7 级主震对每一个接收断层产生的静态库仑应力计算结果，其计算深度为每个地震的震源深度。由图可见，M_W 7.7 级地震对马尼拉海沟断层的库仑应力加载主要集中在距离源断层相对较近的区域。东吕宋海槽以逆冲型地震分布为主，其中距离源断层较近的部分断层以应力卸载为主，较远的断层则受到了应力加载作用，其中 1977 年 7 月 22 日 M_W 6.8 级地震断层面上应力加载值达到 0.05bar。西吕宋海槽处于应力加载区，其中 1999 年 12 月 11 日 M_W 7.2 级地震断层面上应力加载值为 0.08bar。吕宋岛北部区域库仑应力变化值较小，靠近台湾岛区域的断层应力变化值几乎为零，表明主震对该区的影响很小。

综上所述，M_W 7.7 级地震对马尼拉俯冲带的北部区域基本不产生影响，对马尼拉俯冲带的影响主要集中在西吕宋海槽和东吕宋海槽的部分区域，但应力变化值均较小。

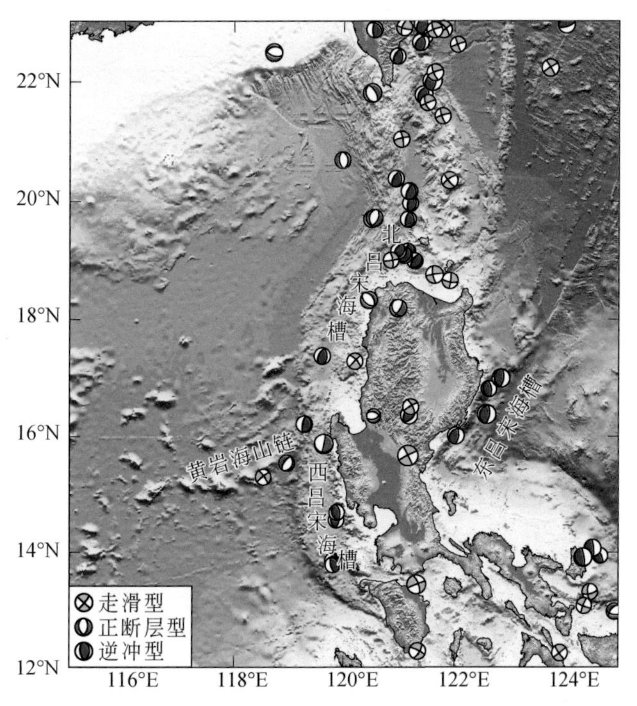

图 5-20　$M_W \geqslant 6.0$ 级地震震源机制解空间分布

SS. 走滑型；NF. 正断层型；TF. 逆冲型

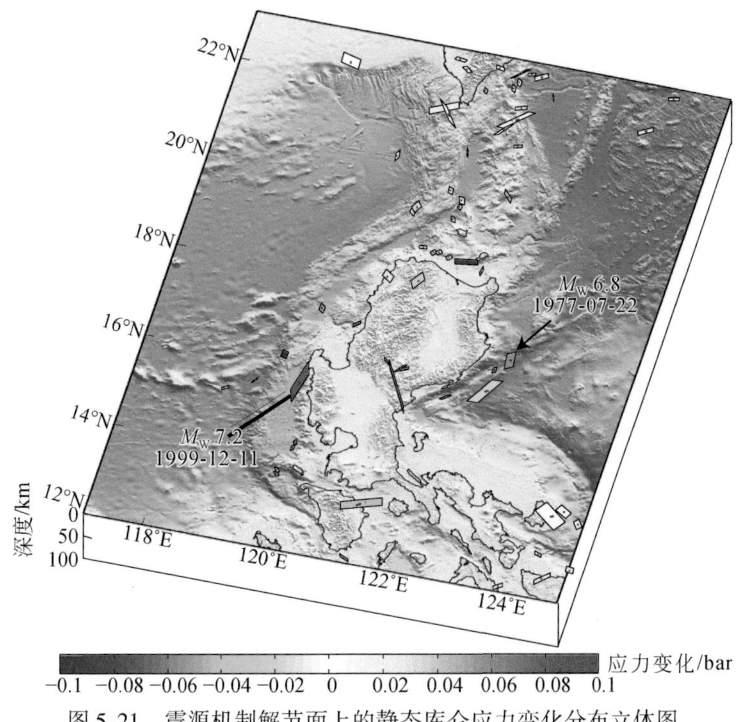

图 5-21　震源机制解节面上的静态库仑应力变化分布立体图

图中平行四边形表示发震断层面，计算深度为每个震源各自的深度

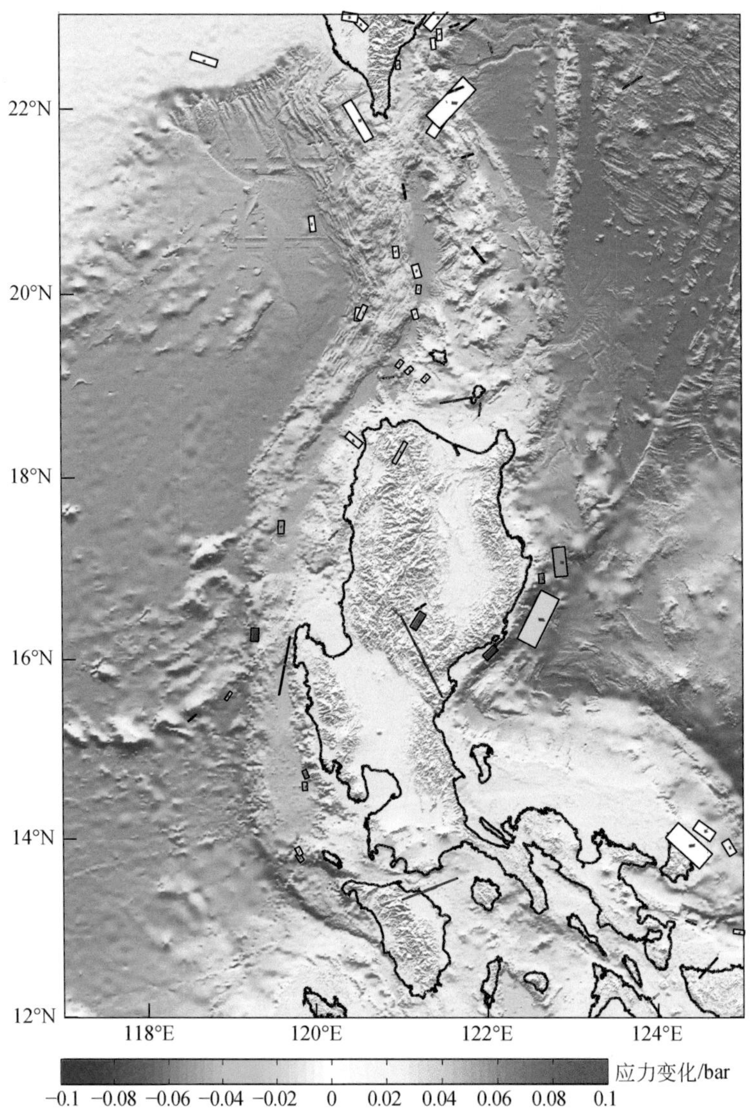

图 5-22　震源机制解节面上的静态库仑应力变化分布平面图

图中矩形表示发震断层面，计算深度为每个震源各自的深度

参 考 文 献

陈志豪，李家彪，吴自银，等，2009. 马尼拉海沟几何形态特征的构造演化意义. 海洋地质与第四纪地质，29（2）：59-65.

黄元敏，马胜利，2008. 关于应力触发地震机理的讨论. 地震，28（3）：95-102.

李保昆，刁桂苓，Shapira A，等，2009. 唐山与通海两大地震的强余震的差别及其原因探讨. 西北地震学报，31（2）：161-166.

李家彪，金翔龙，高金耀，2002. 南海东部海盆晚期扩张的构造地貌研究. 中国科学（D 辑），32（3）：239-248.

刘桂萍，傅征祥，2002. 1973年炉霍大地震（M_s=7.6）最大余震（M_s=6.3）的库仑破裂应力触发．中国地震，18（2）：57-64.
缪淼，朱守彪，2012. 俯冲带上特大地震静态库仑应力变化对后续余震触发效果的研究．地球物理学报，55（9）：2982-2993.
单斌，李佳航，韩立波，等，2012. 2010年M_s7.1级玉树地震同震库仑应力变化以及对2011年M_s5.2级囊谦地震的影响．地球物理学报，55（9）：3028-3042.
盛书中，万永革，蒋长胜，等，2015. 2015年尼泊尔M_s8.1强震对中国大陆静态应力触发影响的初探．地球物理学报，58（5）：1834-1842.
宋金，蒋海昆，2010. 台湾强震对福建水口库区的库仑应力触发研究．华南地震，30（1）：16-25.
孙金龙，曹敬贺，徐辉龙，2014. 南海东部现时地壳运动、震源机制及晚中新世以来的板块相互作用．地球物理学报，57（12）：4074-4084.
万永革，吴忠良，周公威，等，2000. 几次复杂地震中不同破裂事件之间的“应力触发”问题．地震学报，22（6）：568-576.
万永革，吴忠良，周公威，等，2002a. 地震应力触发研究．地震学报，24（5）：533-551.
万永革，吴忠良，周公威，等，2002b. 地震静态应力触发模型的全球检验．地震学报，24（3）：302-316.
汪建军，2010. 同震、震后和震间应力触发．武汉：武汉大学．
王韶稳，詹文欢，张帆，等，2011. 1994年9月16日台湾海峡7.3级地震静态库仑应力变化及断裂危险性初步研究．中国地震，27（4）：419-430.
尾池和夫，沈耀龙，张维德，1994. 1990年菲律宾地震前后菲律宾海板块俯冲带地区地震活动的变化．世界地震译丛，（1）：5-9.
魏柏林，康英，陈玉桃，等，2006. 南海地震与海啸．华南地震，26（1）：47-60.
吴金龙，韩树桥，李恒修，等，1992. 南海中部古扩张脊的构造特征及南海海盆的两次扩张．海洋学报（中文版），14（1）：82-96.
吴小平，虎雄林，Bouchon M，等，2007. 云南澜沧-耿马M_s7.6地震的完全库仑破裂应力变化与后续地震的动态、静态应力触发．中国科学（D辑），37（6）：746-752.
袁一凡，田启文，2012. 工程地震学．北京：地震出版社．
臧绍先，宁杰远，2002. 菲律宾海板块与欧亚板块的相互作用及其对东亚构造运动的影响．地球物理学报，45（2）：188-197.
臧绍先，陈奇志，黄金水，1994. 台湾南部-菲律宾地区的地震分布、应力状态及板块的相互作用．地震地质，16（1）：29-37.
詹文欢，1998. 南海壳体不同深度构造应力研究．大地构造与成矿学，22（2）：97-102.
张洪由，1991. 1990年7月16日菲律宾强烈地震概况．国际地震动态，（1）：16-19.
周宇明，单斌，熊熊，2008. 静态应力触发中影响库仑应力变化的参数敏感性分析．大地测量与地球动力学，28（5）：21-26.
朱俊江，丘学林，詹文欢，等，2005. 南海东部海沟的震源机制解及其构造意义．地震学报，27（3）：260-268.
Aki K，Richard P G，1980. Quantitative Seismology. California：University Science Books.
Bautista M L P，Oike K，2000. Estimation of the magnitudes and epicenters of Philippine historical earthquakes. Tectonophysics，317（1-2）：137-169.
Bollinger L，Avouac J P，Cattin R，et al.，2004. Stress buildup in the Himalaya. Journal of Geophysical Research：Solid Earth，109（B11）：1-8.

Dziewonski A, Ekstrom G, Woodhouse J, et al., 1991. Centroid-moment tensor solutions for July-September, 1990. Physics of the Earth and Planetary Interiors, 67 (3-4): 211-220.

Fitch T J, 1972. Plate convergence, transcurrent faults, and internal deformation adjacent to Southeast Asia and the western Pacific. Journal of Geophysical Research, 77 (23): 4432-4460.

Green D H, Wang H F, 1986. Fluid pressure response to undrained compression in saturated sedimentary rock. Geophysics, 51 (4): 948-956.

Hardebeck J L, Nazareth J J, Hauksson E, 1998. The static stress change triggering model: constraints from two southern California aftershock sequences. Journal of Geophysical Research: Solid Earth, 103 (B10): 24427-24437.

Harris R A, 1998. Introduction to special section: stress triggers, stress shadows, and implications for seismic hazard. Journal of Geophysical Research: Solid Earth, 103 (B10): 24347-24358.

Jaeger J C, Cook N G W, 1969. Fundamental of Rock Mechanics. New York: Methuen: 153.

Kenner S, Segall P, 1999. Time-dependence of the stress shadowing effect and its relation to the structure of the lower crust. Geology, 27 (2): 119-122.

King G C P, Stein R S, Lin J, 1994. Static stress changes and the triggering of earthquakes. Bulletin of the Seismological Society of America, 84 (3): 935-953.

Lin J, Stein R S, 2004. Stress triggering in thrust and subduction earthquakes and stress interaction between the southern San Andreas and nearby thrust and strike-slip faults. Journal of Geophysical Research-Solid Earth, 109: B02303.

McCloskey J, Nalbant S S, Steacy S, 2005. Earthquake risk from co-seismic stress. Nature, 434 (7031): 291.

Nakata T, Tsutsumi H, Punongbayan R S, et al., 1990. Surface faulting associated with the Philippine earthquake of 1990. Journal of Geography (Chigaku Zasshi), 99 (5): 515-532.

Nalbant S S, Hubert A, King G C P, 1998. Stress coupling between earthquakes in northwest Turkey and the north Aegean Sea. Journal of Geophysical Research: Solid Earth, 103 (B10): 24469-24486.

Okada Y, 1992. Internal deformation due to shear and tensile faults in a half-space. Bulletin of the Seismological Society of America, 82 (2): 1018-1040.

Parsons T, Dreger D S, 2000. Static-stress impact of the 1992 Landers earthquake sequence on nucleation and slip at the site of the 1999 $M=7.1$ Hector Mine earthquake, southern California. Geophysical Research Letters, 27 (13): 1949-1952.

Parsons T, Ji C, Kirby E, 2008. Stress changes from the 2008 Wenchuan earthquake and increased hazard in the Sichuan basin. Nature, 454 (7203): 509-510.

Parsons T, Stein R S, Simpson R W, et al., 1999. Stress sensitivity of fault seismicity: a comparison between limited-offset oblique and major strike-slip faults. Journal of Geophysical Research-Solid Earth, 104 (B9): 20183-20202.

Pautot G, Rangin C, 1989. Subduction of the South China Sea axial ridge below Luzon (Philippines). Earth and Planetary Science Letters, 92 (1): 57-69.

Pautot G, Rangin C, Briais A, et al., 1986. Spreading direction in the central South China Sea. Nature, 321 (6066): 150-154.

Reasenberg P A, Simpson R W, 1992. Response of regional seismicity to the static stress change produced by the loma prieta earthquake. Science, 255 (5052): 1687-1690.

Repetti W C, 1946. Catalogue of Philippine earthquakes, 1589–1899. Bulletin of the Seismological Society of America, 36 (3): 133-322.

Rice J R, 1992. Chapter 20 Fault Stress States, Pore Pressure Distributions, and the Weakness of the San Andreas Fault//Evans B, Wong T F. International Geophysics Pittsburgh: Academic Press: 475-503.

Rice J R, Cleary M P, 1976. Some basic stress diffusion solutions for fluid-saturated elastic porous media with compressible constituents. Reviews of Geophysics, 14 (2): 227-241.

Roeloffs E A, 1988. Fault stability changes induced beneath a reservoir with cyclic variations in water level. Journal of Geophysical Research: Solid Earth and Planets, 93 (B3): 2107-2124.

Rydelek P A, Sacks I S, 1999. Large earthquake occurrence affected by small stress. Bulletin of the Seismological Society of America, 89 (3): 822-828.

Schellart W P, Freeman J, Stegman D R, et al., 2007. Evolution and diversity of subduction zones controlled by slab width. Nature, 446 (7133): 308-311.

Seeber L, Armbruster J G, 2000. Earthquakes as beacons of stress change. Nature, 407 (6800): 69-72.

Skempton A W, 1954. The pore-pressure coefficients A and B. Géotechnique, 4 (4): 143-147.

Stein R S, 1999. The role of stress transfer in earthquake occurrence. Nature, 402 (6762): 605-609.

Stein R S, Barka A A, Dieterich J H, 1997. Progressive failure on the North Anatolian fault since 1939 by earthquake stress triggering. Geophysical Journal International, 128 (3): 594-604.

Stein R S, Ekström G, 1992. Seismicity and geometry of a 110-km-long blind thrust fault 2. Synthesis of the 1982-1985 California Earthquake Sequence. Journal of Geophysical Research: Solid Earth, 97 (B4): 4865-4883.

Taylor B, Hayes D E, 1983. Origin and history of the south china sea basin//Hayes D E. The tectonic and geological evolution of southest asian seas and islands, part 2: Geophysical Monograph. Washington, DC: AGU, 27: 23-56.

Toda S, Stein R S, 2002. Response of the San Andreas fault to the 1983 Coalinga-Nuñez earthquakes: an application of interaction-based probabilities for Parkfield. Journal of Geophysical Research: Solid Earth, 107 (B6). DOI: 10.1029/2001JB000172.

Toda S, Lin J, Meghraoui M, et al., 2008. 12 May 2008 M = 7.9 Wenchuan, China, earthquake calculated to increase failure stress and seismicity rate on three major fault systems. Geophysical Research Letters, 35. DOI: 10.1029/2008GL034903.

Toda S, Stein R S, Reasenberg P A, et al., 1998. Stress transferred by the 1995 $M_W = 6.9$ Kobe, Japan, shock: effect on aftershocks and future earthquake probabilities. Journal of Geophysical Research: Solid Earth, 103 (B10). DOI: 10.1029/98JB00765.

Toda S, Stein R S, Richards-Dinger K, et al., 2005. Forecasting the evolution of seismicity in southern California: animations built on earthquake stress transfer. Journal of Geophysical Research: Solid Earth, 110. DOI: 10.1029/2004JB003415.

Toda S, Stein R, 2003. Toggling of seismicity by the 1997 Kagoshima earthquake couplet: A demonstration of time-dependent stress transfer. Journal of Geophysical Research: Solid Earth, 108 (B12). DOI: 10.1029/2003JB002527.

Tsutsumi H, Perez J S, 2013. Large-scale active fault map of the Philippine fault based on aerial photograph interpretation. Active Fault Research, 2013 (39): 29-37.

Velasco A A, Ammon C J, Lay T, et al., 1996. Rupture process of the 1990 Luzon, Philippines ($M_w = 7.7$), earthquake. Journal of Geophysical Research: Solid Earth, 101 (B10): 22419-22434.

Wells D L, Coppersmith K J, 1994. New empirical relationships among magnitude, rupture length, rupture width, rupture area, and surface displacement. Bulletin of the Seismological Society of America, 84 (4):

974-1002.

Yoshida Y, Abe K, 1992. Source mechanism of the Luzon, Philippines earthquake of July 16, 1990. Geophysical Research Letters, 19 (6): 545-548.

Zoback M L, 1992. First- and second-order patterns of stress in the lithosphere: the World Stress Map Project. Journal of Geophysical Research: Solid Earth, 97 (B8): 11703-11728.

第6章　板片窗构造与古洋脊演化模式*

在板片俯冲过程中，年轻的、热的板片撕裂和断离形成了一个间隙，导致俯冲板片下面的地幔物质上涌，并与上覆板片直接接触，这个间隙即为板片窗。板片窗可以在板片俯冲过程中由于俯冲板片的撕裂和断离作用所形成，其并不是均由俯冲洋脊所产生，但从全球板块构造环境来看，与洋脊有关的板片窗占绝大部分比例。俯冲洋脊板片正处于新生过程，热量大，具有正浮力，在俯冲过程中容易撕裂形成板片窗，它在环太平洋俯冲带中广泛分布。

6.1　环太平洋地区的板片窗构造

整个环太平洋构造带均属于活动大陆边缘，处于板块俯冲状态，俯冲板块上发育的洋脊也随俯冲板片俯冲至相邻大陆板块之下。本节选取环太平洋地区的南海东部边缘、日本西南部、阿拉斯加南部、北美西部（加利福尼亚湾）和智利5个典型板片窗进行对比研究（表6-1），探讨与板片窗相关的火山活动、地震活动、岩石地球化学等特征的异同，促进对板块构造形成机制的理解。

表6-1　环太平洋地区的板片窗对比

名称	位置	洋脊	海沟	俯冲板块	上覆板块	初始俯冲时间
南海东部边缘板片窗	14°～16°N，118°～122°E	残余黄岩海山链	马尼拉海沟	南海板块	菲律宾海板块	晚中新世
阿拉斯加南部板片窗	59°～63°N，152°～146°W	Kula-Farallon洋脊	Aleutian大型逆冲带	Kula板块和Resurrection板块	北美板块	中古新世（约62Ma）
北美西部板片窗	23°～35°N，115°～105°W	Pacific-Farallon洋脊	Tosco-Abreojos断层	太平洋-Farallon板块	北美板块	中新世
智利板片窗	46°～49°N，75°～71°W	智利洋脊	秘鲁-智利海沟	Nazca板块和Antarctic板块	南美板块	中中新世（14Ma）
日本西南部板片窗	32°～37°N，130°～139°E	Kyushu-Palau洋脊	Nankai海沟	菲律宾海板块	欧亚板块	中白垩世

6.1.1　阿拉斯加南部板片窗

阿拉斯加南部Kula-Farallon洋脊位于59°～63°N、152°～146°W，属于Kula板块和

* 作者：赵明辉、唐琴琴、贺恩远、朱俊江

Resurrection 板块的分界线，在晚白垩世—始新世（约 62Ma）向北美板块俯冲，形成板片窗，洋脊向东快速迁移。

1. 火山活动特征

Kula-Resurrection 洋脊在 62 ~ 57Ma 期间的俯冲和迁移过程中，底部亏损地幔通过板片窗上涌形成了阿拉斯加南部地区的岩体；57 ~ 52Ma 期间，Caribou Greek 火山活动、Talkeetna 山中部火山活动及沿海沟的浅层岩体侵入与阿拉斯加南部的斜向俯冲、阿拉斯加西部的逆时针旋转和区域性走滑断层活动等构造事件在时间上具有较好的一致性。52Ma 以来，Caribou Greek 火山活动与 Talkeetna 山中部的火山岩关系密切（Cole et al.，2006）。

2. 地震活动特征

1974 ~ 2003 年阿拉斯加南部震级大于 3.5 级的地震分布显示，59° ~ 63°N、152° ~ 146°W 区域属于地震空白区，该处正好是 Kula-Farallon 洋脊向北美板块俯冲的位置，因此推测 Kula-Farallon 洋脊在该位置撕裂形成板片窗，板片窗为俯冲板片下方软流圈上涌提供了一个良好通道。由于软流圈物质黏弹性较大，上涌过程中不会产生应力集中释放，因而不易发生地震；而板片窗周围仍然为刚性板片，在俯冲过程中当应力积累到一定程度时必然要释放并发生地震（Desherevskii and Sidorin，2015）。

3. 岩石地球化学特征

阿拉斯加南部近海沟区域的侵入岩年龄自西向东逐渐年轻，它们记录了俯冲带的海沟-洋脊-海沟（TRT）交叉点沿着 2100km 长海岸线从西向东迁移的过程（Cole et al.，2006）。由此可见，这一 TRT 交叉点横向迁移速率较大。扩张洋脊在俯冲过程中形成板片窗构造，上覆板块的岩浆作用发生变化。根据上覆板块岩石地球化学特征的研究，阿拉斯加南部 Caribou Creek 火山所在区域即为板片窗位置，而且 Caribou Creek 火山区域有关板片窗的岩浆活动时间为 59 ~ 36Ma，表明在阿拉斯加南部造山带板片窗对火山作用的影响至少持续了 20Ma。

4. 变形和应力速度特征

通过地表速度可以获得同时期的应力速度，由 1997 ~ 2002 年 GPS 观测数据计算得到的阿拉斯加南部同时期的应力速度场，这优于根据 2002 年 Denali 里氏 7.9 级地震计算得到的应力速度场。此区域的应力速度方向趋于 NW 向，与太平洋板块汇聚的主要方向是一致的。然而，在阿拉斯加南部中间偏北位置，应力速度方向出现 SW 向，且在 59° ~ 63°N、152° ~ 146°W 区域无速度矢量（Ali and Freed，2010）。综合火山活动、地震活动及岩石地球化学特征判断，推测此处为 Kula-Farallon 洋脊板片窗的位置。板片窗位置以垂向运动为主，水平运动几乎为零，因而成为水平运动空白区。

6.1.2　北美西部板片窗

根据前人研究，太平洋东部边缘在各个地质时期多个构造位置均有板片窗的存在（Brocher et al.，1999；Michaud et al.，2006；Pallares et al.，2007；Hastie and Kerr，2010）。对于北美西部这一区域，下面主要讨论位于加利福尼亚湾 23° ~ 35°N、115° ~ 105°W 的板片窗，它是由太平洋 Guadalupe-Magdalena 微板块向北美板块俯冲所形成。

1. 火山活动特征

新生代期间，一些大陆边缘如加利福尼亚海岸（Wilson et al., 2005）和不列颠哥伦比亚海岸（Madsen et al., 2006）经历了板片窗形成的反复事件，从而产生了火山作用的叠覆相。晚新生代下加利福尼亚半岛记录了前期汇聚板块边缘俯冲的停止，12.5Ma 以前主要的火山活动表现钙碱性岩浆岩特征，而 12.5Ma 之后，从汇聚边界到走滑边界的构造转变期间，岩浆作用的产物成分和类型发生了巨大改变。俯冲后期异常板片熔融相关岩浆（埃达克岩、富铌玄武岩和富镁安山岩）的起源与区域构造事件有关，如活跃洋脊的俯冲、俯冲板片的破裂或者停滞板片的撕裂（Negrete-Aranda and Canon-Tapia, 2008）。许多记录了新生代环太平洋带板片窗火山活动的俯冲边缘与大陆边缘的构造分裂相结合。一系列扩张洋脊的部分消亡使加利福尼亚之下一系列板片窗大约在 28.5Ma 打开，并导致俯冲体系的分段破坏。板片窗火山作用结果的时空分布给描述随后的分裂和上覆大陆边缘的分散模型提供了限制条件。最初的板片窗使得上覆横断山脉西部和加利福尼亚边界地区大约在 28.5Ma 发生热失稳。Monterey 板片窗生长期间（约 19Ma），在相同地区发生了第二个热脉冲。附加的热量，结合被 Cocos 板块捕获的部分俯冲的 Monterey 板片残片，促使了附近大陆边缘的牵引和旋转（McCrory et al., 2009）。

2. 运动学特征

加利福尼亚和墨西哥海岸下板片窗的形成、演化和加热是一个瞬态的过程，可在地表观测到由俯冲板片边缘下软流圈上涌引起的弧前火山作用的叠覆脉冲。地表以下，板片窗在薄的弧前岩石圈处打开，促进了以断层块体变形为力学机制的塑性模型。这是弱的软流圈直接底侵于上地壳，而不是强的岩石圈地幔或由热传导造成的强的上地壳从脆性转变为塑性并发生变形。当浅层软流圈使加利福尼亚海岸发生热失稳并导致塑性变形时，实际的断层块体分裂，与 19Ma 时太平洋板块捕获的 Monterey 板块碎片部分俯冲的逆转运动是相关的。从汇聚到扭张变形的突然转换开始了 Transverse 山脉西部附近地区和加利福尼亚边界地区的牵引和逆时针旋转。12.5Ma 时，板块运动另一个相似转换发生在墨西哥海岸附近地区，此时下加利福尼亚扭张应变沿着已经热失稳的 Comondu 火山弧分布。基于 Farallon-北美板片窗和其岩浆特征的定量重建，详细展现了北美大陆边缘过去和未来断层块体的动力学演化。加利福尼亚地区真正的演化模型能帮助我们认识大陆边缘过去的演化，并预测所观察到的构造模式在未来所起的作用（McCrory et al., 2009）。

3. 岩石地球化学特征

新近纪时期（约 12.5Ma），当 Pacific-Farallon 活跃洋脊与 Vizcaino 半岛东部海沟碰撞时，下加利福尼亚中部发生了一个重要变化——Vizcaino 火山岛弧的钙碱性岩浆作用消失，并被非岛弧火山作用替代。在晚中新世至第四纪共发生了 6 次非岛弧火山作用，这些火山分别是 Jaraguay、San Borja、San Ignacio、Santa Rosalía、Santa Clara 和 La Purísima，它们在下加利福尼亚半岛呈线性排列，延伸约 600km。具体的火山岩分布情况为：①12.5～8.2Ma 期间，Santa Clara、Santa Rosalía 和 Jaraguay 火山区域分布有埃达克岩；②11.2～7.4Ma 期间，Santa Clara 和 Santa Rosalía 地区分布有富铌玄武岩；③11.3～7.2Ma 期间，

La Purísima 和 San Ignacio 地区呈现碱性玄武岩和玄武安山岩弱俯冲的现象；④9.3～7.5Ma 期间，San Carlos 和 Jaraguay 西北部地区分布有碱性粗面玄武岩；⑤被称为“bajaites”的玄武岩及相关的富镁玄武安山岩和安山岩，以及后来表现出特殊地球化学特征的熔岩，均分布于上述火山岩区域（14.6～5.3Ma）。晚中新世火山岩的起源与软流圈窗口的打开有关，拉斑玄武岩和粗面玄武岩通过次窗口上升；或者与由于热侵蚀板片边缘熔融成埃达克岩，以及埃达克岩与板片上地幔之间的系列反应产生的富镁安山玄武岩和“bajaite 系列岩石”有关；13～7Ma 期间与板片窗相关的火山活动位于 25°～30°N，火山活动开始于活跃洋脊与 Vizcaino 半岛东部海沟的碰撞，下降到地幔板片老的部分导致板片的撕裂，这可能始于加利福尼亚南部已经存在的板片窗（Pallares et al., 2007）。

6.1.3 智利板片窗

智利洋脊位于 Nazca 板块和 Antarctic 板块（南极洲板块）之间，智利–海沟三联点（CTJ）位置（46°12′S，75°48′W）是现今活动大洋中脊俯冲的最好实例。智利洋脊的俯冲时间开始于 6～3Ma 以前，以 16cm/a 的速度向北俯冲于南美板块（巴塔哥尼亚地区）之下（Hole et al., 1991）。Nazca 板块和南极洲板块相对于南美板块俯冲的速度分别是 8.5cm/a 和 1.8cm/a，智利洋脊的扩张速率为 4cm/a，洋脊的扩张及洋脊两侧板块不同的俯冲速度促使了板片窗的形成（Maksymowicz, 2013）。

1. 火山活动特征

位于 Meseta del Lago Buenos Aires（以下简称 MLBA）西侧的 Patagonia 地区是全球唯一记录了 17Ma 以来火山活动时空变化的地区，其现今的 CTJ 以一个位于安第斯科迪勒拉山系的火山空白区为特征。南智利洋脊具有分段性，各段离海沟的距离和开始俯冲时间均不同。从图 6-1 中可以看出，CTJ 处无火山弧分布，且分段的智利洋脊俯冲于南美板块之下，正好到达中间无火山活动区域。根据板片窗的特征，推测智利洋脊可能在火山空白区域下方撕裂形成板片窗构造（Boutonnet et al., 2010）。

2. 地震活动特征

Nazca 板块沿南美洲西海岸俯冲的主要依据是地震和构造特征，然而该处的地震活动频率相对较低，Antarctic 板块俯冲的主要依据是弧前和沿海地区的地形及与智利三联点相关火山活动的俯冲特征。14Ma 以来，智利海山向秘鲁–智利海沟发生俯冲（Cande et al., 1987），三联点以东 46°～48°S 范围内的地震数量相对其南北两侧较少，可视为一个地震空区，与火山空白区域一致。因此，这为地震空区下存在板片窗的推测提供了另一个有利证据（Murdie and Russo, 1999）。

3. 岩石地球化学特征

南智利洋脊俯冲区弧后岩浆作用的主要变化发生在 12.5Ma，此时钙碱性岩浆向过渡碱性岩浆转变，这种转变与板片窗的打开有关。钙碱性岩浆可能来自一个临时的俯冲构造作用和东向前缘水化作用的迁移。MLBA 西部出现一系列的碱性长英质侵入岩体，从粗面安山岩到粗面岩和碱性微花岗岩，它们均与粗面岩熔岩流有关，时间为 3Ma 和 4Ma，同时

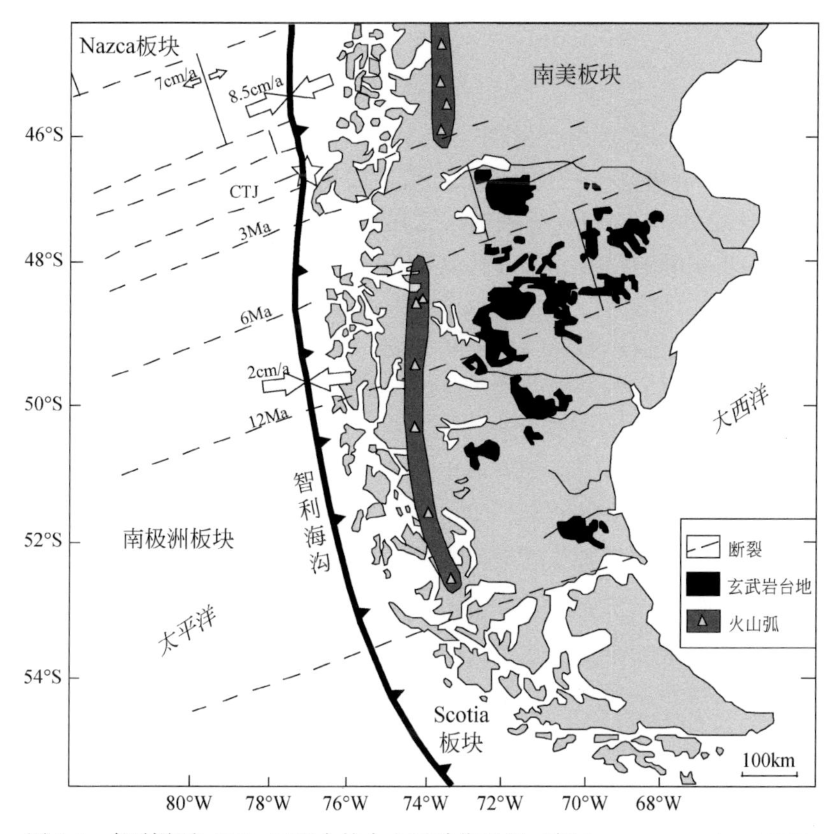

图 6-1　智利海沟 17Ma 至现今的火山活动位置图（据 Boutonnet et al.，2010）

也与从主要岩浆作用到后高原 MLBA 岩浆作用的转变是同步的。在南智利洋脊板片窗打开期间，类似后高原 OIB 碱性玄武岩到过渡玄武岩是 Nazca 俯冲板片下部软流圈部分熔融的产物，这些玄武岩不同于 Patagonia 碰撞事件期间（6～3Ma）沿着转换拉伸-拉伸构造环境分布的浅层岩浆房中的少量同化作用，碰撞事件是 MLBA 下面软流圈窗口（南智利洋脊 1 段）出现的结果，继承此次碰撞事件的构造作用导致双峰式岩浆沿构造通道（Zeballos 断层区域）的就位。

根据地表出露的岩石地球化学特征，采用构造作用作为约束条件，Boutonnet 等（2010）重建了板块运动的浅层板片俯冲模型：30～17Ma 时，年轻、有正浮力的大洋岩石圈的俯冲导致板片逐渐下降，并使岛弧向东迁移；12.5Ma 时，俯冲板片的软流圈窗口打开，导致碱性-转换型 MLBA 岩浆作用。

6.1.4　日本西南部板片窗

在日本西南部，菲律宾海板块沿着 Sagami-Nankai 海槽大约以 5cm/a 的速度向欧亚板块俯冲，而太平洋板块则在菲律宾海板块下面俯冲下降，Okhotsk 板块向日本海沟和 Izu-Bonin 海沟运动的速率大约为 8cm/a。菲律宾海板块的 Kyushu-Palau 洋脊自中白垩世开始沿 Nankai 海沟向欧亚板块俯冲过程中形成了板片窗，其构造范围为 32°～37°N，130°～

139°E。

1. 火山活动特征

日本西南部 Karasugasen 火山喷发期间产生的岩浆是一种典型的埃达克岩，相对于正常岛弧熔岩，其 Sr/Y 值极高，HREE/LREE 值则较低。Karasugasen 火山熔岩的化学特征与喷发间隔为 1Ma 的 Daisen-Hiruzen 火山熔岩几乎相同，长期大量埃达克岩岩浆的持续供应暗示着大量均匀岩浆源的存在，如菲律宾海板块熔融形成的岩浆。示踪元素数据显示，所有的岩浆均来自板片熔融的一个相似源区。产生 Karasugasen 火山和 Daisen-Hiruzen 火山群埃达克岩的可靠解释是板片熔融（Kimura et al.，2005）。2Ma 时菲律宾海板块撕裂，然后形成与 Kyushu-Palau 洋脊俯冲有关的板片窗，低速异常体可能是热的上地幔物质通过板片窗上升而导致上覆板片的上地壳和俯冲 Kyushu-Palau 洋脊洋壳的部分熔融。与俯冲浮力、俯冲宽度、俯冲 Kyushu-Palau 洋脊厚度以及板块运动方向变化有关的菲律宾海板块撕裂的模型能更好地解释 Abu 火山作用（Cao et al.，2014），此处的埃达克岩是否与俯冲菲律宾海板块 Kyushu-Palau 洋脊板片的熔融相关，还有待通过地球化学方法进一步确认。

2. 地震活动特征

日本是一个位于太平洋西部边缘地震多发的国家，震源深度能够较好地反映出俯冲板片的深度特征。以地震数据绘制的震源深度分布图显示，地震震源深度从 Nankai 海槽到研究区呈浅—深—更浅的变化趋势，由此推测菲律宾海板块沿 Nankai 海槽向欧亚板块俯冲的动态过程。菲律宾海板块刚开始以低角度向欧亚板块俯冲，上、下板块积累的应力势能释放，导致浅源地震的发生；随着俯冲的持续进行，菲律宾海板块俯冲倾角增大，俯冲板片周围环境发生相应变化，导致产生深源地震。值得注意的是，在菲律宾海板块俯冲过程中，Kyushu-Palau 洋脊也随之俯冲至欧亚板块之下，导致其与一般板块的俯冲在构造表现、岩浆作用和地震活动等方面均有较大差异。当菲律宾海板块俯冲至九州北部之下时，太平洋板块深层脱水作用导致热的地幔流上涌，在菲律宾海板块 Kyushu-Palau 洋脊周围形成环流，此时深层应力积累在洋脊裂隙-板片窗处得到缓慢释放，而在浅部仍然是两个刚性板块的相互作用，更容易导致浅源地震的发生（Wang and Zhao，2012）。

3. 岩石地球化学特征

此区域的碱性玄武质火山岩自 15～12Ma 以前开始形成，且一直持续到现在（Kimura et al.，2005）。Chugoku 地区中部新生代玄武岩不相容元素的丰度异常指示深层地幔（如上、下地幔的边界或核幔边界）上升流体的增加。另外，埃达克岩揭示了 Daisen、Sambe、Oetakayama 和 Aonoyama 火山的第四纪火山活动，这些火山构成了模糊不清的火山前缘（Morris，1995；Kimura et al.，2003）。年轻的、热的俯冲板块洋壳的熔融是埃达克岩岩浆生成的机制之一，如在菲律宾海板块，当俯冲板片被地幔流体加热和熔蚀时，埃达克岩的空间分布可能会反映板片的边缘。

6.1.5　南海东部边缘板片窗

在南海东部边缘，南海板片沿马尼拉海沟的俯冲倾角变化较大。根据范建柯（2014）

的层析成像研究，南海板片在16°N以低角度（24°~32°）俯冲到20~250km的深度范围，在16.5°N以中等角度俯冲到250~400km的深度范围；在17°N的俯冲角度为32°，俯冲深度接近400km；在17.5°N和18°N接近垂直地俯冲到70~700km。然而，在20°N位置高速异常体从水平分布突然转变为近垂直分布，并延伸到500km深度。南海板片俯冲角度在16°~20°N向北变大，是地震层析成像700km深度数据显示的一个趋势，而300km以浅范围的俯冲角度向北变小，在17°~17.5°N板片俯冲倾角的急剧变化可能揭示了板片的撕裂，这与南海板片在17°N左右的吕宋岛下面存在残留扩张洋脊中心——黄岩海山链俯冲的情况是吻合的（Lai and Song，2013）。

1. 火山活动特征

俯冲的洋脊以及与它们相伴随的板片窗构造与板块会聚边界的火山和构造作用有密切关系。岛弧火山往往是板块俯冲作用的产物，板片窗的出现会破坏地幔楔中正常的水化作用，进而使正常的岛弧火山作用减弱或者停止。因此，火山或岩浆活动的突然终止、岛弧火山空间排列位置的异常以及相应岩浆岩成分的改变等都是板片窗构造环境下出现的主要现象。

南海东部边缘火山活动在吕宋岛上表现为东西双火山链，西火山链在上新世期间停止喷发，而东火山链至今还存在火山活动。东、西双火山链在20°N向南开始分支，东火山链在18°N停止，西火山链往南一直延伸到民都洛岛，东、西火山链之间的火山空隙即反映了南海古洋脊沿马尼拉海沟向菲律宾海板块俯冲形成的板片窗构造。根据已有的火山活动年龄数据，吕宋岛北部卡加延至碧瑶之间存在着一个延伸220km的第四纪火山活动空隙（Rosenbaum and Mo，2011），纬度范围为15.5°~17.5°N，其精确位置是在南海东部俯冲板块的残留扩张洋脊之上。中新世时期，该区域大部分火山已经停止喷发，而第四纪火山主要分布在南部，且存在至今仍然活动的火山（图6-2）。第四纪以来的火山可以分为南、北两个部分，北部火山（即东火山链）与海沟的距离远大于南部火山与海沟的距离。这可能归因于20°N附近残留扩张洋脊和浮力高原的俯冲作用，同时显示南海板块向北俯冲倾角变小。吕宋岛上的火山作用在时间上的明显分段性与黄岩海山链的俯冲密切相关，结合黄岩海山岛链俯冲之后南北两侧俯冲倾角的大小差异特征，可推测该区域内的火山空隙可能与吕宋岛北部之下的俯冲倾角较小有关。南海古洋脊的俯冲，导致俯冲倾角逐渐变小，火山活动向东迁移。同时，在俯冲洋脊撕裂区域之上的火山活动逐渐减少，形成第四纪火山活动空隙，由此认为该空隙即为黄岩海山链向马尼拉海沟俯冲所形成的板片窗构造。

2. 地震活动特征

根据Bautista等（2001）对吕宋岛区域1619~1997年地震震源位置的统计，结合刘再峰等（2007）收集的1964~2006年的地震震源位置统计图，可观察到15.5°~17.5°N存在一个由马尼拉海沟向东部菲律宾海沟逐渐变宽的喇叭状地震空白区，推测其为板片窗在地震活动上的反映。根据我们的地震数据投影，震源空间分布反映出俯冲于菲律宾海板块之下的南海板块形态十分复杂。由图6-3中L3~L5剖面可知，13°~16°N浅部俯冲倾角较平缓，而在150km深度以下转变为大角度的俯冲；L6~L9剖面震源深度变浅，俯冲角度较缓；L10~L12剖面震源深度陡然加深，俯冲角度变大。马尼拉俯冲带15°~17°N区段

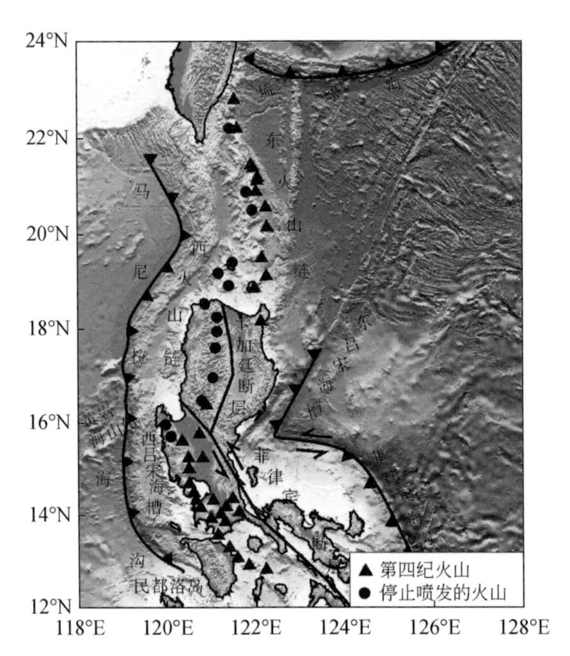

图 6-2　吕宋岛的双火山链图（据 Yang et al.，1996 修改）

是南海东部古洋脊俯冲至马尼拉海沟的区域，震源深度及其反映的南海板片俯冲角度的变化可能与其之下存在的板片撕裂相关。

此外，吕宋岛的区域应力场分布特点是以菲律宾大断裂为界，北部主要为 NW 向，南部较为复杂，为 NE、NW 和 SN 向，表明北部应力场以挤压为主，南部以顺时针旋转为主要特征。菲律宾大断裂（应力的调整边界）与推测中的板片窗位置在垂向上有很好的对应关系，那么已经俯冲到菲律宾海板块之下的南海板块，其深部的形态与上覆的吕宋岛的应力场分布特点之间是否有一定的对应关系，还值得进一步研究。

3. *岩石地球化学特征*

埃达克岩在吕宋岛弧上有较广的分布，大部分学者认为与南海板块的俯冲有关（Sun et al.，2010；Waters et al.，2011；Zhan et al.，2015），而除了撕裂的俯冲板片边缘，年龄较大的南海俯冲板片发生熔融的可能性非常小。在阿留申岛（Yogodzinski et al.，2001）、哥斯达黎加（Johnston and Thorkelson，1997）、新西兰南部岛屿（Reay and Parkinson，1997）和堪察加半岛可发现相似的例子，埃达克岩产生于年龄较老的板块撕裂边缘。吕宋岛弧上停止喷发的中新世火山岩 La/Yb 值低（≤10）（Dimalanta and Yumul，2008），轻稀土元素较多，K 含量低（Polve et al.，2007；Hollings et al.，2011a），含有大量岩石圈成分的离子；而第四纪火山岩高 Sr（$\geq 400\times10^{-6}$）、低 Y（$\leq 18\times10^{-6}$）、Yb（$\leq 1.9\times10^{-6}$）（Defant and Drummond，1990），地幔成分特征明显，尤其是东火山链的火山岩。自第四纪以来，20°N 附近俯冲浮力块体和沿着残留洋脊南海板片的撕裂影响了火山岩的化学成分（Mukasa et al.，1994），洋脊的撕裂导致洋壳剖面上的辉长岩层产生部分熔融（Defant and Drummond，1990），形成含有较高 Sr 的埃达克岩（Solidum et al.，2003），地幔成分较多（Defant et al.，1990）。吕宋岛北部存在两个大型斑岩铜–金矿矿床（1.5～1Ma），位于南

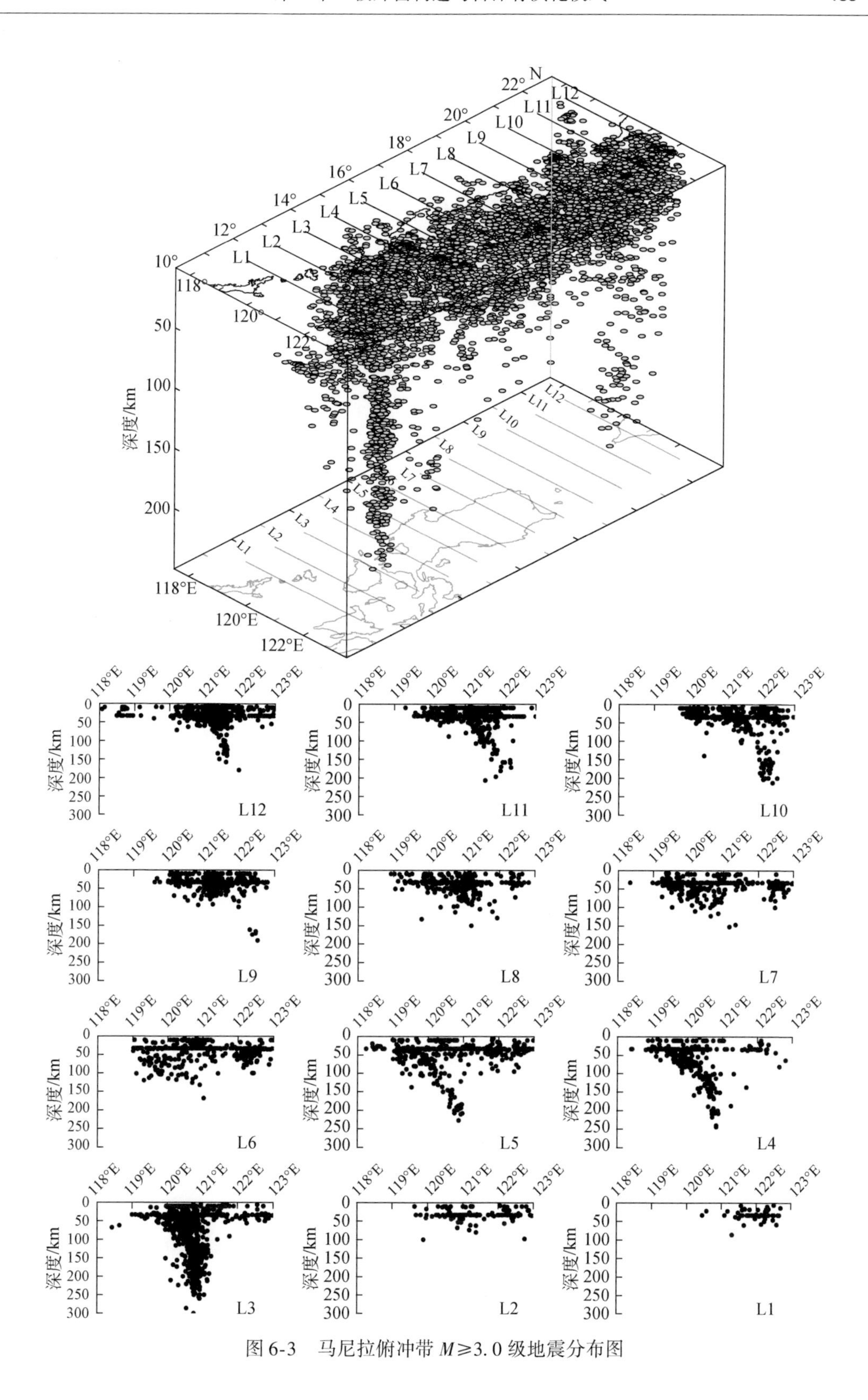

图6-3　马尼拉俯冲带 $M \geqslant 3.0$ 级地震分布图

海板片残留扩张脊轴的位置，大约 2Ma 洋中脊的俯冲形成了埃达克岩，斑岩铜-金矿矿床与埃达克岩联系紧密，两者均产于南海板片残留扩张洋脊俯冲撕裂的板片窗边缘（Polve et al., 2007）。

6.2　古洋脊俯冲带的地壳结构

全球汇聚板块边缘是俯冲过程中地质和构造现象研究的最佳位置（图 6-4），其中包括俯冲增生、构造岩浆底侵和俯冲剥蚀作用。汇聚板块边缘也是全球产生 8 级以上大地震和破坏性海啸的地方（Gutscher and Westbrook, 2009），一直以来是全球科学家关注的焦点和热点区域。在南海的东部同样存在一条明显的俯冲带——马尼拉俯冲带，依据其地形地貌和水深数据，马尼拉俯冲带被划分为北部增生区段、中部海山链区段和南部俯冲剥蚀区段。在 15°N 和 116°～118°E，许多海山沿着北东向的黄岩岛海山链分布（Pautot et al., 1986），部分已经斜向俯冲至马尼拉海沟之下。1934 年 2 月 14 日发生的 M_S 7.5 级地震分布在海山链区段到达海沟的位置（Engdahl and Villasenor, 2002）。在马尼拉海沟的东侧分布着北吕宋海槽和西吕宋海槽，两个海槽被海山链区段的俯冲产生的隆起分割，海槽内部沉积物充填巨厚（Lewis and Hayes, 1984；Arfai et al., 2011）。由于国内外科学研究计划的开展，马尼拉俯冲带北段的地震地球物理研究较为成熟，但整体上马尼拉俯冲带的俯冲过程与机制研究仍相对薄弱。本节根据南海东部马尼拉俯冲带的浅部地震反射特征和深部

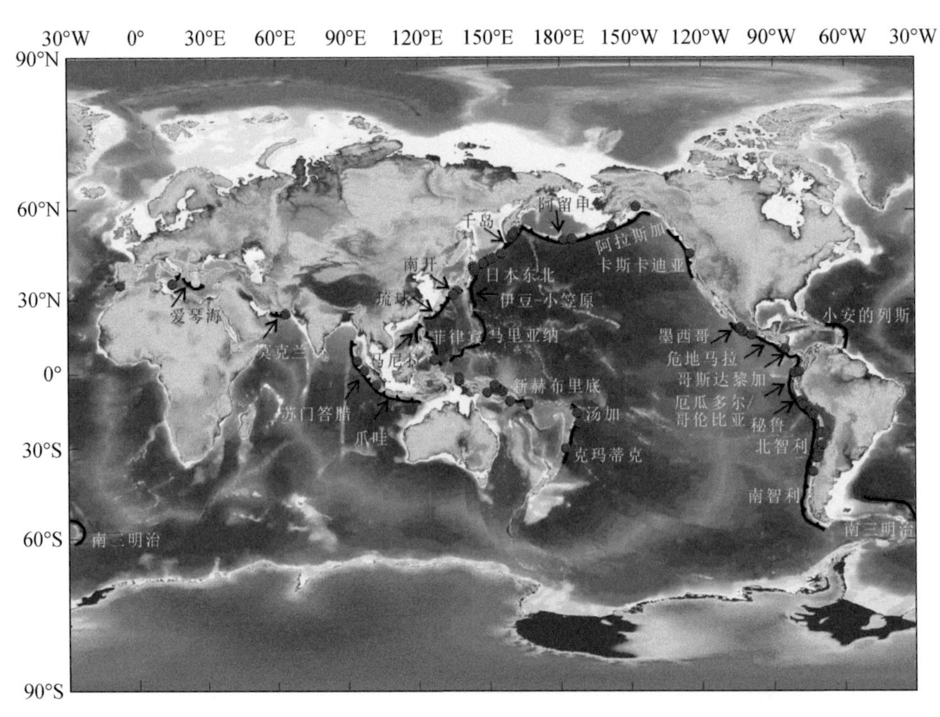

图 6-4　全球俯冲带位置图

俯冲带类型据 Zhu et al., 2013；8 级以上地震震中据 Gutscher and Westbrook, 2009

地壳结构研究，分析不同区段的沉积物厚度和地壳速度结构变化特征，作为下一步探讨马尼拉俯冲带俯冲过程与板片窗形成机制的基础。

6.2.1　俯冲带浅部地壳特征

早在 20 世纪 60 年代，有关学者已利用单道反射地震和声呐浮标方法对马尼拉俯冲带浅部地质结构和沉积分布特征做了详细的调查研究，清晰地勾勒了南海东部的沟-弧-盆系统，确定了马尼拉海沟向南延伸以及马尼拉俯冲带基本的二维地壳速度结构（Ludwig，1970；Ludwig et al.，1979）。至 80 年代，哥伦比亚大学拉蒙特-多尔蒂地质研究所研究团队在马尼拉俯冲带海山链区段和南段两侧开展了地球物理综合调查，包括水深测量、重力、热流观测和反射地震调查，完整地展现了马尼拉俯冲带沿海沟方向的构造变形特征和沉积过程的多样性，以及吕宋岛弧复杂地壳的构造演化（Hayes and Lewis，1984；Lewis and Hayes，1984）。2001 年，在国家“973”计划支持下，广州海洋地质调查局在台西南和吕宋岛之间的巴士海峡开展了横穿沟-弧-盆系统的反射地震调查，其中 240 道的反射地震测线 Line 973 穿过马尼拉海沟、增生楔以及弧前盆地（位置见图 6-5）。2008 年，德国联邦地球科学和自然资源研究所在马尼拉俯冲带的南段开展了长电缆多道反射地震调查，进一步揭示了马尼拉俯冲带南段增生楔构造和西吕宋盆地（西吕宋海槽）的沉积结构单元与变形特征。2009 年，美国得克萨斯大学在“TAIGER”计划支持下，在马尼拉俯冲带的北段（台湾岛南部和吕宋岛之间）开展了反射地震和广角折射地震调查，详细分析并建立了马尼拉俯冲带北段弧陆碰撞带的地壳速度结构和浅部地层的地震反射特征（Mcintosh et al.，2013；Lester et al.，2013；Eakin et al.，2014）。上述地球物理调查与研究结果为本次对马尼拉俯冲带地质结构和地球物理特征的深入研究提供了详实的数据资料，也为马尼拉俯冲带的俯冲过程模式和机制的建立提供了充实的依据和思路。

早期根据上覆板块和俯冲板块的耦合程度以及弧前盆地的张开情况，全球俯冲带可划分为智利型和马里亚纳型两大类（Uyeda and Kanamori，1979；Cloos and Shreve，1996）。后来针对全球俯冲带的综合对比研究，全球俯冲带又被划分为俯冲增生和俯冲剥蚀（构造剥蚀）两大构造模式（Clift and von Huene，2004；von Huene and Scholl，1991）。俯冲增生过程一般发生在低俯冲汇聚速率（<7.6cm/a）和较厚（>1km）海沟沉积物区域（Clift and Vannucchi，2004）。在俯冲增生机制控制的俯冲带中，常常在增生楔和下覆俯冲板片之间存在一个滑脱面结构（décollement zone），长电缆深穿透反射地震剖面清晰地展示了这一强反射界面分布在许多俯冲带的板块边界（Zhu et al.，2013；Park et al.，2002；Bangs et al.，2003）。在沉积物增生的构造环境下，板块边界常常形成巨大的逆冲断层，浅部主要发育在增生楔内部，往往以滑脱面为底部界线，逆冲断层面上的滑动作用是产生大地震和海啸的诱因（Park et al.，2002；Moore et al.，2007）。

我们利用前人的反射地震数据解释和 1980 年魏玛航次（V3613）在马尼拉海沟采集的两条 12 道叠加反射地震剖面 Line 49 和 Line 37（图 6-6 和图 6-7，测线位置见图 6-5），对马尼拉海沟沉积物充填和增生楔在俯冲带北段、海山链区段和南段的构造变形特征进行

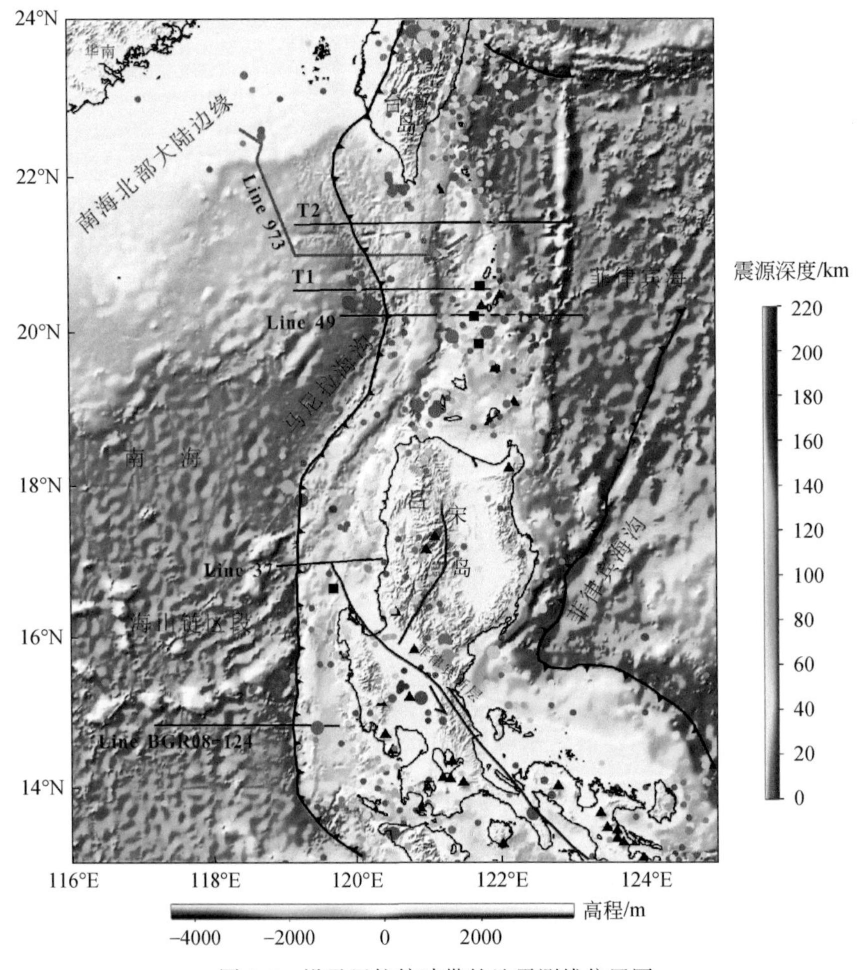

图 6-5　沿马尼拉俯冲带的地震测线位置图

测线位置据 Zhu et al., 2013；Arfai et al., 2011；Mcintosh et al., 2013；Lester et al., 2013；Eakin et al., 2014

综合分析。地震剖面显示，俯冲板块一侧的海底反射特征较为光滑，沉积连续，基底受俯冲板块的弯曲正断层（bending faults）控制（Shipley et al., 2016）。在海山链/扩张洋脊俯冲区段，弯曲正断层最为明显（图 6-7）。海沟位置主要由浊流沉积物填充，其厚度在地震剖面上展示为 0.8～1.6s 的双程走时。弧前盆地沉积巨厚，盆地边界受大的正断层控制（图 6-7）。在北部过度伸展的减薄陆壳俯冲至增生楔的底部（图 6-6）。在地震剖面 Line 49 的测线距离 10～30km 范围内，沉积物的双程走时减小至 0.4～0.6s，反映了海山隆起或南海北部火山岩隆起带的延伸（Zhu et al., 2012），增生楔宽度一般为 60～80km，增生楔内部变形主要表现为一系列褶皱和逆冲断层（图 6-6），展示了上覆板块的挤压变形构造。地震测线 Line 973 显示增生楔的宽度为 80～90km，一系列的褶皱和逆冲分支断层分布在增生楔内部，揭示了该处的挤压逆冲构造。在海山链/洋脊俯冲区段，约 15km 宽的前增生楔（frontal prism）与弧前盆地相连接，部分沉积物沿着滑脱面底部随大洋板块的俯冲被拖曳到深部。与北部地震测线对比，增生楔宽度变小，弯曲正断层控制着俯冲板块的顶部（图6-7）。

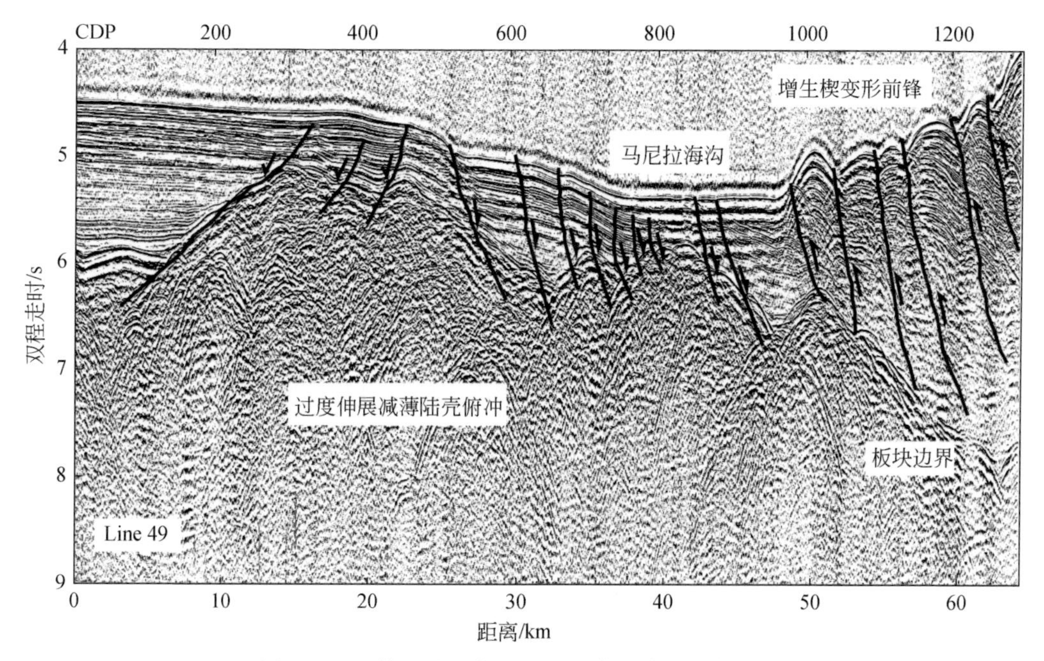

图6-6　12道地震测线 Line 49 叠加反射地震剖面图

地震数据据 Shipley et al.，2016

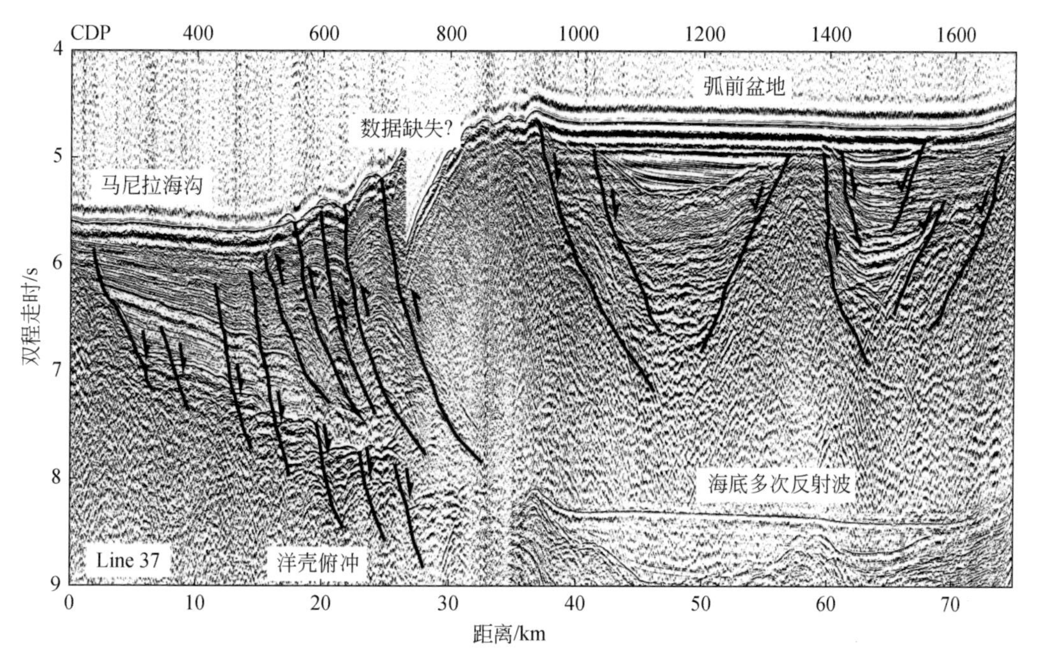

图6-7　12道地震测线 Line 37 叠加反射地震剖面图

地震数据据 Shipley et al.，2016

在马尼拉俯冲带南部15°N附近，穿过马尼拉海沟和西吕宋海槽的312通道长电缆反射地震测线BGR08-124（测线位置见图6-5）清晰展示了约28km宽的增生楔结构和约40km宽的西吕宋海盆（Arfai et al.，2011），增生楔宽度变化与早期整个马尼拉俯冲带增生楔宽度变化一致，俯冲带增生楔总体上由北段的150km宽逐渐减薄至南部的30km（Zhu et al.，2013）[图6-8（b）]。根据早期的地震反射资料，18.5°～21°N范围的海沟沉积物厚度为1.5～2.5km，而南部16°～17°N范围仅为1km厚（Lewis and Hayes，1984）[图6-8（a）]。测线BGR08-124显示马尼拉海沟位置的沉积物填充较薄，双程走时为0.25～0.5s。西吕宋海盆的沉积结构被解释为5层，其中层2（上地壳）的半地堑结构反映了伸展变形机制（Arfai et al.，2011）。在马尼拉俯冲带北部，反射地震测线T2测线位置见图6-5，其展示了海沟沉积物填充较厚，双程走时为1.5～2s（Eakin et al.，2014）。因此，测线BGR08-124揭示了很薄的海沟沉积物填充模式，部分沉积物随着俯冲板块的俯冲被带入到深部的板块边界，延伸到增生楔底部，形成一个强反射的板块边界。分叉的逆冲断层分布在增生楔内部，展示俯冲相关的逆冲构造。

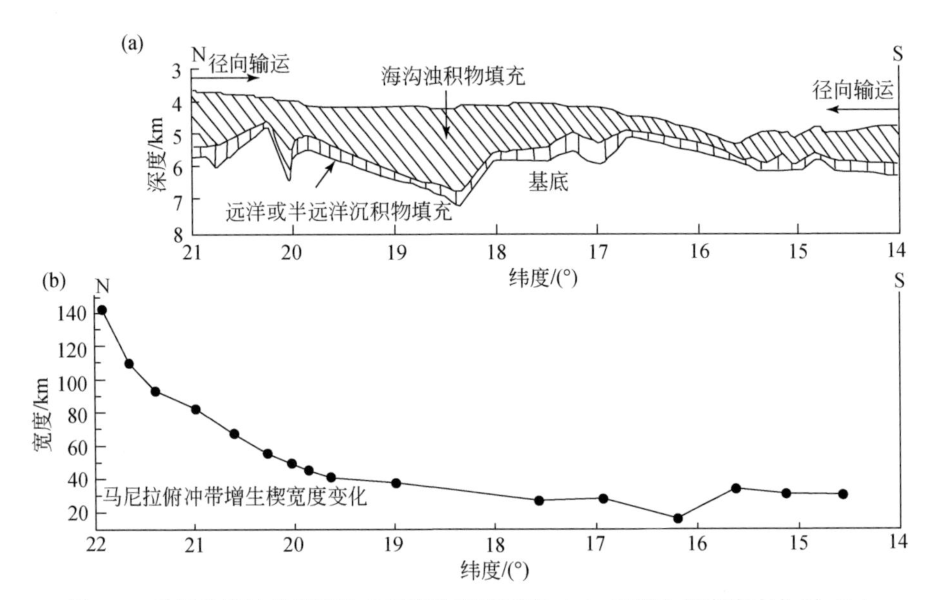

图6-8　马尼拉俯冲带沿海沟的沉积物充填厚度（a）和增生楔宽度变化图（b）

海沟沉积物充填厚度据Lewis and Hayes，1984

6.2.2　俯冲带深部地壳结构

根据早期的双船折射地震方法探测，马尼拉俯冲带的深部地壳速度结构主要由浅部一层沉积层和两层俯冲大洋洋壳组成（Ludwig，1970；Ludwig et al.，1979）。在14°～15°N的二维地壳速度结构剖面上，沉积层的P波速度为2.1km/s，俯冲大洋板块的上地壳P波平均速度为4.3～4.5km/s，下地壳P波平均速度为6.5～6.6km/s，地壳厚度为5～6km；在上覆板块的顶部西吕宋海槽内，沉积物的P波速度为2.1～2.6km/s，由于上覆板块的深部地壳结构缺乏数据约束，其P波速度未能准确确定。在18°～19°N的二维地壳速度结构剖面上，俯冲大洋板块顶部的沉积物P波速度为2.1～2.8km/s，上地壳P波平均速度为3.7～3.9km/s，下地壳P波平均速度为6.5～6.6km/s，地壳厚度为4.5～6km；在上覆板块的顶部北吕宋海槽内，沉积物的P波速度为2.1～3.4km/s，上覆板块的深部地壳结构仅仅展示了一维地壳速度结构，P波速度变化为3.6～6.6km/s；增生楔顶部的P波平均速度为3.6km/s（Ludwig，1970）。上述两条二维地壳速度结构剖面展示了马尼拉俯冲带不同区段的地壳速度结构变化特征，速度结构模型显示俯冲的大洋地壳厚度没有较大的变化，但地壳内部的P波速度变化未能很好地约束。这是由于早期地震采集技术和方法的局限，地壳层内的P波速度仅用平均速度来约束层的速度结构，因此详细的地壳层内速度结构需要应用新的地震采集技术和模拟方法来获取。

近年来，随着地震采集和处理技术的发展，以及大量海底地震仪的投放与使用，获取了更为精确的马尼拉俯冲带二维地壳速度结构（Mcintosh et al.，2013；Lester et al.，2013；Eakin et al.，2014），但主要集中在台湾岛和吕宋岛之间的巴士海峡。这些资料清晰地展示了俯冲带在最北端的复杂地壳结构特征，探明了马尼拉俯冲带与南海北部大陆边缘和台湾弧陆碰撞带之间的复杂地壳结构，证实了减薄的大陆地壳在马尼拉俯冲带北部的俯冲（Eakin et al.，2014）。根据地震测线T1（测线位置见图6-5），减薄的大陆地壳厚度为10～12km，沉积层的P波速度为2.5～4.0km/s。在地震测线T2上，过度伸展的减薄陆壳厚度为10～15km，北吕宋弧的深部结构也是陡倾向的（图6-9）。在吕宋岛和台湾岛之间，增

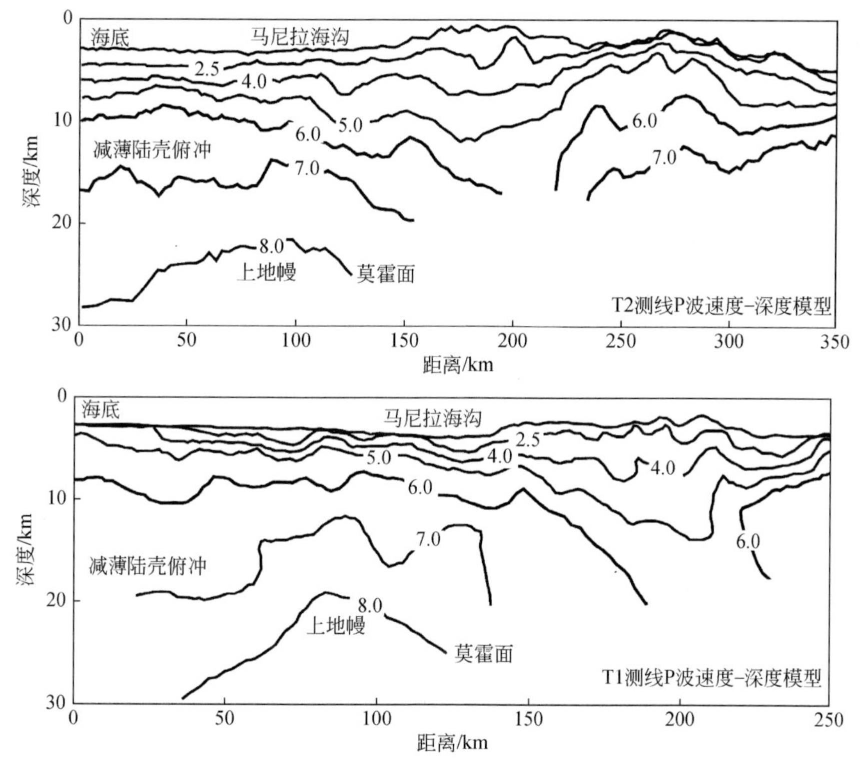

图6-9　马尼拉俯冲带北段的P波速度结构模型

速度结构数据据Eakin et al.，2014

生楔宽度从 20.5°N 的 80km 加厚到台湾岛海岸南部的 135km，增生楔内部出现 5.0 ~ 6.5km/s 的 P 波速度，明显高于沉积增生楔的地震速度。这一现象被解释为减薄大陆中地壳的底侵作用（Eakin et al.，2014），然而在南边的地震测线 T1 上并未发现高速的增生楔 P 波速度。两条靠近台湾岛的地震测线（T1 和 T2）均证实南海北部大陆边缘的过度伸展大陆地壳在增生楔底部的俯冲和底侵作用，支持了陆上的弧陆碰撞模式（Ding et al.，2008）。

6.2.3 古洋脊深部地壳结构

对深部构造的探究是认识复杂地质构造成因机制和动力学过程的重要途径。南海中央次海盆中部的珍贝-黄岩海山链/残余扩张脊包含了海盆重要的扩张演化信息，不仅记录了洋壳由扩张到停止的历史，还保留有后期火山活动的痕迹。因此，了解该区地壳和上地幔结构对于研究南海的扩张演化和动力学机制有重要的意义。2011 年，中国科学院南海海洋研究所在南海中央次海盆实施了三维地震探测实验，选取其中横穿残余扩张脊的 G8G0 测线为研究对象（图 6-10），通过二维射线追踪方法，获得了该测线的深部速度结构模型，同时结合重力异常拟合结果，分析了南海东部残余扩张脊的深部地壳结构特征以及海盆的扩张演化过程。

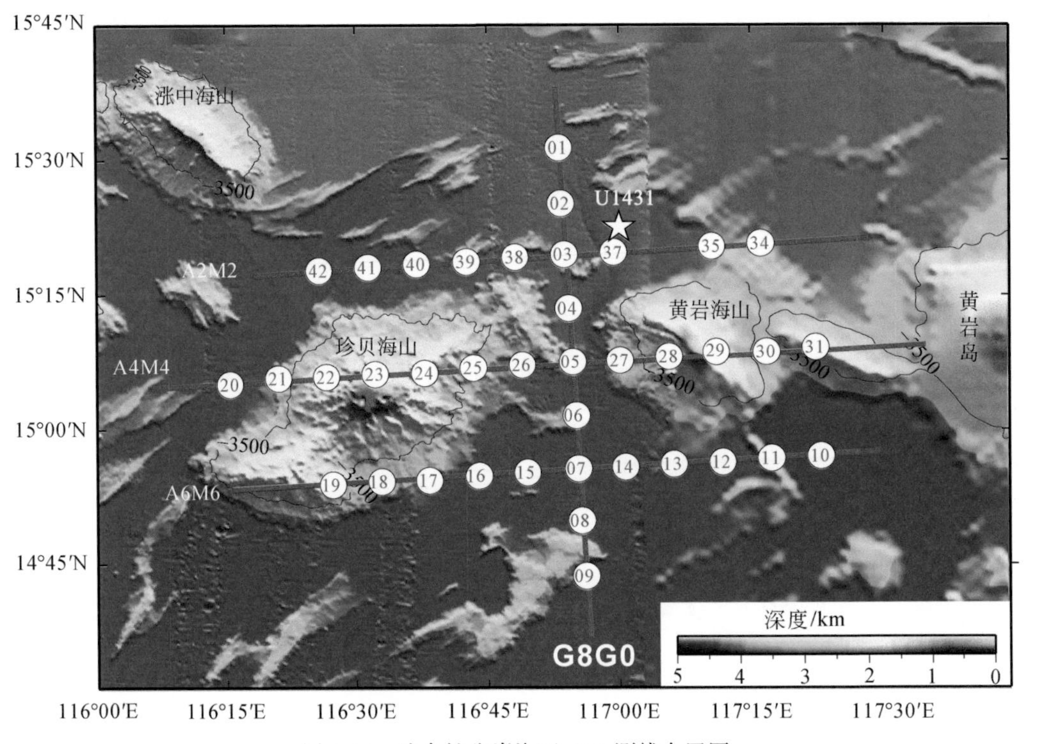

图 6-10　残余扩张脊海区 OBS 测线布置图

1. 深部速度结构模拟

对于不同深度、不同性质的地壳结构，其地震波组穿过后会在地震记录剖面图上有不同的表现形式，如振幅强弱、地震波走时快慢、视速度大小等。因此可以利用不同震相的走时规律，同时结合区域地质资料，识别地震记录剖面图中的震相。G8G0 测线长 110km，包含 9 台 OBS，测线放炮方向为从 S 到 N，炮号为 2816～3262，共 447 炮。9 个 OBS 台站的震相比较丰富，容易识别。以位于测线中央的 OBS05 台站为例（图 6-11），其两侧偏移距均超过 50km，左右两侧有清晰连续的双曲线形态莫霍面反射震相 PmP。其中南部半支，地壳折射 Pg 震相偏移距为−26～−6km，受地形起伏影响较大；PmP 于−9.5km 出现于 Pg 震相下方，偏移距小于正常洋壳，说明此处地壳存在减薄；而上地幔折射 Pn 在−26km 处出现，一直延伸至−56km。北部半支，Pg 偏移距为 5.8～25km，在 17km 处，Pg 下方出现明显的 PmP 震相；Pn 震相则从 25km 一直延伸至 53km。尽管其他台站中的震相未贯穿整条测线，但 Pg 震相清晰连续，偏移距 30km 左右，可满足对后期速度结构的模拟。

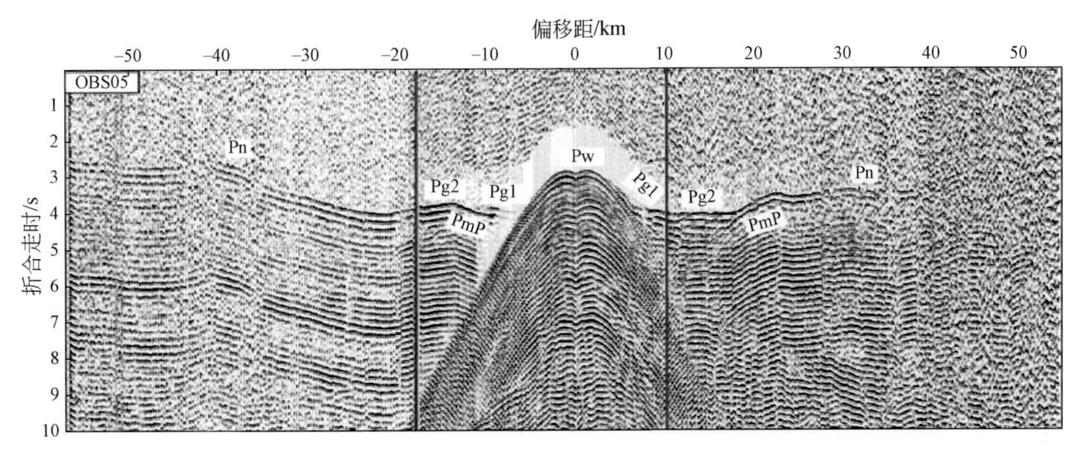

图 6-11　OBS05 地震记录剖面图及震相识别

在地球深部结构研究中，通过地震正反演软件，使用地震体波走时数据可正演或反演计算地壳的速度和界面深度结构，同时获取相应的参数精度和不确定性。在本书中，我们利用 RAYINVR 软件进行正演，遵循从浅部到深部、从单台到多台、层层递进的原则。模型中水深和沉积层信息主要依据随船采集的单道地震剖面中的海底反射走时进行约束，而深部地壳厚度和速度信息则通过前人在此区域做过的声呐浮标、西北次海盆 OBS2006-1 东南部中央次海盆段、OBS973-2 测线等确定（阮爱国等，2011；吴振利等，2011）。根据实测的地震资料和区域地质资料，以及局域化后的炮点和 OBS 位置、水深数据、基底深度、洋壳的厚度与速度信息，建立了 G8G0 测线的初始模型。

在该初始模型的基础上，利用 2D 射线追踪程序 RAYINVR（Zelt and Smith，1992）模拟计算各震相的理论走时曲线，并将理论计算的走时与实际观测的走时进行对比，用试错法不断修改模型中的速度和深度界面来减少理论走时与实际观测走时的差异。由于不同的震相对不同界面的速度和深度有控制作用，如 Pg1 和 Pg2 分别约束上地壳和下地壳的速度分布，PmP 震相主要用来约束莫霍面的起伏情况，同时也对地壳的整体速度有一定的控制作用，而 Pn 则对上地幔的速度有一定约束。此外，在速度模型的不断调节过程中，可以根据理论震相的变化来辅助观测震相的识别和确认。以 OBS05 台站记录的震相传播路径和走时拟合情况为例（图 6-12），Pg 震相的走时变化与结晶基底面有很好的一致性，PmP 震相呈典型的双曲线形态，Pn 震相走时上扬，视速度约 8.0km/s，呈标准的上地幔速度。OBS05 台站共拾取 129 个 Pg、87 个 PmP、178 个 Pn 观测点，理论走时与观测走时的均方根残差（RMS）为 61ms，震相的走时拾取精度为 20ms，卡方值为 1.281。

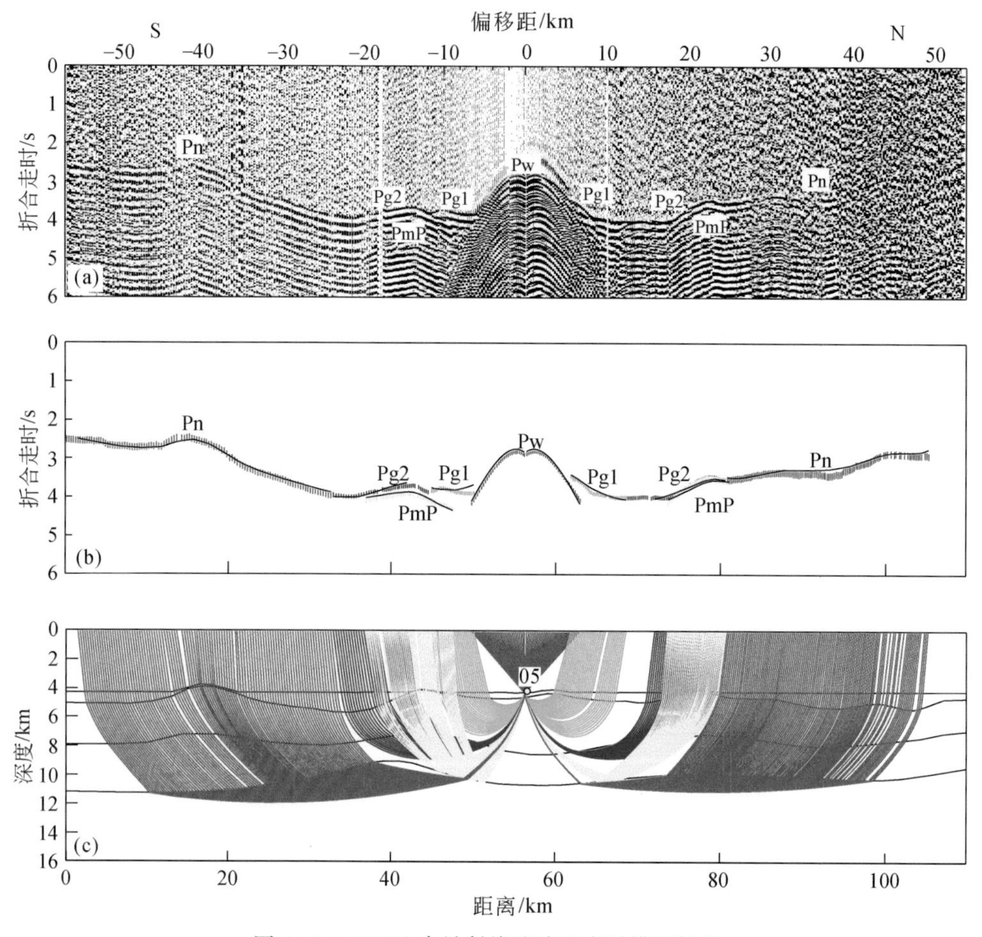

图 6-12　OBS05 台站射线追踪和走时模拟结果

在经过不断射线追踪和反复试错后，最终获得穿过残余古扩张脊 G8G0 测线的速度结构模型和射线密度分布情况。G8G0 测线的速度结构模型共分为沉积层、上地壳、下地壳和上地幔（图 6-13）。整条测线沉积层厚度均比较薄，其中最厚处位于基底凹陷处，即 OBS07 台站下方，仅 1.3km；最薄处小于 0.1km，如海山隆起处以及扩张脊段区域。基底埋深和速度变化较大，呈明显的横向变化，扩张脊两侧地壳顶部速度为 4.2 ~ 4.5km/s，扩张脊处顶部速度明显减小，为 3.3 ~ 3.7km/s。地壳底部莫霍面的形态有很大的变化，莫霍面埋深 8.9 ~ 11.2km。地壳结构基本特征是，从测线两端至扩张脊中部，莫霍面逐渐向上抬升。结合单道反射地震剖面，南海东部古扩张脊的三段式地壳结构有如下特点：

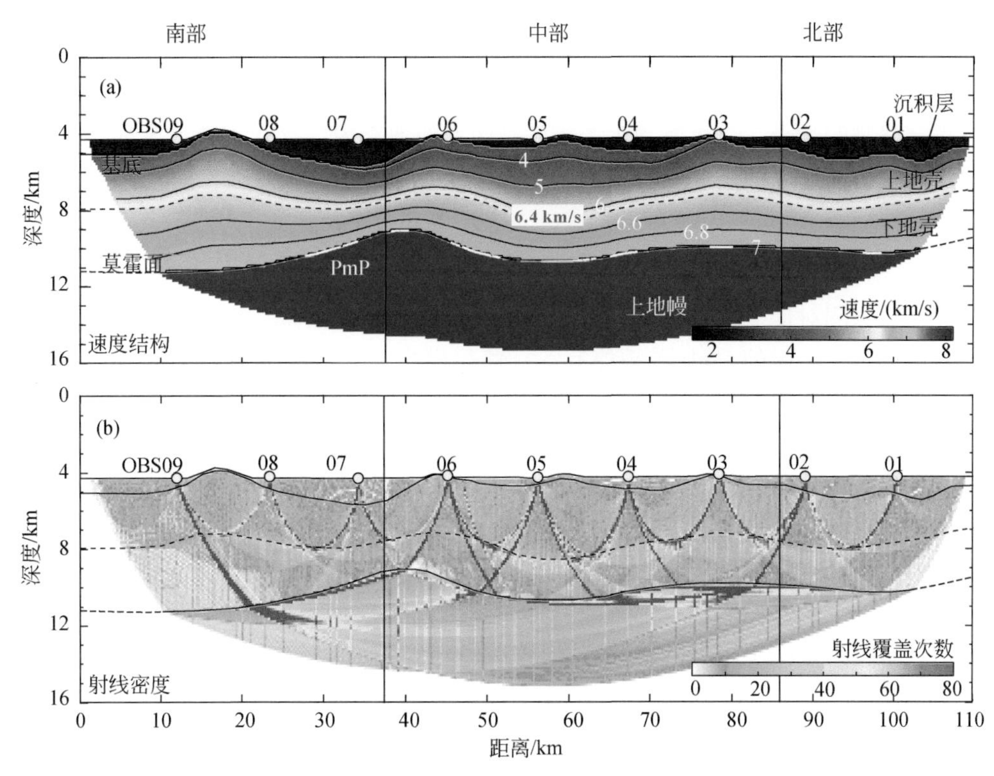

图6-13　G8G0测线速度结构及射线密度图

扩张脊南部（0～40km）：南段的地壳结构特征主要由OBS09至OBS07控制，此段沉积层较厚，为0.8～1.3km，沉积层速度为1.7～2.6km/s。区段中部存在一海山，呈突刺状，海山顶部沉积层厚度约0.2km。地壳深部莫霍面的形态与洋壳基底呈很好的对应关系，海山山峰处正好位于莫霍面最深处，洋壳速度由4.2～4.5km/s变为7.0～7.4km/s。0～20km区域上地壳厚度变化不大，为2.8～3.3km，下地壳厚度为3.3～3.9km，地壳整体厚度为6～7.2km，其中海山山峰处地壳厚度最大，达到7.2km；20～40km区域上下地壳厚度明显减薄，上地壳由3.3km减小为2.1km，下地壳由3.9km减小为1.65km，整体地壳厚度由7km减小为4km，地壳如此剧烈的减薄，可能一方面由于测线20km处的海山加厚了地壳的厚度，另一方面20～40km范围处于洋壳由超慢速拉张向停止扩张的过渡区域，故地壳厚度变化显著。

扩张脊北部（80～110km）：北段地壳结构主要受到OBS01至OBS03控制，从单道反射地震剖面中可观察到，该段基底地形呈一系列阶梯状，沉积层充填于断层和基底之上。这一点在二维速度剖面中也有清晰的显示，这种阶梯状正断层说明了洋壳总体处于拉张环境。沉积层速度为1.7～2.6km/s，厚度为0.7～1.1km，总体表现为由测线端部向扩张脊减薄的趋势。剖面中未发现有突刺状的海山存在，说明此段地壳结构主要受到了洋壳扩张时期的拉张作用影响，而扩张期后火山活动对其影响很小。洋壳速度由顶部的4.3～4.4km/s变为顶部的6.9km/s，地壳厚度为4.7～5.2km。其莫霍面变化较为平稳，埋深为

10km 左右。

扩张脊区域（40～80km）：这一区段主要由 OBS04 至 OBS06 控制，OBS 震相清晰。从模型可知，该段沉积层较薄，最厚处仅 0.3km，部分区域小于 0.1km。沉积层速度为 1.7～2.2km/s，洋壳顶部速度较低，为 3.3～3.7km/s。此外，同一深度下的速度值往往小于扩张脊两侧的洋壳，这可能预示了扩张脊区域的地壳内部存在裂隙或者断裂带，从而降低了洋壳整体的速度值。此处莫霍面的形态呈下凹状，在 OBS05 台站下方达到最大值，为 11.2km。

2. 重力模拟

深部地震探测对地下结构的研究有着重要的科学意义，但是在测线深部某些区域，射线覆盖较差或者无关键的 PmP 震相控制等，使得模型界面存在多解性的问题。而重力异常包含着丰富的地壳深部信息，通过正、反演技术，可以解读场源的相关信息，那么将深部地震探测与重力模拟相结合，就可以相互补充、相互约束，减少多解性，为获得真实的地壳结构提供帮助。

我们利用 Parker（1973）方法对 G8G0 速度模型进行了重力拟合。重力初始模型为宽角折射-反射地震速度剖面，模型的水深和基底为固定界面，由精确的单道反射地震剖面控制，上地壳、下地壳界面以及莫霍面则通过速度结构模型得到，密度值根据速度-密度转换公式进行换算。由于岩石的物性、条件、区域不同，如大洋上地壳主要为喷发岩，岩石裂隙和孔隙度发育，其地震波速度较小、梯度大，因此参考基于 DSDP（Deep Sea Drilling Project）和 ODP（Ocean Drilling Program）背景的 Carlson 和 Herrick 经验公式（$P=3.81-6.0/V_P$）；对于下地壳，由于压力和温度增加，孔隙度和裂隙度不发育，以侵入岩为主，因此选取基于斜长岩、辉绿-辉长岩以及榴辉岩为主的速度-密度转换公式（$P=0.375+0.375V_P$）；水层和地幔的密度则分别选择常数 1.03g/cm³ 和 3.3g/cm³。各层参考公式和参数见表 6-2。

表 6-2　模型分层及参数列表

速度/(km/s)	速度-密度转换公式	密度/(g/cm³)	地质属性	参考文献
1.7～2.6	$P=0.917+0.747V_P-0.08V_P^2$	1.956～2.32	沉积层	Hamilton，1978
3.3～6.4	$P=3.81-6.0/V_P$	1.991～2.875	上地壳	Carlson and Herricks，1990
6.4～7.0	$P=0.375+0.375V_P$	2.775～3.00	下地壳	Birch，1961

基于上述模型和参数，Parker 方法计算的重力异常拟合结果显示，观测值与计算值在大趋势上有很好的拟合（图 6-14）。0～29km 的重力异常值为 0～25mGal，29～76km 的重力异常值小于 0mGal，76～110km 的重力异常值为 0～15mGal，其中小于 0mGal 的区域正好为扩张脊，两侧大于 0mGal 的区域属于正常洋脊。扩张脊中心的地壳密度小于两侧，尤其是扩张脊顶部 3.3～4.5km 的范围内，其地壳密度仅为 2.30g/cm³。而在深部区域，重力密度模型中的上、下地壳界面和宽角莫霍面与折射-反射地震波模型一致，说明地震波模型精确可靠。

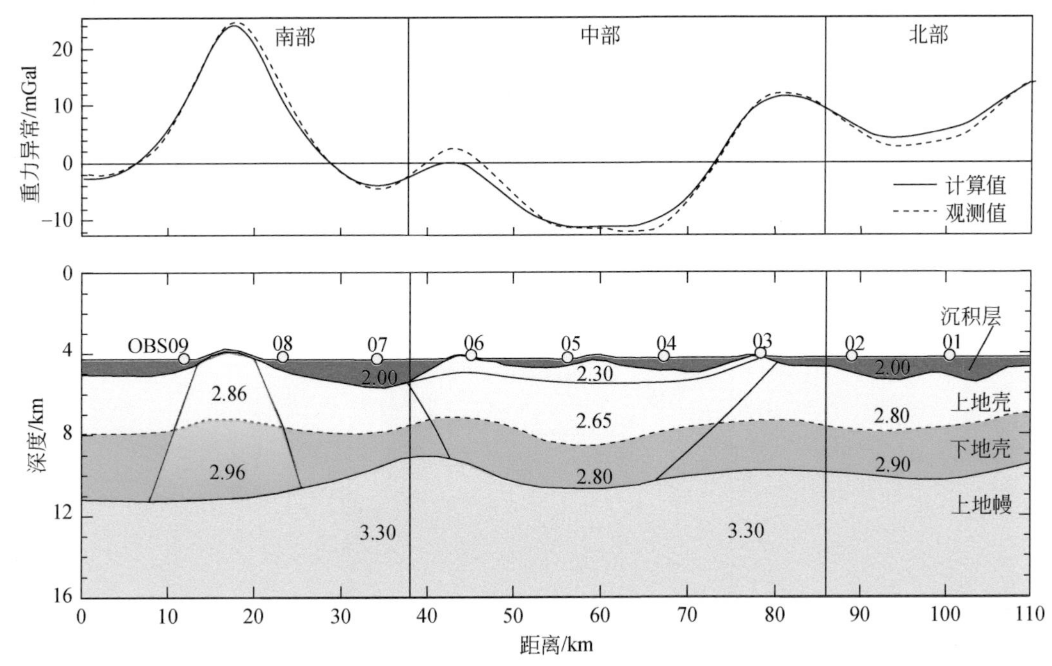

图6-14　使用Parker方法的重力拟合结果

图中包含两位有效数字的数值为密度（单位：g/cm³）

3. 深部地壳结构特征

根据前人研究，南海中央次海盆最新一期的年龄为27～16Ma，扩张停止前其平均全扩张速率为35mm/a，属于慢速扩张（Briais et al.，1993），因此扩张脊经历了一个慢速—超慢速—零速的过程，再加上后期的火山改造，表明此处的深部地壳结构相当复杂（丘学林，2011）。

1）洋壳顶部低速层特征

根据17km、52km和90km处的一维速度结构图（图6-15），中央次海盆残余扩张脊的地壳结构属于典型的洋壳结构，但是由于洋脊明显的分段性，扩张中心的地壳结构特征和两翼有明显的差异。如扩张脊两翼地壳顶部速度明显较高，为4.5km/s左右，速度梯度较小；而扩张中心的顶部洋壳地壳速度较低，为3.3km/s，速度梯度大于扩张脊两侧。同时，地壳厚度的变化在各个区域也不尽相同。在扩张脊北侧，由于拉张减薄作用，洋壳较薄；在扩张脊南侧，由于海山的影响，洋壳厚度明显增大；在扩张脊中部，后期岩浆的活动也使地壳明显增厚。根据单道地震反射剖面，扩张中心处的基底地形起伏较大，与沉积层的界面较为模糊，且零星分布着破碎状小海山，而根据二维速度剖面，速度由洋壳顶部向下1.5km左右逐渐过渡到正常洋壳的4.5km/s，即这一异常低速层的厚度约为1.5km。

一般认为，洋壳的速度主要由其物质组分和孔隙度、裂隙度以及充填物决定（Wilkens et al.，1991），当增加孔隙度和裂隙时，P波速度会相应地降低。此外，随玄武岩的年龄增长和构造发育，岩石孔隙度和裂隙度也会发生变化，即洋壳顶部玄武岩的速度

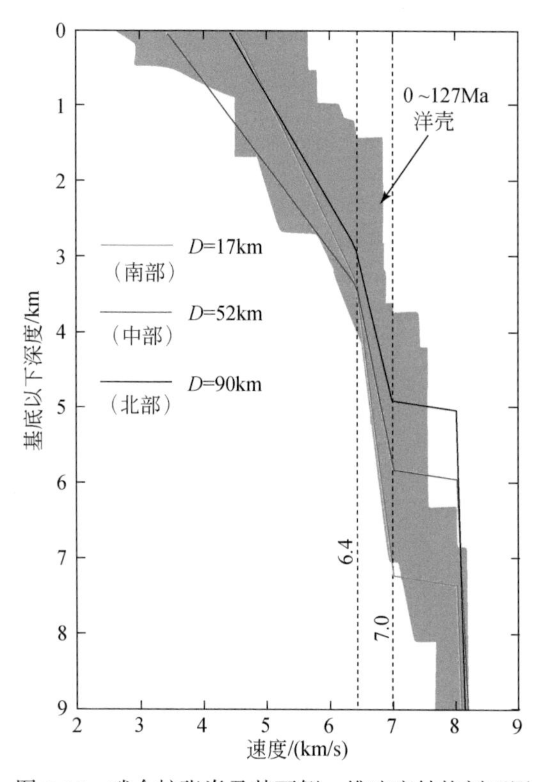

图 6-15　残余扩张脊及其两侧一维速度结构剖面图

会随着年龄的增加而增大。南海扩张脊顶部的玄武岩速度为 3. 3km/s，其地震波速度比两侧成熟洋壳（4. 5km/s）的速度低，但比 0Ma 的洋中脊的速度（2. 5km/s 或甚至更低）高。另外，通过分析不同扩张速率的洋中脊顶部的枕状玄武岩层，发现其厚度存在很大的变化。如在快速扩张脊，玄武岩层厚 100 ~ 300m（Christeson et al.，1992），而在慢速扩张脊的大西洋洋中脊，其低速层厚 1 ~ 2. 5km（Barclay et al.，1998）。玄武岩层的厚度主要是由其下部的喷出岩与岩墙之间的过渡带决定的，Barclay 等（1998）认为在慢速扩张脊处，岩浆活动以间断式、不稳定多期次喷发，扩张速率较慢，造成了扩张脊处玄武岩的堆积，使得喷出岩与岩墙的界线模糊，过渡带增厚，从而形成了较厚的低速层。在南海残余扩张脊中心，结合单道地震剖面中观测到的杂乱状基底表层，其较厚的玄武岩层可能与大西洋洋中脊的形成机制一致。在扩张脊停止扩张后，后期的岩浆以间断式、多期次喷出，导致了玄武岩层堆积，而喷出岩与岩墙的界线模糊，使洋壳顶部的速度较低、厚度较大。在构造作用方面，随着扩张速率的减小，扩张脊中心的构造作用增强，在扩张脊处形成一系列深浅不一的断裂带。这些断裂带的存在使得海水能够进入地壳的深部，进一步降低地壳的温度场。在后期岩浆喷出时，海水顺着断裂带与岩浆接触，造成岩浆在深部冷凝，继而也造成玄武岩层的增厚。

综合上述分析，认为扩张脊区域顶部隆起低速层主要为玄武岩层，为扩张期结束后形成，厚度较大可能是由于岩浆活动较弱且不稳定。因此，洋盆停止扩张后，扩张脊处岩浆以多期次、不稳定的方式发生溢流，造成了扩张脊区域玄武岩不断堆积，喷出岩与侵入岩的过渡界面下移，最终形成了单道地震反射剖面中的扩张脊基底崎岖不平、与沉积层界面模糊、洋壳顶部低速层较厚等特征。

2）地壳和上地幔特征

根据典型的大洋洋壳结构，上地壳厚2～3km，属于喷出岩性质，其成分主要为枕状玄武岩及玻璃质碎屑岩，再往下为席状岩墙。下地壳则属于侵入岩，速度和梯度变化不大，主要为辉长岩和层状辉长岩，由岩浆在深部结晶而成，结晶较粗。根据White等（1992）对各个大洋地壳结构的统计分析，洋壳的正常厚度为6～7km。Mutter和Mutter（1993）通过对全世界90个洋壳结构的对比研究，发现上地壳虽然速度和梯度变化较大，但厚度却较为稳定，而洋壳的增厚或者减薄主要是由下地壳厚度的变化引起的。Muller等（2000）对西南印度洋中脊的研究同样发现了洋脊地壳厚度变化主要受下地壳厚度的影响，而下地壳厚度又与熔融体的大小有关。

前人利用声呐浮标探测研究南海西北次海盆和中央次海盆的洋壳结构，发现上地壳和下地壳速度结构一致性较差，厚度变化大。通过与标准大洋地壳比较，南海的上地壳速度和厚度正常，但下地壳的厚度较薄，约3km，比正常洋壳薄2km（姚伯初和王光宇，1983；金翔龙等，1989）。张健和石耀霖（2004）利用地热学方法对中央次海盆壳幔热结构比例分析，认为海盆的高热流背景主要受地幔速度热源的作用，并且下地壳厚度过薄，约为正常洋壳的一半。G8G0测线中发现南、中、北部下地壳平均地壳厚度为4km、2km、2.5km。北部浅部多道和深部速度结构均未发现火山活动的存在，可以认为该区域的地壳结构代表了南海扩张脊未受海山活动影响的正常洋壳，同样比标准下地壳薄。此外，G8G0测线40km处即OBS06与OBS07两台站间（位置见图6-10）的深部地壳结构与相同测线的其他地方存在较大差异。该处莫霍面迅速隆升，由11km抬升为8.8km，上地幔顶部速度为7.8km/s，下地壳厚1.5～1.7km，地壳厚度为4km，为测线中的地壳最薄处（图6-13）。

那么，是什么原因造成了下地壳的减薄呢？部分学者认为可能是由于南海海盆受到了后期热事件的影响，减缓了上地幔的冷却过程。姚伯初和王光宇（1983）则认为南海海盆是典型的边缘海小洋盆，其洋壳的形成发生在大陆边缘岩石圈断裂之后由海底扩张而形成，而新生海盆岩石圈的物质可能来源于大陆上地幔，导致了熔融程度低，使得初始下地壳很薄。我们的研究认为，扩张脊及其两侧地壳厚度整体比正常洋壳薄，可能是扩张速率在逐渐减小的过程中，岩浆供给量不足，加上断层的影响，造成了地壳的减薄。对于不同扩张速率的洋脊，其扩张中心的地壳结构主要记录了扩张时期的岩浆活动与构造作用，当洋壳逐渐向两侧分离时，这些地壳结构也向两侧移动。因此，在横穿扩张脊的测线上，由两侧向扩张脊的地壳厚度和速度变化如同大洋磁条带般记录了不同时间点扩张脊的岩浆与构造运动。当扩张速率较高时，岩浆供应量充足，构造作用较弱，洋中脊脊冠隆升，两侧基底地形平缓，下地壳较稳定，且较厚。而扩张速率较低时，岩浆匮乏或呈幕式喷出，洋中脊呈裂谷状，两侧基底地形崎岖，构造作用增强，下地壳减薄。当扩张速率达到超慢速扩张脊时，岩浆活动呈点状式喷发，岩浆量少，下地壳和橄榄岩地幔沿着拆离断层被拉张至洋壳表层，同时受到海水或者热液的侵蚀，表现为辉长岩或者蛇纹石化的地幔橄榄岩。当扩张速率为零时，地壳停止扩张，扩张中心呈裂谷状，下地壳薄，两侧基底地形起伏。根据磁条带，40km处上地幔隆起紧邻残余扩张中心，其地壳结构反映了洋壳停止扩张之前的岩浆与构造运动的相互关系，下地壳减薄的原因可能是当扩张速率由慢速到超慢速再到停止时，岩浆供给量匮乏，构造作用增强，造成了扩张中心地壳的减薄，上地幔隆升（图 6-16）。

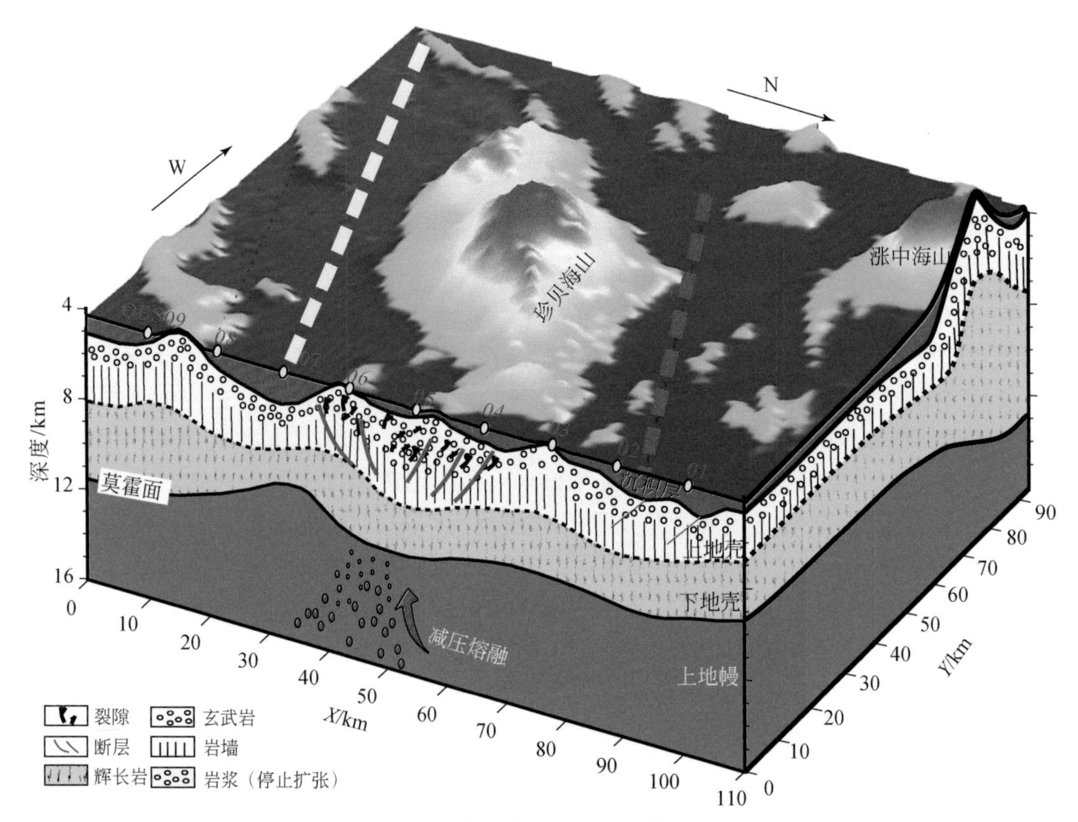

图 6-16　古洋脊深部地壳结构模型

6.3　古洋脊演化与板片窗形成机制

南海东部古洋脊处于欧亚板块和太平洋板块（菲律宾海板块）的汇聚地带，走向为 NE50°，东西长约 240km。古洋脊停止扩张后由于受后期火山作用而被改造为黄岩海山链（Pautot and Rangin，1989），其东侧为马尼拉海沟、北吕宋海槽和西吕宋海槽。南海东部古洋脊俯冲过程的研究一直受到中外地学界的广泛关注（Briais et al.，1993；Bautista et al.，2001；丘学林等，2003；李家彪等，2004；丁巍伟等，2005；刘再峰等，2007；牛雄伟等，2009），以往的研究主要集中在菲律宾岛弧的漂移与旋转、两侧海沟的形成时间、在民都洛等地碰撞的时间以及吕宋岛北部东西两侧火山弧的成因等各部分独立的研究（吴金龙等，1992；詹美珍等，2015）。

鉴于马尼拉俯冲带是揭示南海形成演化的关键区域和南海地震的活跃地带，且南海东部古洋脊在马尼拉海沟为被动俯冲，同时马尼拉俯冲带上覆岛弧东侧还存在着相向俯冲的东吕宋海槽–菲律宾俯冲体系，迄今为止对南海东部古洋脊俯冲过程的动力学机制研究还处于探索阶段。本节针对南海东部古扩张脊的俯冲进行三个方面的叙述，包括古洋脊的俯冲时间、俯冲深度以及俯冲模式与机制，对于理解古洋脊的俯冲演化过程具有重要意义。

6.3.1 古洋脊俯冲时间

有关南海板块沿马尼拉海沟俯冲并消亡于菲律宾岛弧之下的时间，不同研究者报道的结果有差异。丁巍伟等（2004，2006）提出自中中新世以来，南海洋壳开始沿着马尼拉海沟向菲律宾海板块俯冲。尚继宏（2008）根据恒春海脊的形成时间及地震剖面资料，认为马尼拉海沟俯冲带形成时间为中中新世早期（16Ma）。周蒂等（2002）认为南海中大量近南北向右行走滑断裂，可能是在中中新世（16Ma）以后受从赤道附近滑移北上并沿马尼拉海沟仰冲的菲律宾群岛破坏的结果。范建柯和吴时国（2014）提出在 14°N 附近，南海板片开始的俯冲时间约为 15.5Ma，16°N、17°N 和 18°N 的板块俯冲时间相差不大，可能在 9～8Ma 同时发生俯冲，由南向北俯冲时间逐渐缩短的情况说明马尼拉海沟的俯冲由南面开始逐渐向北扩展，这主要是受菲律宾海板块的西北向运动所控制。李三忠等（2012）认为南海海盆洋壳在中新世开始沿马尼拉海沟俯冲于吕宋岛弧之下，至今已有上千千米的海底潜没消亡，南海海盆目前正处于关闭衰亡的过程中。

前人对南海古洋脊地貌-构造单元、演化历史和俯冲运动学等已有较多的研究，但对于古扩张脊（黄岩海山链）的俯冲时间，同样也存在着分歧。Boer 等（1980）和 Hollings 等（2011b）认为黄岩海山链在中新世开始向东俯冲于菲律宾吕宋岛北部之下。尹延鸿（1988）提出吕宋微板块北端与台湾碰撞，南端在民都洛海峡与巴拉望北端碰撞时间为7～5Ma，古扩张脊的俯冲时间则是在 7～5Ma 之前。薛友辰等（2012）根据俯冲系统特征，认为古扩张脊开始俯冲的时间为 5～4Ma。Yang 等（1996）通过对台湾-吕宋岛东、西火山链年龄和地球化学性质等方面的差异研究，认为在 5～4Ma 时南海古扩张脊与海沟接触并开始俯冲，2Ma 左右由于自身阻碍作用而停止向东运动的板块重新开始俯冲。

随着外业调查资料的积累和地震层析成像技术精度的提高，大部分学者认为古洋脊是在海盆扩张停止后向马尼拉海沟进行俯冲的。综合相关调查资料和前人研究成果，我们认为南海板块在 8Ma 时开始向菲律宾海板块俯冲，6～5Ma 时南海古洋脊俯冲至菲律宾海板块之下，2Ma 时俯冲板块在洋脊处发生撕裂后继续向东运动，并最终形成东、西两条火山链。

6.3.2 古洋脊俯冲深度

南海东部边界是南海地震的集中带，通过对该区地震活动的分析可为探讨古扩张脊沿马尼拉海沟的俯冲深度提供依据。臧绍先等（1994）利用国际地震中心（ISC）提供的 1971～1987 年发生于 0°～24°N、116°～132°E 的地震资料，提出马尼拉海沟存在东倾俯冲带，其俯冲深度由南向北逐渐变小，南部俯冲较深，最深达 250km，北部地震最大深度为 150km，故南海东部古扩张脊的俯冲深度在 150～250km。朱俊江等（2005）通过马尼拉海沟及邻区地震、火山活动和地震震源机制解分析，认为马尼拉海沟深度在 200km 以下的地震多分布在 12°～14°N，地震密集区出现明显的分段特征，从北到南深度逐渐变深，所以南海东部古扩张脊的俯冲深度应该大于200km。Yang 等（1996）根据对台湾岛–菲律宾地区 1967～1994 年以来的 4 级以上的地震震源深度及位置的统计，以及薛友辰等（2012）根据跨吕宋岛弧 M_B>4.0 级地震的剖面分布及相应俯冲带形态，均认为南海东部古扩张脊的俯冲深度在200km 左右。高翔等（2012）在马尼拉海沟俯冲带热结构的模拟研究得出

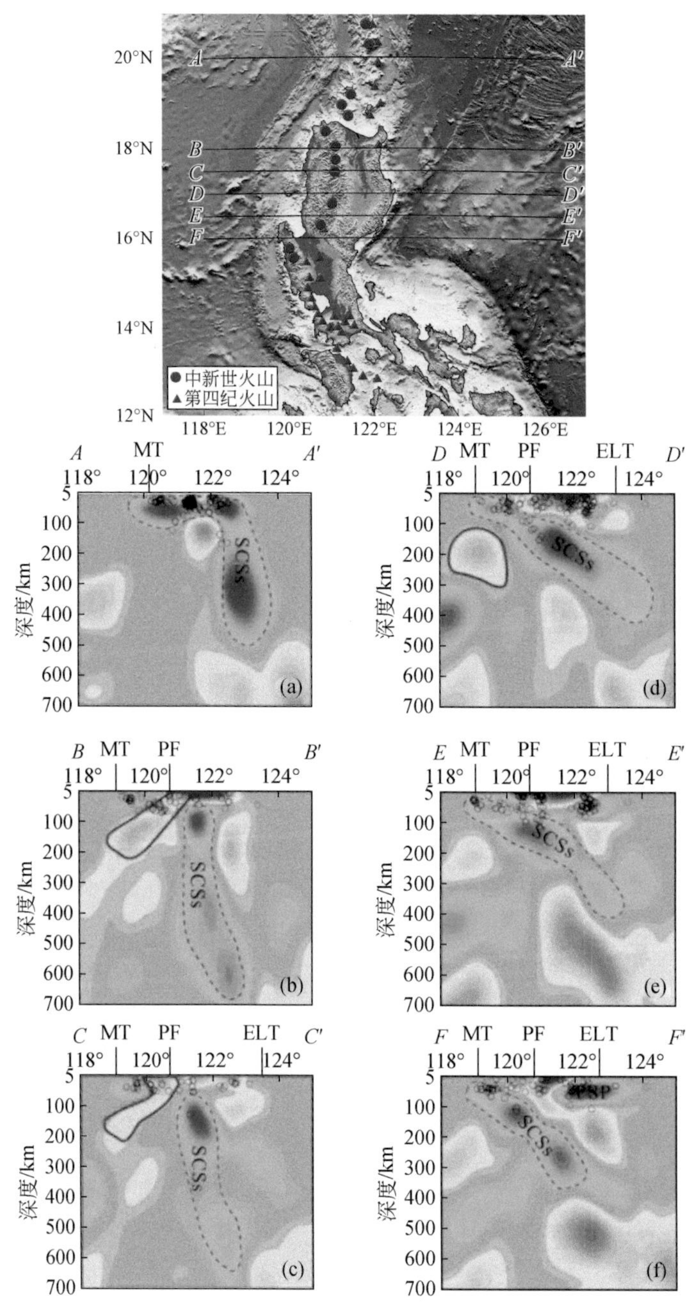

图 6-17　马尼拉俯冲带层析成像剖面图（据 Fan et al.，2015 修改）

MT. 马尼拉海沟；PF. 菲律宾断裂；ELT. 东吕宋海槽；SCSs. 南海板块；PSP. 菲律宾海板块

古扩张脊的俯冲深度小于 200km。陈爱华等（2011）根据剖面热结构模拟图得出南海东部古扩张脊的俯冲深度在 300km 左右。陈传绪等（2014）由马尼拉海沟俯冲带的三维地震分布得出古扩张脊的俯冲深度在 200 ~ 300km。

从图 6-3 中 12 条地震分布剖面可以直观地看出，马尼拉俯冲带以密集的浅源地震（$h \leq 70$km）为主，中深源地震主要分布在 20° ~ 23°N 的北部区域和 13° ~ 15°N 的南部区域，其中 20° ~ 23°N 区域最大震源深度达到 200km 左右，13° ~ 16°N 区域最大震源深度达到 250km 左右，16°N 以北区域震源深度变浅，深部地震主要集中在 100km 左右。古扩张脊俯冲至菲律宾海板块之下，古扩张脊在深部发生板片撕裂，导致古扩张脊两侧板片的俯冲角度不同，进而两侧的俯冲深度也不同。其中，L3 ~ L5 剖面显示 13° ~ 16°N 浅部俯冲倾角较平缓，而在 150km 深度以下转变为大角度的俯冲；L6 ~ L9 剖面显示 16° ~ 20°N 震源深度变浅，俯冲角度较缓；L10 ~ L12 剖面显示 20° ~ 23°N 震源深度陡然加深，俯冲角度变大。

Fan 等（2015）利用 P 波走时数据获得的马尼拉俯冲带的深部速度模型（图 6-17）表明，南海俯冲板块沿马尼拉俯冲带的俯冲形态从南至北发生了明显的变化。剖面 *FF′*（16°N）显示南海板块的俯冲倾角从浅部近 24°增加至 400km 处的近 50°，剖面 *EE′*（16. 5°N）显示南海板块的俯冲倾角从 250km 处的近 30°增加至 450km 处的近 50°，俯冲倾角的变化与图 6-3 中 L5（15. 5°N）和 L6（16. 5°N）地震剖面图相对应。然而南海板块的俯冲倾角在剖面 *DD′*（17°N）和剖面 *CC′*（17. 5°N）处发生明显的变化，俯冲倾角从 32°陡然增加至近 90°。

6. 3. 3　古洋脊演化模式

1. 古洋脊俯冲增生与剥蚀

全球俯冲带的俯冲增生和构造剥蚀过程都具有非常显著的地质和地球物理特征（von Huene and Scholl，1991；Clift and Vannucchi，2004）。对比全球俯冲带的特征，马尼拉俯冲带的俯冲过程复杂，俯冲带分段特征明显。根据 6. 2. 1 和 6. 2. 2 中的马尼拉俯冲带多道反射地震数据和地壳结构模型，认为马尼拉俯冲带不同区段的俯冲过程也有明显的差别。依据海底地形和反射地震数据，计算获得俯冲增生楔楔角、弧前斜坡角度和增生楔宽度的变化，并以此可将整个马尼拉俯冲带分为北吕宋区段、海山链区段和南部西吕宋区段，不同区段的构造变形受到不同俯冲过程和机制的控制（Zhu et al.，2013）。

在北吕宋区段，俯冲板块海底地形较为平坦，南海北部大陆边缘减薄，陆壳俯冲在马尼拉海沟形成 50 ~ 140km 宽的巨大增生楔构造，增生楔位于上覆板块的变形前锋与弧前盆地相邻，断层分割着这两个结构单元。随俯冲板块的不断俯冲，一系列的褶皱和密集逆冲断层控制着增生楔的内部变形，俯冲增生过程控制着上覆板块的变形，导致吕宋岛弧出现强烈的地震和火山活动（图 6-18）。最北部的俯冲海沟隐没在台湾造山带之下，马尼拉海沟逐渐失去地形特征，在台西南成为一个欧亚被动大陆边缘与马尼拉活动俯冲带以及台湾造山带交汇的复杂构造区域。

在海山链即洋脊俯冲区段，海底地形复杂，粗糙的大洋板块俯冲在吕宋岛弧之下，随着大洋板块的继续俯冲，部分沉积物在变形前锋形成较小的增生楔结构，部分沉积物则由于俯冲剥蚀或构造剥蚀，随大洋板块的俯冲而被拖曳到深部的板块边界（图 6-19）。在第

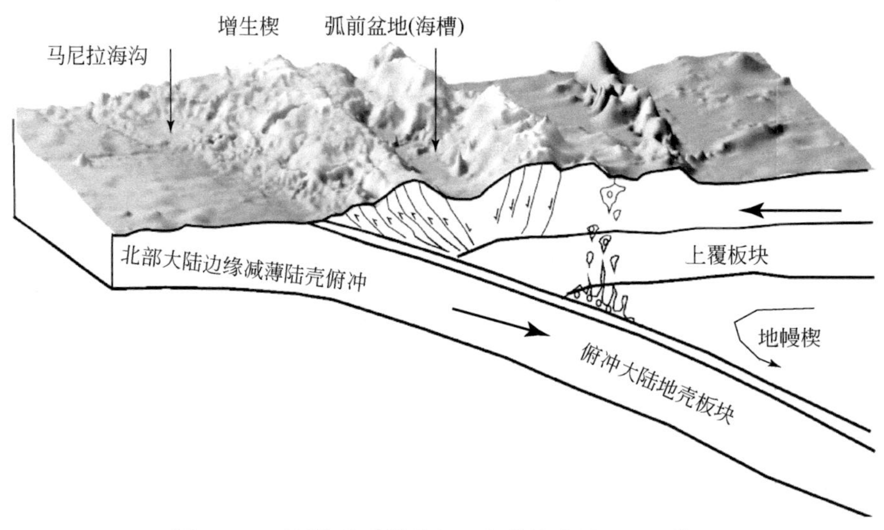

图 6-18　马尼拉俯冲带北部区段的俯冲增生过程模型

5 章的地震静态库仑应力研究中，海山链区段的大地震静态库仑应力变化表明停止扩张的洋脊传递应力到马尼拉海沟附近，形成一个应力加载区域。海山链区段在海山俯冲的作用下，可能俯冲增生和剥蚀过程共同控制着此区段，在海山俯冲的前段形成厚的俯冲通道（Zhu et al.，2013）。

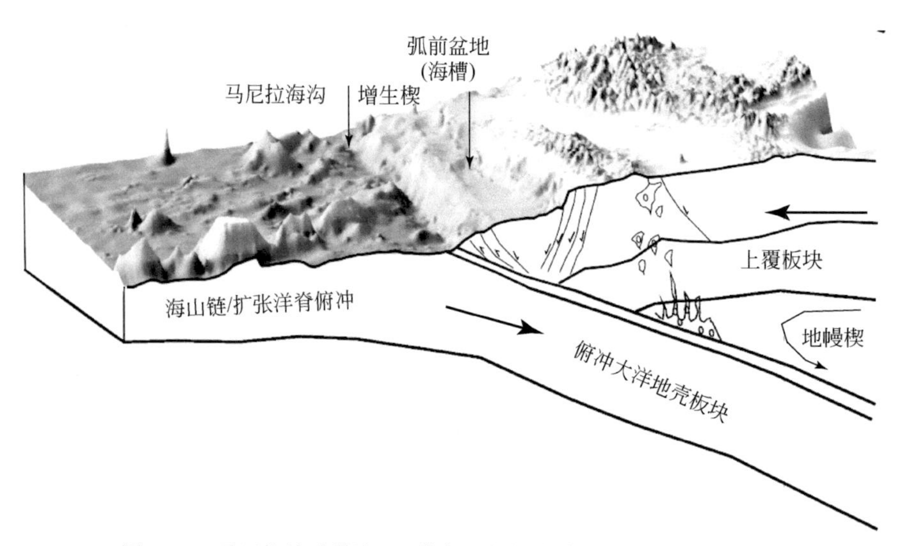

图 6-19　马尼拉俯冲带海山/洋脊区段的俯冲增生和剥蚀过程模型

在南部西吕宋海槽区段可能也受到构造剥蚀的控制，南段切过海沟的多道反射地震剖面显示增生楔宽度较窄，沉积厚度明显薄于北部（图 6-8），部分沉积物可能已经随俯冲板片俯冲到深部区域。但是没有深部折射地震数据和 P 波地壳速度结构模型，因此是否俯冲剥蚀或构造剥蚀控制俯冲带的最南部，需要今后进一步的密集海底地震仪地震调查和研究。以上分析表明，不能用唯一的增生模式或者构造剥蚀模式来解释目前整个马尼拉俯冲带的构造变形。

2. 古洋脊俯冲撕裂

南海海盆沿马尼拉海沟向东俯冲，形成了非火山弧（增生楔）-弧前盆地（北吕宋海槽和西吕宋海槽）-火山弧（吕宋火山弧）构造组合。南海古洋脊所在的海山链区段，在俯冲增生机制的控制下，形成较小的前增生楔结构（朱俊江等，2017），同时在菲律宾海板块NW向仰冲的作用下形成了现今马尼拉海沟俯冲带中段的构造特征。南海古洋脊到达马尼拉海沟后，年轻的、热的洋脊增生到上覆板块中，以古洋脊为界，将弧前盆地分割为西吕宋海槽和北吕宋海槽两个子盆地，即南海古洋脊到达马尼拉海沟时的位置位于现今的16°～18°N范围内（詹美珍等，2015）。在俯冲早期，由于南海海盆即将闭合或刚闭合，南海古洋脊胶合时间不长，且20°N左右板块轻物质的作用，俯冲板片从南海古洋脊（17°N附近）处开始撕裂，而且因板块轻物质具有相对较高的浮力（Martinod et al., 2013; Fan et al., 2015），形成了马尼拉海沟南北段俯冲倾角不同的现象（图6-20）。同时海沟体系俯冲板片裂开处存在平行于海沟方向的地幔流，加剧了裂开的程度，导致南、北段板块倾角相差较大（陈志豪等，2009）。南海古洋脊俯冲后发生撕裂的深度约为100km，撕裂的俯冲板块不容易产生地震活动，减少了深源地震的发生（陈爱华等，2011）。

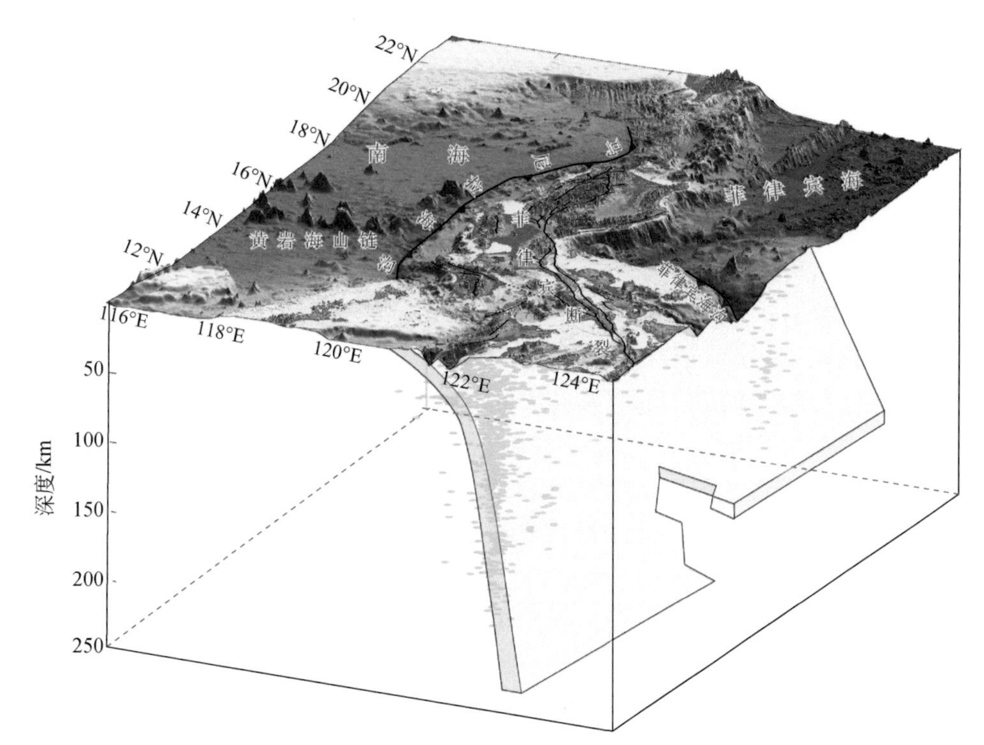

图6-20　古洋脊沿马尼拉海沟俯冲撕裂示意图

以上根据南海东部古洋脊研究进展，结合研究区域地震活动和火山活动的时空分布特征，探讨古洋脊的俯冲时间、俯冲深度、俯冲板片撕裂以及俯冲机制，仍然存在着很多的不足和局限性。因此，需要更加翔实的深部地球物理数据以及该区域火山岩的地球化学和定年数据的补充和验证。同时未来对于南海东部古洋脊的研究应结合动力学、热力学等耦合情况下的数值模拟研究，反映其对马尼拉海沟及整个南海区域构造应力场的影响。

6.3.4 板片窗的形成机制

南海古洋脊停止扩张的时间是在15.5Ma左右，而古洋脊开始俯冲的时间是8Ma左右（Fan et al., 2015）。南海板块在俯冲时，古洋脊北部的洋底高原可能具有足够大的浮力可以引起古洋脊北侧俯冲板块的倾角变缓。同时，洋中脊在地形上表现为高耸的海山，导致它的俯冲会形成一些特殊的构造并对周围的应力场产生一定的影响（刘再峰等，2007）。如日本海沟和千岛海沟间左行位移的主要因素是Erimo海山的挤入；西菲律宾海区的增生楔构造、弧前盆地的分布及琉球岛弧的基底隆起，均受控于加爪脊对琉球海沟的斜向俯冲。Yang等（1996）提出了南海板块俯冲的动力学模式，解释了台湾–吕宋岛双火山链的形成，以及东、西火山链在年龄和地球化学性质等方面的差异。该模式认为，6Ma时南海古洋脊已经接近马尼拉海沟，而此时南海板块沿马尼拉海沟向菲律宾海板块俯冲形成了西火山岛链；在5～4Ma时，南海古洋脊开始向马尼拉海沟俯冲，同时欧亚板块也开始与北吕宋岛弧发生碰撞。台湾岛的碰撞作用，南海板块俯冲的运动方向与速度以及南海古洋脊对俯冲的阻碍作用，使得西火山链北部的火山停止喷发。已经俯冲的古洋脊属于板块的薄弱处，地震活动较少，俯冲板块下热流值高，容易引起板块在深部的撕裂（陈爱华等，2011）；2Ma左右，南海古洋脊的俯冲作用使得俯冲板块倾角改变，造成俯冲板块沿古洋脊处撕裂，扩张脊北侧板片倾角变小，从而形成了距离海沟更远的东火山岛链，同时地幔物质沿着板块裂隙上涌，并与上覆板块岩石圈物质发生反应，这就是东火山岛链喷发的岩浆中幔源成分富集的原因。

Bautista等（2001）根据更详细的地震资料统计和地形地貌分析，对Yang等（1996）的模式进行了改进。在改进的模式中，约20°N位置上板块轻物质（洋底高原）的作用受到了关注，俯冲板块的倾角变化被认为是该板块轻物质而非南海古洋脊造成的，俯冲板块破裂的位置也并非在南海洋陆过渡带，而是沿南海古洋脊发生破裂。因此，Bautista等（2001）认为，以南海古洋脊为分界线，以北的俯冲板块在轻物质的浮力作用下倾角变缓，从而形成了东火山岛链。其中，板块轻物质存在的证据是，20°N附近南海板片向马尼拉海沟俯冲的倾角在浅部接近水平（Fan et al., 2015）。

根据以上前人研究的总结和前面对古洋脊演化模式的探讨，我们认为南海板块在8Ma时开始向菲律宾海板块俯冲，并逐渐形成西火山链；6～5Ma时南海古洋脊俯冲至菲律宾海板块之下，台湾岛的碰撞作用和南海古洋脊对俯冲的阻碍作用，使得西火山链北部的火山停止喷发；2Ma时俯冲板块的运动方向与速度、古洋脊的地形地貌以及洋底高原的共同作用导致俯冲板片的倾角发生变化，且在洋脊处发生撕裂，向东运动而产生东火山链，板片裂隙区成为一个地震空白区（图6-21）。同时，板片窗为下层高温地幔物质上涌提供了通道，地幔热流上涌继而引发撕裂板片边缘和上地壳发生部分熔融，形成吕宋岛北部的埃达克岩与大型斑岩金–铜矿床。

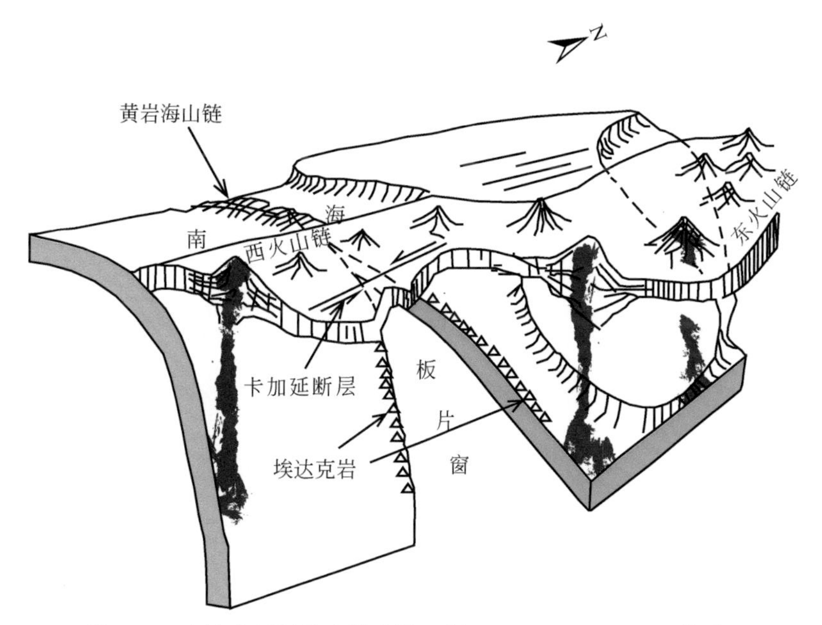

图6-21　南海东部板片窗模式图（据 Bautista et al.，2001 修改）

参考文献

陈爱华，许鹤华，马辉，等 . 2011. 马尼拉俯冲带缺失中深源地震成因初探 . 华南地震，31（4）：98-107.

陈传绪，吴时国，赵昌垒，2014. 马尼拉海沟北段俯冲带输入板块的不均一性 . 地球物理学报，57（12）：4063-4073.

陈永顺，2003. 海底扩张和大洋中脊动力学问题概述：地球的结构、演化和动力学 . 北京：高等教育出版社 .

陈志豪，李家彪，吴自银，等，2009. 马尼拉海沟几何形态特征的构造演化意义 . 海洋地质与第四纪地质，29（2）：59-65.

丁巍伟，王渝明，陈汉林，等，2004. 台西南盆地构造特征与演化 . 浙江大学学报（理学版），31（2）：216-220.

丁巍伟，程晓敢，陈汉林，等，2005. 台湾增生楔的构造单元划分及其变形特征 . 热带海洋学报，24（5）：54-59.

丁巍伟，杨树锋，陈汉林，等，2006. 台湾岛以南海域新近纪的弧-陆碰撞造山作用 . 地质科学，41（2）：195-201.

范建柯，吴时国，2014. 马尼拉俯冲带的地震层析成像研究 . 地球物理学报，57（7）：2127-2137.

高翔，张健，孙玉军，等，2012. 马尼拉海沟俯冲带热结构的模拟研究 . 地球物理学报，55（1）：117-125.

何廉声，1982. 南海新生代岩石圈板块的演化和沉积分布的某些特征 . 海洋地质研究，2（1）：16-23.

金翔龙，吕文正，柯长志，等，1989. 南海地球科学研究报告 . 东海海洋，7（4）：1-92.

李家彪，2011. 南海大陆边缘动力学：科学实验与研究进展 . 地球物理学报，（1）：1-12.

李家彪，金翔龙，高金耀，2002. 南海东部海盆晚期扩张的构造地貌研究 . 中国科学（D 辑），32（3）：

239-248.
李家彪，金翔龙，阮爱国，等，2004. 马尼拉海沟增生楔中段的挤入构造．科学通报，49（10）：1000-1008.
李三忠，索艳慧，刘鑫，等，2012. 南海的基本构造特征与成因模型：问题与进展及论争．海洋地质与第四纪地质，32（6）：35-53.
刘再峰，詹文欢，张志强，2007. 台湾-吕宋岛双火山弧的构造意义．大地构造与成矿学，31（2）：145-150.
牛雄伟，阮爱国，李家彪，等，2009. 洋中脊构造及地震调查现状．华南地震，29（4）：72-84.
丘学林，施小斌，阎贫，等，2003. 南海北部地壳结构的深地震探测和研究新进展．自然科学进展，13（3）：231-236.
丘学林，赵明辉，敖威，等，2011. 南海西南次海盆与南沙地块的 OBS 探测和地壳结构．地球物理学报，54（12）：3117-3128.
阮爱国，牛雄伟，丘学林，等，2011. 穿越南沙礼乐滩的海底地震仪广角地震试验．地球物理学报，54（12）：3139-3149.
尚继宏，2008. 马尼拉海沟中北段俯冲带特征对比及区域构造动力学研究．杭州：国家海洋局第二海洋研究所．
孙金龙，曹敬贺，徐辉龙，2014. 南海东部现时地壳运动、震源机制及晚中新世以来的板块相互作用．地球物理学报，57（12）：4074-4084.
吴金龙，韩树桥，李恒修，等，1992. 南海中部古扩张脊的构造特征及南海海盆的两次扩张．海洋学报，14（1）：82-96.
吴振利，李家彪，阮爱国，等，2011. 南海西北次海盆地壳结构：海底广角地震实验结果．地球科学，41（10）：1463-1476.
薛友辰，李三忠，刘鑫，等，2012. 南海东部俯冲系统分段性及相关盆地群成盆动力学机制．海洋地质与第四纪地质，32（6）：129-147.
姚伯初，王光宇，1983. 南海海盆的地壳结构．中国科学（B 辑），（2）：177-186.
尹延鸿，1988. 试探马尼拉海沟的成因．海洋地质与第四纪地质，8（2）：37-45.
臧绍先，宁杰远，1996. 西太平洋俯冲带的研究及其动力学意义．地球物理学报，39（2）：188-202.
臧绍先，陈奇志，黄金水，1994. 台湾南部-菲律宾地区的地震分布、应力状态及板块的相互作用．地震地质，16（1）：29-37.
詹美珍，孙卫东，凌明星，等，2015. 黄岩海山链俯冲与吕宋岛斑岩铜金成矿．岩石学报，31（7）：2101-2114.
张健，石耀霖，2004. 南海中央海盆热结构及其地球动力学意义．中国科学院研究生院学报，21（3）：407-412.
周蒂，陈汉宗，吴世敏，等，2002. 南海的右行陆缘裂解成因．地质学报，76（2）：180-190.
朱俊江，丘学林，詹文欢，等，2005. 南海东部海沟的震源机制解及其构造意义．地震学报，27（3）：260-268.
朱俊江，李三忠，孙宗勋，等，2017. 南海东部马尼拉俯冲带的地壳结构和俯冲过程．地学前缘，24（4）：341-351.
Ali S T, Freed A M, 2010. Contemporary deformation and stressing rates in Southern Alaska. Geophysical Journal International, 183（2）: 557-571.
Arfai J, Franke D, Gaedicke C, et al., 2011. Geological evolution of the West Luzon Basin（South China Sea, Philippines）. Marine Geophysical Research, 32: 349-362.

Bangs N, Christeson G, Shipley T, 2003. Structure of the Lesser Antilles subduction zone backstop and its role in a large accretionary system. Journal of Geophysics Research, 108 (B7): 2358.

Barckhausen U, Roeser H A, 2004. Seafloor spreading anomalies in South China Sea revisited//Clift P, Wang P, Kuhnt W, et al. Continent-ocean interactions within east Asian marginal seas. Geophysical monograph series. Washington DC: American Geophysical Union, 149: 121-125.

Barclay A H, Toomey D R, Solomon S C, 1998. Seismic structure and crustal magmatism at the Mid-Atlantic Ridge, 35°N. Journal of Geophysical Research: Solid Earth, 103 (B8): 17827-17844.

Bautista B C, Bautista M L P, Oike K, et al., 2001. A new insight on the geometry of subducting slabs in northern Luzon, Philippines. Tectonophysics, 339: 279-310.

Birch F, 1961. The velocity of compressional waves in rocks to 10 kilobars: 2. Journal of Geophysical Research, 66 (7): 2199-2224.

Boer J D, Odom L A, Ragland P C, et al., 1980. The Bataan orogene: eastward subduction, tectonic rotations, and volcanism in the Western Pacific (Philippines). Tectonophysics, 67 (3-4): 251-282.

Boutonnet E, Arnaud N, Guivel C, et al., 2010. Subduction of the South Chile active spreading ridge: a 17 Ma to 3 Ma magmatic record in central Patagonia (western edge of Meseta del Lago Buenos Aires, Argentina). Journal of Volcanology and Geothermal Research, 189 (3-4): 319-339.

Briais A, Patriat P, Tapponnier P, 1993. Updated interpretation of magnetic anomalies and seafloor spreading stages in the South China Sea: implications for the tertiary tectonics of southeast Asia. Journal of Geophysical Research, 98 (B4): 6299-6328.

Brocher T M, ten Brink U S, Abramovitz T, 1999. Synthesis of crustal seismic structure and implications for the concept of a slab gap beneath coastal California. International Geology Review, 41 (3): 263-274.

Cande S C, Leslie R B, Parra J C, et al., 1987. Interaction between the chile ridge and chile trench: geophysical and geothermal evidence. Journal of Geophysical Research: Solid Earth and Planets, 92 (B1): 495-520.

Cao L M, Wang Z, Wu S G, et al., 2014. A new model of slab tear of the subducting Philippine Sea Plate associated with Kyushu-Palau Ridge subduction. Tectonophysics, 636: 158-169.

Carlson R L, Herrick C N, 1990. Densities and porosities in the oceanic crust and their variations with depth and age. Journal of Geophysical Research, 95: 9153-9170.

Cardwell R K, Isacks B L, Karing D E, 1980. The spatial distribution of earthquakes, focal mechanism solutions, and subducted Lithosphere in the Philippine and northeastern Indonesian Islands. American Geophy sical Monogr aph. DOI: 10.1029/GM023P0001.

Christeson G, Purdy G, Fryer G, 1992. Structure of young upper crust at the East Pacific Rise near 9°30′N. Geophysical Research Letters, 19: 1045-1048.

Clift P, Lin J, Barckhausen U, 2002. Evidence of low flexural rigidity and low viscosity lower continental crust during continental break-up in the South China Sea. Marine and Petroleum Geology, 19: 951-970.

Clift P, Vannucchi P, 2004. Controls on tectonic accretion versus erosion in subduction zones: implications for the origin and recycling of the continental crust. Review of Geophysics, 42 (2). DOI: 10.1029/2003RG000127.

Cloos M, Shreve R L, 1996. Shear-zone thickness and seismicity of Chilean-and Marianas-type subduction zones. Geology, 24 (2): 107-110.

Cole R B, Nelson S W, Layer P W, et al., 2006. Eocene volcanism above a depleted mantle slab window in southern Alaska. Geological Society of America Bulletin, 118 (1-2): 140-158.

Defant M J, Drummond M S, 1990. Derivation of some modern arc magmas by melting of young subducted lithosphere. Nature, 347 (6294): 662-665.

Defant M J, Maury R C, Joron J L, et al., 1990. The geochemistry and tectonic setting of the northern section of the Luzon arc (the Philippines and Taiwan) . Tectonophysics, 183 (1-4): 187-205.

Desherevskii A V, Sidorin A Y, 2015. Diurnal periodicity of the flow of Alaska earthquakes. Izvestiya Atmospheric and Oceanic Physics, 51 (7): 766-777.

Di Luccio F, Persaud P, Clayton R W, 2014. Seismic structure beneath the Gulf of California: a contribution from group velocity measurements. Geophysical Journal International, 199 (3): 1861-1877.

Dimalanta C B, Yumul J G P, 2008. Crustal thickness and adakite occurrence in the Philippines: Is there a relationship? Island Arc, 17 (4): 421-431.

Ding W, Li J, Qiu X, et al., 2008. A Cenozoic tectono-sedimentary model of the Tainan Basin, the South China Sea: evidence from a multi-channel seismic profile. Journal of Zhejiang University Science A, 9 (5): 702-713.

Eakin D H, Mcintosh K D, Van Avendonk H, et al., 2014. Crustal-scale seismic profiles across the Manila subduction zone: the transition from intraoceanic subduction to incipient collision. Journal of Geophysics Research: Solid Earth, 119: 1-17.

Engdahl E R, Villasenor A, 2002. Global seismicity: 1900-1999//Lee W H K, Kanamori H, Jennings P C, et al. International Handbook Of Earthquake and Engineering Seismology, Part A. Pittsburgh: Academic Press.

Fan J K, Wu S G, Spence G, 2015. Tomographic evidence for a slabtear induced by fossil ridge subduction at Manila Trench, South China Sea. International Geology Review, 57 (5-8): 998-1013.

Gutscher M A, Westbrook G K, 2009. Great earthquakes in slow-subduction, low-taper margins//Lallemand S, Funiciello F. Subduction Zone Geodynamics. Berlin: Springer.

Hall R, 2002. Cenozoic geological and plate tectonic evolution of SE Asia and the SW Pacific: computer-based reconstructions and animations. Journal of Asian Earth Sciences, 20: 353-434.

Hamilton E L, 1978. Sound velocity-dencity relations in sea-floor sediments and rocks. Journal of the Acoustical Society of America, 634: 366-377.

Hastie A R, Kerr A C, 2010. Mantle plume or slab window? Physical and geochemical constraints on the origin of the Caribbean oceanic plateau. Earth-Science Reviews, 98 (3-4): 283-293.

Hayes D E, Lewis S D, 1984. A geophysical study of Manila Trench, Luzon, Philippines 1. Crustal, gravity, and regional tectonic evolution. Journal of Geophysical Research Atmospheres, 89 (B11): 9171-9195.

Hole M J, Rogers G, Saunders A D, et al., 1991. Relation bewteen alkalic volcanism and slab-window formation. Geology, 19 (6): 657-660.

Hollings P, Cooke D R, Waters P J, et al., 2011a. Igneous geochemistry of mineralized rocks of the Baguio District, Philippines: implications for tectonic evolution and the genesis of porphyry-style mineralization. Economic Geology, 106 (8): 1317-1333.

Hollings P, Wolfe R, Cooke D R, et al., 2011b. Geochemistry of Tertiary igneous rocks of northern Luzon, Philippines: evidence for a back-arc setting for alkalic porphyry copper-gold deposits and a case for slab roll-back? . Economic Geology, 106 (8): 1257-1277.

Hsu S, Yeh Y, Doo W, et al., 2004. New bathymetry and magnetic lineations in the northernmost South China Sea and their tectonic implications. Marine Geophysical Research, 25: 29-44.

Hsu Y J, Yu S B, Song T R A, et al., 2012. Plate coupling along the Manila subduction zone between Taiwan and northern Luzon. Journal of Asian Earth Sciences, 51: 98-108.

Johnston S T, Thorkelson D J, 1997. Cocos-Nazca slab window beneath Central America. Earth and Planetary Science Letters, 146 (3-4): 465-474.

Karig D E, 1973. Plate convergence between the Philippine and the Ryuku Islands. Marine Geology, 14: 153-168.

Kimura, J I, Kunikiyo T, Osaka I, et al., 2003. Late Cenozoic volcanic activity in the Chugoku area, southwest Japan arc during back-arc basin opening and reinitiation of subduction. Island Arc, 12 (1): 22-45.

Kimura J I, Tateno M, Osaka I, et al., 2005. Geology and geochemistry of Karasugasen lava dome, Daisen-Hiruzen Volcano Group, southwest Japan. Island Arc, 14 (2): 115-136.

Knittel U, Trudu A G, Winter W, et al., 1995. Volcanism above asubducted extinct spreading center: a reconnaissance study of the North Luzon Segment of the Taiwan-Luzon Volcanic Arc (Philippines). Journal of Southeast Asian Earth Sciences, 11 (2): 95-109.

Lai Y M, Song S R, 2013. The volcanoes of an oceanic arc from origin to destruction: a case from the northern Luzon Arc. Journal of Asian Earth Sciences, 74: 97-112.

Lester R, Mcintosh K, Van Avendonk H, et al., 2013. Crustal accretion in the Manila trench accretionary wedge at the transition from subduction to mountain-building in Taiwan. Earth and Planetary Science Letters, 375: 430-440.

Lewis S D, Hayes D E, 1984. A geophysical study of the Manila trench, Luzon, Philippines: 2. Forearc basin structural and stratigraphic evolution. Journal of Geophysics Research, 89: 9196-9214.

Ludwig W, 1970. The Manila trench and West Luzon trough: III. Seismic-refraction measurements. Deep Sea Research, 17: 553-571.

Ludwig W, Kumar N, Houtz R, 1979. Profiler-sonobuoy measurements in the South China Sea basin. Journal of Geophysics Research, 84: 3505-3518.

Madsen J K, Thorkelson D J, Friedman R M, 2006. Cenozoic to Recent plate configurations in the Pacific Basin: ridge subduction and slab window magmatism in western North America. Geosphere, 2 (1): 11-34.

Maksymowicz A, 2013. Reestablishment of an accretionary prism after the subduction of a spreading ridge-constraints by a geometric model for the Golfo de Penas, Chile. Geo-Marine Letters, 33 (5): 345-355.

Martinod J, Guillaume B, Espurt N, et al., 2013. Effect of aseismic ridge subduction on slab geometry and overriding plate deformation: insights from analogue modeling. Tectonophysics, 588: 39-55.

McCrory P A, Wilson D S, Stanley R G, 2009. Continuing evolution of the Pacific-Juan de Fuca-North America slab window system–A trench-ridge-transform example from the Pacific Rim. Tectonophysics, 464 (1-4): 30-42.

Mcintosh K, Van Avendonk H, Lavier L, et al., 2013. Inversion of a hyper-extended rifted margin in the southern Central Range of Taiwan. Geology, 41 (8): 871-874.

Michaud F, Royer J Y, Bourgois J, et al., 2006. Oceanic-ridge subduction vs. slab break off: plate tectonic evolution along the Baja California Sur continental margin since 15 Ma. Geology, 34 (1): 13-16.

Moore G, Bangs N, Taira A, et al., 2007. Three dimensional splay fault geometry and implications for tsunami generation. Science, 318: 1128-1131.

Morris P A, 1995. Slab melting as an explanation of quaternary volcanism and aseismicity in southwest Japan. Geology, 23 (5): 395-398.

Mukasa S B, Flower M F J, Miklius A, 1994. The Nd-, Sr- and Pb-isotopic character of lavas from Taal, Laguna de Bay and Arayat volcanoes, southwestern Luzon, Philippines: implications for arc magma petrogenesis. Tectonophysics, 235 (1-2): 205-221.

Muller M, Minshull T, White R, 2000. Crustal structure of the Southwest Indian Ridge at the Atlantis Ⅱ fracture zone. Journal of Geophysical Research: Solid Earth, 105 (B11): 25809-25828.

Murdie R E, Russo R M, 1999. Seismic anisotropy in the legion of the Chile margin triple junction. Journal of South American Earth Sciences, 12 (3): 261-270.

Mutter C Z, Mutter J C, 1993. Variations in thickness of layer 3 dominate oceanic crustal structure. Earth and Planetary Science Letters, 117 (1-2): 295-317.

Negrete-Aranda R, Canon-Tapia E, 2008. Post-subduction volcanism in the Baja California Peninsula, Mexico: the effects of tectonic reconfiguration in volcanic systems. Lithos, 102 (1-2): 392-414.

Pallares C, Maury R C, Bellon H, et al., 2007. Slab-tearing following ridge-trench collision: evidence from Miocene volcanism in Baja California, Mexico. Journal of Volcanology and Geothermal Research, 161 (1-2): 95-117.

Park J, Tsuru T, Kodaira S, et al., 2002. Splay fault branching along the Nankai subduction zone. Science, 297: 1157-1160.

Parker R, 1973. The rapid calculation of potential anomalies. Geophysical Journal of the Royal Astronomical Society, 31: 447-455.

Pautot G, Rangin C, 1989. Subduction of the south China sea axial ridge below Luzon (Philippine). Earth and Planetary Science Letters, 92: 57-69.

Pautot G, Rangin C, Broaos A, et al., 1986. Spreading direction in the central South China Sea. Nature, 321: 150-154.

Polve M, Maury R C, Jego S, et al., 2007. Temporal geochemical evolution of neogenemagmatism in the Baguio gold-coppermining district (Northern Luzon, Philippines). Resource Geology, 57 (2): 197-218.

Reay A, Parkinson D, 1997. Adakites from Solander Island, New Zealand. New Zealand Journal of Geology and Geophysics, 40 (2): 121-126.

Rosenbaum G, Mo W, 2011. Tectonic and magmatic responses to the subduction of high bathymetric relief. Gondwana Research, 19 (3): 571-582.

Shipley T, Gahagan L, Johnson K, et al., 2016. Seismic Data Center [DB/OL]. University of Texas, Institute for Geophysics. (2012-01-01) [2016-10-01]. http://www-udc.ig.utexas.edu/sdc/.

Solidum R U, Castillo P R, Hawkins J W, 2003. Geochemistry of lavas from Negros Arc, west central Philippines: insights into the contribution from the subducting slab. Geochemistry, Geophysics, Geosystems, 4 (10): 9008.

Stephan J F, Blanchet R, Rangin C, et al., 1986. Geodynamic evolution of the Taiwan-Luzon-Mindoro belt since the Late Eocene. Tectonophysics, 125: 245-268.

Sun W D, Ling M X, Yang X Y, et al., 2010. Ridge subduction and porphyry copper-gold mineralization: an overview. Science China: Earth Sciences, 53 (4): 475-484.

Taylor B, Hayes D E, 1983. Origin and history of the South China Basin//Hayes D E. Tectonic and Geological Evolution of Southeast Asian Seas and Islands, Part 2, Geophysical Monograph Series 27. Washington DC: American Geophysical Union AGU: 23-56.

Tsutsumi H, Perez J S, 2013. Large-scale active fault map of the Philippine fault based on aerial photograph interpretation. Active fault research, 39: 29-37.

Uyeda S, Kanamori H, 1979. Back arc opening and the mode of subduction. Journal of Geophysical Research, 84: 1049-1061.

von Huene R, Scholl D W, 1991. Observations at convergent margin concerning sediment subduction,

subduction erosion, and the growth of continental crust. Review of Geophysics, 29: 279-316.

Wang J, Zhao D P, 2012. P wave anisotropic tomography of the Nankai subduction zone in Southwest Japan. Geochemistry Geophysics Geosystems, 13 (5): Q05017. DOI: 10. 1029/2012GC004081.

Waters P J, Cooke D R, Gonzales R I, et al, 2011. Porphyry and Epithermal Deposits and Ar-40/Ar-39 Geochronology of the Baguio District, Philippines. Economic Geology, 106 (8): 1335-1363.

White R S, McKenzie D, O'Nions R K, 1992. Oceanic crustal thickness from seismic measurements and rare earth element inversions. Journal of Geophysical Research, 97 (B13): 19683-19715.

Wilkens R H, Fryer G J, Karsten J, 1991. Evolution of porosity and seismic structure of upper oceanic crust: importance of aspect ratios. Journal of Geophysical Research: Solid Earth (1978 – 2012), 96 (B11): 17981-17995.

Wilson D S, McCrory P A, Stanley R G, 2005. Implications of volcanism in coastal California for the Neogene deformation history of western North America. Tectonics, 24: TC3008. DOI: 10. 1029/2003TC001621.

Yang T F, Lee T, Chen C H, et al., 1996. A double island arc between Taiwan and Luzon: consequence of ridge subduction. Tectonophysics, 258 (1-4): 85-101.

Yogodzinski G M, Lees J M, Churikova T G, et al., 2001. Geochemical evidence for the melting of subducting oceanic lithosphere at plate edges. Nature, 409 (6819): 500-504.

Yu S B, Chen H Y, Kuo L C, 1997. Velocity field of GPS stations in the Taiwan area. Tectonophysics, 274 (1-3): 41-59.

Yu S B, Hsu Y J, Bacolcol T, et al., 2013. Present-day crustal deformation along the Philippine fault in Luzon, Philippines. Journal of Asian Earth Sciences, 65: 64-74.

Zelt C, Smith R, 1992. Seismic traveltime inversion for 2-D crustal velocity structure. Geophysical Journal International, 108 (1): 16-34.

Zhan M Z, Sun W D, Ling M X, et al., 2015. Huangyan ridge subduction and formation of porphyry Cu-Au deposits in Luzon. Acta Petrologica Sinica, 31 (7): 2101-2114.

Zhu J J, Qiu X L, Kopp H, et al., 2012. Shallow anatomy of a continent-ocean transition zone in the northern South China Sea from multichannel seismic data. Tectonophysics, 554: 18-29.

Zhu J J, Sun Z X, Kopp H, et al., 2013. Segmentation of the Manila subduction system from migrated multichannel seismics and wedge taper analysis. Marine Geophyscal Research, 34: 379-391.

第7章 马尼拉海沟与马里亚纳海沟板片挠曲的对比研究*

向下俯冲的洋壳会受到各种力及力矩而产生挠曲，如海沟轴处的垂直荷载、力矩、沉积荷载及水平方向的屈曲力。板片的挠曲形成独特的海沟墙及向上的前缘隆起（Hanks，1971；Bodine and Watts，1979；Harris and Chapman，1994；Bry and White，2007）。随着板片变形的加剧，挠曲应力超过了岩石所能承受的范围（McNutt and Menard，1982；Ranalli，1994），则会在上板片产生大量的正断层及拉张性地震（Christensen and Ruff，1983；Masson，1991；Ranero et al.，2005；Naliboff et al.，2013），出现区域性塑性形变（Turcotte et al.，1978；Bodine and Watts，1979；McNutt，1984；McAdoo et al.，1985）以及在前缘隆起处板块有效弹性厚度的大幅度减小（Judge and McNutt，1991；Levitt and Sandwell，1995；Watts，2001；Billen and Gurnis，2005；Contreras-Reyes and Osses，2010）。

全球范围内各种不同类型的板块俯冲带，由于受到不同的复杂的地质动力学因素的控制，其几何形状、板块间地震活动以及各种地球物理场等都表现出不同的特征，最典型的例子包括西太平洋的马里亚纳型俯冲带和南海东部的马尼拉型俯冲带。因此，本章选取南海东部古洋脊俯冲对应的马尼拉海沟以及马里亚纳海沟作为研究区域，探讨沿海沟俯冲的洋壳板片的挠曲变形、海沟所受构造应力和板片有效弹性厚度的变化，以及海沟处海山的分布对洋壳板片俯冲的影响。对比不同海沟之间的海沟深度、宽度及洋壳板片的受力和有效弹性厚度差异，探索海沟处受力、板片刚度等与海沟形态之间的关系。

7.1 俯冲带构造背景对比

7.1.1 马里亚纳海沟构造背景

马里亚纳海沟为西太平洋板块向西往马里亚纳及菲律宾海板块俯冲形成［图7-1（a）］，马里亚纳海沟所在的俯冲带系统的洋壳年龄为全球最老，其年龄为140～160Ma。马里亚纳海沟有如下特点：①沿着马里亚纳海沟，其深度、坡度、前缘隆起处的高度有很大的变化［图7-1（b）］；②马里亚纳海沟东南部挑战者深渊为全世界最深点，其水深为10.9km，计算区域平均水深为5.7km；③高精度的多波束地形数据覆盖了大部分海沟及前缘隆起处，有利于板片挠曲变形面的确认；④本区域洋壳年龄跨度为20Ma，与其140～160Ma的绝对年龄比值非常小，有利于对与年龄无关的因素开展分析；⑤沿着马里亚纳海

* 作者：张帆、冯英辞

沟，板块俯冲的相对方向、速度、角度也有较大的变化，其中马里亚纳海沟南部与北部相对俯冲方向的夹角较小，而中北部夹角较大，南部的俯冲速度约为 2. 5cm/a，而北部的俯冲速度稍大，挑战者深渊附近较深，俯冲角度较大，而北部的俯冲角度相对较小。

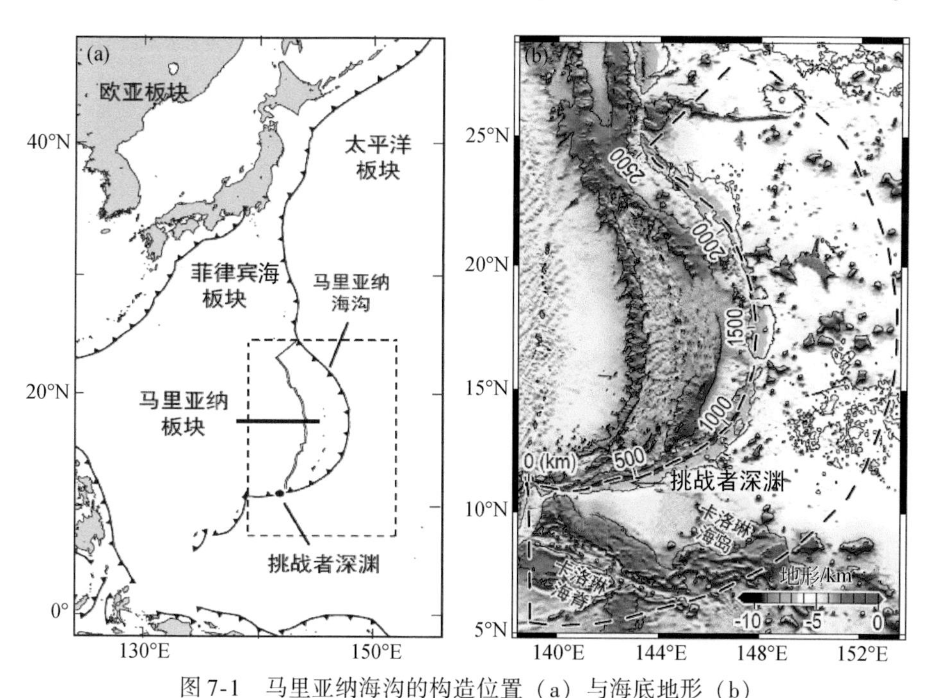

图 7-1　马里亚纳海沟的构造位置（a）与海底地形（b）

（b）中的虚线内为本章的计算模拟区，沿着海沟的距离由马里亚纳海沟南端开始测量

7. 1. 2　马尼拉海沟构造背景

马尼拉俯冲带是揭示南海形成演化的关键区域和地震活跃带，包括正断层地震（Rangin et al.，1999；Watanabe and Tabei，2004；朱俊江等，2005）。南海东部古扩张脊在马尼拉海沟是被动俯冲、是热的洋脊消减在冷的洋壳下面，马尼拉俯冲带上覆岛弧东侧还存在相向俯冲的东吕宋海槽-菲律宾俯冲体系等特殊性和复杂性［图 7-2（a）］，迄今为止对其俯冲过程的动力学机制还处在探索阶段。与马里亚纳海沟相比，马尼拉海沟有如下特点：①马尼拉海沟的水深较浅［图 7-2（b）］；②马尼拉海沟区的年龄为 16～32Ma，年龄跨度与其绝对年龄比值较大。

7. 2　计算分析方法

7. 2. 1　研究方法简介

研究海沟洋壳挠曲变形的首要问题是从复杂的海底地形中确定板片在俯冲过程中形成

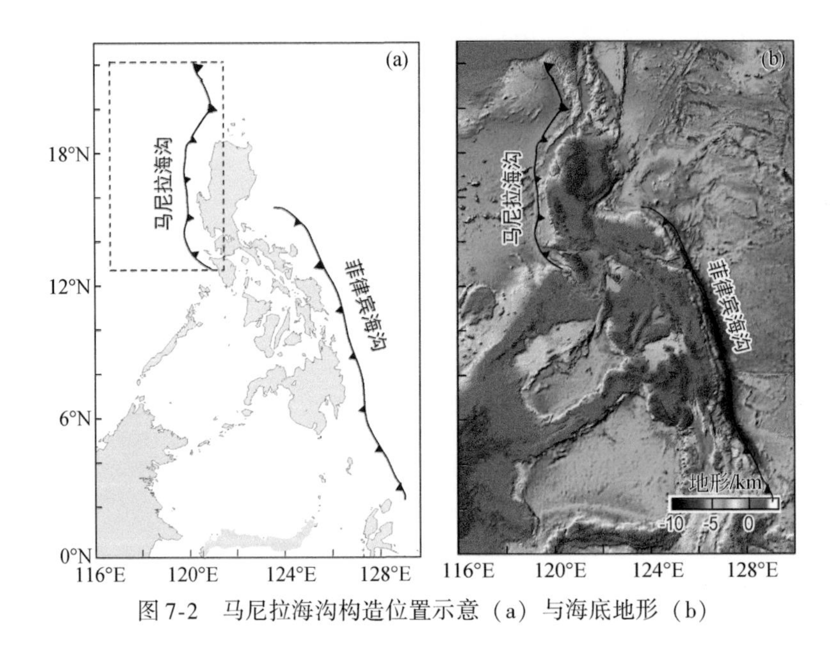

图 7-2　马尼拉海沟构造位置示意（a）与海底地形（b）

的变形挠曲，并排除无关因素如海山、火山脊等的影响。前人的研究通过选取远离海山、海脊的地形或重力异常剖面来回避这一问题，或者将这些因素的影响作为数据不确定性的一部分（Bodine and Watts，1979；Judge and McNutt，1991；Levitt and Sandwell，1995；Billen and Gurnis，2005；Bry and White，2007；Contreras-yes and Osses，2010）。但对于附近有很多海山、海脊的海沟来讲，这些传统方法不适合用来研究板块挠曲在空间上的变化。因此，我们采用了一种全新的方法来确定板片的挠曲变形面，与直接使用地形数据的传统方法相比，可更好地展示俯冲板片受力后的形变特征。该方法主要通过两个步骤来进行计算分析，首先从观测到的水深数据中去掉沉积物荷载、基于重力模型的均衡地形以及基于板块年龄的热效应的影响，得到“非均衡地形”。通过去除这些非挠曲效应，剩余的“非均衡地形”可更接近板块的挠曲变形面。其次，从“非均衡地形”中去掉了短波长地形的影响，最终得到一个三维的板块挠曲变形面。

在上述基础上，使用简化的模型，假设板块叠加在非黏性的软流圈之上，其有效弹性厚度沿着剖面变化。板片的挠曲变形可以由多种不同板块弹性厚度的组合来解释，通过简化的模型来模拟所有观测到的剖面。简化模型包含板片前缘隆起处向海一侧的有效弹性厚度值（T_e^M）和向海沟一侧的有效弹性厚度值（T_e^m），以及两者之间的转变与海沟的距离（x_r）。我们在马里亚纳及马尼拉海沟分别抽取 750 条和 210 条与海沟走向垂直的长剖面，通过以每 10 条剖面为一组的板片弹性挠曲模拟分析，最终计算得到每组剖面形变的最佳模拟曲线以及最符合弹性挠曲理论模型的 5 个拟合参数，包括海沟轴处的垂直荷载、弯矩、最大与最小有效弹性厚度和破裂点。

7.2.2　板片挠曲模拟方法

本次计算模拟中所用到的常量见表 7-1。

表 7-1　常量表

符号	变量	数值	单位
E	杨氏模量	7×10^{10}	Pa
g	重力加速度	9.81	m/s^2
υ	泊松比	0.25	—
ρ_m	地幔密度	3300	kg/m^3
ρ_s	沉积物密度	2000	kg/m^3
ρ_c	地壳密度	2700	kg/m^3
ρ_w	海水密度	1030	kg/m^3

在各种力的荷载下，薄板片垂直方向上的变形，可由以下公式计算（Turcotte and Schubert，2002）：

$$-\frac{d^2M}{d\,x^2}+\frac{d}{dx}\left(F\frac{dw}{dx}\right)+(\rho_s-\rho_w)g\,h_s(x) \tag{7-1}$$

式中，M 为弯矩；F 为水平方向挤压力；w 为板块变形程度；$(\rho_s-\rho_w)gh_s(x)$ 为垂直方向的沉积荷载；x 为离海沟的距离；ρ_s 和 h_s 分别为沉积物的密度及厚度。

弯矩的大小与板块垂直变形的关系为 $M=-D\frac{d^2w}{dx^2}$，其中板块刚度 $D=\frac{E\,T_e^3}{12(1-\upsilon^2)}$，$E$ 为杨氏模量，υ 为泊松比，T_e 为板块的有效弹性厚度。垂直荷载 V 与弯矩及水平方向挤压力有关，即 $V=\frac{dM}{dx}=-F\frac{dw}{dx}$。根据前人的研究（Caldwell et al.，1976；Molnar and Atwater，1978；Contreras-Reyes and Osses，2010），水平方向的挤压力可被忽略，边界条件如下：

（1）x 趋向于$+\infty$ 时，$w=0$；

（2）x 趋向于$+\infty$ 时，$\frac{dw}{dx}=0$；

（3）$-M_0=-D\frac{d^2w}{dx^2}\Big|_{x=0}$；

（4）$-V_0=\frac{dM}{dx}\Big|_{x=0}$。

在解式（7-1）的过程中，我们假设水平方向上挤压应力的变化 $\frac{dF(x)}{dx}$ 较小，则式（7-1）可写为以下形式（Contreras-Reyes and Osses，2010）：

$$\frac{d^2w}{d\,x^2}=-\frac{M}{D(x)} \tag{7-2}$$

$$\frac{d^2M}{dx^2}=-F(x)\frac{M}{D(x)}+\Delta\rho gw-q(x) \tag{7-3}$$

其中板片刚度为 $D(x)=\frac{E\,T_e(x)^3}{12(1-\upsilon^2)}$，$T_e$、$E$ 及 υ 分别为板片有效弹性厚度、杨氏模量和泊松比。为了得到 w、$\frac{dw}{dx}$、M 和 $\frac{dM}{dx}$ 这 4 个变量的解，式（7-2）和式（7-3）可进一步改写为以下 4 组矩阵方程：

$$\frac{\mathrm{d}}{\mathrm{d}x}\begin{Bmatrix} w \\ \frac{\mathrm{d}w}{\mathrm{d}x} \\ M \\ \frac{\mathrm{d}M}{\mathrm{d}x} \end{Bmatrix} + \begin{Bmatrix} 0 & -1 & 0 & 0 \\ 0 & 0 & \frac{1}{D(x)} & 0 \\ 0 & 0 & 0 & -1 \\ -\Delta\rho g & 0 & \frac{F(x)}{D(x)} & 0 \end{Bmatrix} \times \begin{Bmatrix} w \\ \frac{\mathrm{d}w}{\mathrm{d}x} \\ M \\ \frac{\mathrm{d}M}{\mathrm{d}x} \end{Bmatrix} = \begin{Bmatrix} 0 \\ 0 \\ 0 \\ -q(x) \end{Bmatrix} \tag{7-4}$$

用有限差分的方法解以上公式。

将长度为 L 的剖面分为等距的 N 点，即 $x(i)=(i-1)\Delta x$，则 $\Delta x=L(N-1)$。对于除边界之外的点，即 $i=2:N-1$，式（7-4）中的4行矩阵即为

$$\frac{\mathrm{d}w(i)}{\mathrm{d}x}=\frac{w(i+1)-w(i-1)}{2\Delta x} \tag{7-5}$$

$$\frac{\mathrm{d}w(i+1)/\mathrm{d}x-\mathrm{d}w(i-1)/\mathrm{d}x}{\mathrm{d}x}+\frac{M(i)}{D(i)}=0 \tag{7-6}$$

$$\frac{\mathrm{d}M(i)}{\mathrm{d}x}=\frac{M(i+1)-M(i-1)}{2\Delta x} \tag{7-7}$$

$$\frac{\mathrm{d}M(i+1)/\mathrm{d}x-\mathrm{d}M(i-1)/\mathrm{d}x}{2\Delta x}-\Delta\rho g w(i)+\frac{F(i)M(i)}{D(i)}=-q(i) \tag{7-8}$$

对于 $i=2:N-1$，分别解以上4组方程，一共有 $4N-8$ 个方程。对于 $x=0$ 和 $x=L$ 两点，边界条件分别如式（7–9）和式（7–10）所示：

$$M=M_0\ ,\ \frac{\mathrm{d}^2M}{\mathrm{d}\,x^2}=V_0+F_0\frac{\mathrm{d}w}{\mathrm{d}x} \tag{7-9}$$

$$w=0\ ,\ \frac{\mathrm{d}w}{\mathrm{d}x}=0 \tag{7-10}$$

式中，V_0、M_0和 F_0分别为给定的0点的垂直荷载、弯矩和水平挤压力。

式（7-4）中的边界条件可写为以下8个有限差分方程：

$$\frac{\mathrm{d}w(1)}{\mathrm{d}x}=\frac{w(2)-w(1)}{\Delta x} \tag{7-11}$$

$$w(N)=0 \tag{7-12}$$

$$\frac{\mathrm{d}w(2)/\mathrm{d}x-\mathrm{d}w(1)/\mathrm{d}x}{\Delta x}+\frac{M_0}{D_0}=0 \tag{7-13}$$

$$\frac{-\mathrm{d}w(N-1)/\mathrm{d}x}{\mathrm{d}x}+\frac{M(N)}{D(N)}=0 \tag{7-14}$$

$$\frac{\mathrm{d}M(1)}{\mathrm{d}x}=\frac{M(2)-M_0}{\Delta x} \tag{7-15}$$

$$\frac{\mathrm{d}M(N)}{\mathrm{d}x}=\frac{M(N)-M(N-1)}{\Delta x} \tag{7-16}$$

$$\frac{\mathrm{d}M(2)/\mathrm{d}x-\mathrm{d}M(1)/\mathrm{d}x}{\Delta x}-\Delta\rho g w(1)+\frac{F_0M_0}{D_0}=-q(1) \tag{7-17}$$

$$\frac{\mathrm{d}M(N)/\mathrm{d}x-\mathrm{d}M(N-1)/\mathrm{d}x}{\Delta x}-\Delta\rho g w(N)+\frac{F(N)M(N)}{D(N)}=-q(N) \tag{7-18}$$

对于 $i=1:N$，式（7-5）~式（7-8）与式（7-11）~式（7-18）一共有 $4N$ 个，将以上 $4N$ 个矩阵方程进行反演，解出的 $4N$ 个未知量为 $w(i)$、$\frac{\mathrm{d}w(i)}{\mathrm{d}x}$、$M(i)$ 和 $\frac{\mathrm{d}M(i)}{\mathrm{d}x}$。

我们使用的简化弹性模型中包含两个不同的板片有效弹性厚度值。为了同时拟合观测到的海沟墙的坡度以及前缘隆起处向海一侧的长波长特征（Turcotte et al.，1978；Judge and McNutt，1991），假设有效弹性厚度 T_e^M（板片前缘隆起处向海一侧）变为 T_e^m（板片前缘隆起处向海沟轴一侧），有效弹性厚度的变化发生在板片破裂的位置 x_r 通常在前缘隆起处附近（图7-3）。我们认为有效弹性厚度的减小反映了板片上半部分在前缘隆起处附近普遍发育正断层。

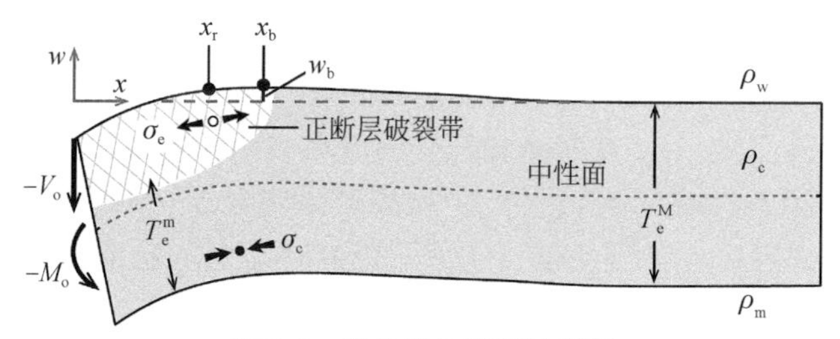

图7-3　板片挠曲模型示意图

垂直荷载（$-V_0$）及弯矩（$-M_0$）被加载在海沟轴处，x_r是板片有效弹性厚度由 T_e^M减少到 T_e^m的点之间的距离，即板片破裂位置，x_b是板片前缘隆起处最高点的位置。有条纹的区域代表了板片上半部分由于拉张造成的正断层发育带，区域内的板片有效弹性厚度也相应减小

海沟轴处所受垂直荷载大小，与垂直于海沟的剖面上板片在垂直方向上的变形积分即板块变形的总面积成正比。在单一的板片有效弹性厚度下，板片的变形可由以下公式计算（Turcotte and Schubert，2002）：

$$w(x)=\frac{\alpha^2\mathrm{e}^{-x/a}}{2D}\left[-M_0\sin\left(\frac{x}{\alpha}\right)+(V_0\alpha+M_0)\cos\left(\frac{x}{\alpha}\right)\right] \tag{7-19}$$

式中，α 为板片变形的波长，与板片的刚度有关，即

$$\alpha=\left[\frac{4D}{(\rho_m-\rho_w)g}\right]^{1/4} \tag{7-20}$$

对以上公式积分可得到：

$$-V_0=(\rho_m-\rho_w)g\int_0^{+\infty}w(x)\mathrm{d}x \tag{7-21}$$

通过一系列的测试，我们验证了式（7-21）在多个有效弹性厚度的情况下仍然成立，所以本书采取以上公式来计算板片在海沟轴处所受的垂直荷载。

对于海沟轴处所受弯矩及板块有效弹性厚度，采用 Contreras-Reyes 和 Osses（2010）的有限差分方法反演每组剖面的最佳拟合参数（$-M_0$、T_e^M、T_e^m 和 x_r）。

7.3　马里亚纳海沟俯冲板片挠曲模拟

7.3.1　马里亚纳海沟板片挠曲面的确定

为了更好地找出海沟轴附近的板片变形面，首先从观测到的海底地形中去掉了以下因

素：①沉积物荷载；②由重力分析计算得出的均衡地形，包括海山、火山海脊及其山根；③与年龄有关的热效应（Müller et al.，2008）。最后得到的“非均衡地形”即视为在应力作用下形成的挠曲，包括海沟处的挠曲以及在上述因素计算过程中产生的不确定性。

1. 海底地形

马里亚纳海沟海底地形数据的精度为0.25′（约450m）[图7-1（b）]，其中包含两个主要的数据来源：①从美国国家地球物理数据中心（NGDC）数据库中抽取的高精度多波束海底地形数据；②从全球海陆数据库（GEBCO）下载的精度为0.5′的海底地形数据。模拟区域沿着马里亚纳海沟全长约为2500km，其中0～2000km的区域有多波束数据覆盖。马里亚纳海沟的地形特点如下：从西南端开始沿着海沟距离为0～250km的卡洛林海脊附近水深为5～7km[图7-1（b）区域①)]；挑战者深渊附近（沿着海沟距离约为400km）水深达到了10.9km，挑战者深渊北部，水深逐渐减小至7km；沿海沟距西南端1300km、1600km、1800km及2300km附近，有大量的海山分布，水深在这些区域减小到5～6km，海沟向海一侧的地形也有很大变化；卡洛林海岛链与海沟相交于600～700km处，在800～1350km处有一个显著的与海沟平行的宽约250km的海山带[图7-1（b）区域③)]；另外一组比较宽、矮的海山分布于1600～2000km处；在马里亚纳海沟北部的斜交俯冲带（2000～2400km处），不发育海山，从2400km附近开始则存在一海脊往海沟正向俯冲[图7-1（b）区域⑤]。

2. 沉积物荷载

从NGDC的全球数据库（Divins，2003）中抽取精度为5′的沉积物厚度数据[图7-4（a）]，结果显示马里亚纳海沟有4个沉积物较厚的区域：西南角的卡洛林海脊区，沉积物厚度达0.6km；海沟东部纬度为6°～15°N的区域，沉积物厚度为0.5km；纬度为7°～23°N的区域，沉积物厚度为0.6km；沿着海沟纬度为12.5°～22°N的窄带，沉积物厚度约0.25km。除这4个区域外，其余地区的沉积物厚度均少于0.1km。但由于所采用的数据精度不高，测得的厚度值可能比真实值偏小。海底地形数据去除沉积物厚度后，即得到了马里亚纳海沟附近的基底地形[图7-4（b）]。

3. 均衡地形

对于符合局部洋壳均衡的地形，如带山根的海山，我们根据艾利均衡模型来计算海山的高度。均衡地形可用以下公式来计算：

$$T_{iso} = (H_c - \overline{H_c}) \times (\rho_m - \rho_c)/(\rho_m - \rho_w) \tag{7-22}$$

式中，H_c为由重力数据计算得到洋壳厚度；$\overline{H}_c$为一个参考洋壳厚度；ρ_w、ρ_c和ρ_m分别为海水、洋壳和地幔密度（表7-1）。

通过帕克方法（Parker，1973；Kuo and Forsyth，1988），利用剩余地幔布格异常的数据对某一参考深度的向下的连续性来计算地壳厚度，其中用于计算的重力模型中最佳拟合参数如地幔、地壳密度等经过了与地震剖面的校对。根据计算结果，马里亚纳海沟中洋壳及相应的均衡地形较厚的区域如下[图7-4（c）]：靠近卡洛林海脊及海岛，纬度为6°～12°N的区域（区域①和②，洋壳厚度为27km，均衡地形为5.5km）；与海沟平行的纬度为12°～16.5°N的区域（区域③，洋壳厚度为18km，均衡地形为3.2km）；两组东西向的、纬度为17°～21.5°N的海山带（区域④，洋壳厚度为20km，均衡地形为3.7km）；一组北西向的海山与海脊带（区域⑤，洋壳厚度为20km，均衡地形为3.7km）。其余地区的洋壳厚度为3～6km，相应的均衡地形为-0.8～0km。

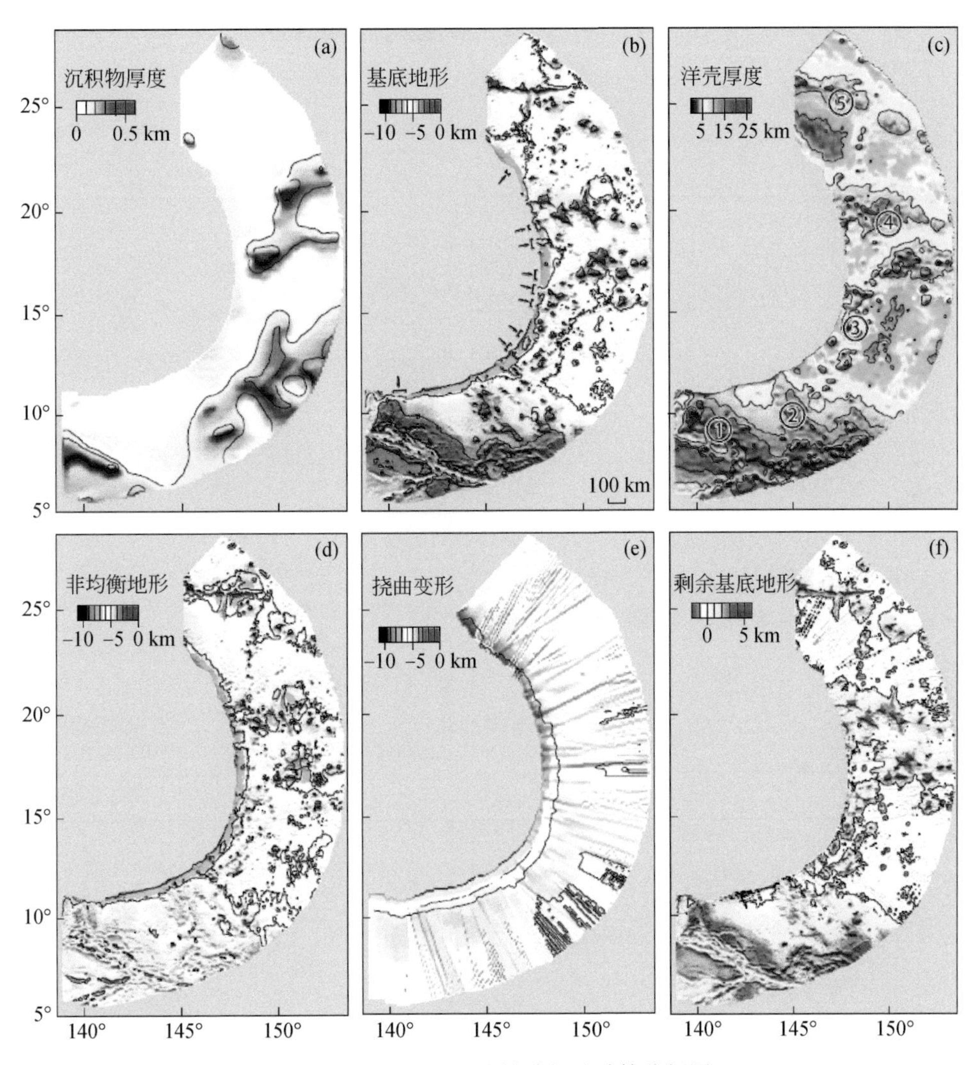

图7-4　马里亚纳海沟俯冲板片计算分析图

（b）中黑色箭头表示其指向的区域受到较小的向上的垂直荷载

4. 非均衡地形

非均衡地形（$T_{n\text{-}iso}$）通过从水深数据中去除沉积物荷载、热效应和均衡地形（T_{iso}）三个因素来计算。在马里亚纳海沟非均衡地形图中［图7-4（d）］，最显著的是海沟最深的部分——挑战者深渊。

与观测到的水深相比，长波长的卡洛林海脊和海岛链的影响已经大幅度减小。相似地，长波长海山的影响也大幅度减小。因此，剩余的短波长的非均衡海山和海脊可能是由于岩石圈受到应力作用而形成的，或是在由重力数据计算洋壳厚度时的不准确性因素造成的。

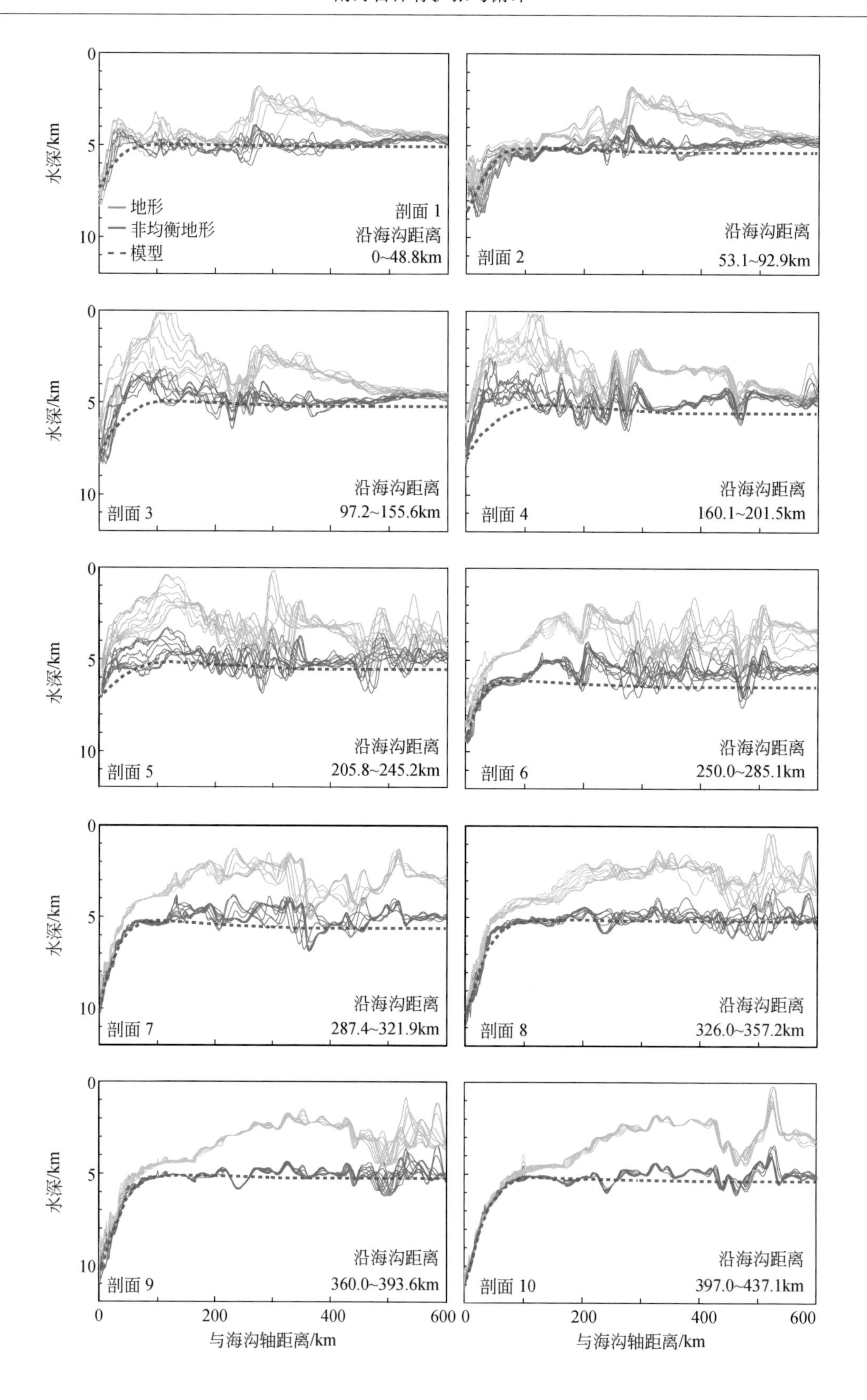

水深/km
地形
非均衡地形
模型
剖面 1
沿海沟距离
0~48.8km
剖面 2
53.1~92.9km
剖面 3
97.2~155.6km
剖面 4
160.1~201.5km
剖面 5
205.8~245.2km
剖面 6
250.0~285.1km
剖面 7
287.4~321.9km
剖面 8
326.0~357.2km
剖面 9
360.0~393.6km
剖面 10
397.0~437.1km
与海沟轴距离/km
0
5
10
200
400
600

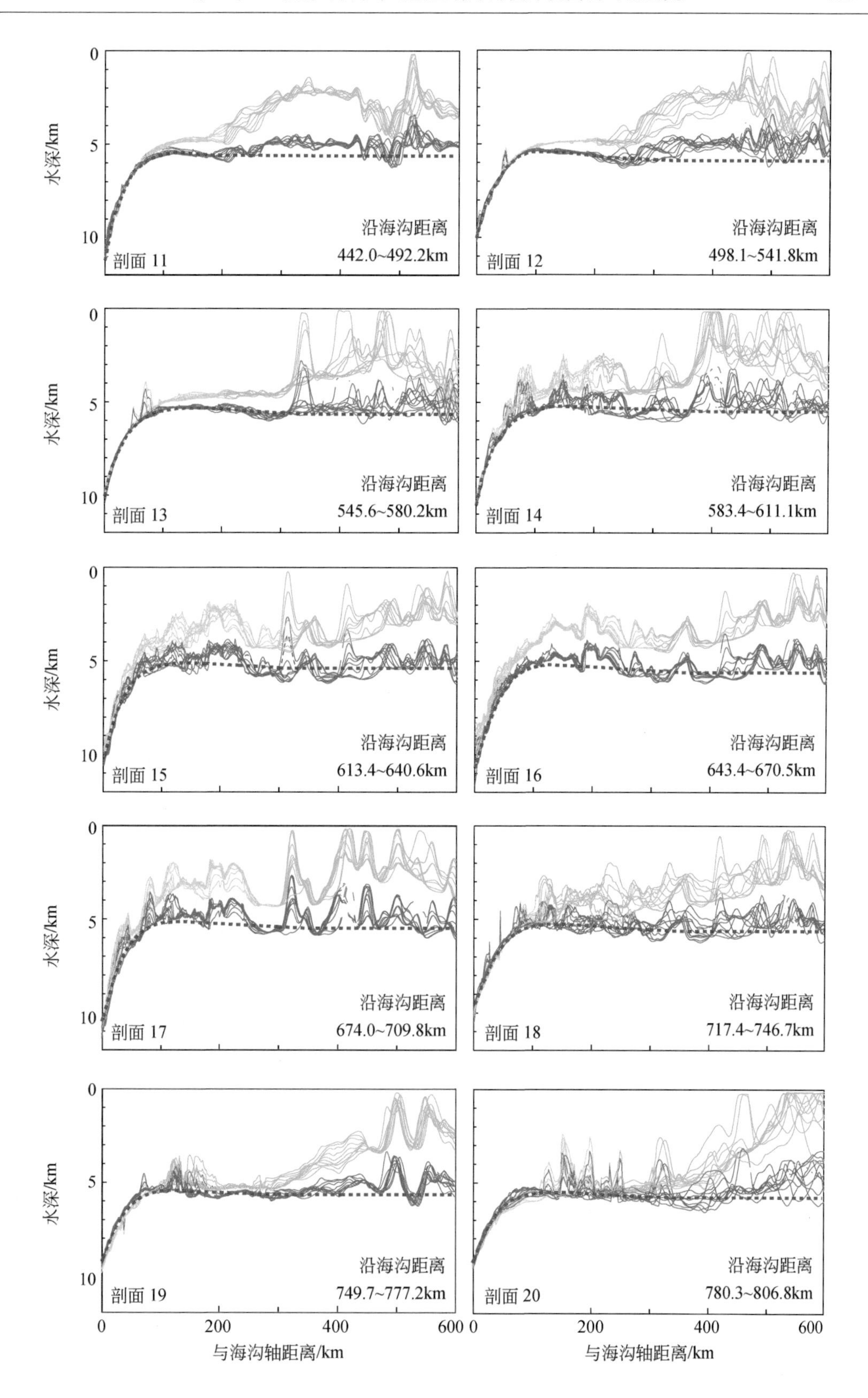

水深/km
与海沟轴距离/km
沿海沟距离
剖面 11
442.0~492.2km
剖面 12
498.1~541.8km
剖面 13
545.6~580.2km
剖面 14
583.4~611.1km
剖面 15
613.4~640.6km
剖面 16
643.4~670.5km
剖面 17
674.0~709.8km
剖面 18
717.4~746.7km
剖面 19
749.7~777.2km
剖面 20
780.3~806.8km
0
5
10
200
400
600

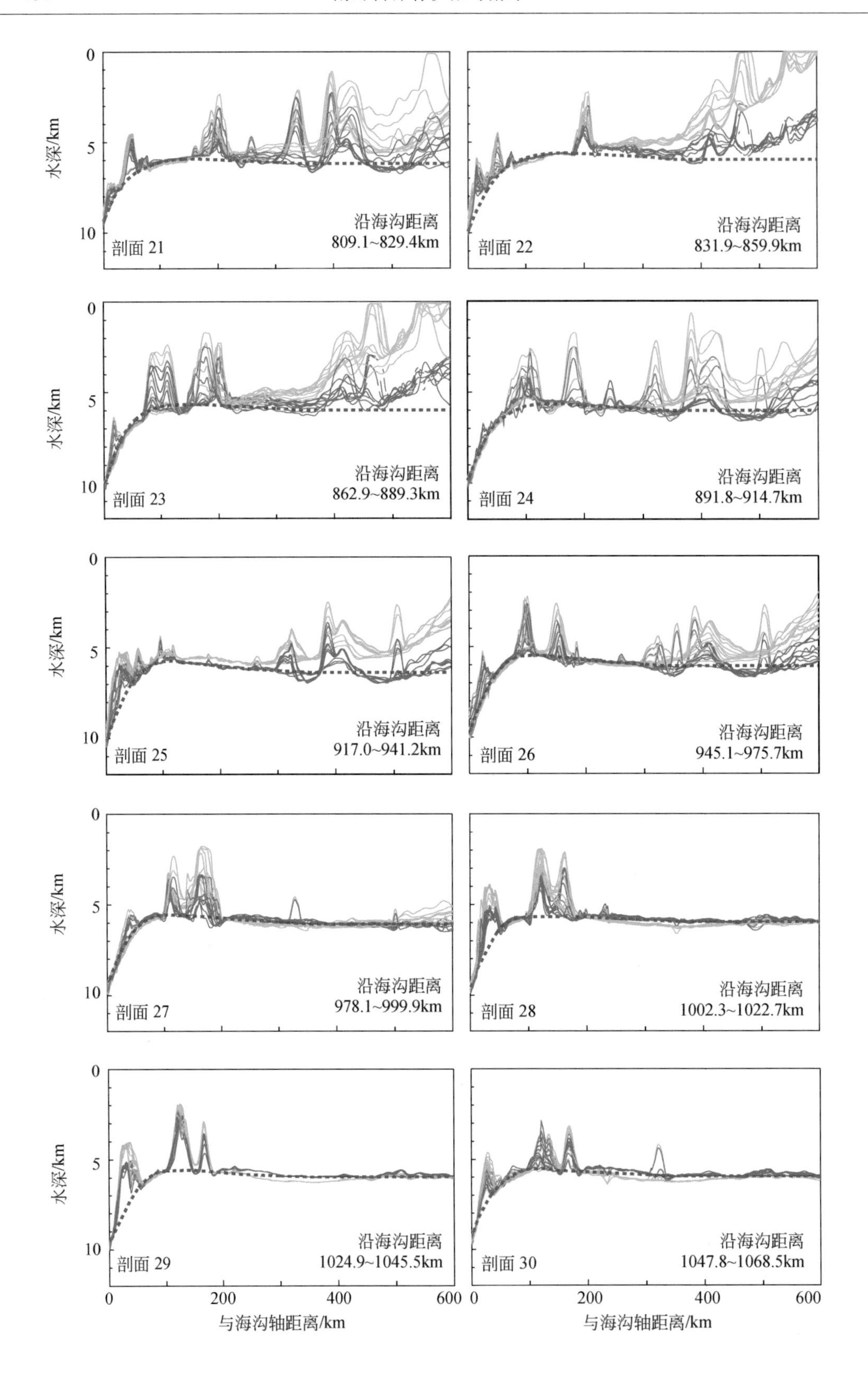
水深/km
0
5
10
剖面 21
沿海沟距离
809.1~829.4km
剖面 22
沿海沟距离
831.9~859.9km
剖面 23
沿海沟距离
862.9~889.3km
剖面 24
沿海沟距离
891.8~914.7km
剖面 25
沿海沟距离
917.0~941.2km
剖面 26
沿海沟距离
945.1~975.7km
剖面 27
沿海沟距离
978.1~999.9km
剖面 28
沿海沟距离
1002.3~1022.7km
剖面 29
沿海沟距离
1024.9~1045.5km
剖面 30
沿海沟距离
1047.8~1068.5km
0
200
400
600
与海沟轴距离/km

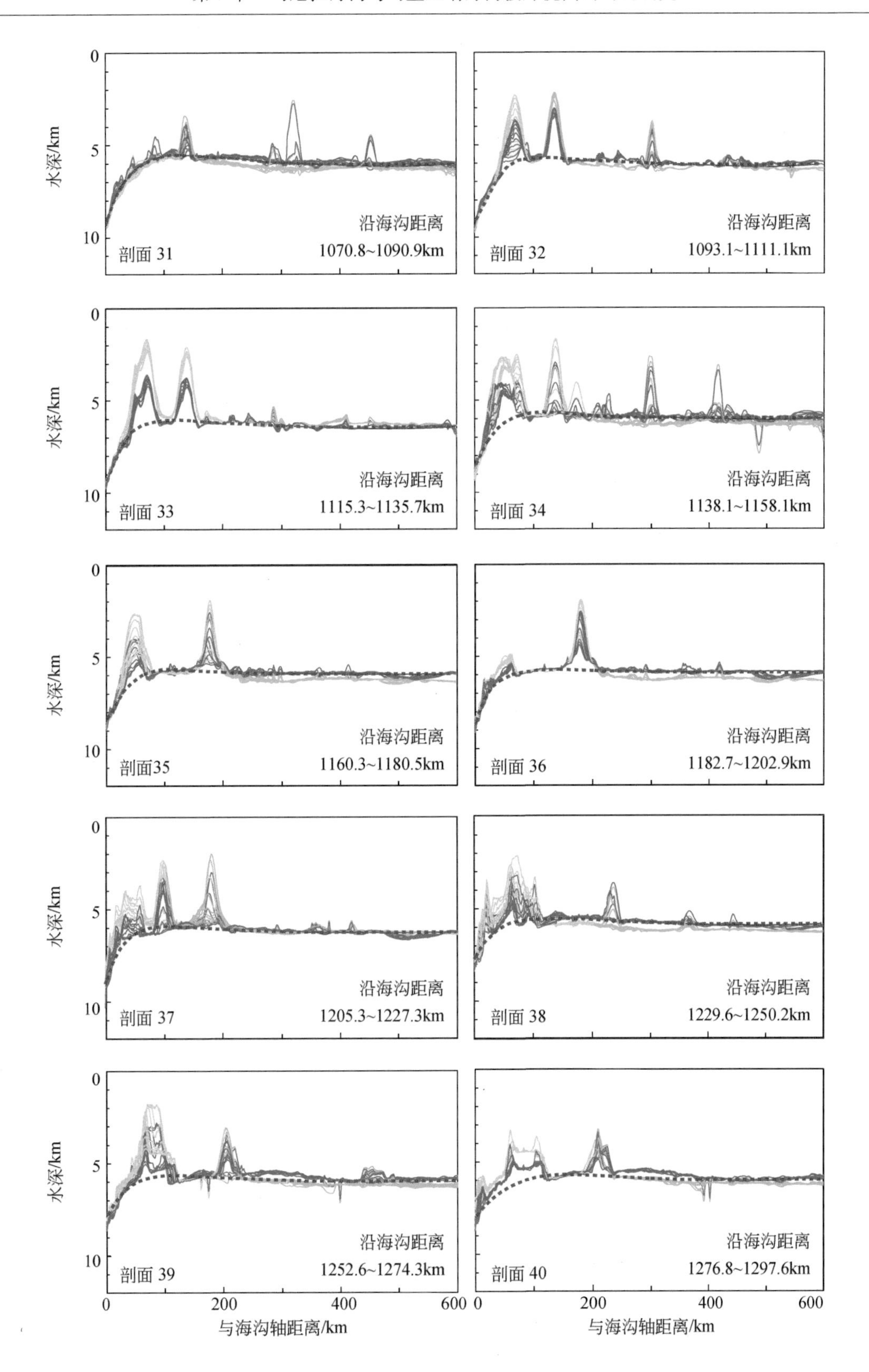
0
5
10
水深/km
沿海沟距离
1070.8~1090.9km
剖面 31
沿海沟距离
1093.1~1111.1km
剖面 32
沿海沟距离
1115.3~1135.7km
剖面 33
沿海沟距离
1138.1~1158.1km
剖面 34
沿海沟距离
1160.3~1180.5km
剖面35
沿海沟距离
1182.7~1202.9km
剖面 36
沿海沟距离
1205.3~1227.3km
剖面 37
沿海沟距离
1229.6~1250.2km
剖面 38
沿海沟距离
1252.6~1274.3km
剖面 39
沿海沟距离
1276.8~1297.6km
剖面 40
0
200
400
600
与海沟轴距离/km

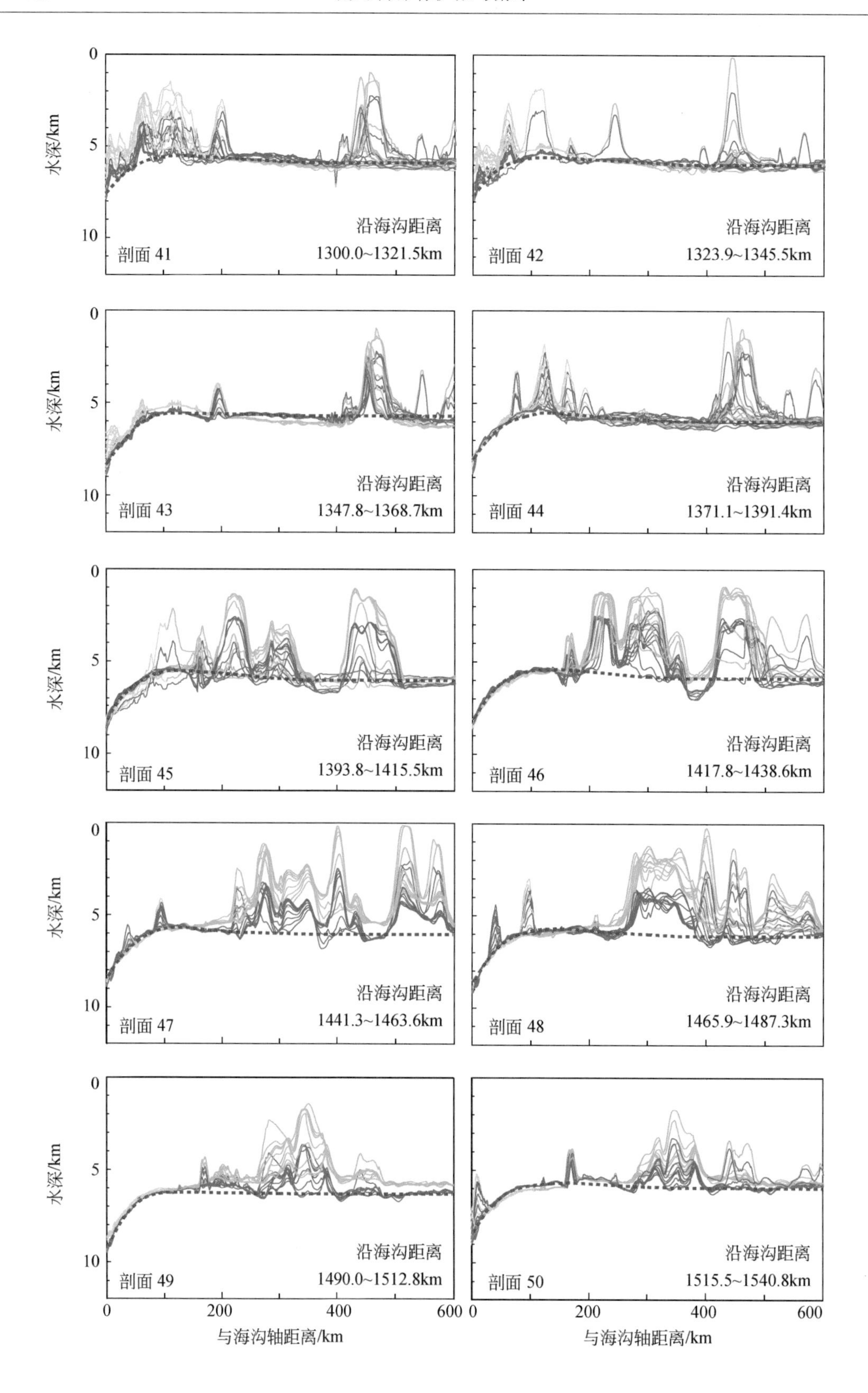
水深/km
沿海沟距离
剖面 41
1300.0~1321.5km
剖面 42
1323.9~1345.5km
剖面 43
1347.8~1368.7km
剖面 44
1371.1~1391.4km
剖面 45
1393.8~1415.5km
剖面 46
1417.8~1438.6km
剖面 47
1441.3~1463.6km
剖面 48
1465.9~1487.3km
剖面 49
1490.0~1512.8km
剖面 50
1515.5~1540.8km
与海沟轴距离/km
0
5
10
200
400
600

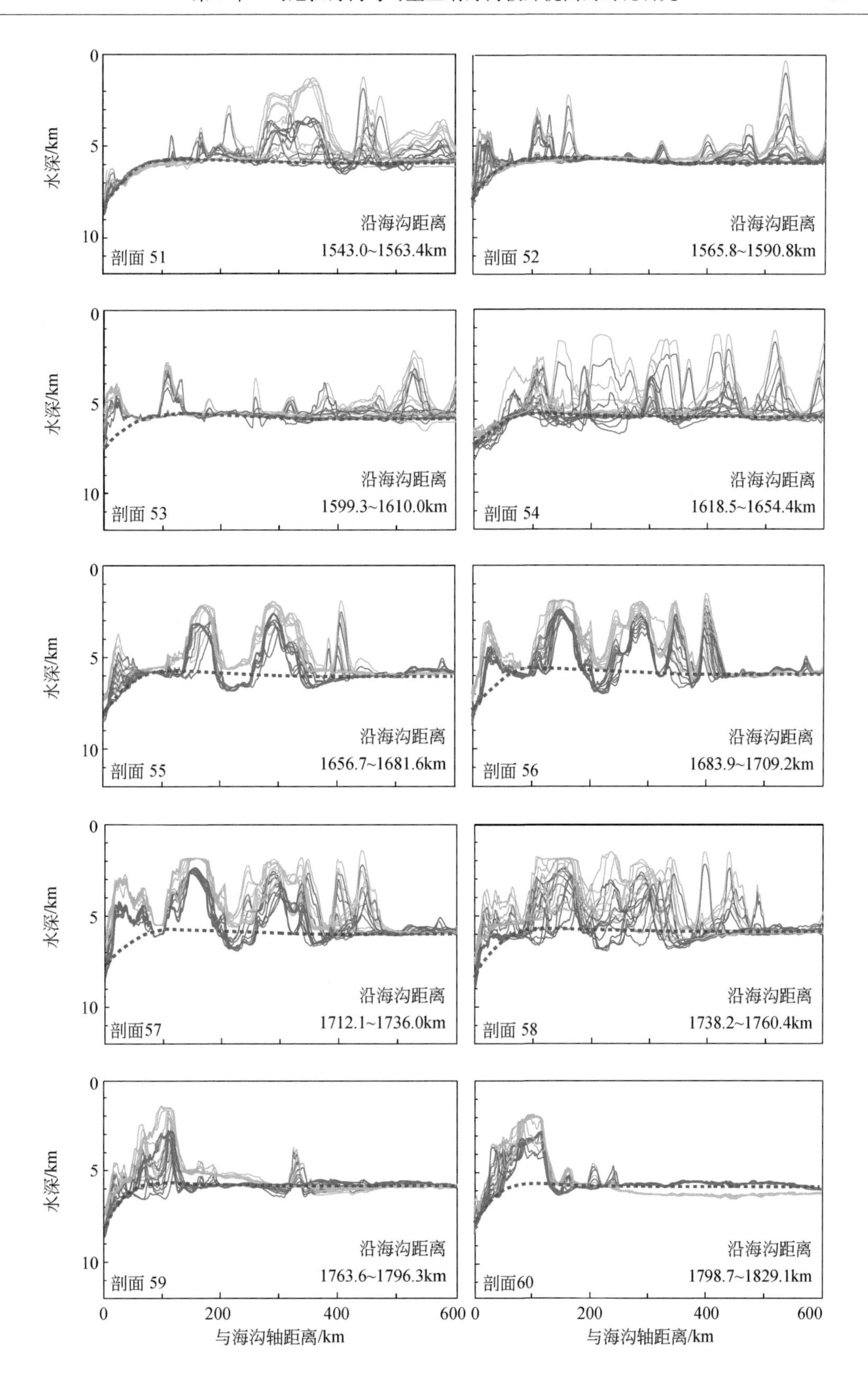

水深/km
0
5
10
沿海沟距离
1543.0~1563.4km
剖面 51
1565.8~1590.8km
剖面 52
1599.3~1610.0km
剖面 53
1618.5~1654.4km
剖面 54
1656.7~1681.6km
剖面 55
1683.9~1709.2km
剖面 56
1712.1~1736.0km
剖面57
1738.2~1760.4km
剖面 58
1763.6~1796.3km
剖面 59
1798.7~1829.1km
剖面60
0
200
400
600
与海沟轴距离/km

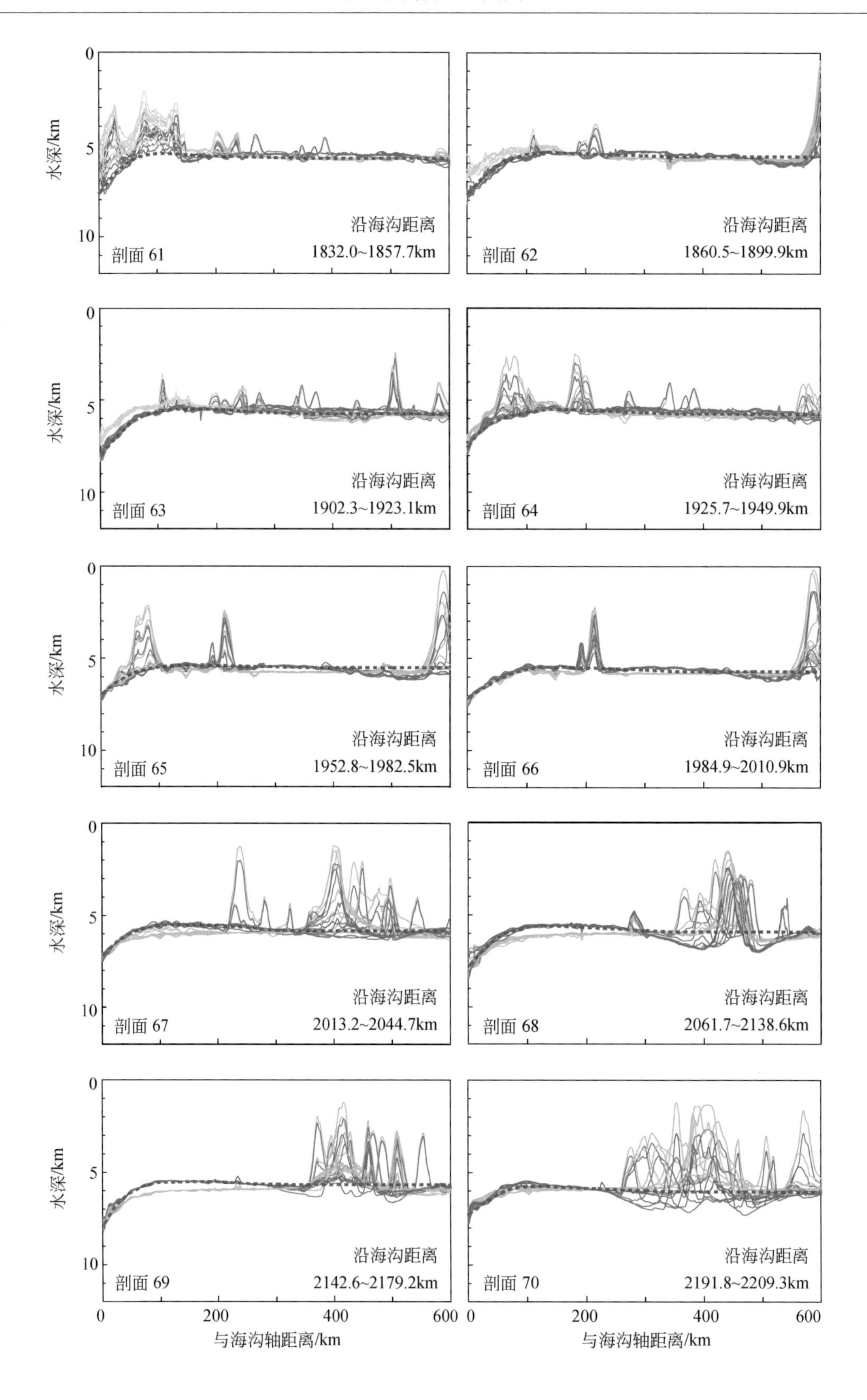
水深/km
0
5
10
沿海沟距离
剖面 61
1832.0~1857.7km
剖面 62
1860.5~1899.9km
剖面 63
1902.3~1923.1km
剖面 64
1925.7~1949.9km
剖面 65
1952.8~1982.5km
剖面 66
1984.9~2010.9km
剖面 67
2013.2~2044.7km
剖面 68
2061.7~2138.6km
剖面 69
2142.6~2179.2km
剖面 70
2191.8~2209.3km
0
200
400
600
与海沟轴距离/km

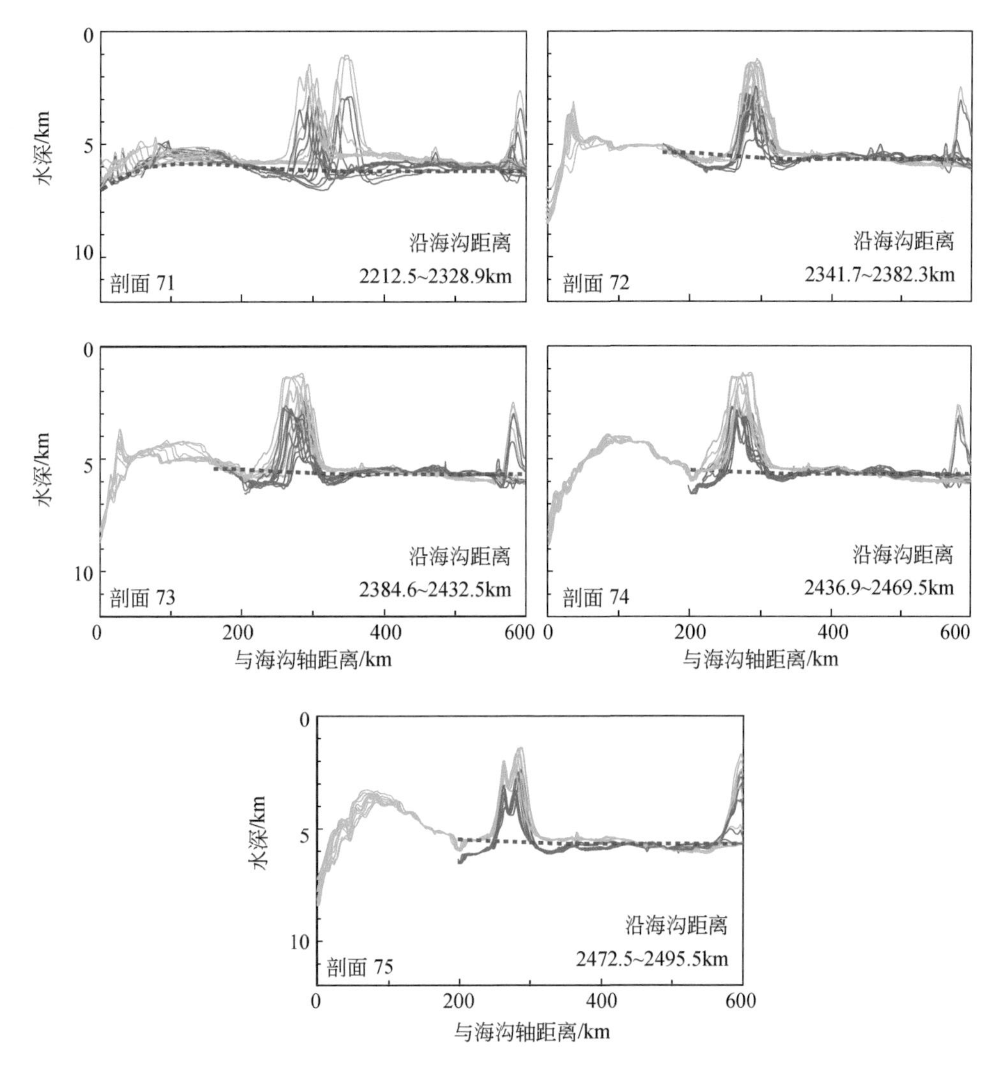

图7-5　沿马里亚纳海沟各组剖面的板片挠曲

灰色曲线代表每条剖面的基底地形；淡绿色代表没有高精度多波束地形的地区；
蓝色曲线是计算得到的非均衡地形；红色曲线是板片挠曲最佳拟合面

5. 板片挠曲

沿马里亚纳海沟抽取了750条剖面，每两条剖面的间隔大约为3.3km，每条剖面长为600km。每10条剖面组合形成一个组，共有75组（图7-5，表7-2）。对于每个区，均计算得到一个模型（图7-5红色曲线）可以最佳地拟合非均衡地形（图7-5蓝色曲线）的长波长特点。对于少数海沟轴或者海沟向海一侧的深度被海山覆盖的区，忽略其短波长海山及海山附近由于重力数据采集过程中的误差而造成的非均衡地形的凹陷，最终计算得到的结果即为板片挠曲［图7-4（e）］。结果显示，马里亚纳海沟的最大挠曲出现在从海沟西南端开始的350~650km区域内，挑战者深渊包含在其内。

从原始的基底地形［图7-4（b）］中减去板片挠曲值［图7-4（e）］即为剩余基底地

形［图 7-4（f)］，剩余基底地形反映了洋壳在俯冲到海沟之前的主要地形特点。利用最佳拟合面减去非均衡地形得到的剩余地形如图 7-6 所示，剩余地形主要由海脊、海山以及海山周围的凹陷等地形组成。

表 7-2　马里亚纳海沟 75 组最佳拟合参数

组号	沿海沟距离/km	海沟地形/km	$-V_0$ /(10^{12} N/m)	$-M_0$ /10^{17} N	T_e^m/km	T_e^M/km	x_r/km	w_b/m	$1-(T_e^m/T_e^M)$/%
1*	0～48.8	-2.38	(0.84)	(0.63)	(22.7)	(49)	(70)	(142)	(53.6)
2*	53.1～92.9	-3.36	(1.09)	(1.00)	(25.5)	(48)	(90)	(245)	(46.9)
3*	97.2～155.6	-2.59	(0.68)	(1.00)	(28.0)	(50)	(110)	(296)	(44.1)
4*	160.0～201.5	-2.47	(0.06)	(2.10)	(36.6)	(52)	(110)	(451)	(29.5)
5*	205.8～245.2	-1.69	(-0.30)	(1.80)	(38.1)	(54)	(120)	(385)	(29.5)
6	250.0～285.1	-2.74	-0.07	1.28	22.3	48	70	330	53.6
7	287.4～321.9	-4.16	0.69	1.50	23.1	45	75	417	48.7
8	326.0～357.2	-5.23	3.17	0.10	18.8	48	75	70	60.9
9	360.0～393.6	-5.40	3.11	0.10	18.8	48	85	141	60.9
10	397.0～437.1	-5.67	2.89	0.50	21.1	49	90	221	56.9
11	442.0～492.2	-4.76	1.62	2.05	30.8	46	92	311	33.1
12	498.1～541.8	-3.92	0.61	2.05	29.2	50	92	481	41.5
13	545.6～580.2	-4.28	1.41	1.85	29.2	50	82	350	41.5
14	583.4～611.1	-4.68	2.04	1.50	28.1	48	80	290	41.5
15	613.4～640.6	-4.94	1.93	1.20	24.6	48	85	352	48.7
16	643.4～670.5	-5.20	2.01	1.60	27.7	50	100	413	44.6
17	674.0～09.8	-5.05	2.13	1.40	27.1	49	95	368	44.6
18	717.4～746.7	-4.21	1.59	1.60	29.8	48	95	383	37.9
19	749.7～777.2	-3.63	1.50	0.70	23.5	47	90	232	50.0
20	780.3～806.8	-3.44	1.19	1.10	26.9	46	90	287	31.5
21*	809.1～829.4	-3.08	1.32	1.00	29.3	45	90	260	35.0
22*	831.9～859.9	-3.43	0.27	2.00	29.7	50	100	371	40.6
23	862.9～889.3	-3.82	1.14	1.70	30.4	50	100	343	39.2
24	891.8～914.7	-3.89	1.27	1.80	31.5	47	90	374	33.1

续表

组号	沿海沟距离/km	海沟地形/km	$-V_0$ /(10^{12}N/m)	$-M_0$ /10^{17}N	T_e^m/km	T_e^M/km	x_r/km	w_b/m	$1-(T_e^m/T_e^M)$/%
25*	917.0～41.20	-3.85	0.03	2.60	30.9	49	99	650	37.0
26*	945.1～975.7	-3.67	-0.07	2.60	30.9	49	90	603	37.0
27*	978.1～999.9	-3.38	-0.20	2.70	31.5	50	80	528	37.0
28*	1002.3～1022.7	-3.64	0.88	1.80	29.2	50	83	287	41.5
29*	1024.9～1045.5	-3.82	1.10	1.75	30.6	48	100	394	37.0
30*	1047.8～1068.5	-3.22	0.45	1.90	30.9	49	95	448	37.0
31	1070.8～1090.9	-3.15	-0.07	2.60	31.5	50	70	517	37.0
32	1093.1～1111.1	-3.40	0.65	1.70	29.2	50	95	373	41.5
33	1115.3～1135.7	-3.21	0.12	1.90	26.6	50	70	408	46.9
34*	1138.1～1158.1	-2.68	0.65	0.90	25.5	48	108	326	46.9
35*	1160.3～1180.5	-2.60	0.81	0.80	25.5	48	95	267	46.9
36	1182.7～1202.9	-2.75	0.98	0.50	19.2	49	60	164	60.9
37*	1205.3～1227.3	-2.68	0.18	1.10	23.2	50	80	316	53.6
38*	1229.6～1250.2	-1.77	-0.27	1.55	33.5	50	110	307	33.1
39*	1252.6～1274.3	-1.92	-0.21	1.80	32.8	49	70	314	33.1
40	1276.8～1297.6	-2.09	0.59	1.20	34.8	52	110	288	33.1
41*	1300.0～1321.5	-1.80	-0.35	2.00	34.8	52	70	385	33.1
42*	1323.9～1345.5	-1.79	-0.55	2.20	38.3	52	100	366	26.3
43	1347.8～1368.7	-2.67	1.54	0.40	26.9	46	105	131	41.5
44*	1371.1～1391.4	-2.14	-0.26	1.90	34.8	52	120	450	33.1
45	1393.8～1415.5	-2.24	-0.57	2.40	35.6	52	98	514	31.6
46*	1417.8～1438.6	-2.33	-0.55	2.60	36.6	52	90	509	29.5
47	1441.3～1463.6	-2.48	0.40	1.20	29.0	46	110	421	37.0
48*	1465.9～1487.3	-2.46	0.33	1.70	35.2	50	125	368	29.5
49	1490.0～1512.8	-2.99	1.66	0.13	19.9	47	90	82	57.6
50*	1515.5～1540.8	-2.58	0.60	1.60	34.5	49	100	303	29.5

续表

组号	沿海沟距离 /km	海沟地形 /km	$-V_0$ /(10^{12}N/m)	$-M_0$ /10^{17}N	T_e^m/km	T_e^M/km	x_r/km	w_b/m	$1-(T_e^m/T_e^M)$/%
51	1543.0～1563.4	-2.35	0.82	1.00	31.5	47	105	233	33.1
52*	1565.8～1590.8	-1.95	-0.18	1.90	36.8	50	100	328	26.3
53*	1599.3～1610.0	-1.60	-0.14	1.50	36.8	50	117	332	26.3
54	1618.5～1654.4	-1.62	0.76	0.50	30.6	50	110	186	38.7
55*	1656.7～1681.6	-2.05	0.15	1.50	33.5	50	95	325	33.1
56*	1683.9～1709.2	-2.09	(-0.10)	(1.70)	(33.5)	(50)	(100)	(384)	(33.1)
57*	1712.1～1736.0	-1.79	(0.22)	(1.20)	(33.5)	(46)	(100)	(280)	(33.1)
58*	1738.2～1760.4	-2.40	(1.05)	(0.60)	(26.9)	(46)	(100)	(179)	(31.5)
59*	1763.6～1796.3	-2.28	0.77	0.55	21.8	47	70	164	53.6
60*	1798.7～1829.1	-2.05	0.69	0.40	20.6	46	75	164	55.2
61*	1832.0～1857.7	-2.10	0.54	0.60	23.2	50	85	160	53.6
62	1860.5～1899.9	-2.10	0.84	1.00	34.6	46	100	242	31.2
63	1902.3～1923.1	-2.38	0.88	1.00	31.6	46	100	265	31.2
64*	1925.7～1949.9	-1.87	0.40	1.20	31.5	50	70	246	37.0
65*	1952.8～1982.5	-1.49	0.63	0.60	31.5	47	87	140	33.1
66	1984.9～2010.9	-1.57	0.32	1.10	36.8	50	110	234	26.3
67	2013.2～2044.7	-1.39	-0.59	2.00	39.7	50	80	349	20.6
68	2061.7～2138.6	-1.91	0.10	1.60	36.1	49	90	276	26.3
69	2142.6～2179.2	-2.20	0.70	1.00	29.8	49	83	176	39.2
70	2191.8～2209.3	-1.53	-0.30	1.60	36.1	49	90	306	26.3
71	2212.5～2328.9	-0.87	-0.73	1.48	38.1	48	90	326	20.6
72	2341.7～2382.3	—	—	—	—	—	—	—	—
73	2384.6～2432.5	—	—	—	—	—	—	—	—
74	2436.9～2469.5	—	—	—	—	—	—	—	—
75	2472.5～2495.5	—	—	—	—	—	—	—	—

注：有括号的参数（如第1～5，56～58组）由于附近海山的影响，受到的控制相对较差；第72～75组由于缺乏沉积物数据而未能获得相应参数；$1-(T_e^m/T_e^M)$为板片有效弹性厚度减少比例。

*代表海沟处有海山分布。

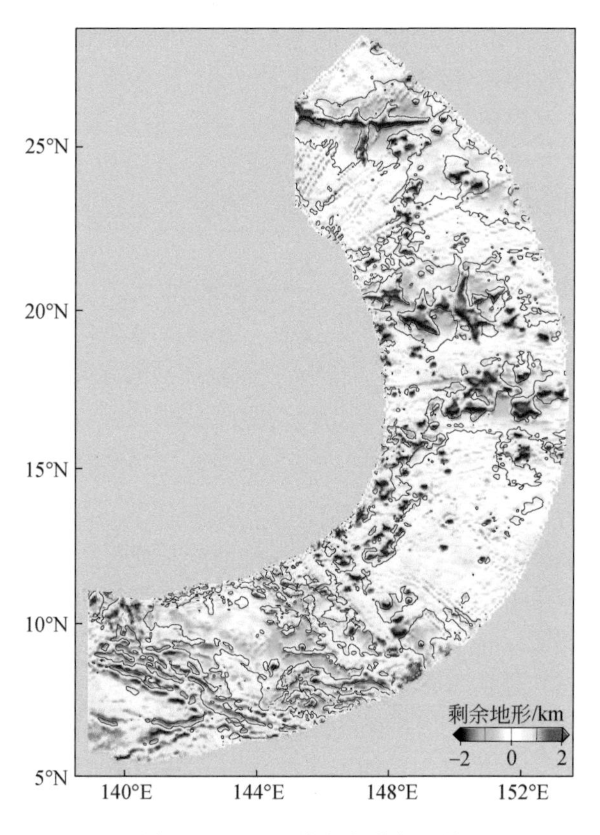

图7-6　马里亚纳海沟剩余地形

7.3.2　计算模拟结果分析

计算结果显示，沿着整个马里亚纳海沟，板片在海沟处所受的荷载及板片的有效弹性厚度都发生了很大的变化。

1. *海沟深度及海沟轴处荷载的变化*

马里亚纳海沟系统的深度范围为0.9～5.7km［见图7-7（a）黑色曲线及表7-2］。沿海沟从西南端开始的230km范围内，海沟深度由1.7km增加到了3.4km。海沟深度在挑战者深渊处最大，约为5.7km。另一处深度较大的海沟深约5.2km，位于挑战者深渊的东部，距海沟西南端约670km［图7-7（a）］。这两个较深区域的中间——卡洛琳岛链处的海沟深度约为4.0km。距海沟西南端850～1250km处，海沟深度由3.9km逐渐减小到1.8km。距海沟西南端1250～2250km处，海沟深度为1.4～3.0km。其中，在1250～1300km、1600～1650km、1950～2050km处，海沟深度明显较小。沿海沟距西南端1950～2300km处，海沟的俯冲角度较小，海沟深度为1.4～2.2km。

海沟轴处所受垂直荷载大体上与海沟深度成正比。两个海沟较深的区域，挑战者深渊及其东部，所受的垂直荷载也较大，分别为 3.17×10^{12} N/m 和 2.1×10^{12} N/m（表 7-2）。沿着马里亚纳海沟，有 10 个区域受到较小的、向上的垂直荷载，而不是向下荷载［表 7-2，图 7-4（c）中黑色箭头和图 7-7（c）中红色箭头］，这些区域占了整个马里亚纳海沟的四分之一。整个 2500km 长的马里亚纳海沟所受的垂直荷载的积分总和为 1.66×10^{18} N，其中海沟深度大于 3km 的部分贡献率超过 80%。海沟所受的平均垂直荷载为 0.67×10^{12} N/m。

海沟轴处所受的弯矩也与海沟深度有关。挑战者深渊附近所受弯矩最小，为 0.1×10^{17} N。相应地，海沟深度较小的区域所受的弯矩较大。海沟前缘处隆起的高度（w_b）为 70～650m，挑战者深渊处隆起的高度最小，为 70m。而较高的前缘隆起（w_b>500m）所受的弯矩较大（$M_0>2.4\times10^{17}$ N），这些区域分别沿海沟距西南端 920～1000km、1070～1090km 和 1390～1440km。

2. 板片有效弹性厚度的变化

对于马里亚纳海沟每组剖面，为了拟合板片挠曲的长波长，板片前缘隆起处向海一侧有效弹性厚度（T_e^M）需在 45～54km 的范围内［见图 7-9（d）蓝色曲线］；另外，为了拟合观测到的海沟墙的坡度，前缘隆起处向海沟轴一侧的板片有效弹性厚度（T_e^m）则为 19～40km［见图 7-7（d）黑色曲线］。板片的破裂，即从最大到最小有效弹性厚度的变化通常发生在板片前缘隆起处附近，与海沟轴的距离（x_r）范围为 70～120km［见图 7-7（f）黑色曲线］。板片有效弹性厚度的减小，即 $1-(T_e^m/T_e^M)$，范围为 21%～61%［图 7-7（e）］。其中最大的有效弹性厚度减小发生在挑战者深渊附近，该区域板片在很窄的范围内（x_r=75～85km）剧烈变形。另外，有几个区域有效弹性厚度减少 50% 以上，而与之对应的破裂距离相对较小（x_r<90km），这些区域分别沿海沟距西南端 0～50km、1180～1230km、1490～1510km 和 1760～1860km；相反地，另一些区域的板片有效弹性厚度减少小于 30%，而与之相对应的海沟深度较浅（<2km），或破裂距离相对较大（x_r>100km）［图 7-8（b）中蓝点］，这些区域分别沿海沟距西南端 160～250km、1320～1350km、1460～1490km、1560～1610km 和 1980～2140km。计算结果显示，板片有效弹性厚度的减小不超过 61%，表明即使由于板片的挠曲，前缘隆起处附近广泛分布有正断层，但始终有部分板片保持弹性刚度。

对于有效弹性厚度均一的俯冲板片，海沟深度可由如下公式计算：

$$w_0=\frac{\alpha^2(V_0\alpha+M_0)}{2D} \tag{7-23}$$

其中，挠曲的波长 α 及板片刚度 D 为 T_e 的函数。分别假设板片有效弹性厚度为 T_e^m 和 T_e^M，用以上公式计算得出海沟深度，并与实际观测值进行比较［图 7-8（a）］。假设 $T_e=T_e^m$ 时得出的 w_0 仅比观测值大 8%，回归系数为 0.99。因此可以认为，海沟深度的观测值主要由 T_e^m 决定。

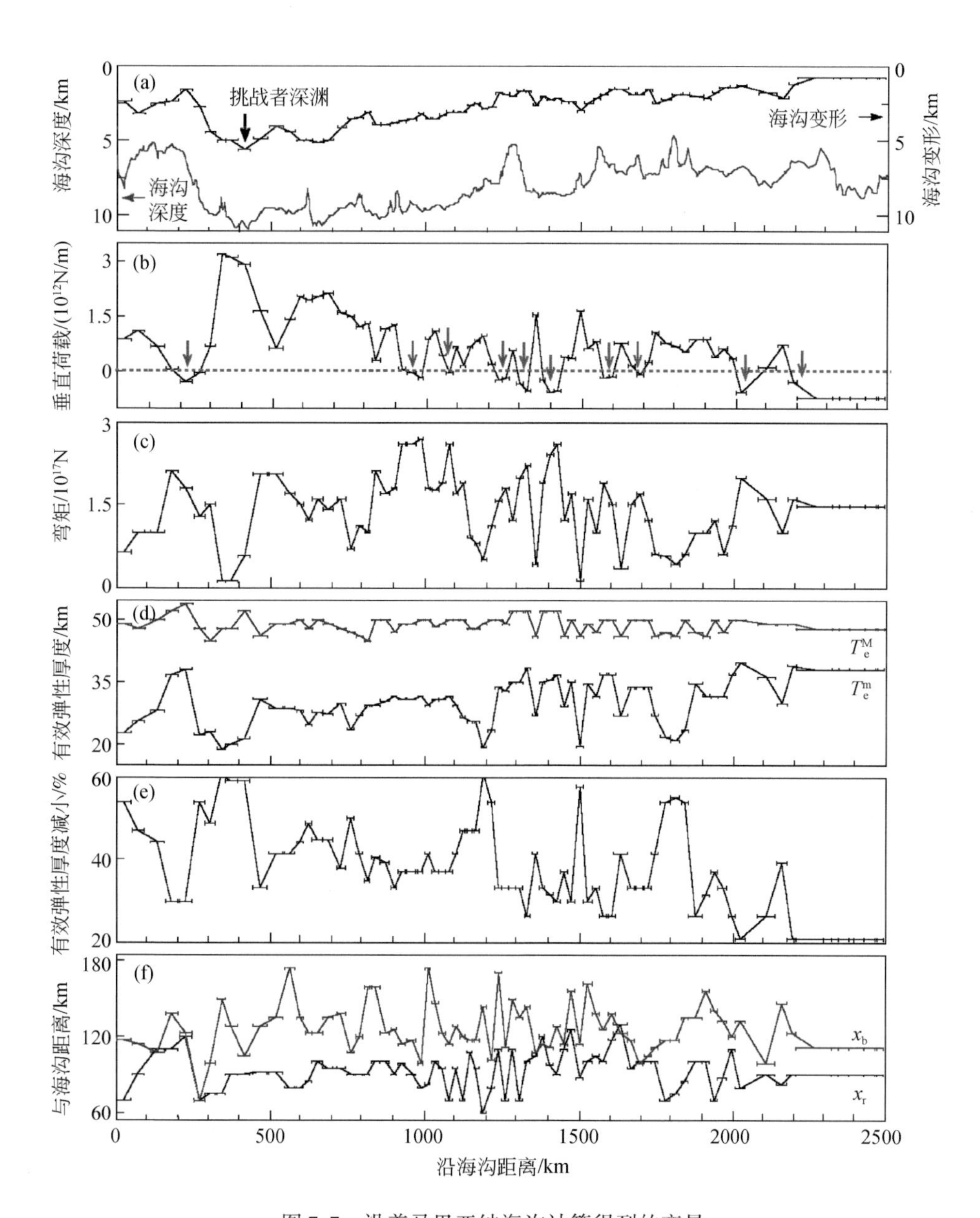

图 7-7　沿着马里亚纳海沟计算得到的变量

(a) 蓝色曲线为观测到的海沟轴处深度，黑色曲线是海沟深度（由海沟向海一侧的海底到海沟轴处的深度差）；(b) 海沟轴处所受的垂直荷载（$-V_0$），红色箭头所指区域受到较小的向上的垂直荷载；(c) 海沟轴处所受的弯矩（$-M_0$）；(d) 板片有效弹性厚度，蓝色及黑色曲线分别代表最大及最小板片有效弹性厚度；(e) 板片有效弹性厚度的减小；(f) 蓝色及黑色曲线分别表示板片前缘隆起处最高点及板片破裂点的位置

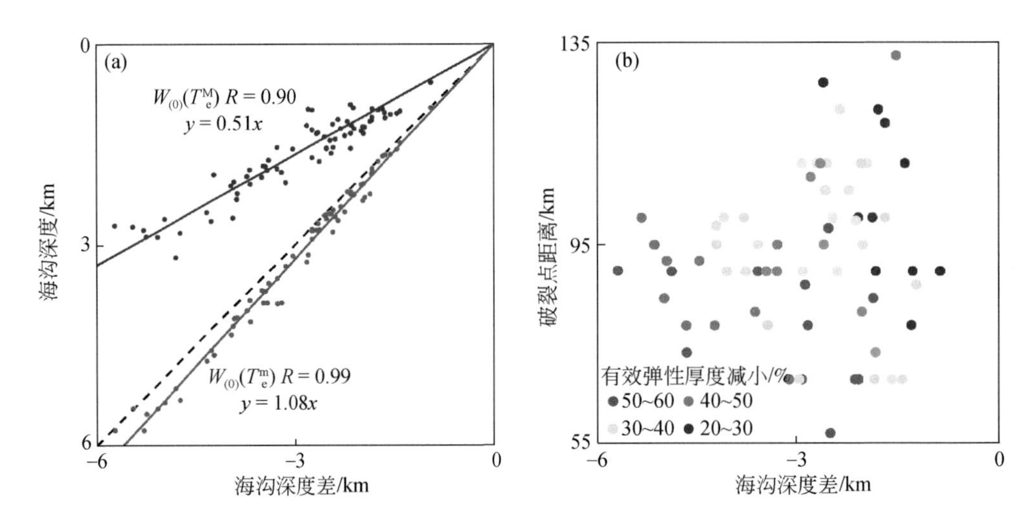

图 7-8　海沟深度的观测值和计算值之间的关系

（a）假设板片厚度均一情况下，红色及蓝色点分别代表由 T_e^m 和 T_e^M 通过解析解公式计算得到的海沟深度（w_0），R 为回归系数；（b）T_e 的减小与海沟深度及破裂点位置（x_r）的关系

7.3.3　误差的对比分析

1. 误差

对于上述的研究，主要存在三个方面的不确定性：①马里亚纳海沟北部沿着海沟长约 500km 的区域（21°～25°N）缺乏高精度的多波束地形数据（图 7-9），虽然多波束数据的缺乏对板片挠曲参数没有明显的影响，但导致无法判断海沟北部正断层的分布。②马里亚纳海沟沉积物数据的分布很不均匀，精度也较小。我们以最大沉积物厚度为 0.4km 的第 49 组为例，分别在有和无沉积物荷载的情况下计算了挠曲参数，结果表明挠曲参数只产生了很小的变化，可忽略不计。因此，高精度沉积物厚度数据的缺乏，不会对本次研究结果产生很大的影响。③由重力反演计算洋壳厚度过程中的不确定性，所导致的均衡及非均衡地形误差，由于没有地震剖面进行校对而难以量化。

2. “海山组”的特点

海沟的深度更多地受到海沟轴处垂直荷载的影响，而板片前缘隆起处的高度则更多地受到海沟轴处弯矩的影响。根据所受海沟轴垂直荷载及弯矩的平均大小，将马里亚纳海沟的 75 组剖面划分为四类［图 7-10（a）］，所受垂直荷载大的区域，往往海沟深度也较大；而与之相对地，所受弯矩较大的区域，往往板片前缘隆起处较高［图 7-10（b）］。

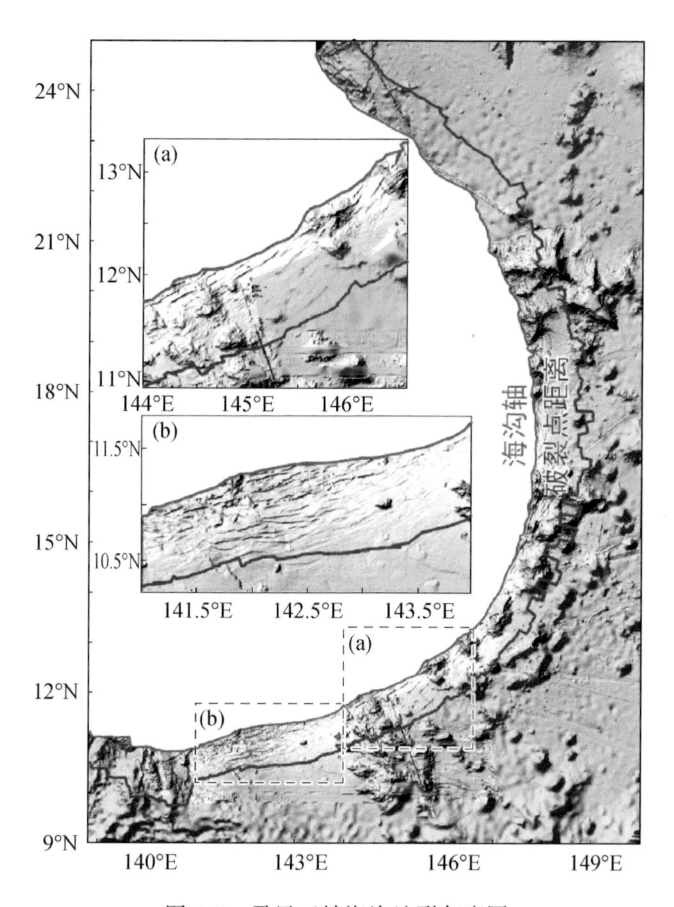

图 7-9　马里亚纳海沟地形灰度图

红色曲线为海沟轴位置；蓝色曲线为破裂点（x_r），即板片有效弹性厚度减小的位置，与观测到的正断层位置有较好的拟合；绿色阴影区为缺乏高精度多波束地形数据的海区；（a）和（b）为正断层大量发育的区域

马里亚纳海沟共有 10 个区域受到较小的向上的垂直荷载［见图 7-7（b）红色箭头］，这些区域往往有海山位于海沟轴处，而且前缘隆起处较高（表 7-2）。这些“海山组”前缘隆起处的平均高度为 388m，而“无海山组”前缘隆起处平均高度为 288m。相应地，“海山组”所受的平均弯矩也比“非海山组”大。这些前缘隆起处较高的现象可能是由海沟轴处较大的弯矩引起，但也有可能是海山在俯冲过程中产生的阻力所造成的水平方向挤压应力引起。

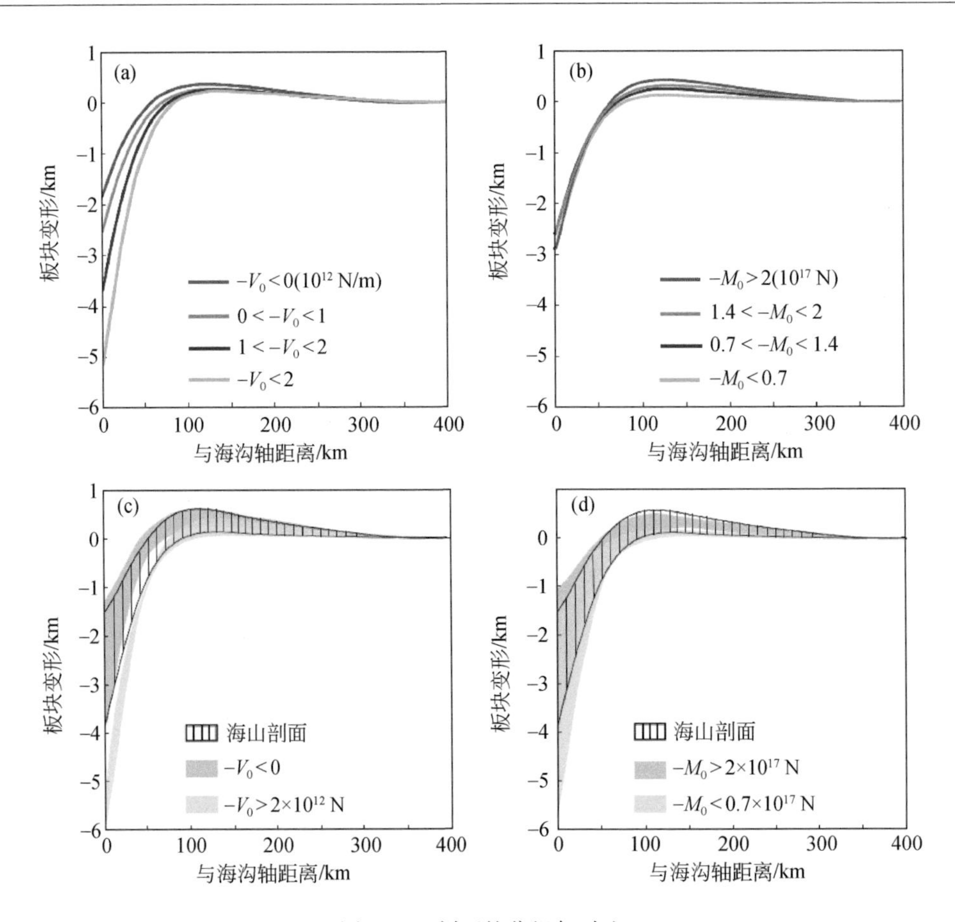

图 7-10　剖面的分组与对比

(a) 依据海沟轴处所受垂直荷载大小而分的四组平均板片挠曲变形剖面；(b) 依据海沟轴处所受弯矩大小而分的四组平均板片挠曲变形剖面；(c) 海沟附近有海山的剖面（条纹）与所受垂直荷载较大（绿色）及较小（红色）的剖面的对比；(d) 海沟附近有海山的剖面（条纹）与所受弯矩较大（绿色）及较小（红色）的剖面的对比

3. 板片有效弹性厚度的减小

我们的分析表明，在马里亚纳海沟的前缘隆起处附近，板片有效弹性厚度减小了 21% ~ 61% ［图 7-7（e）］。虽然这一结果是基于特定的模型假设，但这种情况很有可能是真实存在的，Oakley 等（2008）在对马里亚纳海沟中部的研究中就得出了相似的结论。

板片有效弹性厚度的减少与板片挠曲产生的大量正断层有关（图 7-3）。在各种荷载力的作用下，板片的上半部分在挠曲过程中处于拉张状态，而下半部分则处于挤压状态。我们的模拟结果显示，这些正断层造成了岩石圈内部刚度的剧烈减少，从而减小了板块的有效弹性厚度（Rüpke et al.，2004；Faccenda et al.，2009）。

沿马里亚纳海沟，正断层的分布较广，由单一的板片有效弹性厚度减小及破裂距离 x_r 来判断似乎过于简单。然而，除了马里亚纳海沟北部（21° ~25°N）由于缺乏高精度地形数据而无法判断外，我们模拟得出的 x_r 位置大体上与观测到的正断层带的边缘相吻合（图 7-9）。在挑战者深渊区域，板片有效弹性厚度的减幅较大，可能是因为受较大垂直荷载力而导致正断层分布较多且较深［图 7-9（b）］。

7.4　马尼拉海沟俯冲板片挠曲模拟

7.4.1　马尼拉海沟板片挠曲面的确定

1. 海底地形

从美国国家地球物理数据中心（NGDC）的数据库中抽取马尼拉海底地形数据，其精度为20′［图7-2（b）］。马尼拉海沟北部16°～20°N区域较浅，水深约为4km。中部15°～16°N区域有南海东部古洋中脊向马尼拉海沟俯冲，南部12°～15°N区域水深较深，为5～7km。

2. 沉积物荷载

从NGDC的全球数据库（Divins，2003）中抽取了精度为5′的沉积物厚度数据。利用沉积物厚度数据成图［图7-11（a）］，结果显示马尼拉海沟沉积物较厚的有以下三个区域：海沟西部纬度为17.5°～21°N的区域，沉积物厚度为3～4km；海沟西部纬度为15°N左右的区域，沉积物厚度达到5km；纬度为10°～12°N的区域，沉积物厚度在5km以上。从水深数据中剥掉沉积物厚度后，即得到了马尼拉海沟俯冲板片计算模拟区的基底地形［图7-11（b）］。

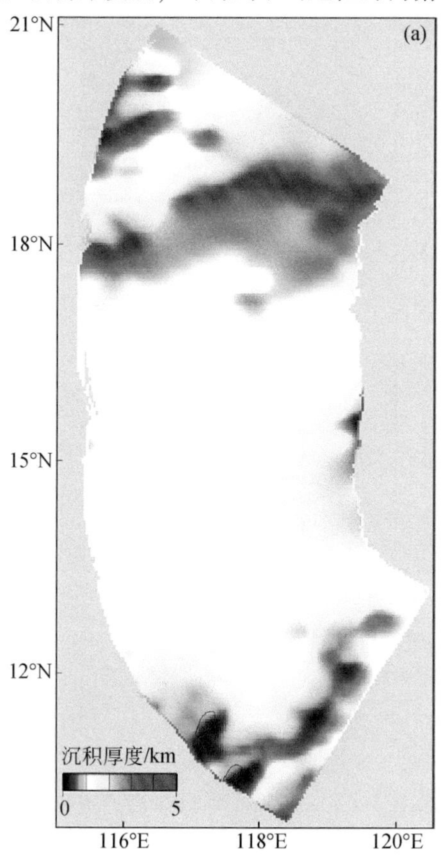

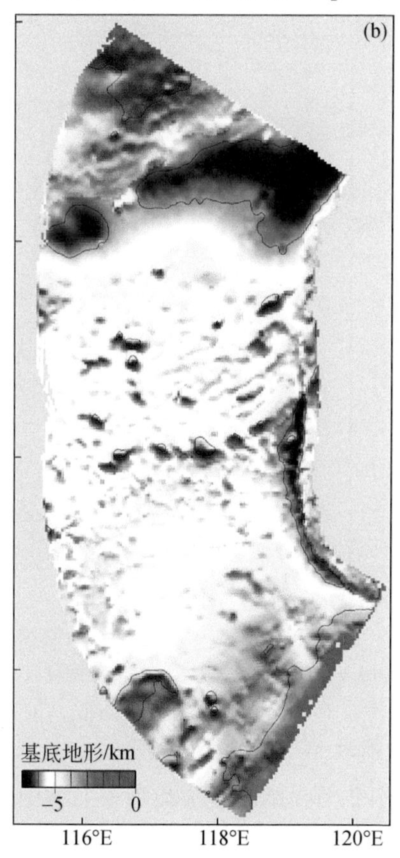

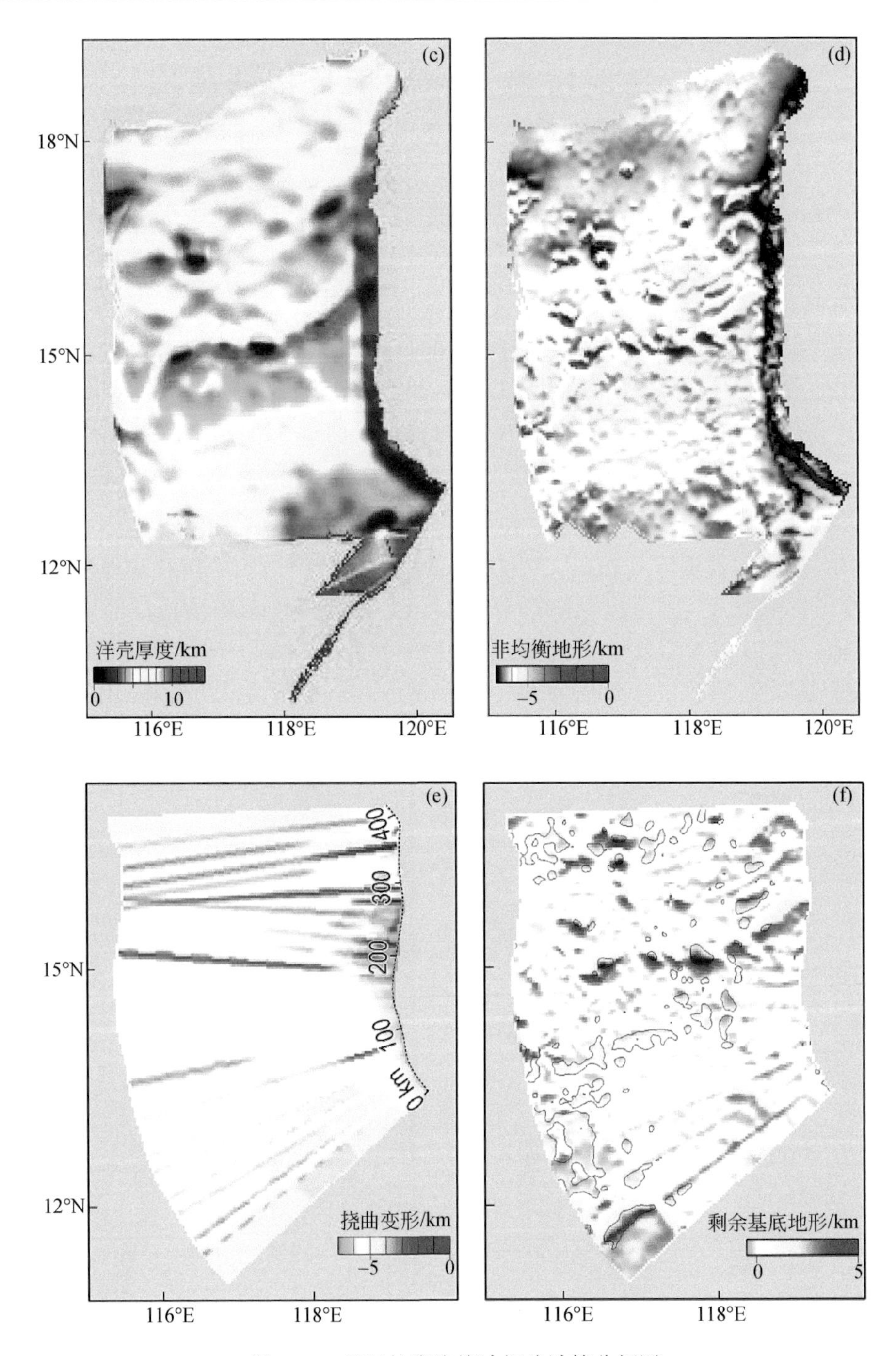

图 7-11　马尼拉海沟俯冲板片计算分析图

(a) 沉积物厚度；(b) 基底地形；(c) 地壳厚度；(d) 非均衡地形；(e) 板片挠曲剩余地形；(f) 剩余基底地形

3. 均衡地形

根据 7.2 节介绍的方法和 7.3.1 节中的式（7-22），计算马尼拉海沟的地壳厚度及均衡地形。计算结果显示，马尼拉海沟东部区域和南部纬度为 11°～13.5°N 的区域，其洋壳及相应的均衡地形较厚，超过 10km［图 7-11（c）］；而南海中央海盆南部纬度为 13°～15°N 的区域，洋壳厚度及均衡地形较薄，约为 4km。

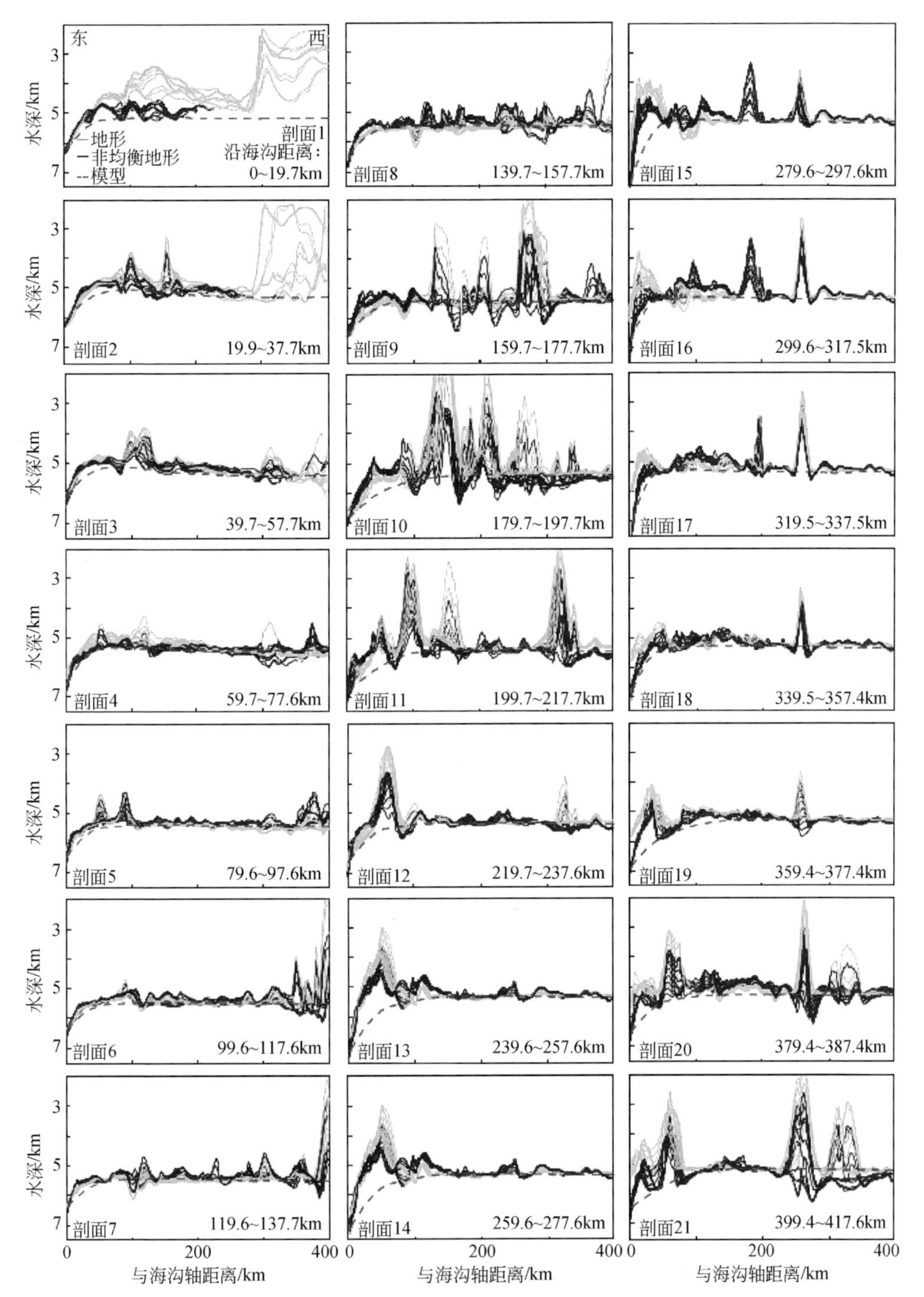

图 7-12　沿马尼拉海沟各组剖面的板片挠曲

灰色曲线代表每条剖面的基底地形，每 10 条剖面为一组；蓝色曲线为计算得到的非均衡地形；红色曲线为板片挠曲最佳拟合面

4. 非均衡地形

同样利用前面介绍的方法计算马尼拉海沟的非均衡地形。计算结果与观测到的水深相比，较显著的正非均衡区域为中央海盆及其四周，马尼拉海沟则为负均衡［图 7-11 (d)］。

5. 板片挠曲

沿马尼拉海沟，在中南部抽取了 210 条剖面，每两条剖面的间隔大约为 2km，每条剖面长为 600km，每 10 条剖面组合形成一个组，共有 21 组（图 7-12，表 7-3）。对于每个组，可计算得到一个模型（图 7-12 红色曲线）来最佳拟合非均衡地形（图 7-12 蓝色曲线）的长波长特点。通过从原始的基底地形［图 7-11 (b)］中减去板片挠曲值［图 7-11 (e)］，最终得到剩余基底地形［图 7-11 (f)］，剩余基底地形反映了洋壳在俯冲到海沟之前的主要地形特点。

根据板片挠曲计算方法，计算各剖面所受的海沟轴处垂直荷载$-V_0$，并反演每组剖面所受的海沟轴处弯矩$-M_0$、板片最大有效弹性厚度 T_e^M、最小有效弹性厚度 T_e^m 以及破裂点 x_r，得到马尼拉海沟 21 组最佳拟合板片挠曲面（图 7-12）及挠曲参数（表 7-3）。

表 7-3　马尼拉海沟洋壳板片挠曲参数

组号	沿海沟距离 /km	海沟地形 /km	$-V_0$ /(10^{12}N/m)	$-M_0$ /10^{17}N	T_e^m /km	T_e^M /km	x_r /km	w_b /m	$1-(T_e^m/T_e^M)$ /%	w_{rms}/m
1	0～17.9	−1.16	0.41	0.15	17.4	38	60	51	53.6	41
2	19.9～37.7	−0.84	−0.28	0.6	25.8	35	120	254	26.3	26
3	39.7～57.7	−0.81	−0.42	0.6	23.4	35	120	300	33.1	23
4	59.7～77.6	−1.19	0.23	0.15	13.9	30	60	107	53.6	20
5	79.6～97.6	−1.09	0.37	0.15	17.4	38	60	51	53.6	39
6	99.6～117.6	−0.94	0.33	0.15	18.6	40	60	44	53.6	30
7	119.6～137.7	−0.94	0.25	0.3	23.4	35	60	89	33.1	48
8	139.7～157.7	−1.02	0.39	0.15	18.6	40	60	45	53.6	35
9	159.7～177.7	−1.13	0.60	0.01	16.2	35	75	30	53.6	24
10	179.7～197.7	−1.42	1.21	0.005	26.8	40	75	68	33.1	46
11	199.7～217.7	−1.45	1.11	0.005	23.4	40	75	57	41.5	34
12	219.7～237.6	−1.30	0.76	0.005	16.2	35	60	39	53.6	36
13	239.6～257.6	−1.30	1.22	0.01	18.6	40	60	62	53.6	31
14	259.6～277.6	−2.19	0.73	0.15	13.9	30	60	97	53.6	38

续表

组号	沿海沟距离/km	海沟地形/km	$-V_0$ /(10^{12}N/m)	$-M_0$ /10^{17}N	T_e^m /km	T_e^M /km	x_r /km	w_b /m	$1-(T_e^m/T_e^M)$ /%	w_{rms}/m
15	279.6～297.6	−1.62	0.41	0.15	12.7	33	50	69	60.9	30
16	299.6～317.5	−1.80	0.35	0.14	11.1	30	50	109	63.2	35
17	319.5～337.5	−1.61	0.51	0.15	13.8	38	50	80	63.2	40
18	339.5～357.4	−1.59	1.21	0.005	20.5	35	50	38	41.5	46
19	359.4～377.4	−1.27	0.74	0.005	16.2	35	60	38	53.6	46
20	379.4～397.4	−1.28	1.13	0.005	29.5	40	75	65	26.3	31
21	399.4～417.6	−0.83	0.13	0.02	16.2	35	75	44	53.6	46

注：w_{rms}为模型计算与观测所得的板块变形均方根差。

7.4.2　计算模拟结果分析

1. 海沟深度及海沟轴处荷载的变化

马尼拉海沟中南部的深度为 5～6km，而海沟深度差变化范围为 0.8～2.2km，其中南海中央海盆附近海沟深度较小［图 7-13（a）］。马尼拉海沟中南部所受的海沟轴处垂直荷载为-0.28×10^{12}～1.22×10^{12}N/m，其中南部沿海沟 0～150km 范围所受垂直荷载较小，往北开始增大。4 个最大值的位置分别距南端 200km、250km、350km 和 400km。马尼拉海沟中南部海沟轴处所受的弯矩为 0.05×10^{17}～6.00×10^{17}N，其中南部所受弯矩较大，而中北部所受弯矩较小，大体上与其所受垂直荷载成反比。

2. 板片有效弹性厚度的变化

对于马尼拉海沟中南部每组剖面，一方面，为了拟合板片挠曲的长波长，板片前缘隆起处向海一侧的有效弹性厚度 T_e^M 需在 30～40km 范围内［见图 7-13（d）蓝色曲线］；另一方面，为了拟合观测到的海沟墙的坡度，前缘隆起处向海沟轴一侧的板片有效弹性厚度 T_e^m 则为 11～29.5km［见图 7-13（d）黑色曲线］。板片的破裂，即从最大到最小有效弹性厚度的变化通常发生在板片前缘隆起处附近，与海沟轴的距离 x_r 范围为 50～120km［见图 7-13（f）黑色曲线］。板片有效弹性厚度的减小范围为 26%～63%［图 7-13（e）］，其中最大的有效弹性厚度减小发生在南海中央海盆附近，该区域板片在很窄的范围（x_r = 50～60km）内变形较大。

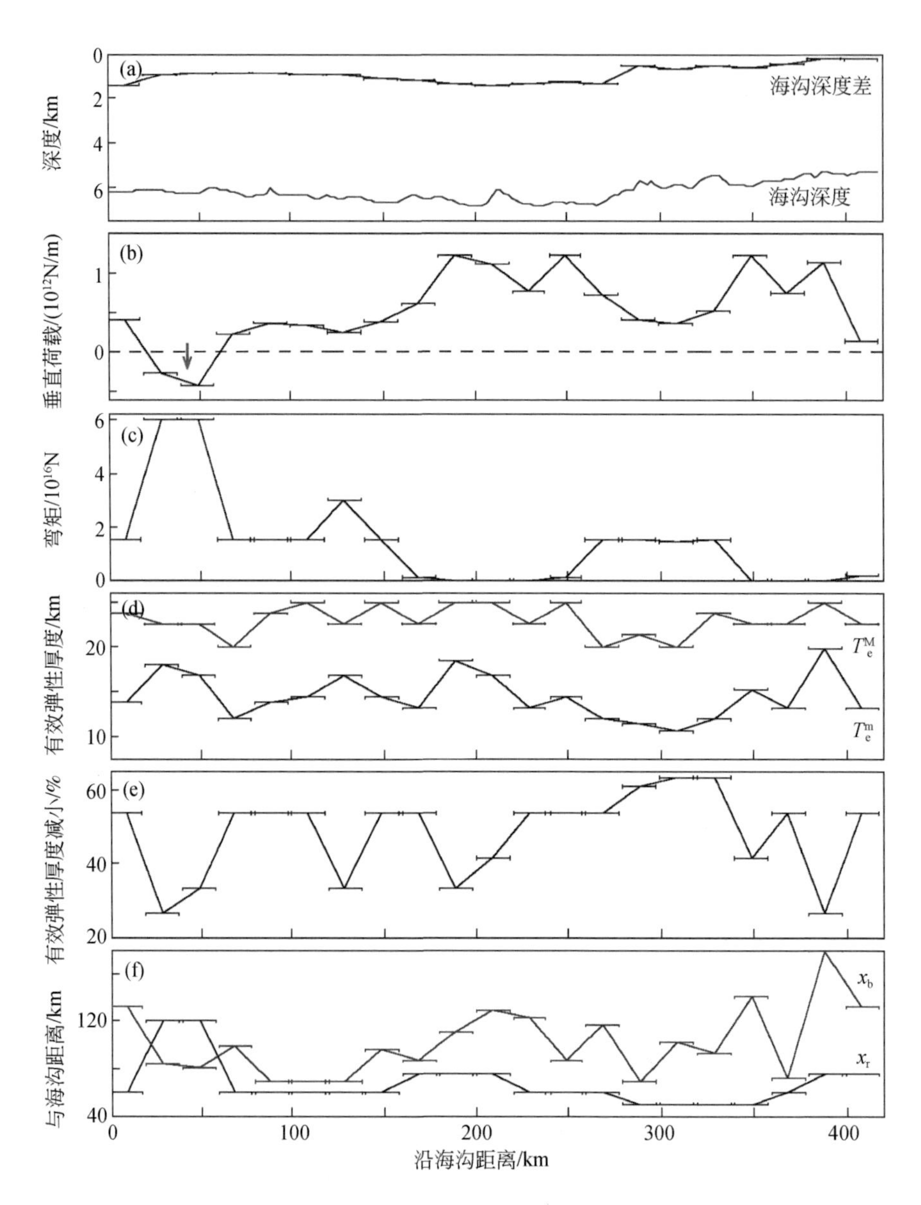

图 7-13　沿着马尼拉海沟计算得到的变量

(a) 蓝色曲线为观测到的海沟轴处深度，黑色曲线为海沟深度（由海沟向海一侧的海底到海沟轴处的深度差）；(b) 海沟轴处所受的垂直荷载（$-V_0$），红色箭头所指区域受到较小的向上的垂直荷载；(c) 海沟轴处所受的弯矩（$-M_0$）；(d) 板片有效弹性厚度，蓝色及黑色曲线分别代表最大及最小板片有效弹性厚度；(e) 板片有效弹性厚度的减小；(f) 蓝色及黑色曲线分别表示板片前缘隆起处最高点及板片破裂点的位置

7.5　马尼拉海沟与马里亚纳海沟的洋壳对比

7.5.1　挠曲参数对比

不同的挠曲参数对俯冲洋壳的影响不同，垂直荷载与海沟深度成正比，弯矩与海沟前缘隆起的高度成正比，正断层容易在前缘隆起产生，海沟的挠曲形状也与正断层的大小和分布有关。通过一系列的理论计算，本研究初步探讨了挠曲参数的物理意义。

首先固定其他参数，将板片有效弹性厚度减小的位置和减小的程度作为变量，以距离海沟轴处100km为参考点，从20km到100km以每10km的间距取值，而板片有效弹性厚度的减小从0到80%以每10%取值，得到81组板片挠曲形态及参数。海沟的深度随着板片有效弹性厚度减小的程度增大而增大，随着减小的距离增大而减小［图7-14（a)］；海沟宽度的变化趋势与深度的变化基本相反［图7-14（b)］；板片前缘隆起处的高度在板片有效弹性厚度减少不超过60%及减小的位置离海沟超过70km时，与减小程度成反比，与减小的距离成正比，而板片有效弹性厚度在距离海沟较近的位置剧烈减小时，前缘隆起处的高度则迅速增大［图7-14（c)］；板片前缘隆起处的位置基本与板片有效弹性厚度减小的程度及位置成反比［图7-14（d)］。

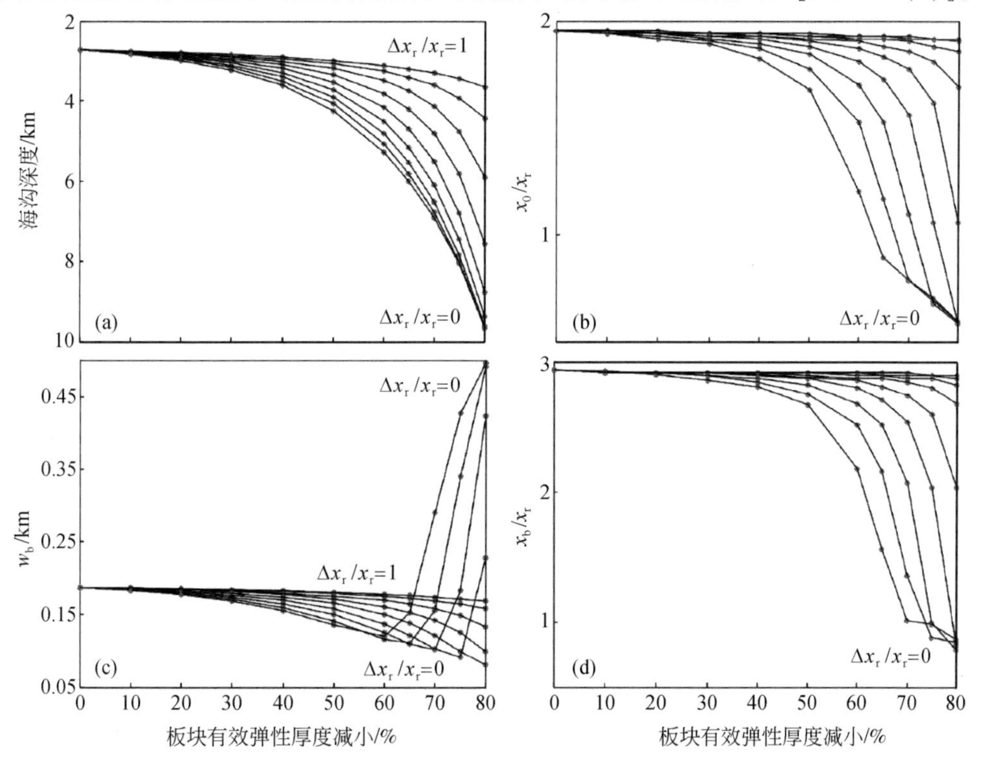

图7-14　板块有效弹性厚度减小与海沟形态的关系

（a）减小程度与海沟深度的关系；（b）减小程度与海沟宽度的关系；（c）减小程度与前缘隆起处高度的关系；（d）减小程度与前缘隆起处位置的关系

根据前述的计算分析结果，沿马里亚纳海沟，由应力造成的海沟深度变化范围为 0.9 ~ 5.7km，板块在海沟处所受垂直荷载（$-V_0$）的变化范围为 -0.7×10^{12} ~ 3.2×10^{12} N/m，而在海沟处所受弯矩（$-M_0$）的变化范围为 0.1×10^{17} ~ 2.7×10^{17} N。在海沟前缘隆起处向海一侧，各组剖面的板块有效弹性厚度（T_e^M）变化范围为 45 ~ 55km；而在向海沟轴一侧，板块有效弹性厚度（T_e^m）变化范围为 19 ~ 40km。因此，由最大到最小有效弹性厚度的减小发生在距离海沟轴（x_r）的 70 ~ 120km 处，减小的幅度为 21% ~ 61%。

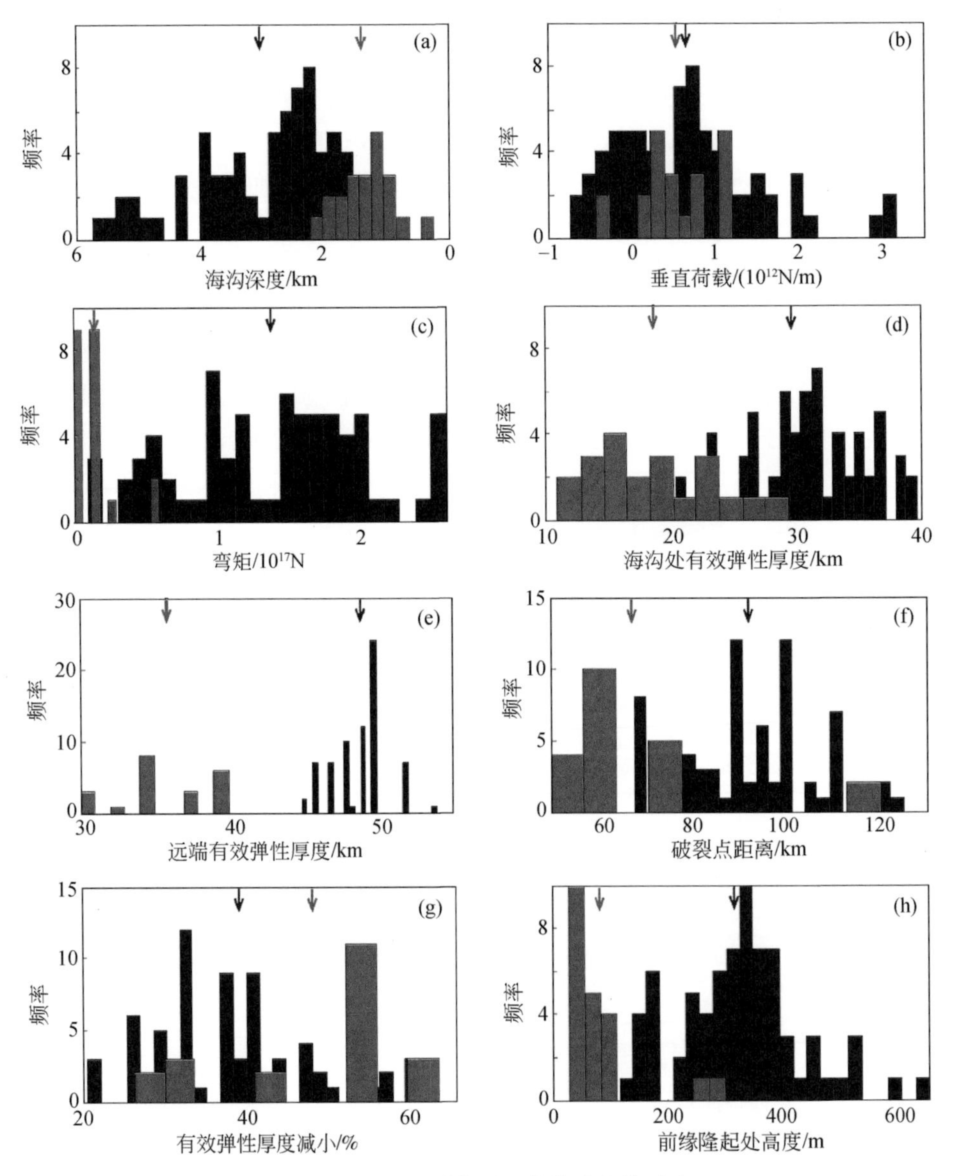

图 7-15　马里亚纳与马尼拉海沟参数对比

蓝色为马里亚纳海沟参数，红色为马尼拉海沟参数，矩形代表数值分布，箭头表示平均值。(a) 海沟深度对比；(b) 海沟轴处所受的垂直荷载（$-V_0$）对比；(c) 海沟轴处所受的弯矩（$-M_0$）对比；(d) 海沟轴附近板片有效弹性厚度对比；(e) 海沟远端板片有效弹性厚度对比；(f) 板片破裂点的位置对比；(g) 板片有效弹性厚度减小程度的对比；(h) 前缘隆起处高度的对比

沿马尼拉海沟，由应力造成的海沟深度变化范围为 0.8 ~ 2.2km，海沟处所受垂直荷载（$-V_0$）的变化范围为-0.4×10^{12} ~ 1.2×10^{12}N/m，海沟处所受弯矩（$-M_0$）的变化范围为 0.005×10^{17} ~ 0.6×10^{17}N。在马尼拉海沟前缘隆起处向海一侧，有效弹性厚度（T_e^M）的变化范围为 30 ~ 40km；在向海沟轴一侧，有效弹性厚度（T_e^m）的变化范围为 11 ~ 29.5km。因此，由最大到最小有效弹性厚度的减小发生在距离马尼拉海沟轴（x_r）的 50 ~ 120km 处，减小的幅度为 26% ~63% 。

马里亚纳与马尼拉海沟在深度、宽度及洋壳的挠曲参数上均有很大的区别（表 7-4）。马尼拉海沟的海沟深度远小于马里亚纳海沟，马尼拉海沟的最大深度约为马里亚纳海沟的 40% [图 7-15（a）]；在海沟轴处所受的最大垂直荷载，马尼拉海沟也约为马里亚纳海沟的 40% [图 7-15（b）]；马尼拉海沟轴处所受的最大弯矩约为马里亚纳海沟的 22% [图 7-15（c）]；马尼拉海沟的有效弹性厚度远小于马里亚纳海沟。离海沟较远的最大有效弹性厚度，马尼拉海沟比马里亚纳海沟薄 10km 以上 [图 7-15（e）]；马尼拉海沟轴附近的最小有效弹性厚度也比马里亚纳海沟薄近 10km [图 7-15（d）]。从最大有效弹性厚度到最小有效弹性厚度的破裂点，马尼拉海沟比马里亚纳海沟范围稍大，最小值为 50km，与马里亚纳海沟相比较窄 [图 7-15（f）]；马尼拉海沟破裂的程度略大于马里亚纳海沟 [图 7-15（g）]；前缘隆起处的最大高度，马尼拉海沟约为马里亚纳海沟的 46% [图 7-15（h）]。

表 7-4　马里亚纳与马尼拉海沟洋壳板片挠曲参数对比

参数	马尼拉海沟	马里亚纳海沟
海沟地形/km	-2.2 ~ -0.8	-5.7 ~ -0.9
$-V_0$/(10^{12}N/m)	-0.4 ~ 1.2	-0.7 ~ 3.2
$-M_0$/10^{17}N	0.005 ~ 0.6	0.1 ~ 2.7
T_e^m/km	11 ~ 30	19 ~ 40
T_e^M/km	30 ~ 40	45 ~ 52
x_r/km	50 ~ 120	70 ~ 125
有效弹性厚度的减少/%	26 ~ 63	20 ~ 61

7.5.2　板块有效弹性厚度与岩石圈温度

马尼拉海沟年龄为 16 ~ 32Ma，比马里亚纳海沟的年龄（140 ~ 160Ma）要年轻很多。马里亚纳海沟板块最大有效弹性厚度为 45 ~ 52km，根据 McKenzie 等（2005）的模型，对应的岩石圈温度为 450 ~ 550℃（图 7-16）。

Zhang 等（2018）利用与本次研究类似的方法，算出日本海沟板块（年龄为 120 ~ 130Ma）的最大有效弹性厚度为 34 ~ 44km，对应于岩石圈温度 350 ~ 500℃；菲律宾海沟（年龄为 90 ~ 110Ma）的最大有效弹性厚度为 36 ~ 41km，对应于岩石圈温度 450 ~ 600℃。

以上三个海沟基本处于400～600℃。

本次计算得出的马尼拉海沟板块有效弹性厚度为30～40km，比其他三个海沟偏薄。根据图7-16判断，该厚度对应的岩石圈温度为700～900℃，明显大于其他三个海沟。而南海16～32Ma的年龄和400～600℃的岩石圈温度对应的深度应为15～25km，约为本次计算得出的板块有效弹性厚度的一半。导致这一情况出现的原因可能有两个：①由于热液活动加剧散热（Behn et al.，2004），马尼拉海沟的实际岩石圈结构比图7-16中的模型偏冷；②本次计算的最大板块有效弹性厚度偏大，误差主要来自两个方面，一是马尼拉海沟可用的剖面较少，二是所用模型对近海沟处的最小有效弹性厚度的约束较好，因为该处板块挠曲的信号最强，但对最大有效弹性厚度的约束则相对较差，相对应的板块挠曲信号也较弱。

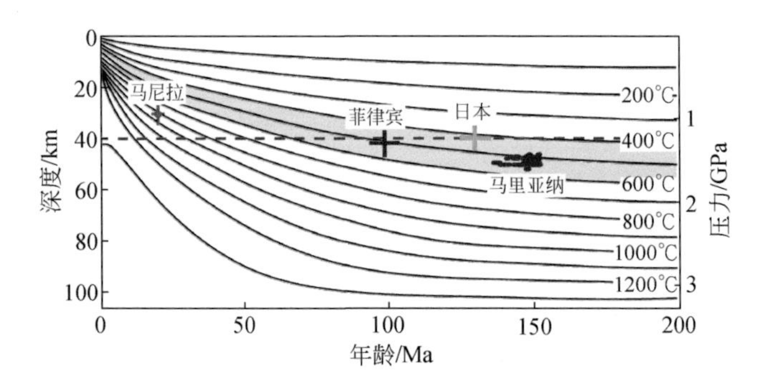

图7-16　马里亚纳、马尼拉、日本、菲律宾等海沟的板片有效弹性厚度与一维板块冷却模型

蓝色为马里亚纳海沟；红色为马尼拉海沟；紫色为菲律宾海沟；绿色为日本海沟

上述对比分析表明，海洋板块在马尼拉海沟的受力形变比在马里亚纳海沟要小，马里亚纳海沟与马尼拉海沟所受垂直荷载、弯矩和有效弹性厚度明显不同，可能与各自所处的构造环境及板片年龄有关。

参考文献

朱俊江，丘学林，詹文欢，等，2005. 南海东部海沟的震源机制解及其构造意义. 地震学报，27（3）：260-268.

Behn M D，Lin J，Zuber M T，2004. Effects of hydrothermal cooling and magma injection on mid-ocean ridge temperature structure，deformation，and axial morphology//German C R，Lin J，Parson L M. Mid-Ocean Ridges：Hydrothermal Interactions Between the Lithosphere and Oceans. Hoboken：Wiley Online Library：151-165.

Billen M I，Gurnis M，2005. Constraints on subducting plate strength within the Kermadec trench. Journal of Geophysical Research：Solid Earth，110：B05407.

Bodine J H，Watts A B，1979. On lithospheric flexure seaward of the Bonin and Mariana trenches. Earth and Planetary Science Letters，43（1）：132-148.

Bry M，White N，2007. Reappraising elastic thickness variation at oceanic trenches. Journal of Geophysical Research：Solid Earth，112：B08414. DOI：10.1029/2005JB004190.

Caldwell J G，Haxby W F，Karig D E，et al.，1976. On the applicability of a universal elastic trench profile. Earth and Planetary Science Letters, 31 (2): 239-246.

Christensen D H, Ruff L J, 1983. Outer-rise earthquakes and seismic coupling. Geophysical Research Letters, 10 (8): 697-700.

Contreras-Reyes E, Osses A, 2010. Lithospheric flexure modelling seaward of the Chile trench: implications for oceanic plate weakening in the Trench Outer Rise region. Geophysical Journal International, 182 (1): 97-112.

Divins D L, 2003. Total Sediment Thickness of the World's Oceans and Marginal Seas. NOAA National Geophysical Data Center, Boulder, CO. https://www.ngdc.noaa.gov/mgg/sedthick/sedthick.html.

Faccenda M, Gerya T V, Burlini L, 2009. Deep slab hydration induced by bending-related variations in tectonic pressure. Nature Geoscience, 2 (11): 790-793.

Hanks T C, 1971. The Kuril trench-Hokkaido rise system: large shallow earthquakes and simple models of deformation. Geophysical Journal of the Royal Astronomical Society, 23 (2): 173-189.

Harris R N, Chapman D S, 1994. A comparison of mechanical thickness estimates from trough and seamount loading in the southeastern Gulf of Alaska. Journal of Geophysical Research: Solid Earth, 99 (B5): 9297-9317.

Judge A V, McNutt M K, 1991. The relationship between plate curvature and elastic plate thickness: a study of the Peru-Chile Trench. Journal of Geophysical Research: Solid Earth, 96 (B10): 16625-16639.

Kuo B Y, Forsyth D W, 1988. Gravity anomalies of the ridge-transform system in the South-Atlantic between 31 and 34.5°S: upwelling centers and variations in crustal thickness. Marine Geophysical Research, 10 (3-4): 205-232.

Levitt D A, Sandwell D T, 1995. Lithospheric bending at subduction zones based on depth soundings and satellite gravity. Journal of Geophysical Research: Solid Earth, 100 (B1): 379-400.

Masson D G, 1991. Fault patterns at outer trench walls. Marine Geophysical Researches, 13 (3): 209-225.

McAdoo D C, Martin C F, Poulouse S, 1985. Seasat observations of flexure: evidence for a strong lithosphere. Tectonophysics, 116 (3-4): 209-222.

McKenzie D, Jackson J, Priestley K, 2005. Thermal structure of oceanic and continental lithosphere. Earth and Planetary Science Letters, 233 (3-4): 337-349.

McNutt M K, 1984. Lithospheric flexure and thermal anomalies. Journal of Geophysical Research: Solid Earth, 89 (B13): 11180-11194.

McNutt M K, Menard H W, 1982. Constraints on yield strength in the oceanic lithosphere derived from observations of flexure. Geophysical Journal International, 71 (2): 363-394.

Molnar P, Atwater T, 1978. Interarc spreading and Cordilleran tectonics as alternates related to the age of subducted oceanic lithosphere. Earth and Planetary Science Letters, 41 (3): 330-340.

Müller R D, Sdrolias M, Gaina C, et al., 2008. Age, spreading rates, and spreading asymmetry of the world's ocean crust. Geochemistry, Geophysics, Geosystems, 9: Q04006. DOI: 10.1029/2007GC001743.

Naliboff J B, Billen M I, Gerya T, et al., 2013. Dynamics of outer-rise faulting in oceanic-continental subduction systems. Geochemistry, Geophysics, Geosystems, 14 (7): 2310-2327.

Oakley A J, Taylor B, Moore G F, 2008. Pacific Plate subduction beneath the central Mariana and Izu-Bonin fore arcs: new insights from an old margin. Geochemistry, Geophysics, Geosystems, 9: Q06003. DOI: 10.1029/2007GC001820.

Parker R L, 1973. The rapid calculation of potential anomalies. Geophysical Journal of the Royal Astronomical Society, 31 (4): 447-455.

Ranalli G, 1994. Nonlinear flexure and equivalent mechanical thickness of the lithosphere. Tectonophysics,

240 (1-4): 107-114.

Ranero C R, Villaseñor A, Phipps Morgan J, et al., 2005. Relationship between bend-faulting at trenches and intermediate-depth seismicity. Geochemistry, Geophysics, Geosystems, 6: Q12002. DOI: 10.1029/2005GC000997.

Rangin C, Le Pichon X, Mazzotti S, et al., 1999. Plate convergence measured by GPS across the Sundaland/Philippine Sea plate deformed boundary: the Philippines and eastern Indonesia. Geophysical Journal International, 139 (2): 296-316.

Rüpke L H, Morgan J P, Hort M, et al., 2004. Serpentine and the subduction zone water cycle. Earth and Planetary Science Letters, 223 (1-2): 17-34.

Turcotte D L, McAdoo D C, Caldwell J G, 1978. An elastic-perfectly plastic analysis of the bending of the lithosphere at a trench. Tectonophysics, 47 (3-4): 193-205.

Turcotte D L, Schubert G, 2002. Geodynamics. 2nd edition. New York: Cambridge University Press: 456.

Watanabe T, Tabei T, 2004. GPS velocity field and seismotectonics of the Ryukyu arc, southwest Japan. Zisin: Journal of the Seismological Society of Japan, 57 (1): 1-10.

Watts A B, 2001. Isostasy and Flexure of the Lithosphere. New York: Cambridge University Press.

Zhang F, Lin J, Zhou Z, et al., 2018. Intra- and intertrench variations in flexural bending of the Manila, Mariana and global trenches: implications on plate weakening in controlling trench dynamics. Geophysical Journal International, 212 (2): 1429-1449.

第 8 章　洋脊俯冲与斑岩铜成矿*

在洋脊俯冲过程中，热的、年轻的洋壳容易发生部分熔融形成埃达克岩，而洋壳的部分熔融形成的岩浆具有系统偏高的铜、金含量，有利于形成斑岩铜金矿，因此很多大型和超大型斑岩铜金矿都与洋脊俯冲密切相关（孙卫东等，2010）。扩张的洋脊俯冲容易形成板片窗构造，影响相关斑岩铜矿床的分布。环太平洋地区是世界上探明的超大型斑岩铜矿聚集的地区，其中东太平洋沿岸中、南美洲的智利、秘鲁等地分布着多个正在俯冲的洋脊，多数洋脊俯冲带都形成了大型、超大型斑岩铜矿；而西太平洋的洋脊俯冲数量少、规模小，相应的斑岩铜矿的规模和数量也明显少于东太平洋，造成了环太平洋地区斑岩铜矿分布不均一的特征。此外，洋脊俯冲的板片窗构造控制其上的岩浆活动，使这些岩浆岩具有独特的地球化学特征。在板片窗构造环境中，靠近板片窗两侧边缘位置的埃达克岩具有更高的 Sr 含量。黄岩海山链是古南海扩张脊的残留部分，与北美西部的几个洋脊俯冲类似，在俯冲过程中形成板片窗，使其上的岩浆作用和斑岩铜矿的时空分布发生改变。

8.1　洋脊俯冲的成矿意义

全球超过 80% 的铜金属总量来自斑岩铜矿床，近 75% 的斑岩铜矿集中分布在太平洋东岸的智利、秘鲁、墨西哥和美国的阿拉斯加等地，特别是超大型、大型斑岩铜矿（图 8-1），根据铜金属总量统计得到的全球 25 个最大斑岩铜矿床中，有 20 个位于环太平洋带上，其中智利中部就有全球储量最大的（EI Teniente，储量 94.35Mt）、第三的（Río Blanco-Los Bronces，储量 56.73Mt）和第九的（Los-Pelambres-EI Pachón，储量 26.88Mt）斑岩铜矿；北部又有 Chuquicamata（66.37Mt）、La Escondida（32.39Mt）、Rosario（25.49Mt）、Radomiro Tomic（19.93Mt）、Escondida Norte（14.05Mt）、EI Salcador（11.29Mt）、Toki（10.85Mt）、La Granja（19.52Mt）和 Cujaone（17.14Mt），分别位于秘鲁的北部和南部（Cooke et al.，2005）。然而，东太平洋沿岸的斑岩铜矿床并不是均匀分布的，它们集中在不同地区。另外，在同属于环太平洋带的太平洋西岸，斑岩铜矿床不论在数量上还是规模上都远小于太平洋东岸，在西岸仅有菲律宾的 Tampakan 是千万吨级以上的矿床（Singer et al.，2008），其余大部分为中小型斑岩铜矿床。

洋脊俯冲在环太平洋俯冲带中广泛存在（Gräfe et al.，2002；Espurt et al.，2008；Cole and Stewart，2009；Wallace et al.，2009），如东太平洋有 Juan Fernandez、Iquique、Cocos 等洋脊，西太平洋有 Scarborough 洋脊。两岸的洋脊俯冲在数量上存在较大差异，西太平洋的洋脊俯冲比东太平洋要少得多。环太平洋地区的古代大陆边缘上也曾存在洋脊俯冲，许多学者发现了中生代的洋脊俯冲证据，如日本的晚白垩世洋脊俯冲（Kinoshita，1995）

---

* 作者：詹美珍

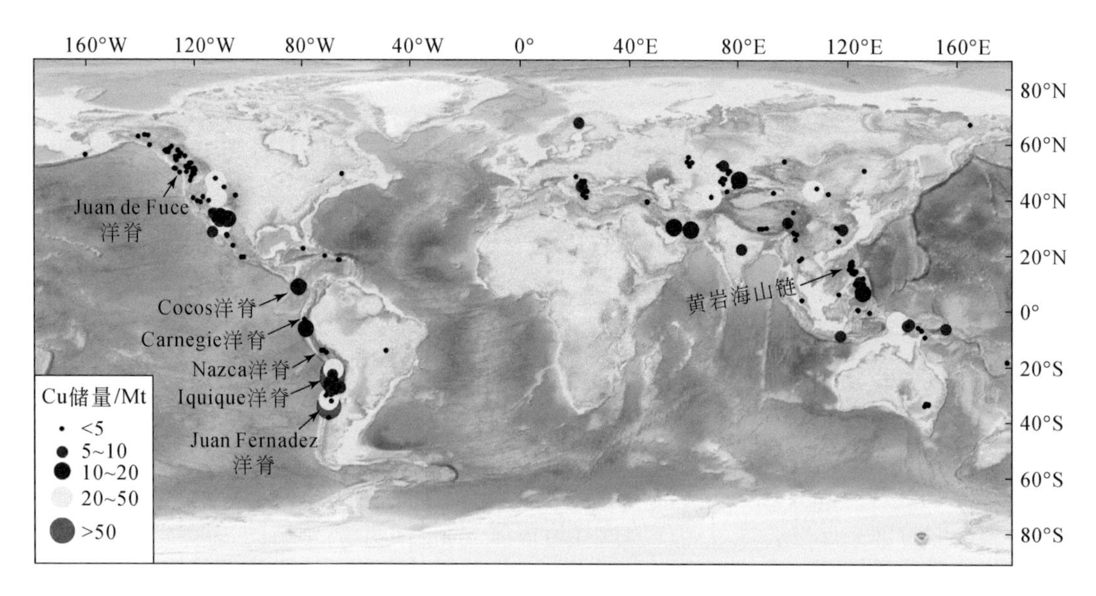

图 8-1 全球斑岩铜矿床分布图

按规模铜金属储量划分；数据来源于 Mutschler et al., 2000；Cooke et al., 2005；Singer et al., 2008

和中国东部长江中下游白垩纪的洋脊俯冲（孙卫东等，2008；Ling et al.，2009）等。

洋脊俯冲在时空分布上与许多大型、超大型斑岩铜矿有较好的一致性。例如，位于西太平洋菲律宾的 Lepanto-Far South East、Santo Tomas Ⅱ、Guinaoang 等大中型斑岩铜矿，在时空分布上与 Scarborough 洋脊吻合（Cooke et al.，2005；Singer et al.，2008）；东太平洋智利的 EI Teniente、Rio Blanco-Los Bronces、Los Pelambres-EI Pachón 等超大型矿床，储量超过 2.7 亿 t，形成于 5～10Ma，在空间上与 Juan Fernández 洋脊对应（Cooke et al.，2005）；位于智利以北的巴拿马 Cerro Colorado 斑岩铜金矿床，储量为 0.145 亿 t，形成于 6～7Ma，在空间上与 Cocos 洋脊俯冲一致。许多学者认为洋脊俯冲对板块俯冲角度、俯冲带的热结构、大陆边缘的岩浆作用以及成矿作用等都具有控制作用（Iwamori，2000；Cooke et al.，2005；Cole and Stewart，2009）。扩张型洋脊和非震洋脊因热结构差异，它们在俯冲过程中发生不同的岩浆作用，扩张型洋脊在俯冲过程中一直产生新的岩浆，并可能产生板片窗（Thorkelson，1996），从而制约着相应区域的岩浆活动和成矿作用。Defant 和 Drummond（1990）认为环太平洋地区成矿差异的原因之一就是东太平洋沿岸的洋壳比西太平洋更热、更年轻，因此更容易发生部分熔融。一些学者提出西太平洋沿岸的中国东部中生代大型斑岩铜矿在成因上也与古洋脊俯冲有联系（孙卫东等，2008；Ling et al.，2009），东太平洋与西太平洋的洋脊俯冲数量差异可能是导致太平洋东、西两岸斑岩铜矿床在数量和规模上悬殊的原因之一。

埃达克岩是一种高 Sr、低 Yb 和 Y 的新型中酸性岩浆岩（Sr/Y≥20）（Kay，1978；Defant and Kepezhinskas，2001），它具有高氧逸度、富流体和基性源岩的特征。埃达克岩最早发现于阿留申群岛的埃达克岛，经研究在其中发现有俯冲洋壳部分熔融的组分（Kay，1978）。Defant 和 Drummond（1990）提出埃达克岩是俯冲的年轻的（<25Ma）大洋板片熔融所形成的。然而，在目前已发现的分布于环太平洋地区的新生代埃达克岩中，只有智利

南部的 Cook 岛、巴拿马的 EI Valle 等少数埃达克岩发育于年轻洋壳俯冲带中，多数发育在较老的洋壳俯冲带之上（Peacock et al., 1994；Martin, 1999；Beate et al., 2001）。有学者认为较老的洋壳俯冲板块由于浮力，在楔状软流圈地幔大约 80km 处近水平消亡并逐渐加热而发生熔融（Gutscher et al., 1999；Beate et al., 2001）。随着研究的深入，现已不再认为俯冲作用是埃达克岩形成的唯一的动力学机制，许多学者认为存在与俯冲洋壳无关的埃达克岩，并提出加厚陆壳底部部分熔融、底侵玄武质下地壳的熔融、拆沉下地壳部分熔融、地幔交代等模型（Kay, 1978；Kay and Mahlburg-Kay, 1991；Kay and Mpodozis, 1999；王强等, 2001；赵振华等, 2006）。张旗等（2001）认为中国东部的埃达克岩可能是玄武质岩浆底侵到加厚陆壳底部，产生下地壳部分熔融形成的。也有学者认为中国东部中生代的埃达克岩是洋脊俯冲产生部分熔融形成的（孙卫东等, 2008；Ling et al., 2009）。不同地球动力机制下形成的埃达克岩在地球化学特征上也有差异，有的学者认为板片在中高压和中等程度部分熔融条件下生成的熔体具有富 Na、高 Al、轻稀土元素富集、重稀土元素极为亏损、高 Sr 及无明显的富 Eu 异常等特征（Rapp et al., 1991, 1999）。基性下地壳的中高压部分熔融形成的埃达克岩浆，则与相应的初始板片熔体的地球化学特征更为相似（刘红涛等, 2004）。出露于环太平洋俯冲带大陆边缘的新生代埃达克岩或埃达克质岩石总体地球化学特征基本一致，但不同地区在部分微量元素、Sr-Nd-Pb 同位素组成上存在差异，这些差异可能是源岩、混染程度及源区条件等引起的。

关于埃达克岩与斑岩铜金矿的关系，许多研究表明两者是密切相关的。在环太平洋地区，广泛发育的埃达克岩与斑岩铜矿在时空上具有很好的共生关系，它还是许多同期大型、超大型斑岩铜矿的容矿岩。Thieblemont 等（1997）研究的 43 个矿床和成矿区中，有 38 个与埃达克岩有关。因此，埃达克岩被认为是斑岩铜金矿床的母岩和极好的找矿标志（杨振强和朱章显, 2010），对埃达克岩地球化学特征、岩石组合和构造背景的研究可对洋脊俯冲及斑岩铜矿的寻找具有辅助及指导意义。

8.2　斑岩成矿区域的火山活动

根据已知环太平洋带斑岩铜矿床规模、成矿年龄和金属储量等的统计，西太平洋沿岸（黄岩海山链）、北美西部沿岸（Kula-Resurrection 洋脊、Resurrection-Farallon 洋脊和 Kula-Farallon 洋脊）、中美洲沿岸（Cocos 洋脊）和南美西部沿岸（Carnegie 洋脊、Nazca 洋脊、Iquique 洋脊和 Juan Fernandez 洋脊）的洋脊俯冲所对应斑岩铜矿床的火山活动条件有一定差异。环太平洋带上的洋脊俯冲主要为扩张洋脊（spreading ridge）和非震洋脊（aseismic ridge）两种类型，其中扩张洋脊的俯冲很可能撕裂或分离形成板片窗（Pallares et al., 2007），如阿拉斯加南部沿岸和加利福尼亚西部沿岸（Cole et al., 2006）、南美智利南部（Thorkelson and Breitsprecher, 2005）和中国东部长江中下游地区（Ling et al., 2009）。扩张洋脊俯冲形成板片窗后，由于下伏岩浆来源和热流值等因素的改变，上覆板块的岩浆作用与一般岛弧的岩浆作用不同。在南美西部俯冲带的洋脊类型主要是非震洋脊，即大洋板块上的海山岛链、海岭和其他的海底高地。如 Nazca 洋脊是起源于 Pacific-Farallon/Nazca 扩张中心的海底高地，Juan Fernandez 洋脊则是 Juan Fernandez 热点引起的洋底海山链。这些年轻的、热的洋脊俯冲，会导致上覆板块岩浆作用发生显著变化，如洋脊的低角度俯冲通常与埃达克岩的喷发及随后火山活动的停止有关（McGeary et al.，1985；Gutscher et al.，2000；Beate et al.，2001）。

8.2.1　南美西部俯冲带的火山活动

早在20世纪80年代，就有许多学者观察到南美西部俯冲带大陆边界存在火山活动空隙，这些空隙与现今南美之下的平俯冲密切相关（Nur，1981；McGeary et al.，1985）。根据南美洲活动火山的空间分布（图8-2），洋脊俯冲区之上大多存在火山作用的空隙。板块的水平俯冲影响弧火山作用的空间分布，当水平俯冲开始时，火山活动也随着板块俯冲倾角逐渐变平缓而向陆方向逐渐迁移，因此弧火山作用在空间上也逐渐变宽（James and Sacks，1999；Kay and Mpodozis，2001）。当俯冲倾角小到停止变化时，火山作用也随之停止，Martinod 等（2010）认为俯冲板块变平缓和火山活动停止在时间上存在延迟性，而这一延迟性在南美西部俯冲带中得到证实。Martinod 等（2010）根据地震数据，提出现今的南美西部俯冲带中主要存在两个平俯冲，最大的位于3°～15°S之下，第二大平俯冲位于28°～33°S之下。通过对安第斯造山带弧火山作用年龄数据的分析，认为这两个平俯冲分别是Nazca洋脊和Juan Fernandez洋脊俯冲导致的。Espurt 等（2008）曾提出，位于智利-

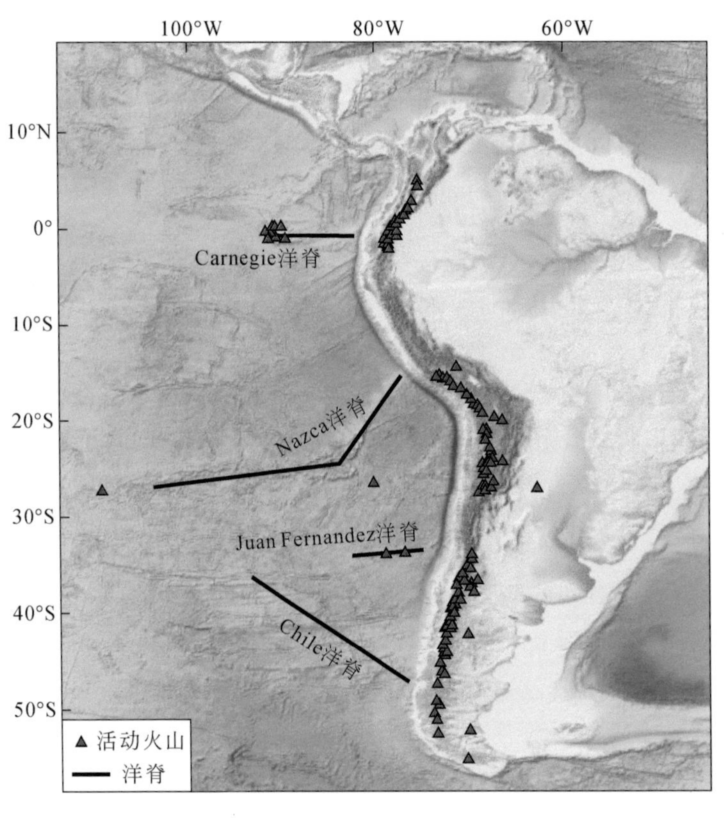

图8-2　南美西部大陆边缘活动火山与洋脊分布图（火山数据来自 Mutschler et al.，2000）

阿根廷之下的第二大平俯冲的火山活动是在具有正浮力的大洋岩石圈（Juan Fernandez 洋脊）到达海沟之后约 7Ma 停止的。平俯冲的形成除了洋脊俯冲的影响外，还受俯冲速率的制约。弧火山年龄数据表明，在晚中新世期间，整个科迪勒拉地区的弧火山作用都是活动的（James and Sack，1999；Kay and Mpodozis，1999），表明该地区在这个时期内不存在已经完全形成的平俯冲。Martinod 等（2010）认为其原因之一是该时期俯冲于南美之下的洋脊向南迁移速率较快，使其没有足够的时间形成平俯冲。综上所述，火山活动空隙可在时空上反映平俯冲的存在，并且可进一步推测对应洋脊俯冲几何结构的演化过程，从而有助于理解区域内斑岩铜矿床的成因和空间分布规律。

8.2.2　中美洲第四纪火山活动

据研究，中美洲第四纪火山弧的分布超过 1000km（Carr and Stoiber，1990），该区域内火山作用也存在一个约 180km 的火山空隙（Gräfe et al.，2002），而火山空隙正好位于 Cocos 俯冲洋脊之上的中美洲地区（图 8-3），Drummond 等（1995）提出导致洋脊之上钙碱性火山活动终止的原因是 Cocos 洋脊的俯冲。关于 Cocos 洋脊俯冲于 Costa Rica 南部之下的时间一直存在着争议，早期的学者认为 Cocos 洋脊发生俯冲的时间为 1 ~ 0.5Ma（Corrigan et al.，1990；Gardner et al.，1992）；Collins 等（1995）和 Meschede 等（1998）所确定的时间相近，分别为约 3.6Ma 和 4 ~ 3Ma；而 Kolarsky 等（1995）根据盆地推覆断层的演化，认为 Cocos 洋脊在 5Ma 开始俯冲；Gräfe 等（2002）结合侵入岩和火山岩年龄数据及地形抬升等资料，提出 Cocos 洋脊开始俯冲的年龄在 5.5 ~ 3.5Ma。由此可见，Cocos 洋脊最早可能自上新世开始俯冲于中美洲之下，而俯冲过程至今仍在进行。根据高分辨率的地震数据，在 Cocos 洋脊北部，即 Costa Rica 中部，俯冲倾角约为 60°，而在洋脊俯冲之处即火山活动空隙区，俯冲板块开始的 60km 内倾角为 30°，而 60km 之外的俯冲倾角近似水平。

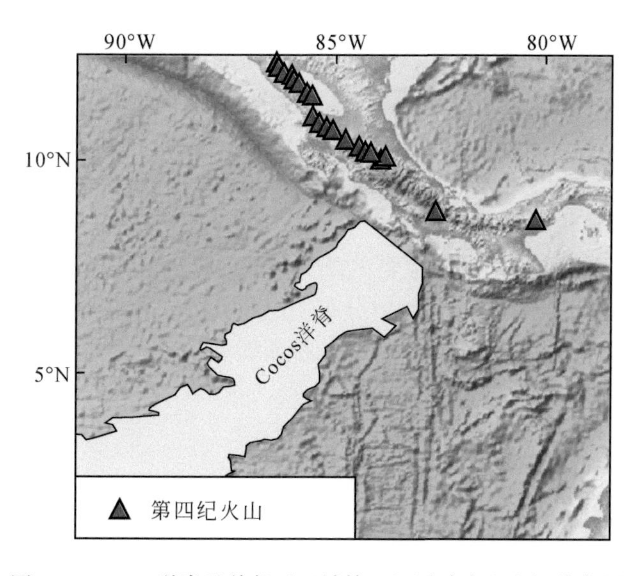

图 8-3　Cocos 洋脊及其邻近区域第四纪活动火山空间分布图

8.2.3 吕宋岛的火山活动

自中中新世以来，吕宋岛北部和南部的火山活动存在明显差异。根据已知的火山活动年龄数据，吕宋岛北部 Mt. Cagua 到 Baguio 之间存在一个延伸 220km 的第四纪火山活动空隙，该区域大部分火山已经在中新世停止活动，火山空隙在空间上与同一时代形成的斑岩铜金矿床相对应。而在南部，则主要分布着第四纪火山，且存在至今仍然活动的火山。吕宋岛上的火山作用在时间上的明显分段性与黄岩海山链的俯冲密切相关。有学者认为年轻的、热的洋脊到达海沟后引起俯冲的间断，从而导致出现暂时的火山空隙（Bouysse and Westercamp，1990；Yang et al.，1996）。这一现象在南美洲的秘鲁中部也存在，与 Nazca 洋脊俯冲对应的浅成热液矿床和斑岩矿床也分布在活动火山空隙区域。

结合黄岩海山岛链俯冲之后南北两侧的俯冲倾角差异特征，可以推测该区域内的火山空隙可能与吕宋岛北部之下的俯冲倾角较小也有关系。南海古扩张脊的俯冲，使得俯冲倾角逐渐变小，火山活动向西迁移，且在洋脊俯冲区段之上的板块中，火山活动逐渐减少，形成第四纪火山活动空隙（图 6-2）。根据地震数据，已有学者提出吕宋岛北部之下的俯冲倾角较小（Yang et al.，1996；Bautista et al.，2001；刘再峰等，2007）。对比南美平俯冲的形成过程，推测吕宋岛北部正在逐渐形成平俯冲，同时在这一过程中发生斑岩铜成矿作用。

8.3 斑岩成矿区域的岩石地球化学特征

扩张洋脊在到达海沟开始俯冲之时，俯冲带大陆边缘的岩浆作用会发生明显的变化，洋脊俯冲会导致弧前至弧后环境中岩浆的地球化学特征从钙碱性到拉斑/碱性的变化（Hole et al.，1991；Cole and Basu，1995；Aguillón-Robles et al.，2001；Kinoshita，2002；Madsen et al.，2006），这些变化很大程度上与扩张洋脊俯冲之后形成的板片窗密切相关。板片窗的形成，使得俯冲板片之下的地幔通过这个缺口上涌，同时高热流体可能导致上覆地壳岩石的熔融，从而形成中性到酸性岩浆，如阿拉斯加南部的 Sanak- Baranof 岩浆带（Bradley et al.，2003；Cole et al.，2006）。此外，板片窗的洋壳边缘的部分熔融会形成埃达克岩（Kinoshita，2002；Thorkelson and Breitsprecher，2005），且有可能比典型埃达克岩具有更高的 Sr 含量；板片窗的形成也会导致下覆地幔的解压部分熔融，产生铁镁质岩浆（Portnyagin et al.，2005）。

本节将根据对太平洋东、西两岸主要洋脊俯冲所对应斑岩铜矿床中的埃达克岩、富铌玄武岩和 A 型花岗岩的地球化学特征及时空分布变化的分析与总结，探讨洋脊俯冲过程中形成的板片窗构造对这些岩浆活动的重要控制作用，进而揭示洋脊俯冲与斑岩铜成矿的成因联系。

8.3.1 埃达克岩

1. 埃达克岩成因概述

埃达克岩最初是由 Defant 和 Drummond（1990）提出的与俯冲洋壳熔融有关的一类具

有特定地球化学性质的中酸性侵入岩或火山岩，这类岩石具有高 Sr（≥400×10⁻⁶）、低 Y（≤18×10⁻⁶）和 Yb（≤1.9×10⁻⁶）含量。自该概念提出后的二十多年以来，许多学者对埃达克岩的起源进行了研究，认为埃达克岩中的高 Sr/Y（La/Yb）值指示其母岩浆是板块熔体，是年轻的（<20Ma）、热的洋脊以小角度发生俯冲，并在 75～85km 的角闪岩-榴辉岩过渡带发生部分熔融，产生的岩浆与地幔和地壳发生相互作用，形成埃达克岩（Abratis and Wörner，2001；Mungall，2002）。

Sr 在地幔岩浆过程中是一个中度不相容元素，但在斜长石中却是高度相容；Y 在岩浆过程中中度不相容，而在石榴子石中又是一个高度相容元素；因而斜长石和石榴子石控制着 Sr/Y 值。下地壳的 Sr/Y 值是 MORB 的 10 倍（Sun and McDonough，1989；Sun et al.，2008），故下地壳部分熔融形成埃达克岩需要有一定量的残留斜长石，这就要求部分熔融发生在相对较浅的构造位置中。榴辉岩相发生部分熔融的板片在源区没有残留斜长石（Xiao et al.，2006；Xiong，2006），因而 Sr/Y 值在板片部分熔融过程中大幅度增大，除高的 Sr/Y 值的样品外，Sr/Y 值本身并不能区分下地壳部分熔融和板片部分熔融。

La 在地幔岩浆活动过程中是一个不相容元素，而 Yb 则是中度不相容；Yb 在石榴子石中高度相容，而 La 则不是。因此，埃达克岩的 La/Yb 值对石榴子石特别敏感，但不会明显受斜长石的影响。下地壳中 La/Yb 值是 MORB 的 15 倍左右（Sun and McDonough，1989），而石榴子石又是下地壳组成榴辉岩和麻粒岩的主要矿物，因此在石榴子石存在的情况下，下地壳部分熔融形成的埃达克岩总体上具有比较高的 La/Yb 值，与 Sr/Y 值相比，能更好地区分下地壳部分熔融和俯冲板片部分熔融（图 8-4）。

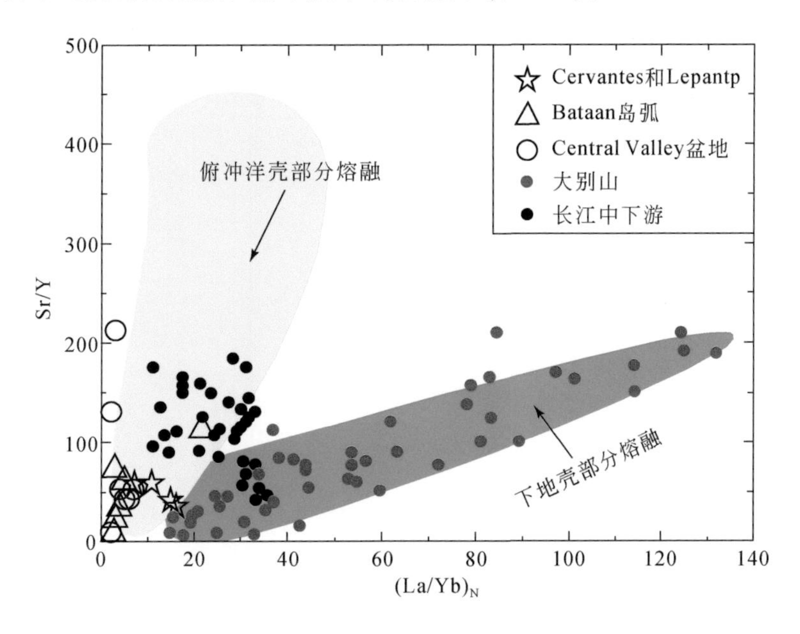

图 8-4　吕宋岛与大别造山带及长江中下游埃达克岩 Sr/Y-$(La/Yb)_N$ 图解

吕宋岛埃达克岩数据来自 Mutschler et al.，2000。大别造山带和长江中下游数据来自 Huang et al.，2008；Ling et al.，2009，2011，2013 及其中文献

Nb 和 Ta 之间通常不发生分异，俯冲带中高度分异的 Nb/Ta 值，是从蓝片岩到角闪岩-榴辉岩变质转变过程中金红石出现之前的脱水作用形成的（Xiao et al., 2006）。Nb/Ta 值变化范围较大的埃达克岩，可能与板块俯冲有关，但 Nb/Ta 值变化并不能很好地区分下地壳部分熔融和俯冲板片部分熔融，具体的辨别还需要结合研究区域的构造背景。

环太平洋俯冲带的埃达克岩大部分与洋脊俯冲形成的洋壳部分熔融有关（Sajona et al., 1993; Peacock et al., 1994; Ickert et al., 2009; Chiaradia et al., 2009），然而关于埃达克岩起源及其与斑岩型矿床之间的联系也出现越来越大的争议（Oyarzun et al., 2002）。有学者认为，并非所有的埃达克岩都由洋壳部分熔融所形成，就埃达克质或类埃达克质岩浆的起源，主要存在以下三种观点：①板块熔融和板块熔体-地幔楔的相互作用（Abratis and Wörner, 2001; Yogodzinski et al., 1995）；②铁镁质下地壳熔融（Chung et al., 2003）；③伴高压分离结晶形成的熔体（Macpherson et al., 2006; Chiaradia et al., 2009）。不同起源的埃达克岩，其地球化学特征存在明显差异。

2. 吕宋岛上新世以来埃达克岩

位于太平洋西部的菲律宾吕宋岛北部，上新世以来的埃达克岩在时空分布上都与同时期的斑岩铜矿床密切相关，形成年代总体由北向南呈变年轻的趋势（图 8-5）。北部 Cervantes 和 Lepanto 地区最老的埃达克岩年龄为 3.66±0.18Ma，往南 Baguio 地区最老埃达

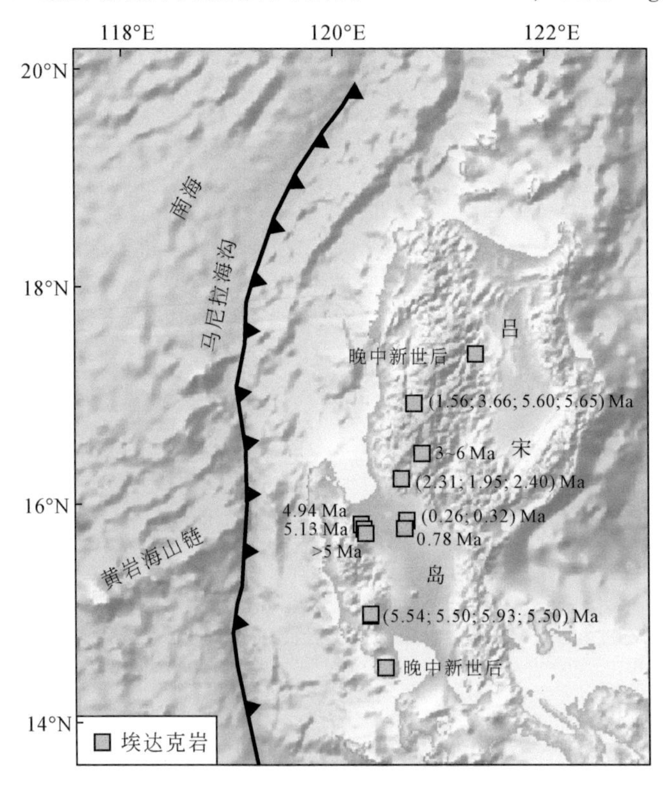

图 8-5　吕宋岛晚中新世以来的埃达克岩时空分布

埃达克岩数据参考 Bellon and Yumul, 2000; Sajona and Maury, 1998; Yumul et al., 2000

克岩年龄为 2.40±0.18Ma，吕宋岛中部的埃达克岩形成于 1Ma 以后。此外，在 Sr/Y-Sr 图解中（图 8-6），这些埃达克岩的 Sr 含量在吕宋岛不同区域具有明显差异。其中，吕宋岛北部（Cervantes、Lepantp 和 Baguio）的 13 个样品中，有 12 个 Sr 含量为 $346\times10^{-6}\sim639\times10^{-6}$，只有一个为 1010×10^{-6}，但这些样品的 Sr/Y 值均在 31～60 范围内；来自 Central Valley 盆地的 10 个埃达克岩样品中，9 个样品的 Sr 含量大于 800×10^{-6}，6 个样品的 Sr/Y 值大于 100；Bataan 岛弧中的样品共有 15 个，其中来自吕宋岛中部的 4 个样品 Sr 含量大于 800×10^{-6}，这 4 个中又只有一个样品的 Sr/Y 值大于 100［图 8-7（a）］，其余 11 个样品中只有位于 Mt. Manggahan 的 2 个样品的 Sr/Y 值大于 100。对于 Sr 含量大于 800×10^{-6}的样品，在 Sr/Y-Y 图表中，Sr/Y 值越大，Y 含量越小［图 8-7（a）］。在 La/Yb-Yb 图表中，只有 Central Valley 盆地中的 2 个样品具有较高的 La/Yb 值，而其余地区中样品的 La/Yb 值均属正常［图 8-7（b）］。

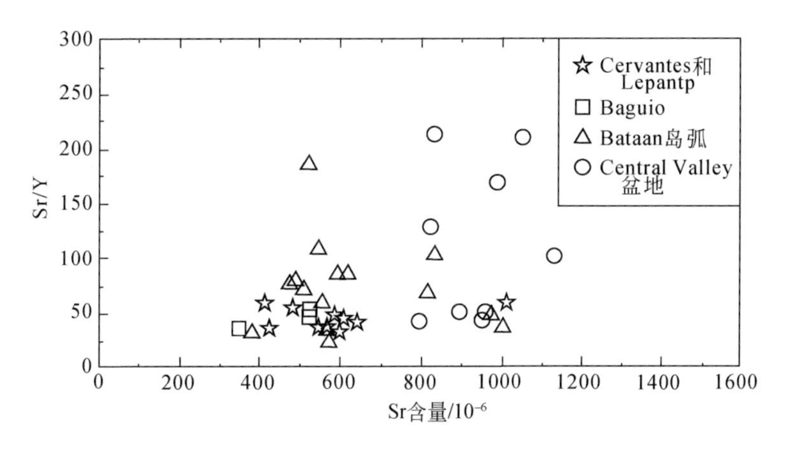

图 8-6　吕宋岛晚中新世后形成的埃达克岩 Sr/Y-Sr 图解

埃达克岩数据来自 Mutschler et al.，2000

根据 La/Yb-Yb 图解对比［图 8-7（b）］，吕宋岛上这些埃达克岩与中国大别造山带（除父子岭外）和长江中下游地区的埃达克岩具有相似的 La/Yb 值，并且 Yumul 等（2000）根据吕宋岛中部 30～33km 的地壳厚度提出该区域下地壳中石榴子石是稳定的。结合上述吕宋岛北部和中部样品的地球化学特征和定年数据，我们认为这些埃达克岩源自南海古扩张脊俯冲导致的洋壳部分熔融。中部弧后地区 Central Valley 盆地内的样品相对吕宋岛北部埃达克岩样品具有较高的 Sr 含量（$>800\times10^{-6}$），在空间上位于推测的板片窗之上，结合 Mt. Cuyapo 的埃达克岩样品的地球化学特征表明，它们的形成可能与洋脊撕裂导致洋壳剖面上的富含斜长石的辉长岩层的部分熔融有关。

3. 北美埃达克岩

位于北美西部沿岸 British Columbia 南部的埃达克岩形成于始新世期间（55～50Ma），与其西岸的洋脊俯冲及随后形成的板片窗构造密切相关。这些埃达克岩的 Sr/Y 值大部分在 70～100 范围内，只有少量超过 100［图 8-8（a）］。它们中的部分具有较高的 Sr 含量，大部分 Sr 含量范围在 $500\times10^{-6}\sim1000\times10^{-6}$，少数埃达克岩的 Sr 含量超过了 1300×10^{-6}

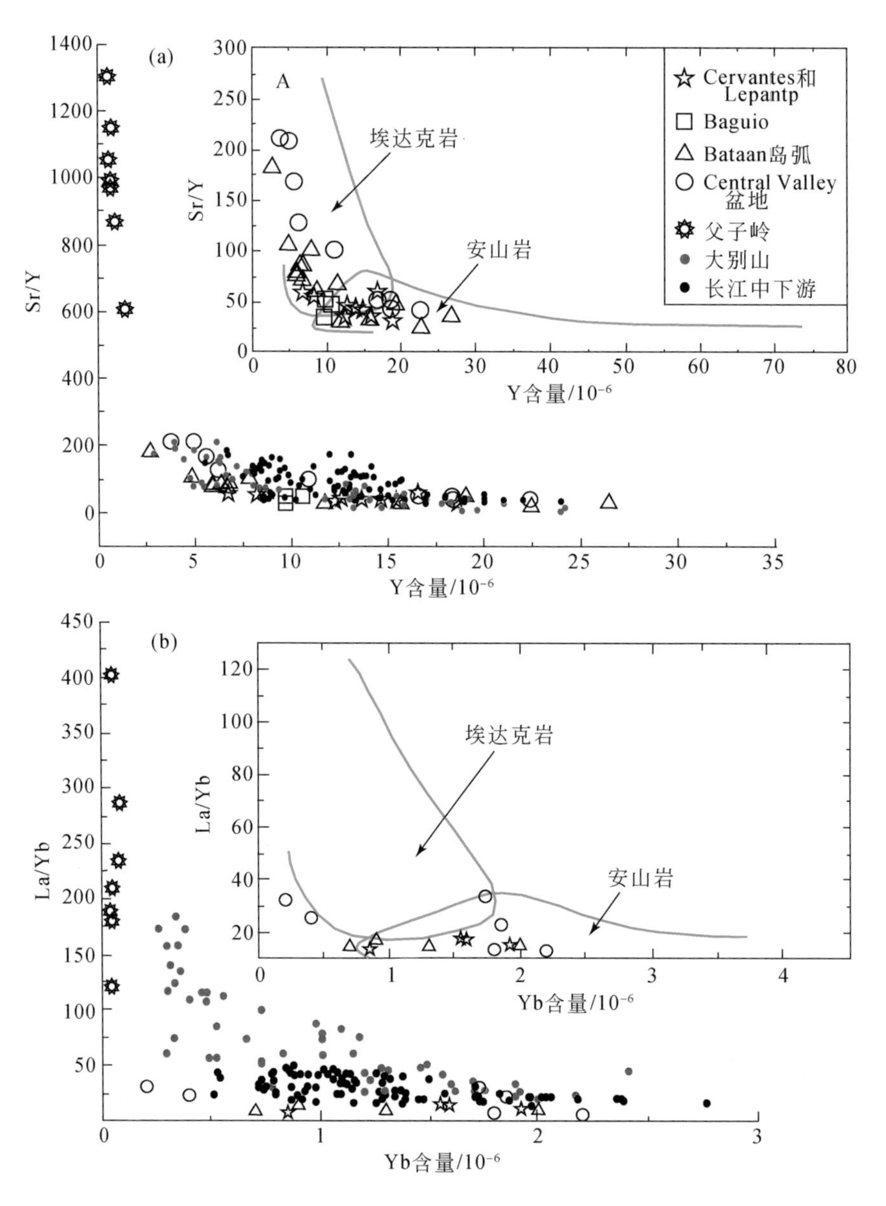

图 8-7　吕宋岛、大别造山带和长江中下游地区埃达克岩 Sr/Y-Y 图解（a）和 La/Yb-Yb 图解（b）
埃达克岩和安山岩数据区域据 GEOROC 数据库（http://georoc.mpch-mainz.gwdg.de）；吕宋岛埃达克岩数据来自 Mutschler et al.，2000；大别造山带和长江中下游数据来自 Huang et al.，2008；Ling et al.，2009，2011，2013 及其中文献

[图 8-8（b）]，且在空间分布上靠近板片窗构造位置。这些埃达克岩的 La/Yb 值范围较小，大部分为 10～40，只有个别为 40～80（图 8-9）。Sr/Nd 值和 Nb/Ta 值范围相对较集中，分别为 20～60 和 10～30（图 8-10）。根据 Th/U-U 和 Th/U-Th 图解的数据判断（图 8-11），这个地区的埃达克岩起源于洋壳的部分熔融。

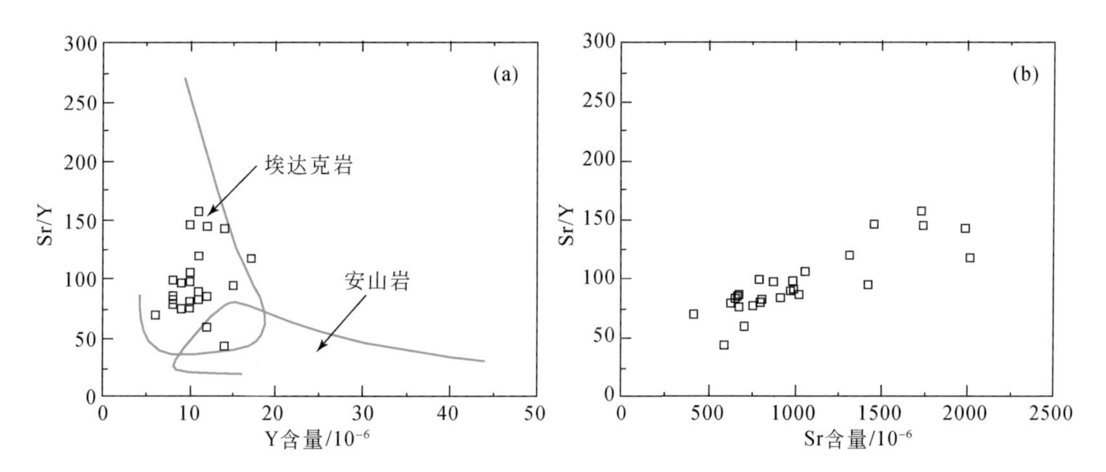

图8-8　北美 British Columbia 南部埃达克岩 Sr/Y-Y 图解（a）和 Sr/Y-Sr 图解（b）

埃达克岩和安山岩数据区域据 GEOROC 数据库；埃达克岩数据来源于 Ickert et al.，2009

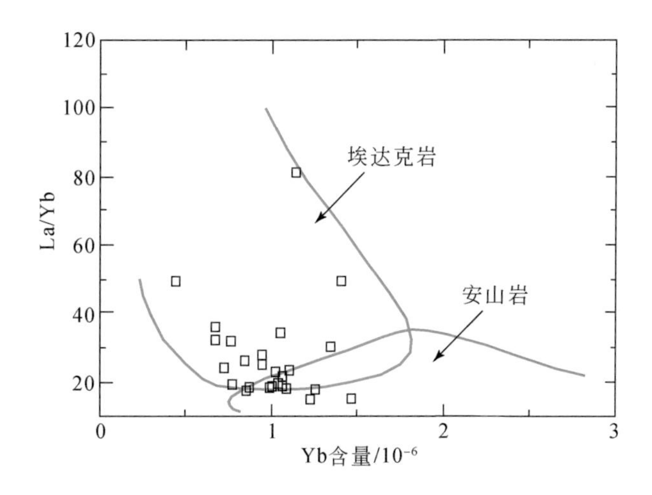

图8-9　北美 British Columbia 南部埃达克岩 La/Yb-Yb 图解

埃达克岩和安山岩数据区域据 GEOROC 数据库；埃达克岩数据来源于 Ickert et al.，2009

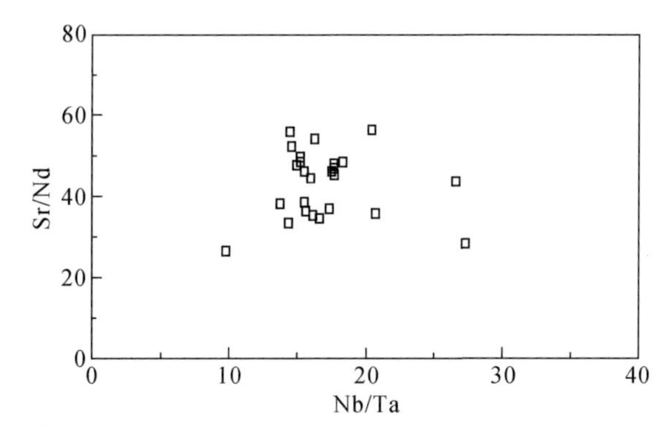

图8-10　北美 British Columbia 南部埃达克岩 Sr/Nd-Nb/Ta 图解

埃达克岩数据来源于 Ickert et al.，2009

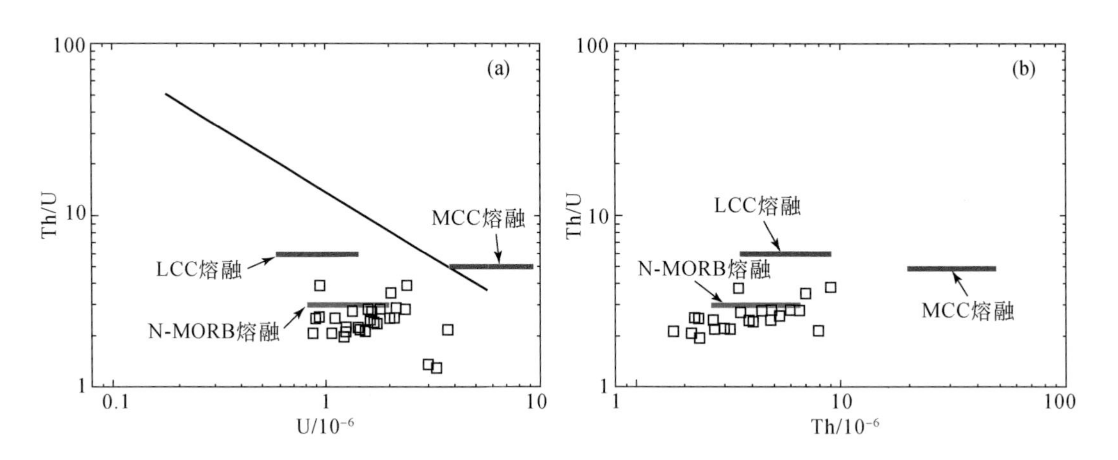

图 8-11　北美 British Columbia 南部埃达克岩 Th/U-U 图解（a）和 Th/U-Th 图解（b）

N-MORB. 正常型洋中脊玄武岩；LCC. 下地壳；MCC. 中地壳。埃达克岩数据来源于 Ickert et al.，2009；中、下地壳数据来源于 Rudnick and Gao，2003；MORB 数据据 Sun et al.，2008

4. 南美西部沿岸埃达克岩

5°S 附近的斑岩铜成矿活动被认为与同时期的印加高原的俯冲有关（Gutscher et al., 1999；Rosenbaum et al., 2005）。印加高原约在 12Ma 开始俯冲于秘鲁板块之下，同时岛弧岩浆开始从“一般”快速转变为类埃达克质。印加高原俯冲区域的 Yanacocha 岩浆区的成矿作用与沿 NE 向岩浆构造走廊分布的斑岩侵入体有关，该区域有 8 个侵入体，年龄为 12.4～8.4Ma，这些侵入体的地球化学和同位素特征随着年龄变化也发生系统变化。与印加高原有关的埃达克岩的 Sr/Y 值为 70～160［图 8-12（a）］；Sr 含量为 500×10^{-6}～1100×10^{-6}［图 8-12（b）］；其 La/Yb 值范围较小，为 20～35［图 8-12（c）］；Sr/Nd 值也维持在很小的范围内，为 10～20；Nb/Ta 值则相对较大，为 15～65（图 8-13）。由 Tu/U-U 和 Tu/U-Th 图解（图 8-14）判断，这些埃达克岩起源于洋壳部分熔融。

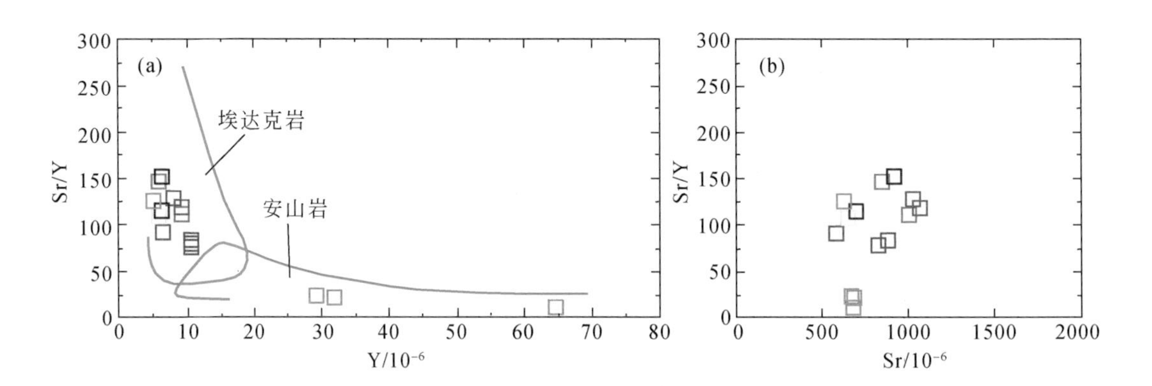

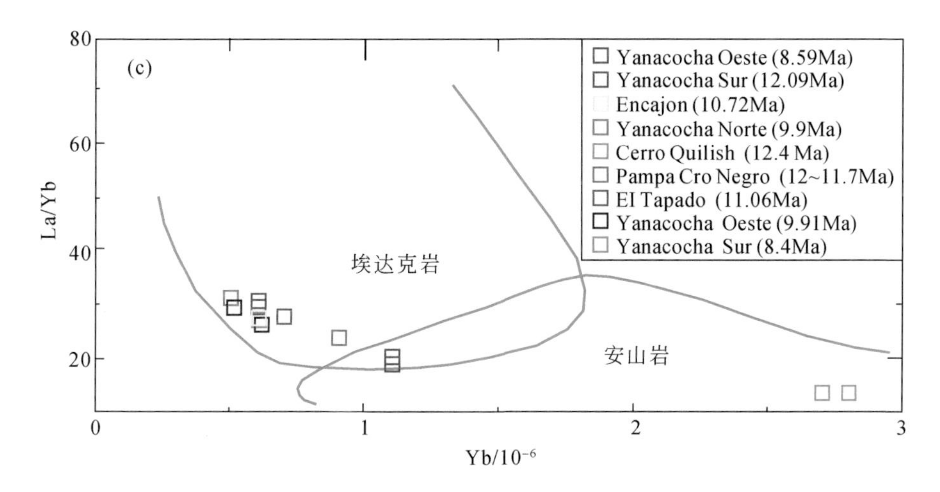

图 8-12　南美 Yanacocha 地区埃达克岩 Sr/Y-Y 图解（a）、Sr/Y-Sr 图解（b）和 La/Yb-Yb 图解（c）
埃达克岩数据来源于 Chiaradia et al., 2009

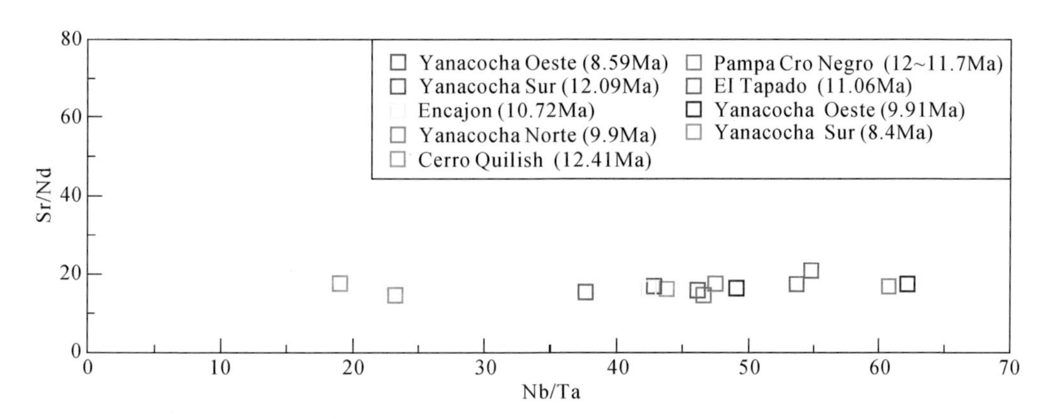

图 8-13　南美 Yanacocha 地区埃达克岩 Sr/Nd-Nb/Ta 图解
埃达克岩数据来源于 Chiaradia et al., 2009

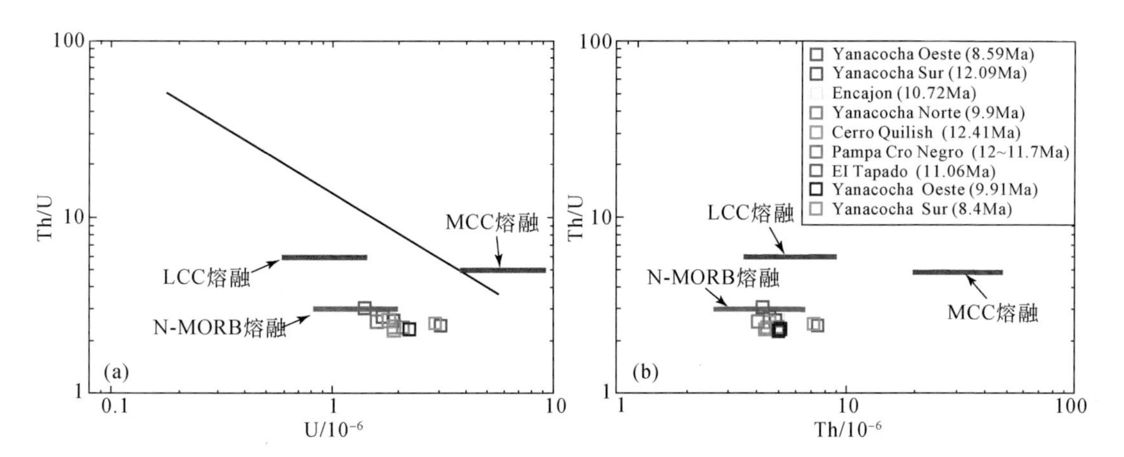

图 8-14　南美 Yanacocha 地区埃达克岩 Th/U-U 图解（a）和 Th/U-Th 图解（b）
埃达克岩数据来源于 Chiaradia et al., 2009

8.3.2 富铌玄武岩

富铌玄武岩最早是 Sajona 等（1993）在研究菲律宾 Mindanao 岛弧玄武岩时提出的，其地球化学特征是：Nb 含量为 $7\times10^{-6}\sim16\times10^{-6}$，富 Si、Na，$Na_2O/K_2O>1.0$（通常在 1.5 ~ 6.7），Ti 含量相对较高（>1%），低 LREE/HFSE（高场强元素）。其在球粒陨石或原始地幔标准化图解上，Nb 通常呈正异常或弱的负异常，Ta 呈负异常（Sajona and Maury, 1998）。

关于富铌玄武岩的成因，主要存在三种观点。第一种观点认为，岛弧环境中富铌玄武岩是埃达克质熔体交代地幔橄榄岩后发生部分熔融的产物（Sajona et al., 1993；Viruete et al., 2007）。但是，在洋壳部分熔融形成埃达克质熔体的过程中，金红石是常见的残留相，导致 Nb 的亏损（Xiong，2006），且下地壳中的 Nb 本身也是非常亏损的（Rudnick and Gao，2003），因此 Nb 亏损的埃达克质岩浆交代地幔橄榄岩很难形成富铌玄武岩。第二种观点认为，富铌玄武岩是俯冲板片部分熔融后的残片被软流圈携带上涌，发生部分熔融所致（Thorkelson and Breitsprecher，2005）。然而，板片发生部分熔融过程中存在的金红石使得 Nb/Ta 发生分异，残留相具有比源区更低的 Nb/Ta 值，而富铌玄武岩中具有较高的 Nb/Ta 值，并且部分熔融后的残片能否熔融还有待验证。第三种观点认为，洋壳俯冲早期在浅部脱水释放的富 Nb 流体储存在地幔楔中，在板片窗环境中，高的热流使得含水地幔楔发生部分熔融，形成富铌玄武岩（孙卫东等，2008；Ling et al.，2009）。

吕宋岛上存在中新世以来的富铌玄武岩和与埃达克岩有成因联系的安山岩（adakite-linked andestites，ALA）（图 8-15），Sajona 和 Maury（1998）认为它们与南海板片的俯冲有关。ALA 是介于真正埃达克岩和常规岛弧岩浆之间的安山岩或它的深成等价物，它们的 HREE 含量相对于埃达克岩稍高，但比常规岛弧岩浆低。由于缺乏富铌玄武岩和 ALA 的测年数据，我们无法获知该区域这两类岩石的具体形成年代。结合区域构造演化过程，以及它们的分布与板片窗位置具有较好一致性的特征，推测这些富铌玄武岩和 ALA 在成因上与南海古扩张脊撕裂形成的板片窗构造有关。因此，对于富铌玄武岩的成因，我们更趋向于上述的第三种观点。然而，根据已发表的数据，太平洋东部沿岸并未发现富铌玄武岩，这可能与太平洋东岸陆壳较厚而岩浆演化程度和混染程度较高有关，因而很多富铌玄武岩可能演化为安山质岩石，事实上长江中下游地区富铌火山岩就十分发育。

8.3.3 A 型花岗岩

Loiselle 和 Wonesl（1979）最早将碱性的（alkaline）、贫水的（anhydrous）和非造山的（anorogenic）花岗岩称为 A 型花岗岩，随后许多学者对 A 型花岗岩进行了大量的研究和讨论（贾小辉等，2009）。A 型花岗岩在地球化学特征上呈弱碱性，富 Si 和 Rb、Th、Nb、Ta、Zr、Hf、Ga、Y，贫 Ca、Mg、Al 和 Sr、Ba、Cr、Co、Ni、V，$(K_2O+Na_2O)/Al_2O_3$、FeO^T/MgO 及 Ga/Al 值高（Whalen et al.，1987）。因为 A 型花岗岩中主要赋存稀土元素的矿物（如角闪石、黑云母、霓石、磷灰石等）含量高，故除了 Eu 呈明显负异常外，其他

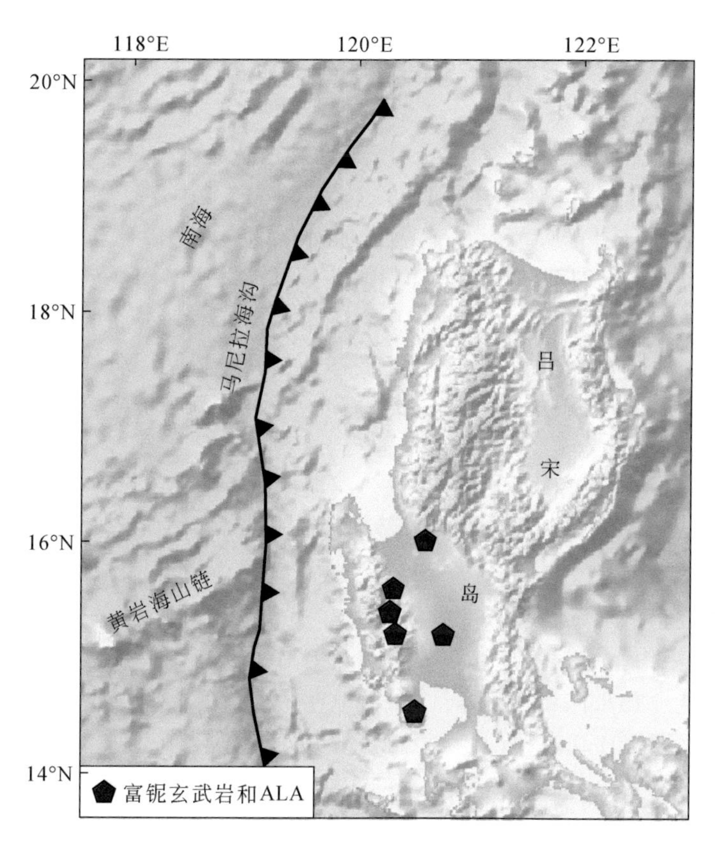

图8-15 吕宋岛富铌玄武岩和与埃达克岩有成因联系的安山岩（ALA）分布图
数据参考 Sajona and Maury，1998

稀土元素含量均较高，配分模式呈海鸥型展布。

目前，A 型花岗岩的成因模型主要有：①幔源碱性岩浆分异产生残留的 A 型花岗质熔体（韩宝福等，1997）；②幔源拉斑质岩浆极度分异或者底侵的拉斑玄武岩低度部分熔融（Frost and Frost，1997）；③源自地幔岩石重熔分异形成碱性花岗岩（赵振华等，2004）；④幔源碱性岩浆与地壳物质相互作用生成正长岩岩浆源区，正长岩岩浆进一步分异或与地壳物质混染（Charoy and Raimbault，1994；朱金初等，1996）；⑤下地壳岩石经部分熔融抽取了 I 型花岗质岩浆后，富 F 的麻粒岩质残留物再次部分熔融（Whalen et al.，1987）；⑥地壳火成岩（英云闪长岩和花岗闪长岩）直接熔融（Creaser et al.，1991）；⑦地幔岩浆底侵加热下地壳岩石熔融（Anderson and Bender，1989）；⑧受地幔挥发分稀释作用的下地壳岩石熔融（Harris，1986）；⑨幔源、壳源岩浆的混合作用（Yang et al.，2006）。从上述多种成因模式可以看出，A 型花岗岩主要起源于地幔。Li 等（2012）在中国东部下扬子地区发现呈 NE 向展布的 A1 和 A2 型花岗岩，结合该地区同时期的高镁安山岩、拉斑玄武岩和钙碱性玄武岩等岩浆岩的空间分布特征，提出它们的形成与这一地区洋脊俯冲形成的板片窗有关。

8.4　环太平洋带洋脊与斑岩铜矿的时空分布规律

全球大部分大型、超大型斑岩铜金矿床分布在环太平洋带，形成这些斑岩铜金矿床的关键因素是洋壳部分熔融和高氧逸度（Sun et al.，2010）。实验数据表明，年轻的（<20 Ma）、热的洋壳俯冲能发生部分熔融（Rapp et al.，1991），因而洋脊或海山链俯冲是控制大型、超大型斑岩铜金成矿的最佳构造条件。洋脊或海山链的俯冲过程及其特征对同时期的岩浆活动产生重要影响，控制着斑岩铜金矿床的空间分布和成矿规模。本节从区域构造演化角度，根据太平洋东、西两岸主要洋脊俯冲过程及部分洋脊俯冲形成的板片窗构造，结合对应斑岩铜矿床的时空分布规律，讨论洋脊俯冲、板片窗构造对斑岩铜矿床的控制作用。

8.4.1　南海黄岩海山链的俯冲及斑岩铜矿分布规律

黄岩海山链位于南海海盆的东部次海盆中，呈长条状东西向分布，东西长约240km，南北宽40～60km，山体相对海底高度在200～4000km。海山链所在的南海板块形成于晚渐新世—早中新世（Taylor and Hayes，1983），在中新世开始沿马尼拉海沟向东俯冲于菲律宾吕宋岛北部之下（Hollings et al.，2011）。许多学者认为在15°～16°N附近的黄岩海山链是南海古扩张脊的残余部分（Hayes and Lewis，1984；Pautot and Rangin，1989），南海古扩张脊近乎垂直于马尼拉海沟而俯冲至吕宋岛之下（Taylor and Hayes，1983；Pautot and Rangin，1989）。南海海盆发育平行于洋中脊的海山链，已发表的数据中，来自这些海山的玄武岩样品的全岩K-Ar、Ar-Ar年龄范围为13.9～3.8Ma（王贤觉等，1984；鄢全树等，2008），表明这些火山活动发生在南海海盆停止扩张后，且在空间上受南海古扩张脊控制。南海古扩张脊到达马尼拉海沟后，年轻的、热的洋脊增生到上覆板块中，以现今16°～18°N为界，将弧前盆地分割为西吕宋海槽和北吕宋海槽两个子盆地（Lewis and Hayes，1983；Pautot and Rangin，1989；Yang et al.，1996），由此可推论南海古扩张脊到达马尼拉海沟时的位置位于现今的16°～18°N范围内。

吕宋岛位于黄岩海山链的东面，其东北面是NW向移动的菲律宾海板块，西边是欧亚板块。菲律宾海板块沿菲律宾海沟俯冲于菲律宾之下，它在5Ma以前是朝北东方向运动的，但在5Ma后突然转向西北方向运动，开始顺时针旋转（Hall，2002；Müller et al.，2008；Torsvik et al.，2010）。Iaffaldano等（2012）计算得出，自5Ma以来菲律宾海板块的平均速率约为70mm/a。基于NUVEL-1模型，欧亚板块以约1mm/a的速率在与菲律宾海板块相反的方向上移动。Sella等（2002）根据GPS数据，得到现代菲律宾海板块往NW方向汇聚，相对于欧亚板块以80mm/a的速率迁移。这两个板块的汇聚导致了吕宋岛东西两侧两个反向俯冲带的形成。此外，Michel等（2001）结合新近系和第四系沉积盖层的形变、新生代的主要断裂类型和GPS测量等资料，提出南海板块相对于欧亚大陆以12±3mm/a的速率向东俯冲，而黄岩海山链呈NEE走向，与汇聚方向并不平行，因此南海古扩张脊的俯冲产生向南的横向迁移。在吕宋岛中部（16°N附近），NW向的菲律宾大断裂

横穿而过，在岛上表现为一个左旋走滑断裂带（图8-16）。

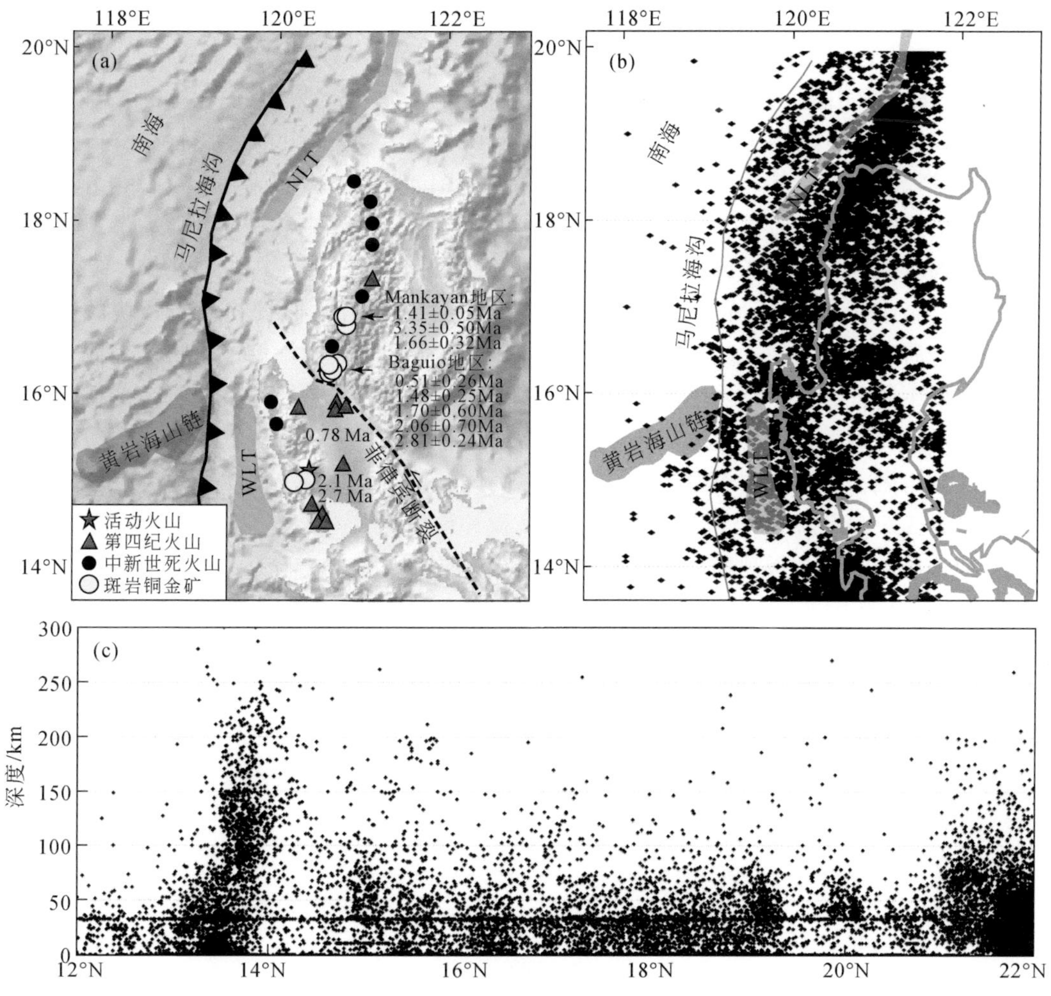

图8-16　吕宋岛主要构造与斑岩铜金矿分布（a）及1907～2013年地震活动的平面分布（b）和震源深度分布（c）

WLT为西吕宋海槽，NLT为北吕宋海槽。构造据Iaffaldano，2012；Sella et al.，2002；Yang et al.，1996。斑岩铜金矿床年龄数据来自USGS；Arribas et al.，1995；Sillitoe and Angeles，1985；Chang et al.，2011

根据前人研究，结合地震数据分析，吕宋岛16°～17°N区间的地震明显减少且震源深度相对较小，因此推测板片窗现今位置是在16°N附近。在板片窗构造环境下，对应的岩浆活动、成矿活动和火山活动会发生相应的变化，从而对该区域内的斑岩铜成矿活动产生影响。吕宋岛上新世以来的斑岩铜矿床集中分布在17°N附近的Baguio和Mankayan地区，其中包括全球金含量排第4位的Lepanto-Far South East斑岩铜金矿床，而吕宋岛南部只发育少量的斑岩矿床［图8-16（a）］。Mankayan地区的斑岩铜矿床形成于3.5～1.4Ma（Cooke et al.，2011），其中最大的Lepanto-Far South East斑岩铜金矿床成矿年龄为1.41±0.05Ma（Arribas et al.，1995），储量为685Mt，Cu的品位为0.80%，Au的品位为973g/t；最老的矿床为Guinaoang斑岩铜金矿，形成于3.5±0.5Ma（Sillitoe and Angeles，1985）。

Baguio 地区的斑岩铜金矿床成矿时代在 3.1 ~ 0.5Ma（Cooke et al., 2011），其中 Ampucao 斑岩铜金矿的成矿年龄最年轻，为 0.51±0.26Ma（Waters et al., 2011）。由此可见，吕宋岛北部上新世以来斑岩铜金矿的空间分布呈现由北向南变年轻的趋势，这与同时期俯冲于吕宋岛北部之下的黄岩海山链沿马尼拉海沟向南运动是一致的。此外，该区域内已知的 5Ma 以来的斑岩铜金矿床在 15 ~ 17°N 存在分布空白区［图 8-16（a）］，与推测的板片窗位置对应。

根据吕宋岛北部及其邻域的地质背景和黄岩海山链俯冲的构造演化过程，综合考虑研究区域上新世以来的斑岩铜金矿床分布，可看到黄岩海山链俯冲过程及其随后形成的板片窗构造与同时期的斑岩铜矿床在时空上具有很好的对应关系。南海古扩张脊在 17 ~ 16Ma 停止扩张，5 ~ 4Ma 俯冲于吕宋岛北部之下，海山链的阻碍作用，使得南海板块的俯冲暂时停止。随后，在俯冲板片的重力作用下，南海古扩张脊重新开始俯冲。吕宋岛南北部所受的应力场不同，古扩张脊发生撕裂形成板片窗，导致洋脊北侧倾角较缓、南侧倾角较陡的情况。洋脊北侧板片俯冲速率较小、倾角较缓，且热的、年轻的（<20Ma）古扩张脊俯冲发生部分熔融，利于斑岩铜金矿床的形成，因此在吕宋岛北部的 Baguio 和 Mankayan 地区集中发育 3.5Ma 以来的斑岩铜金矿床。而在板片窗南侧，由于俯冲倾角较陡，只发育少量斑岩铜金矿床，且在板片窗构造对应的位置形成成矿空白区。

8.4.2　北美西岸洋脊俯冲及斑岩铜矿分布规律

根据北美西部沿岸已知斑岩铜矿床的时空分布（图 8-17），区域内的矿床在空间上分布不均匀，主要集中在加拿大—美国—墨西哥西部，而阿拉斯加南部矿床数量较少；在时间上，这些矿床的成矿年龄与该区域内洋脊俯冲的时期相同。

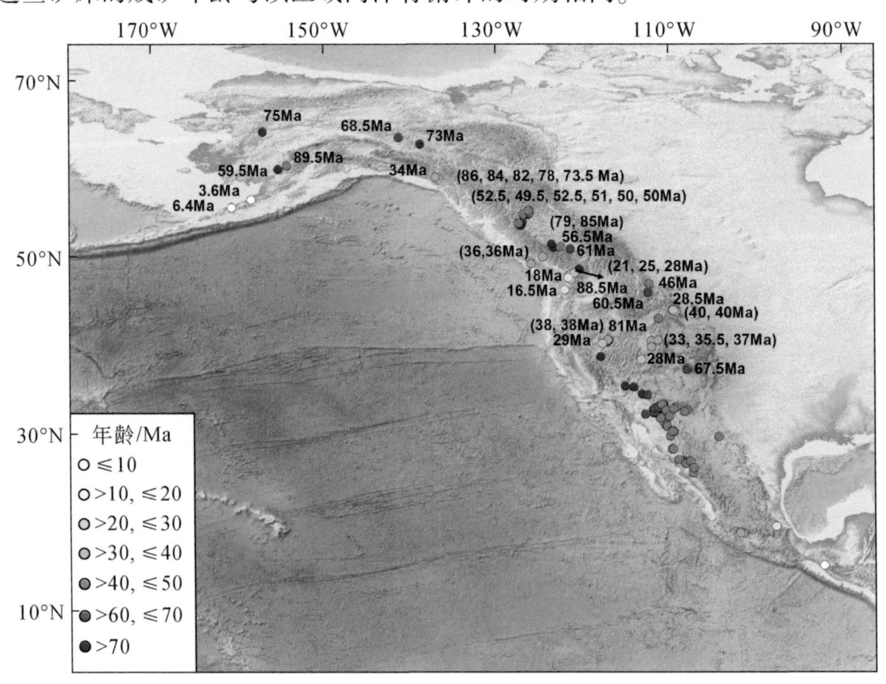

图 8-17　北美西岸晚白垩世—新近纪斑岩铜矿床的时空分布

长期以来，阿拉斯加南部和华盛顿海沟附近古新世—始新世的岩浆作用被认为是Kula-Farallon洋脊俯冲的结果。有学者认为Kula-Farallon洋脊与俄勒冈、华盛顿和温哥华岛南部沿岸边界相交，形成沿岸山脉大洋玄武岩基底（Davis and Plafker，1986；Thorkelson and Taylor，1989；Wells and Coppersmith，1994）。也有学者认为Kula-Farallon洋脊在这一时期是与阿拉斯加南部大陆边缘相交，在海沟附近形成花岗侵入岩和高温低压变质岩（Bradley et al.，1993；Haeussler et al.，1995；Pavlis and Sisson，1995）。然而，这两种观点都无法解释同一时期出现的阿拉斯加南部和华盛顿海沟附近的岩浆作用。早在20世纪70年代，Atwater（1970）根据海底磁异常提出，太平洋北部存在3个板块，板块之间的扩张洋脊在古近纪期间俯冲至北美西部之下。在Atwater（1970）的模型基础上，有学者综合阿拉斯加南部和加利福尼亚西部的岩浆活动年龄和地球化学特征（Haeussler et al.，2003；Cole et al.，2006；Cole and Stewart，2009），提出扩张洋脊俯冲形成板片窗并向东迁移的模型（图8-18）。

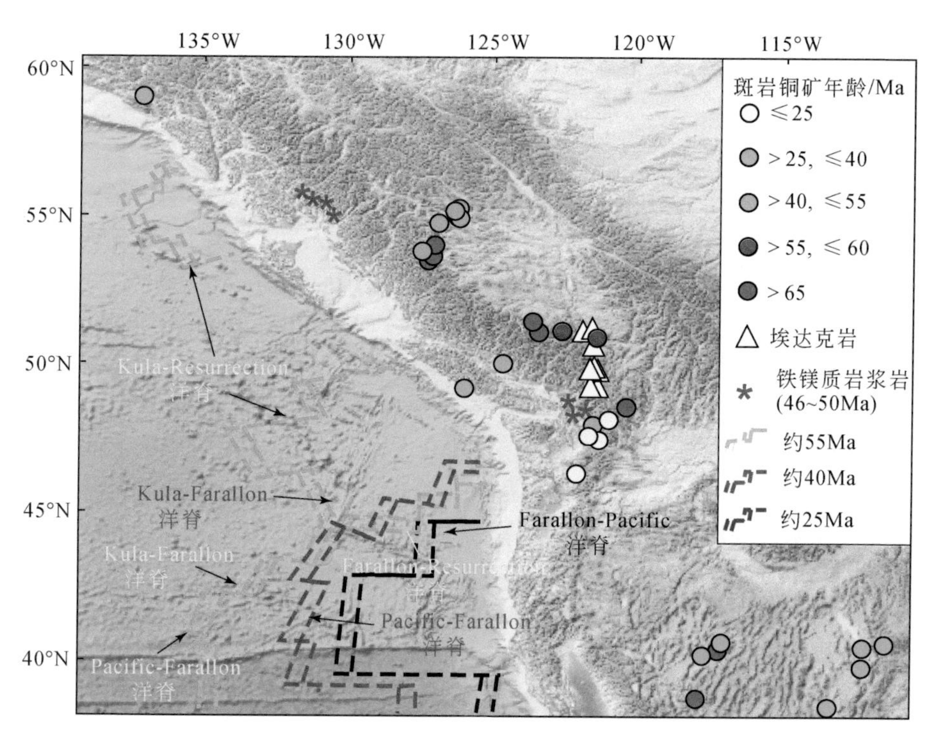

图8-18 加利福尼亚沿岸洋脊俯冲历史和斑岩铜成矿

洋脊俯冲过程修改自Haeussler et al.，2003；Cole and Stewart，2009

阿拉斯加南部近海沟区域的侵入岩年龄由西向东逐渐变年轻，从西面Sanak岛的62Ma至东面Baranof岛的50Ma（Bradley et al.，1993）。这些侵入岩记录了阿拉斯加南部俯冲带的海沟-洋脊-海沟交叉点（TRT）沿着2100km长的海岸线从西向东迁移的过程。扩张洋脊俯冲后形成板片窗，其上覆板块的岩浆作用发生改变，根据上覆板块岩石地球化学特征，阿拉斯加南部的Caribou Creek火山区域为板片窗位置（Haeussler et al.，2003；Cole et al.，2006；Cole and Stewart，2009）。同时，加利福尼亚西部British Columbia地区的岩石地球化学特征显示，该区域是始新世以来洋脊俯冲形成的板片窗所在位置（Haeussler et al.，2003；Cole and Stewart，2009）。根据 Haeussler 等（2003）提出的模型，Kula、Resurrection 和 Farallon 板块在晚白垩世向北美西部大陆汇聚的方向大致均为 NE 向，只是角度稍有不同。通过板片窗上涌的地幔解压部分熔融，可能产生铁镁质岩浆（Portnyagin et al.，2005），形成的铁镁质火山岩具有特有的地幔源地球化学特征（Hole et al.，1991；Cole et al.，2006）。在北美西部大陆 55°N 和 48°N 附近，存在与板片窗相关的铁镁质岩浆岩，它们的年龄范围为 46～50Ma（图 8-18），反映了 Kula-Resurrection 洋脊在 46Ma 以前消亡于北美西部大陆之下。而在 55～45°N 之间，由于扩张洋脊的俯冲，46Ma 以前至少存在两个板片窗构造，由此推测铁镁质岩浆岩所在位置之下就是曾经的板片窗形成位置。在 Cole 和 Stewart（2009）提出的模型中，55°N 附近的俯冲带在 45～40Ma 期间还存在扩张洋脊的俯冲，这显然与该区域内与板片窗相关的岩浆岩年龄不符，因此我们更倾向于认为该处的扩张洋脊俯冲在 46Ma 以前已经结束。此外，同时期中 Kula-Resurrection 洋脊的另一段在 50°N 附近俯冲于北美板块之下，故推测北美西部沿岸 50°N 附近曾存在另一板片窗，该板片窗的存在更好地解释了北美西部沿岸 55°N 附近斑岩铜矿床的时空分布。该区域已知的同时代斑岩铜矿床年龄介于 49～57Ma，它们分布在推测板片窗位置之上的两侧（图 8-18）。

上述根据 Haeussler 等（2003）以及 Cole 和 Stewart（2009）的模型，结合阿拉斯加南部至加利福尼亚西部沿岸岩浆岩年代学和地球化学特征的分析，我们对北美西部沿岸的洋脊俯冲演化过程获得了一些新认识：晚白垩世以前，Kula、Resurrection、Farallon 和太平洋板块俯冲于北美大陆之下，它们的扩张洋脊分别为 Kula-Resurrection 洋脊（KR 洋脊）、Farallon-Resurrection 洋脊（FR 洋脊）、Kula-Farallon 洋脊（KF 洋脊）和 Pacific-Farallon 洋脊（PF 洋脊）（图 8-18）；白垩纪晚期，KR 洋脊俯冲于阿拉斯加南部之下，随后形成板片窗，并以较快速率沿海沟向南迁移，直至 50Ma 左右消亡于阿拉斯加东部的 Bananof 岛；同一时期，FR 洋脊到达加拿大 British Columbia 附近的海沟。这两个地区的洋脊向海沟俯冲并撕裂成板片窗，板片窗边缘的洋壳发生部分熔融，最终形成埃达克岩和斑岩铜矿床。

由图 8-17 可以看出，自 80Ma 以来，阿拉斯加南部和加利福尼亚西部的俯冲带均存在扩张洋脊的俯冲，然而这两个地区斑岩铜矿床的分布差异却比较大，阿拉斯加南部已知斑岩铜矿床的规模和数量都远小于加利福尼亚西部。导致这一结果的原因可能在于洋脊俯冲过程中阿拉斯加南部逆时针旋转，洋脊向东迁移速率较大，而加利福尼亚西部的洋脊-海沟-洋脊三叉点沿海沟的位置变化不大。

8.4.3　南美西岸洋脊俯冲及斑岩铜矿分布

分布在南美西部大陆边缘安第斯山脉中的斑岩铜矿床无论规模还是数量都是世界之最。根据已报道的斑岩铜矿床成矿年龄和储量数据，以及前人对南美西部边界俯冲带中各段洋脊俯冲演化过程的研究，可看出南美斑岩铜矿床与 Cocos、Nazca、Iquique 和 Juan Fernandez 等非震洋脊在时空分布上具有很好的一致性（图 8-19），其斑岩铜矿床在规模和数量上的优势也与该区域数量较多的洋脊俯冲密切相关。

利用地震数据，有关学者已获得了南美安第斯之下俯冲板块的几何结构（Martinod et al，2010）。现今南美西部俯冲带中主要存在两个平俯冲，最大的平俯冲位于秘鲁中部和北部之下（3°～15°S），第二大平俯冲位于智利中部和阿根廷之下（28°～33°S）。Rosenbaum 等（2005）指出 Nazca 洋脊对应的平俯冲之上的弧火山作用在 4Ma 以前是不活动的；而 Juan Fernandez 洋脊所对应平俯冲的火山活动被认为是在 2Ma 停止的（Ramos et al.，2002），但也有认为是在约 7Ma 停止的（Espurt et al.，2008）。此外，Martinod 等（2010）提出秘鲁南部和智利北部在古近纪可能也存在一个平俯冲。南美西部俯冲带之下存在的这些平俯冲是否与该区域规模较大和数量较多的斑岩铜矿床有成因联系呢？本节将根据这些平俯冲的形成过程及与其同时期的斑岩铜矿床的时空分布特征，探讨它们在成因上的关系。

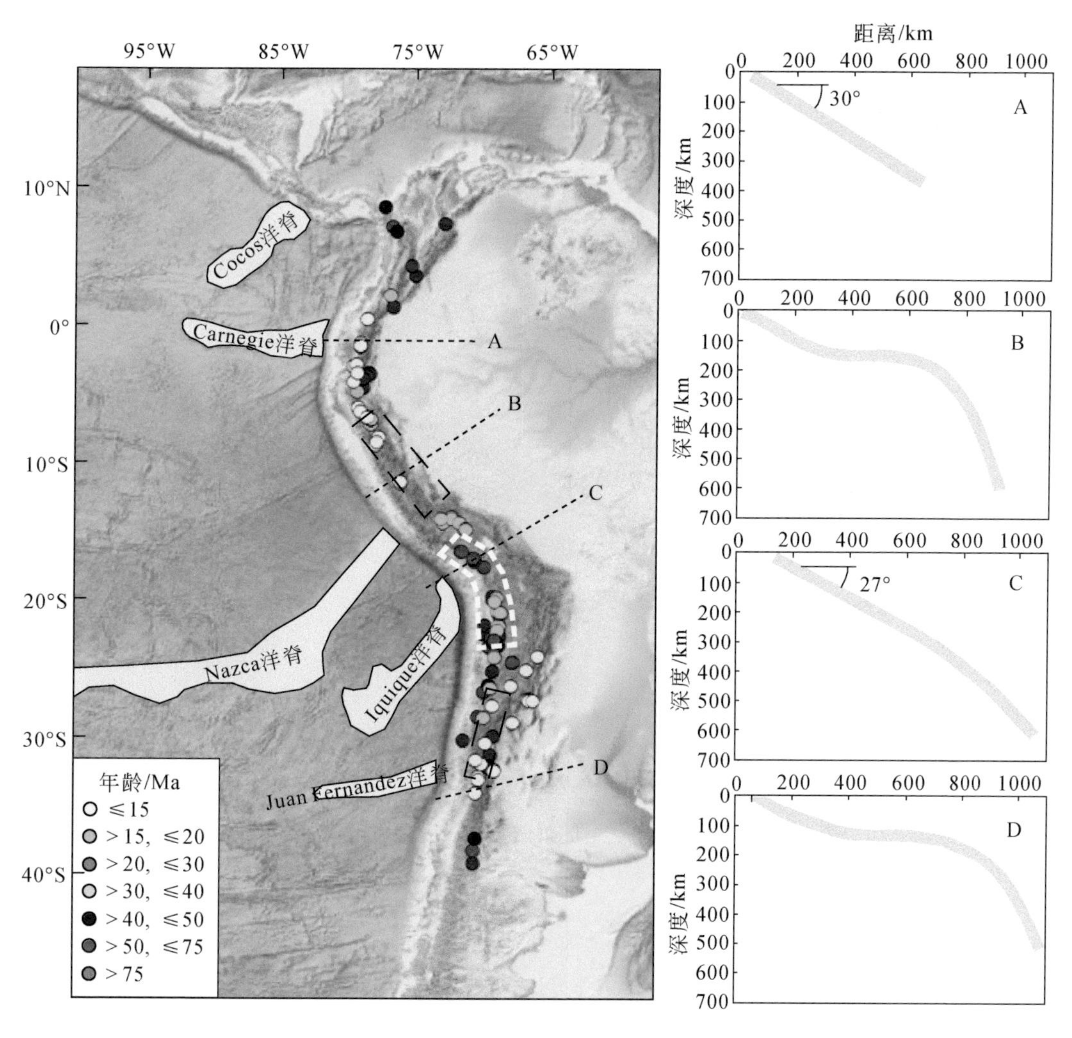

图 8-19　南美洋脊俯冲及斑岩铜矿床的时空分布

黑色虚线框表示现今的平俯冲，白色虚线框表示推测的古近纪平俯冲

（据 Martinod et al.，2010；地震剖面参考 Espurt et al.，2008）

1. 南美北部俯冲带及邻域斑岩铜矿床分布

约25 Ma以前，Farallon板块分裂形成南部的Cocos板块、Nazca板块和北部的Juan de Fuca板块（Hey，1977；Pennington，1981），Grijalva断裂带是新形成洋壳（<25Ma）与早前板块（>25Ma）的分界线（图8-20）。

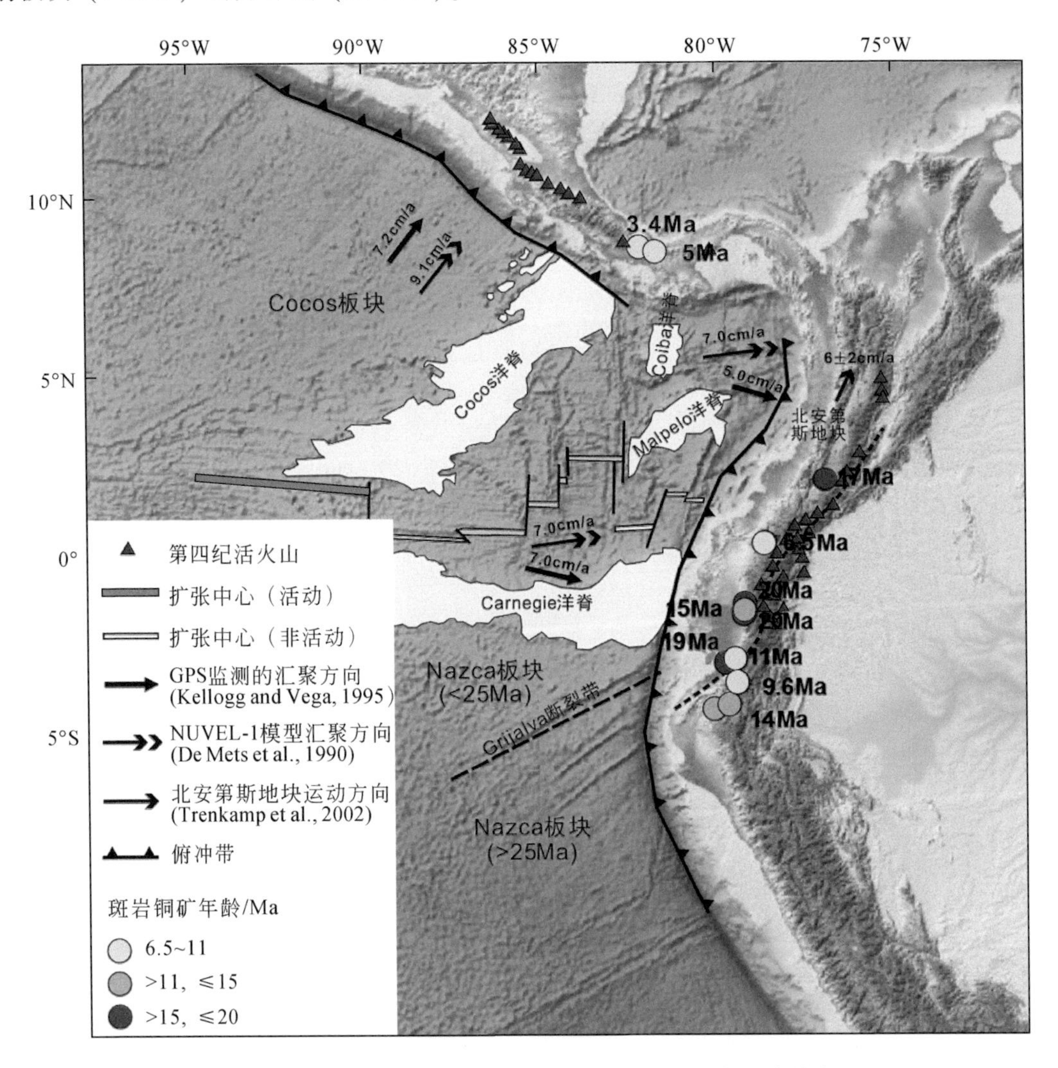

图8-20　洋脊俯冲带之上的第四纪活火山和斑岩铜矿床分布

火山和斑岩铜矿床数据来自USGS。构造数据据Gutscher et al.，1999；Kellogg and Vega，1995；DeMets et al.，1990

DeMets等（1990）通过NUVEL-1计算得到现今Nazca板块汇聚方向近似EW向，平均速率约为7cm/a，Cocos板块以9.1cm/a的速率呈NE向俯冲于北美安第斯之下。而GPS测量得到的Nazca板块和南美大陆之间的平均汇聚速率为5～7cm/a，Cocos板块的平均汇聚速率为7.2cm/a（Kellogg and Vega，1995），它们的汇聚方向与DeMets等（1990）报道的板块运动模型大致相同。以上两种方法得到的板块汇聚速率存在差异，原因在于现今板块汇聚速率在减小（Kendrick et al.，2003）。Cocos板块向东北俯冲，Nazca板块向东俯冲，由于所受应力的不同，约 23Ma 开始两个板块在 Galapagos 热点邻近区域扩张，随后以 SN 向扩张，形成现今的 Galapagos 裂谷（Gardner et al.，1992）。有学者提出 Carnegie 洋脊和 Cocos 洋脊为 Galapagos 热点分别经过 Nazca 板块和 Cocos 板块的轨迹，它们属于非震洋脊（Pennington，1981；Kolarsky et al.，1995）。基于这一模型，Pennington（1981）提出 Carnegie 洋脊和 Cocos 洋脊在 1Ma 到达各自俯冲的海沟。活动大陆边缘的海洋阶地可能反映了非震洋脊的俯冲，弧前盆地的抬升能反映洋脊俯冲的横向迁移过程（Johnson and Libbey，1997），如厄瓜多尔海岸带的抬升就是 Carnegie 洋脊沿着海沟向南迁移的结果（Gutscher et al.，1999）。

Cocos 洋脊俯冲于 Costa Rica 南部之下的年龄在过去曾存在较大争议。根据 Cocos 洋脊俯冲区成矿年龄分别为 3.4Ma 和 5Ma 的斑岩铜矿床在时间和空间上与 Cocos 洋脊俯冲的一致性，认为 Cocos 洋脊从上新世（约 5Ma）开始俯冲于中美洲大陆之下，因年轻的、热的洋脊部分熔融而形成斑岩铜矿床。Cocos 洋脊的俯冲导致了中美洲大陆沿岸弧前盆地更新世的抬升（McNeill et al.，2000），也有学者根据中美洲海洋阶地的分布特征分析了区域内的海岸抬升，并提出 Cocos 洋脊沿着北美南部大陆边缘向北迁移（Gutscher et al.，1999；Gräfe et al.，2002）。

在 3°N ~ 5°S 纬度范围的安第斯山脉分布有年龄为 20 ~ 6Ma 的斑岩铜矿床，根据这些矿床的时空分布，可以划分为 15 ~ 6Ma 和 20 ~ 15Ma 两个成矿阶段。这一区域内的斑岩铜矿床与 Carnegie 洋脊俯冲在空间上存在对应关系，然而 Carnegie 洋脊开始俯冲的时间比这些矿床的成矿年龄晚得多，说明两者在成因上可能不存在联系。因 Carnegie 洋脊北面存在已经停止扩张的扩张中心，南面则是将洋壳分为小于 25Ma 和大于 25Ma 的 Grijalva 断裂带，这两个构造很可能是造成现今斑岩铜矿床空间分布的原因，由此推测该区域内年龄为 20 ~ 6Ma 的斑岩铜矿床与年轻洋壳的部分熔融有关。

2. *Nazca 洋脊俯冲及斑岩铜矿床分布*

Nazca 洋脊是在早新生代形成于 Pacific- Farallon/Nazca 扩张中心的无震海岭洋脊（Pilger，1981），呈 NE 向，现今的 Nazca 洋脊在 14° ~ 17°S 俯冲于南美板块之下。目前关于 Nazca 洋脊开始俯冲的时间和位置仍存在争议，根据 Pilger（1981）提出的模型，Nazca 洋脊在中中新世到达 5°S 处的秘鲁海沟，在约 9Ma 时经过 10°S 处。有学者结合板块重建和 NUVEL-1A 汇聚速率，认为 Nazca 洋脊开始俯冲的位置是在 8°S 处，在 7 ~ 6Ma 时位于 9°S，至 5 ~ 4Ma 到达 11.5°S（von Huene and Lallemand，1990；von Huene et al.，1996）。引起这些争议的原因主要在于不同学者对 Nazca 洋脊初始长度的估算不同。Talandier 和 Okal（1987）地球物理数据，得出 Tuamotu Pleaus 西北部分是扩张洋脊形成的约 70Ma 的地壳，这一观点得到了最近的地震反射剖面的证实。该地震剖面显示，在 Tuamotu 高原之下的地壳位于（或邻近）洋脊轴（Patriat et al.，2002）。此外，在秘鲁北部还存在已经消亡了的印加高原，印加高原与 Nazca 洋脊线性相连（Gutscher et al.，1999）。Rosenbaum 等（2005）根据与 Nazca 洋脊和印加高原在东太平洋海隆对称的高原形态特征反映的初始形态和长度，重建了 Nazca 洋脊和印加高原的俯冲过程模型。根据该模型，Nazca 洋脊到达俯冲带的斜俯冲速率为 7 ~ 7.5cm/a。在 15 ~ 12Ma 期间，秘鲁西北部5 ~ 9°S 范围内的斑岩铜成矿活动增多，与 Nazca 洋脊和印加高原到达俯冲带在时空上有联系。Nazca 洋脊 NEE

向的斜俯冲使得脊顶与海沟的相交点沿着秘鲁南部向南迁移。在 Hampel（2002）的模型中，脊顶与海沟相交点的迁移速率随着时间逐渐减小：10.8Ma 以前为约 75mm/a；10.8 ~ 4.9Ma 期间为约 61mm/a；4.9Ma 至今为约 43mm/a。

在 Rosenbaum 等（2005）的模型中，该区域同时期的成矿活动突然爆发，是与 Nazca 洋脊和印加高原的俯冲有关。然而，Nazca 洋脊对应区域内的成矿年龄在 8Ma 之后，印加高原俯冲对应的同时期矿床的年龄在 15Ma 左右，Nazca 洋脊开始俯冲的时间却早于印加高原。从斑岩铜矿床的时空分布来看，已知的斑岩铜成矿活动主要集中在两个时间段，即 17 ~ 12Ma 和 8 ~ 6Ma，其中形成于 17 ~ 12Ma 的矿床分布在秘鲁北部（纬度 5 ~ 10°S），8Ma 开始形成的矿床主要分布在中部（纬度 12° ~ 16°S），且具有向南逐渐变年轻的趋势，因此形成于两个时段的矿床在空间分布上存在一个空隙（10° ~ 12°S）。根据上述特征，认为 5° ~ 16° S 的早新生代斑岩铜矿可能是印加高原和 Nazca 洋脊俯冲的共同产物。Rosenbaum 等（2005）的模型并未能合理解释该区域斑岩铜矿床的时空分布。综合前人成果，我们认为 5° ~ 10°S 15Ma 前后的斑岩铜矿是印加高原俯冲的结果，而 12° ~ 16°S 8 ~ 6Ma 的斑岩铜矿则是 Nazca 洋脊俯冲导致的；印加高原在 15 ~ 12Ma 期间约于 5°S 位置俯冲于秘鲁板块之下，随后 Nazca 洋脊在 13 ~ 8Ma 期间于 12°S 的位置开始俯冲，并向南迁移，这一俯冲模型与区域内斑岩铜矿床的时空分布可以达到较好吻合（图 8-21）。

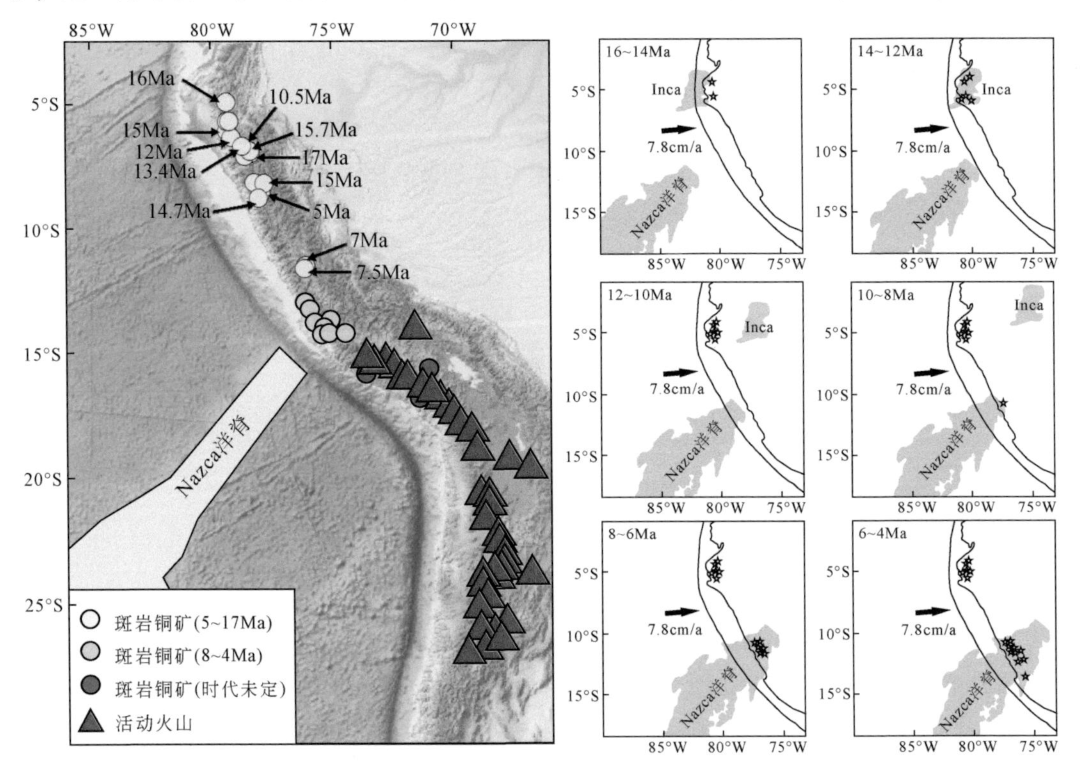

图 8-21　Nazca 洋脊和印加高原俯冲对应的斑岩铜矿床时空分布和俯冲演化模型

斑岩铜矿床数据来自 USGS 及 Rosenbaum et al.，2005。演化模型据 Gutscher et al.，1999；Hampel，2002；Rosenbaum et al.，2005 改绘。图中箭头为 Nazca 板块相对南美板块的汇聚速率，Inca 为印加高原

3. Juan Fernandez 洋脊及其斑岩铜矿床分布

Juan Fernandez 洋脊位于 Nazca 板块的东部（30～35°S），俯冲于南美板块之下。根据海底磁异常数据，洋脊所在位置及其邻近区域从西南到东北洋壳年龄在 38～33Ma（Yáñez et al., 2001），这些洋壳均由 Pacific-Farallon 洋脊扩张形成。DeMets 等（1990）根据 NUVEL-1 计算得到现今板块往 N78.1°方向，以 80mm/a 的速度向智利板块汇聚。Kendrick 等（2003）根据 GPS 数据计算获取的汇聚速率比较小，为 63.2mm/a，汇聚方向为 N79.5°。尽管不同方法计算得到的汇聚速率有差异，但汇聚方向是相近的。

秘鲁南部和智利北部在古近纪可能存在一个平俯冲（Martinod et al., 2010），秘鲁南部和智利北部地区的火山活动约在 20Ma 停止（James and Sacks, 1999）。Mamani 等（2010）认为该区域稳定的岩浆活动在晚始新世向大陆内部迁移，秘鲁南部的火山作用持续了 30～45Ma，而智利北部的火山活动在 38Ma 至渐新世末期期间终止（Soler and Jimenez, 1993）。结合前面叙述的平俯冲形成对火山活动时空分布的影响以及它们之间存在的时间滞后性，本书认为秘鲁南部和智利北部岩浆弧活动的时空分布特征是平俯冲形成过程的反映，区域内火山活动的停止正是平俯冲最终形成的结果，而产生这一平俯冲的是该区域内同时期的 Juan Fernandez 洋脊俯冲。

对比秘鲁南部和智利北部的斑岩铜矿床的时空分布（图 8-22），发现这些斑岩铜矿最早形成于白垩纪晚期，主要形成于晚始新世，最年轻的矿床年龄约为 29Ma，与同时期火山活动停止的时间基本吻合。综合 Juan Fernandez 洋脊及其邻近区域的海底磁异常定年数据，南美西部大陆边缘的构造类型、形态和现今火山活动特征沿安第斯地区的变化反映了 Juan Fernandez 洋脊自新近纪以来的运动过程（Kay and Mahlburg-Kay, 1991）。有证据表明，在过去的 16Ma 以来，30°～33°S 南美西部大陆边缘构造挤压和抬升开始的时间向南迁移，Juan Fernandez 洋脊自新近纪以来以高达 200mm/a 的速率向南移动，但从 10～8Ma

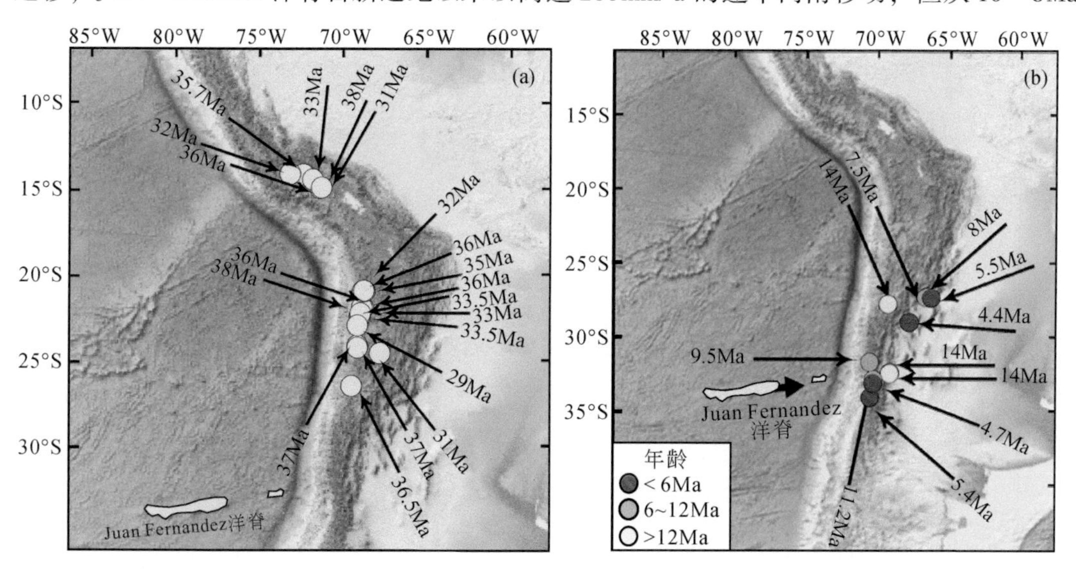

图 8-22　Juan Fernandez 洋脊俯冲对应的斑岩铜矿床时空分布

（a）始新世晚期—渐新世成矿；（b）14～4Ma 成矿。斑岩铜矿床数据来自 USGS

开始转为缓慢向南迁移至现今位置。此外，还证明在过去的12Ma期间，该洋脊与南美大陆边缘的相交点只向南移动了约275km（Yáñez et al.，2002）。这就解释了为什么Juan Fernandez洋脊俯冲形成的斑岩铜矿床分为两个成矿时代（始新世晚期—渐新世和14～4Ma）。Juan Fernandez洋脊向南迁移速率较快，使得没有足够的时间形成平俯冲（Martinod et al.，2010），而斑岩铜成矿与平俯冲密切相关，因此在洋脊快速向南迁移期间出现斑岩铜成矿空白期。

根据前人相关的构造演化研究，初始的Juan Fernandez洋脊是由邻近Pacific-Farallon洋脊的Juan Fernandez热点形成的大洋高原，位于Farallon板块之上［图8-23（a）］，并且向北东迁移。约38Ma，Juan Fernandez洋脊开始俯冲于秘鲁南部板块之下，导致构造旋转（玻利维亚造山带）和科迪勒拉东部的缩短。随着洋脊俯冲和俯冲倾角的逐渐减小，至

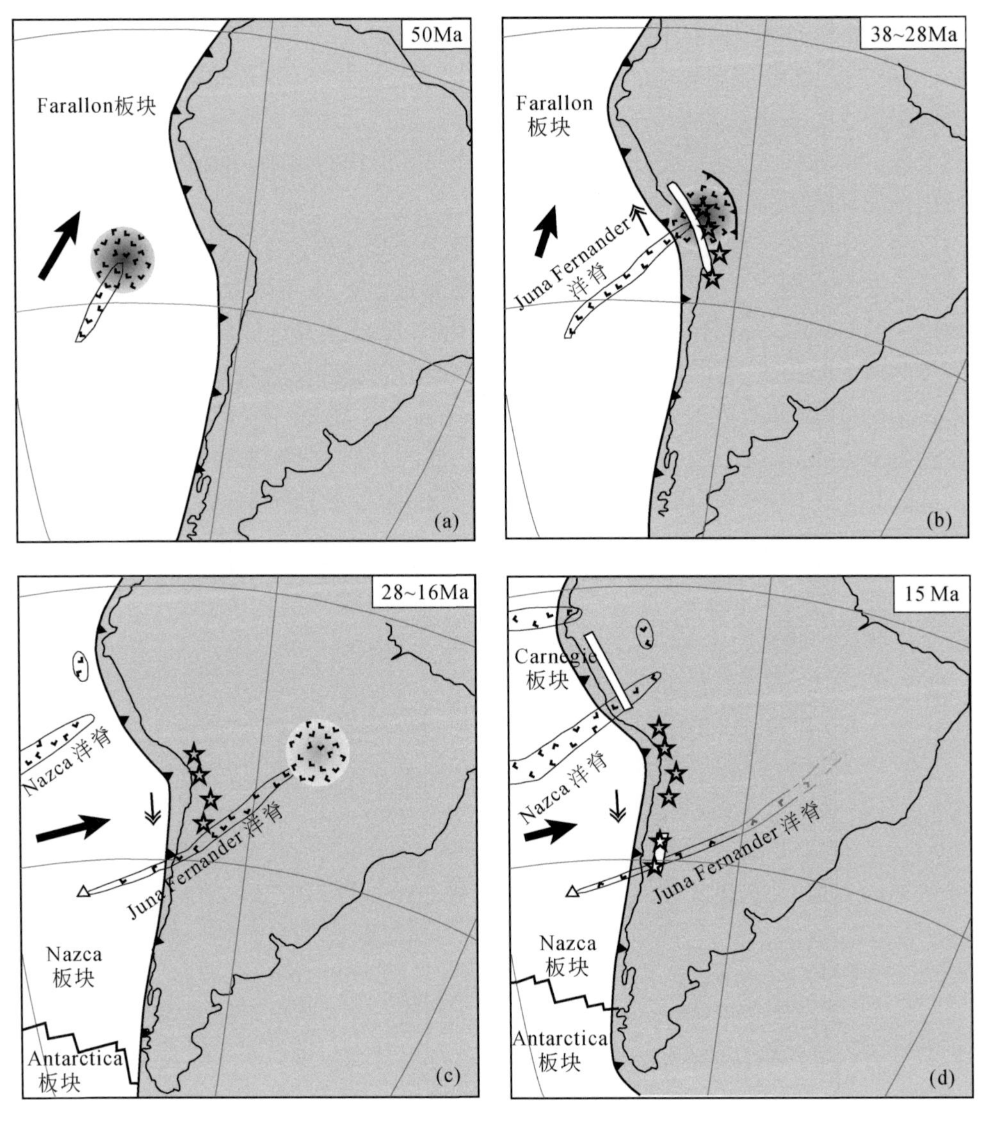

图8-23　洋脊俯冲、板块几何结构和安第斯地质演化图示（据Martinod et al.，2010）
白色条表示平俯冲，五角星表示斑岩铜矿床

28Ma 左右最终形成平俯冲，火山活动停止，在这一构造过程中形成了年龄为 38 ~ 28Ma 的斑岩铜矿床［图 8-23（b）］。该时期内的斑岩铜矿床在空间上出现的成矿空白区域［图 8-22（a）］，推测是由玻利维亚造山带的构造旋转以及 Juan Fernandez 洋脊为热点形成的大洋高原导致的。之后，安第斯中部之下的板块再次倾斜，Juan Fernandez 洋脊快速向南迁移，继而使得该时期内的斑岩铜成矿活动停止［图 8-23（c）］。约 15Ma 开始，洋脊开始转为缓慢向南迁移，并在智利之下形成一个新的平俯冲，斑岩铜成矿作用再次出现［图 8-23（d）］。

8.5　洋脊俯冲的成矿差异与成矿模型

8.5.1　环太平洋带埃达克岩地球化学特征的差异

黄岩海山链是南海古扩张脊的残留部分，与北美西部的几个洋脊俯冲类似，在俯冲过程中形成板片窗，从而其上区域内的岩浆作用和斑岩铜矿床时空分布均发生改变；南美西部的 Nazca 洋脊、Juan Fernandez 洋脊等几乎都是非震洋脊（大洋高原或海山链），这些洋脊的俯冲并未形成板片窗构造，但其上区域内同时期的斑岩铜矿床在空间分布上受洋脊俯冲速率、横向迁移速率的影响和控制，与洋脊俯冲过程具有很好的一致性。

吕宋岛和加利福尼亚西部沿岸的斑岩铜成矿、岩浆作用和火山活动等受同时期的洋脊俯冲及随后形成的板片窗控制，板片窗改变其上岩浆作用的地球化学特征，因此不同构造成因的埃达克岩在地球化学特征上有明显的差异。Ling 等（2009）运用 Sr/Y-Y、Sr/Y-Sr、La/Yb-Yb、Th/U-U 和 Th/U-Th 等微量元素比值图解对中国大别造山带和长江中下游地区的埃达克岩进行了对比，根据它们之间的比值差异，认为大别造山带中父子岭的埃达克岩起源于下地壳部分熔融，而长江中下游地区的埃达克岩则是由洋脊部分熔融引起的。本节通过对吕宋岛、加利福尼亚西岸、南美 Yanacocha 地区和中国大别山父子岭的埃达克岩微量元素比值特征的对比，分析并区分它们的起源。

根据 Sr/Y-Y 图解［图 8-24（a）］，吕宋岛、加利福尼亚西部沿岸和南美 Yanacocha 三个地区埃达克岩中的 Sr/Y 值远小于中国大别造山带父子岭的埃达克岩。吕宋岛、加利福尼亚西部沿岸和南美 Yanacocha 地区埃达克岩的 Sr 含量也有较大差异，其中与洋脊俯冲同时期的位于板片窗两侧边缘之上的埃达克岩，其 Sr 含量几乎都大于 700×10^{-6}，甚至超过 1000×10^{-6}［图 8-24（b）］，且根据已知的斑岩铜矿床数据，这些埃达克岩在空间上均与斑岩铜矿无关。此外，加利福尼亚西岸板片窗之上的始新世埃达克岩，其 Sr 含量在空间上与吕宋岛具有相似特征，它们的 Sr 含量范围变化较大，而大于 1300×10^{-6} 的均分布在靠近板片窗边缘之上位置，同样与斑岩铜矿床无关。相对于吕宋岛和加利福尼亚西岸，南美 Yanacocha 地区埃达克岩的 Sr 含量略低，且变化范围较小。Sr 含量系统偏高的埃达克岩可能是由下地壳部分熔融形成的（张旗等，2001；Ling et al.，2009），但也有学者认为具有较高 Sr 含量的埃达克岩可能起源于洋壳的部分熔融。

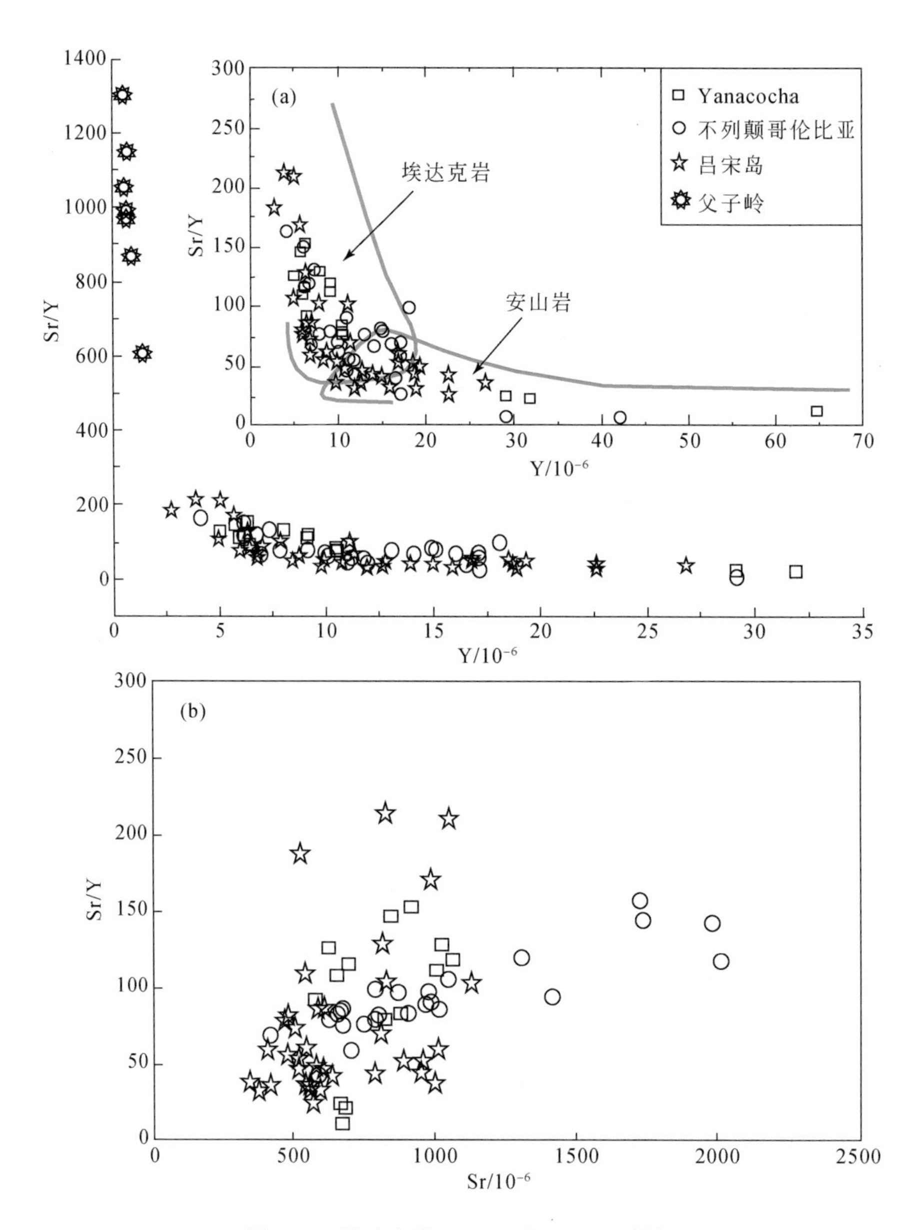

图 8-24　埃达克岩 Sr/Y-Y 和 Sr/Y-Sr 图解

根据与长江中下游地区、大别造山带埃达克岩 La/Yb 值和 Th/U 值的对比，环太平洋带上三个地区埃达克岩的 La/Yb 值和 Th/U 值范围与长江中下游地区接近（14.1 ~ 49），而与父子岭的埃达克岩微量元素比值特征差异较大（图 8-25，图 8-26）。Ling 等（2009）的研究揭示长江中下游的埃达克岩源自洋壳部分熔融，大别造山带父子岭的埃达克岩则是下地壳部分熔融形成的。由此可见，吕宋岛、加利福尼亚西部沿岸和南美 Yanacocha 三个地区中与洋脊俯冲同时期的斑岩铜矿床是由洋壳部分熔融形成的，而位于吕宋岛和加利福尼亚西部板片窗两侧边缘之上的埃达克岩具有较高 Sr 含量，很可能是板片窗两侧边缘洋壳坡面中的辉长岩层部分熔融导致的。

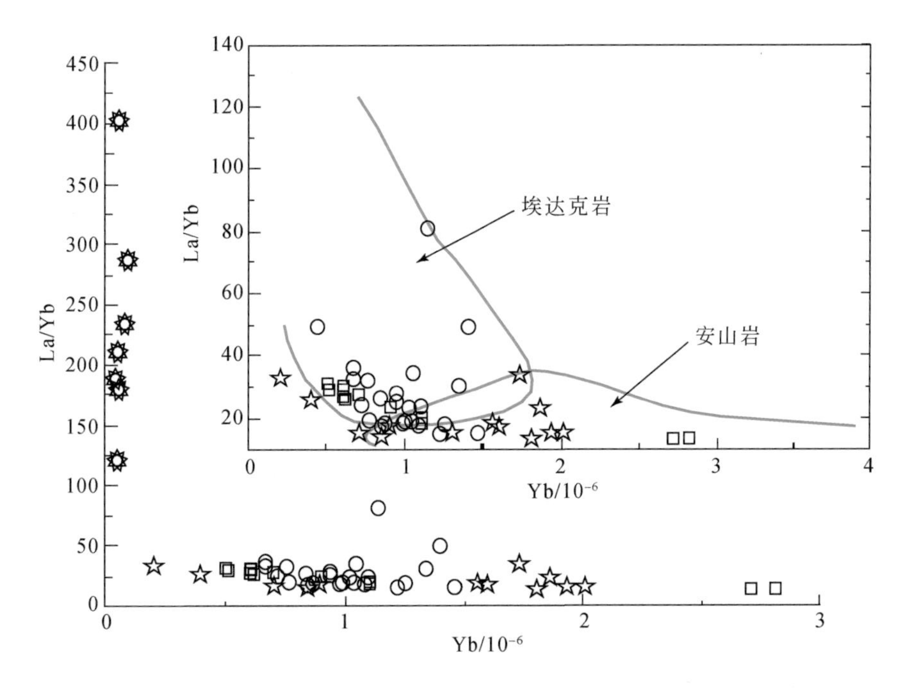

图 8-25　埃达克岩 La/Yb-Yb 图解（图例见图 8-24）

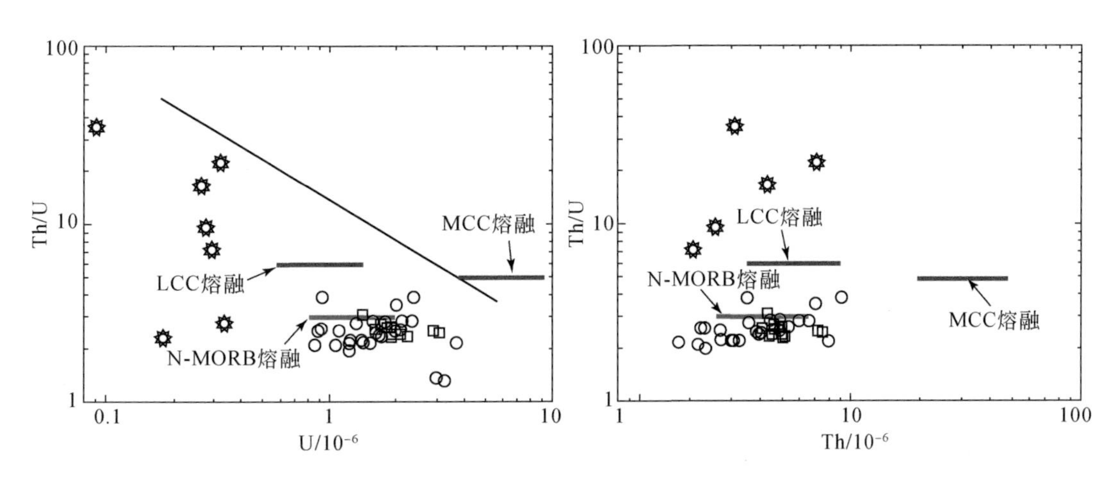

图 8-26　埃达克岩 Th/U-U 和 Th/U-Th 图解（图例见图 8-24）

LCC. 下地壳；MCC. 中地壳；N-MORB. 正常型洋中脊玄武岩

8.5.2　环太平洋带斑岩铜成矿模型

1. 板片窗相关的斑岩铜成矿模型

在太平洋西部沿岸、北美西部沿岸和南美西部沿岸，与洋脊有关的构造特征和岩浆活动都不同，反映在各洋脊所对应斑岩铜矿床的空间分布也有差异。成矿带的岩浆岩和矿床分布可利用洋脊俯冲模型来解释，无论是扩张洋脊还是非震洋脊，其洋壳都比周围洋壳要更年轻、更热，因此俯冲过程中在靠近洋脊的位置就更容易发生部分熔融，并形成埃达克岩。埃达克岩低的 ε_{Nd} 值和高的初始 Sr 同位素比值是由洋壳部分熔融形成的埃达克质岩浆与富集组分的 EMⅡ（Ⅱ型富集地幔）及上覆大陆下地壳混染而导致。根据前面对环太平洋带埃达克岩地球化学特征的统计分析可知，Sr 含量相对较高的埃达克岩位于板片窗两侧的边缘位置之上，由于俯冲洋壳剖面中的辉长岩层发生部分熔融，因而可能形成 Sr 含量更高的埃达克岩（图 8-27）。

菲律宾吕宋岛和加利福尼亚西部海岸的斑岩铜矿床的空间分布均受板片窗构造的控制。这两个地区的洋脊在俯冲过程中形成板片窗，并且洋壳发生部分熔融形成斑岩铜矿，板片窗之上出现斑岩铜成矿活动的空隙区（图 8-27）。太平洋西部菲律宾吕宋岛和太平洋东部北美加利福尼亚西岸的洋脊俯冲所形成的斑岩铜矿床的空间分布都体现了这一地质现象。

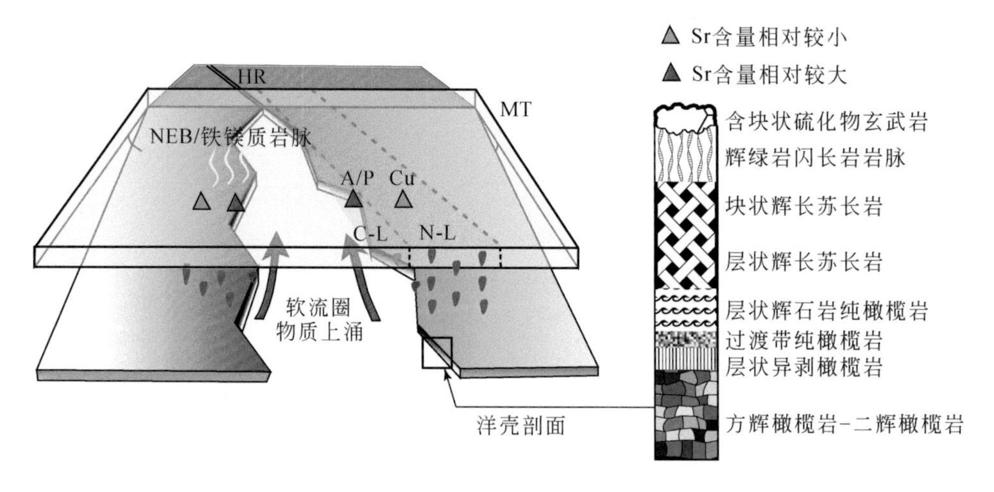

图 8-27　扩张洋脊俯冲成矿模型

HR. 黄岩海山链；MT. 马尼拉海沟；NEB. 富铌玄武岩；A/P Cu. 埃达克斑岩铜矿；C-L. 吕宋岛中部；N-L. 吕宋岛北部。洋壳剖面据 Yumul et al.，1998 修改

2. 非震洋脊俯冲相关的斑岩铜成矿模型

对于非震洋脊俯冲，主要集中在太平洋东部沿岸的中美洲和南美洲。本书统计分析了与 Cocos 洋脊、Carnegie 洋脊、Nazca 洋脊和 Juan Fernandez 洋脊在时空分布上密切相关的斑岩铜矿床，结合相关的构造演化历史，发现斑岩铜矿床的分布与洋脊俯冲及洋脊横向迁移过程具有很好的一致性。此外，洋脊的横向迁移速率对斑岩铜矿床的规模与数量具有重要影响，如位于北美阿拉斯加南部的 Kula-Resurrection 洋脊和南美西部 Juan Fernandez 洋脊在渐新世之后较快的横向迁移可能是导致阿拉斯加南部斑岩铜矿床数量较少和安第斯中部斑岩铜矿床出现成矿空白期的原因之一。

参 考 文 献

韩宝福，王式洸，孙元林，等，1997. 新疆乌伦古河碱性花岗岩 Nd 同位素特征及其对显生宙地壳生长的意义．科学通报，(17)：1829-1832.
贾小辉，王强，唐功建，2009. A型花岗岩的研究进展及意义．大地构造与成矿学，33（3)：465-480.
刘红涛，张旗，刘建明，等，2004. 埃达克岩与Cu-Au成矿作用：有待深入研究的岩浆成矿关系．岩石学报，(2)：205-218.
刘再峰，詹文欢，张志强，2007. 台湾-吕宋岛双火山弧的构造意义．大地构造与成矿学，31（2)：145-150.
孙卫东，凌明星，汪方跃，等，2008. 太平洋板块俯冲与中国东部中生代地质事件．矿物岩石地球化学通报，27（3)：218-225.
孙卫东，凌明星，杨晓勇，等，2010. 洋脊俯冲与斑岩铜金矿成矿．中国科学（D辑)，40（2)：127-137.
王强，赵振华，熊小林，等，2001. 底侵玄武质下地壳的熔融：来自安徽沙溪adakite质富钠石英闪长玢岩的证据．地球化学，30（4)：353-362.
王贤觉，吴明清，梁德华，等，1984. 南海玄武岩的某些地球化学特征．地球化学，(4)：332-340.
鄢全树，石学法，王昆山，等，2008. 南海新生代碱性玄武岩主量、微量元素及Sr-Nd-Pb同位素研究．中国科学（D辑)，38（1)：56-71.
杨振强，朱章显，2010. 新生代埃达克岩两种成因类型的含矿性和源区：西南太平洋带与东太平洋带的对比．华南地质与矿产，(3)：1-11.
张旗，王焰，钱青，等，2001. 中国东部燕山期埃达克岩的特征及其构造-成矿意义．岩石学报，17（2)：236-244.
赵振华，王强，熊小林，2004. 俯冲带复杂的壳幔相互作用．矿物岩石地球化学通报，23（4)：277-284.
赵振华，王强，熊小林，等，2006. 新疆北部的两类埃达克岩．岩石学报，22（5)：1249-1265.
朱金初，李人科，周凤英，等，1996. 广西栗木水溪庙不对称层状伟晶岩-细晶岩岩脉的成因讨论．地球化学，25（1)：1-9.
Abratis M, Wörner G, 2001. Ridge collision, slab-window formation, and the flux of Pacific asthenosphere into the Caribbean realm. Geology, 29 (2): 127-130.
Aguillón-Robles A, Calmus T, Benoit M, et al., 2001. Late Miocene adakites and Nb-enriched basalts from Vizcaino Peninsula, Mexico: indicators of East Pacific Rise subduction below southern Baja California? Geology, 29 (6): 531-534.
Anderson J L, Bender E E, 1989. Nature and origin of Proterozoic A-type granitic magmatism in the southwestern United States of America. Lithos, 23 (1-2): 19-52.
Arribas Jr A, Hedenquist J W, Itaya T, et al., 1995. Contemporaneous formation of adjacent porphyry and epithermal Cu-Au deposits over 300 ka in northern Luzon, Philippines. Geology, 23 (4): 337-340.
Atwater T, 1970. Implications of plate tectonics for the Cenozoic tectonic evolution of western North America. Geological Society of America Bulletin, 81: 3513-3536.
Bautista B C, Bautista M L P, Oike K, et al., 2001. A new insight on the geometry of subducting slabs in northern Luzon, Philippines. Tectonophysics, 339 (3-4): 279-310.
Beate B, Monzier M, Spikings R, et al., 2001. Mio-Pliocene adakite generation related to flat subduction in southern Ecuador: the Quimsacocha volcanic center. Earth and Planetary Science Letters, 192 (4): 561-570.
Bellon H, Yumul G P, 2000. Mio-Pliocene magmatism in the Baguio mining district (Luzon, Philippines): age clues to its geodynamic setting. Comptes Rendus de l'Académie des Sciences-Series IIA-Earth and Planetary Science, 331 (4): 295-302.
Bouysse P, Westercamp D, 1990. Subduction of Atlantic aseismic ridges and Late Cenozoic evolution of the Lesser

Antilles island arc. Tectonophysics, 175 (4): 349-380.

Bradley D C, Haaeussler P J, Kusky T M, 1993. Timing of early Tertiary ridge subduction in southern Alaska// Dusel-Bacon C, Till A B. Geological Studies in Alaska by the U. S. Geological Survey in 1992. U. S. Geological Survey Bulletin, 2068: 163-177.

Bradley D, Kusky T, Haeussler P, et al., 2003. Geological signature of early Tertiary ridge subduction in Alaska//Sisson V B, Roseske S M, Pavlis T L. Geology of a Transpressional Orogen Developed During Ridge—Trench Interaction Along the North Pacifica Margin: Boulder, Coorado. Geological Society of America Special Paper, 371: 19-49.

Carr M, Stoiber R, 1990. Volcanism. The Geology of North America, 5: 375-391.

Chang Z S, Hedenquist J W, White N C, et al., 2011. Exploration tools for linked porphyry and epithermal deposits: example from the Mankayan intrusion- centered Cu- Au district, Luzon, Philippines. Economic Geology, 106 (8): 1365-1398.

Charoy B, Raimbault L, 1994. Zr- , Th- , and REE- rich biotite differentiates in the A- type granite pluton of Suzhou (Eastern China): the key role of fluorine. Journal of Petrology, 35 (4): 919-962.

Chiaradia M, Merino D, Spikings R, 2009. Rapid transition to long- lived deep crustal magmatic maturation and the formation of giant porphyry- related mineralization (Yanacocha, Peru) . Earth and Planetary Science Letters, 288: 505-515.

Chung S L, Liu D, Ji J, et al, 2003. Adakites from continental collision zones: melting of thickened lower crust beneath southern Tibet. Geology, 31 (11) : 1021-1024.

Cole R B, Basu A R, 1995. Nd-Sr isotopic geochemistry and tectonics of ridge subduction and middle Cenozoic volcanism in western California. Geological Society of America Bulletin, 107: 167-179.

Cole R B, Stewart B W, 2009. Continental margin volcanism at sites of spreading ridge subduction: examples from southern Alaska and western California. Tectonophysics, 464 (1-4): 118-136.

Cole R B, Nelson S W, Layer P W, et al., 2006. Eocene volcanism above a depleted mantle slab window in Southern Alaska. Geological Society of America Bulletin, 118 (1-2): 140-158.

Collins L S, Coates A, Jackson J B C, et al., 1995. Timing and rates of emergence of the Limon and Bocas del Toro basins: Caribbean effects of Cocos Ridge subduction? Geological and Tectonic Development of the Caribbean Plate Boundary in Southern Central America, 295: 263-289.

Cooke D R, Hollings P, Walshe J L, 2005. Giant porphyry deposits: characteristics, distribution, and tectonic controls. Economic Geology, 100 (5): 801-818.

Cooke D R, Deyell C L, Waters P J, et al., 2011. Evidence for magmatic- hydrothermal fluids and ore- forming processes in epithermal and porphyry deposits of the Baguio District, Philippines. Economic Geology, 106 (8): 1399-1424.

Corrigan J, Mann P, Ingle J C, 1990. Forearc response to subduction of the Cocos ridge, Panama- Costa Rica. Geological Society of America Bulletin, 102 (5): 628-652.

Creaser R A, Price R C, Wormald R J, 1991. A- type granites revisited: assessment of a residual- source model. Geology, 19: 163-166.

Davis A S, Plafker G, 1986. Eocene basalts from the Yakutat terrane: evidence for the origin of an accreting terrane in southern Alaska. Geology, 14 (11): 963-966.

DeMets C, Gordon R G, Argus D F, et al., 1990. Current plate motions. Geophysical Journal International, 101: 425-478.

Defant M J, Drummond M S, 1990. Derivation of some modern arc magmas by melting of young subducted lithosphere. Nature, 347 (6294): 662.

Defant M J, Kepezhinskas P, 2001. Evidence suggests slab melting in arc magmas. Eos Transactions American Geophysical Union, 82 (6): 65-69.

Drummond M S, Defant M J, Kepezhinskas P K, 1996. Petrogenesis of slab derived tonalite-dacite adakite magmas. Earth and Environmental Science Transactions of the Royal Society of Edinburgh, 87 (1-2): 205-215.

Espurt N, Funiciello F, Martinod J, et al., 2008. Flat subduction dynamics and deformation of the South American plate: insights from analog modeling. Tectonics, 27 (3): 3011-3019.

Farris D W, Paterson S R, 2009. Subduction of a segmented ridge along a curved continental margin: variations between the western and eastern Sanak-Baranof belt, southern Alaska. Tectonophysics, 464 (1-4): 100-117.

Frost C D, Frost B R, 1997. Reduced rapakivi-type granites: the tholeiite connection. Geology, 25: 647-650.

Gardner T W, Verdonck D, Pinter N M, et al., 1992. Quaternary uplift astride the aseismic Cocos ridge, Pacific coast, Costa Rica. Geological Society of America Bulletin, 104 (2): 219-232.

Gräfe K, Frisch W, Villa I M, et al., 2002. Geodynamic evolution of southern Costa Rica related to low-angle subduction of the Cocos Ridge: constraints from thermochronology. Tectonophysics, 348 (4): 187-204.

Gutscher M A, Olivet J L, Aslanian D, et al., 1999. The "lost Inca Plateau": cause of flat subduction beneath Peru? Earth and Planetary Science Letters, 171 (3): 335-341.

Gutscher M A, Maury R, Eissen J P, et al., 2000. Can slab melting be caused by flat subduction? Geology, 28 (6): 535-538.

Haeussler P J, Bradley D, Goldfarb R, et al., 1995. Link between ridge subduction and gold mineralization in southern Alaska. Geology, 23 (11): 995-998.

Haeussler P J, Bradley D C, Wells R E, et al., 2003. Life and death of the Resurrection plate: evidence for its existence and subduction in the northeastern Pacific in Plaeocene-Eocene time. Geological Society of America Bulletin, 115 (7): 867-880.

Hall R, 2002. Cenozoic geological and plate tectonic evolution of SE Asia and the SW Pacific: computer-based reconstructions, model and animations. Journal of Asian Earth Sciences, 20 (4): 353-431.

Hampel A, 2002. The migration history of the Nazca Ridge along the Peruvian active margin: a re-evaluation. Earth and Planetary Science Letters, 203: 665-679.

Harris N B W, Pearce J A, Tindle A G, 1986. Geochemical characteristics of collision-zone magmatism//Coward M P, Reis A C. Collision Tectonics. London: Geological Society: 67-81.

Hayes D E, Lewis S D, 1984. A geophysical study of the Manila Trench, Luzon, Philippines: 1. Crustal structure, gravity, and regional tectonic evolution. Journal of Geophysical Research: Solid Earth, 89 (B11): 9171-9195.

Hey R, 1977. A new class of "pseudofaults" and their bearing on plate tectonics: a propagating rift model. Earth and Planetary Science Letters, 37 (2): 321-325.

Hole M, Rogers G, Saunders A, et al., 1991. Relation between alkalic volcanism and slab-window formation. Geology, 19 (6): 657-660.

Hollings P, Wolfe R, Cooke D R, et al., 2011. Geochemistry of Tertiary igneous rocks of northern Luzon, Philippines: evidence for a back-arc setting for alkalic porphyry copper-gold deposits and a case for slab roll-back? Economic Geology, 106 (8): 1257-1277.

Huang F, Li S G, Dong F, et al., 2008. High-Mg adakitic rocks in the Dabie orogen, central China: implications for foundering mechanism of lower continental crust. Chemical Geology, 255 (1-2): 1-13.

Iaffaldano G, 2012. The strength of large-scale plate boundaries: constraints from the dynamics of the Philippine

Sea plate since ~5 Ma. Earth and Planetary Science Letters, 357-358: 21-30.

Ickert R B, Thorkelson D J, Marshall D D, et al., 2009. Eocene adakitic volcanism in southern British Columbia: remelting of arc basalt above a slab window. Tectonophysics, 464: 164-185.

Iwamori H, 2000. Thermal effects of ridge subduction and its implications for the origin of granitic batholith and paired metamorphic belts. Earth and Planetary Science Letters, 181 (1-2): 131-144.

James D E, Sacks S, 1999. Cenozoic formation of the Central Andes: a geophysical perspective//Skinner B. Geology and Mineral Deposits of Central Andes, Society of Economic Geologists Special Publication, 7. Boulder CO: Society of Economic Geology.

Johnson M E, Libbey L K, 1997. Global review of upper Pleistocene (Substage 5e) rocky shores: tectonic segregation, substrate variation, and biologica diversity. Journal of Coastal Research, 13 (2): 297-307.

Kay R W, 1978. Aleutian magnesian andesites: melts from subducted Pacific Ocean crust. Journal of Volcanology and Geothermal Research, 4 (1-2): 117-132.

Kay R W, Mahlburg-Kay S, 1991. Creation and destruction of lower continental crust. Geologische Rundschau, 80 (2): 259-278.

Kay S M, Mpodozis C, 1999. Setting and origin of Miocene giant ore deposits in the Central Andes. Pacrim'99: Proceedings of International Congress on Earth Science, Exploration and Mining Around the Pacific Rim: 5-12.

Kay S M, Mpodozis C, 2001. Central Andean ore deposits linked to evolving shallow subduction systems and thickening crust. GSA Today, 11 (3): 4-9.

Kellogg J N, Vega V, 1995. Tectonic development of Panama, Costa Rica, and the colombian Andes: constraints from global positioning system geodetic studies and gravity. Geological Society of America, 295: 75-90.

Kendrick E, Bevis M, Smalley R, 2003. The Nazca-South America Euler vector and its rate of change. Journal of South American Earth Sciences, 16: 125-131.

Kinoshita O, 1995. Migration of igneous activities related to ridge subduction in Southwest Japan and the East Asian continental margin from the Mesozoic to the Paleogene. Tectonophysics, 245 (1-2): 25-35.

Kinoshita O, 2002. Possible manifestations of slab window magmatism in Cretaceous southwest Japan. Tectonophysics, 344 (1-2): 1-13.

Kolarsky R A, Mann P, Montero W, 1995. Island arc response to shallow subduction of the Cocos Ridge, Costa Rica. Ithaca: Geological Society of America Special.

Lewis S D, Hayes D E, 1983. The tectonics of northward propagating subduction along eastern Luzon, Philippine Islands//Hayes D. The Tectonic and Geologic Evolution of Southeast Asian Seas and Islands: Part 2. Washington DC: American Geophysical Union: 57-78.

Li H, Ling M X, Li C Y, et al., 2012. A-type granite belts of two chemical subgroups in central eastern China: indication of ridge subduction. Lithos, 150: 26-36.

Ling M X, Wang F Y, Ding X, et al., 2009. Cretaceous ridge subduction along the lower Yangtze River belt, eastern China. Economic Geology, 104 (2): 303-321.

Ling M X, Wang F Y, Ding X, et al., 2011. Different origins of adakites from the Dabie Mountains and the Lower Yangtze River Belt, eastern China: geochemical constraints. International Geology Review, 53 (5-6): 727-740.

Ling M X, Li Y, Ding X, et al., 2013. Destruction of the North China Craton induced by ridge subductions. The Journal of Geology, 121 (2): 197-213.

Listanco E L, Yumul G P J, Datuin R T, 1997. On the thickness of the Phillipine crust: application of the

Plank-Langmuir systematics. Geological Society of the Phillippines，52：20-24.

Loiselle M C，Wones D R，1979. Characteristics and origin of anorogenic granites. Geological Society of America Abstract Progressing，11：468.

Macpherson C G，Dreher S T，Thirlwall M F，2006. Adakites without slab melting：high pressure differentiation of island arc magma，Mindanao，the Philippines. Earth and Planetary Science Letters，243（3）：581-593.

Madsen J K，Thorkelson D J，Friedman R M，et al.，2006. Cenozoic to recent plate configurations in the Pacific Basin：ridge subduction and slab window magmatism in western North America. Geosphere，1：11-34.

Mamani M，Wörner G，Sempere T，2010. Geochemical variations in igneous rocks of the central Andean orocline（13°S to 18°S）：tracing crustal thickening and magma generation through time and space. Geological Society of America Bulletin，122：162-182.

Manea M，Manea V C，2008. On the origin of El Chichón volcano and subduction of Tehuantepec Ridge：a geodynamical perspective. Journal of Volcanology and Geothermal Research，175（4）：459-471.

Martin H，1999. Adakitic magmas：modern analogues of Archaean granitoids. Lithos，46（3）：411-429.

Martinod J，Husson L，Roperch P，et al.，2010. Horizontal subduction zones，sonvergence velocity and the building of the Andes. Earth and Planetary Science Letters，299：299-309.

McGeary S，Nur A，Ben-Avraham Z，1985. Spatial gaps in arc volcanism：the effect of collision or subduction of oceanic plateaus. Tectonophysics，119（1-4）：195-221.

McNeill D F，Coates A G，Budd A F，et al.，2000. Integrated paleontologic and paleomagnetic stratigraphy of the upper Neogene deposits around Limón，Costa Rica：a coastal emergence record of the Central America Isthmus. Geological Society of America Bulletin，112（7）：963-981.

Meschede M，Barckhausen U，Worm H U，1998. Extinct spreading ridges on the Cocos plate. Terra Nova，10（4）：211-216.

Michel G W，Yu Y Q，Zhu S Y，et al.，2001. Crustal motion and block behaviour in SE-Asia from GPS measurements. Earth and Planetary Science Letters，187（3-4）：239-244.

Mungall J E，2002. Roasting the mantle：slab melting and the genesis of major Au and Au-rich Cu deposits. Geology，30（10）：915-918.

Mutschler F E，Ludington S，Bookstrom A A，2000. Giant porphyry-related metal camps of the world—a database. Open-File Report，99-556（online version 1.0. U. S. Geological Survey. https://pubs. er. usgs. gov/publication/ofr99556）.

Müller R D，Sdrolias M，Gaina C，et al.，2008. Age，spreading rates，and spreading asymmetry of the world's ocean crust. Geochemistry，Geophysics，Geosystems，8150. DOI：10.1029/2007GC001743.

Nur A，1981. Volcanic gaps and the consumption of aseismic ridges in South America. Memoir of the Geological Society of America，154：729-740.

Oyarzun R，Márquez A，Lillo J，et al.，2002. Disscussion "Giant versus small porphyry copper deposits of Cenozoic age in northern Chile：adakitic versus normal calc-alkaline magmatism". Mineralium Deposita，37（8）：788-790.

Pallares C，Maury R C，Bellon H，et al.，2007. Slab-tearing following fidge-trench collision：evidence from Miocene volcanism in Baja California，Mexico. Journal of Volcanology and Geothermal Research，161：95-117.

Patriat M，Klingelhoefer F，Aslanian D，et al.，2002. Deep crustal structure of the Tuamotu plateau and Tahiti（French Polynesia）based on seismic refraction data. Geophysical Research Letters，29（14）：388-391.

Pautot G，Rangin C，1989. Subduction of the South China Sea axial ridge below Luzon（Philippines）. Earth and

Planetary Science Letters, 92 (1): 57-69.

Pavlis T L, Sisson V B, 1995. Structural history of the Chugach metamorphic complex in the Tana River region, eastern Alaska: a record of Eocene ridge subduction. Geological Society of America Bulletin, 107 (11): 1333-1355.

Peacock S M, Rushmer T, Thompson A B, 1994. Partial melting of subducting oceanic crust. Earth and Planetary Science Letters, 121 (1-2): 227-244.

Pennington W D, 1981. Subduction of the eastern Panama Basin and seismotectonics of northwestern South America. Journal of Geophysical Research: Solid Earth, 86 (B11): 10753-10770.

Pilger R H, 1981. Plate reconstructions, aseismic ridges, and low- angle subduction beneath the Andes. Geological Society of America Bulletin, 92 (7): 448-456.

Portnyagin M, Hoernle K, Avdeik O G, et al., 2005. Transition from arc to oceanic magmatism at the Kamchatka-Aleutian junction. Geology, 33 (1): 25-28.

Ramos VA, Cristallini E O, Perez D J, 2002. The Pampean flat- slab of the Central Andes. Journal of South American Earth Sciences, 15 (1): 59-78.

Rapp R P, Watson E B, Miller C F, 1991. Partial melting of amphibolite/eclogite and the origin of Archean trondhjemites and tonalites. Precambrian Research, 51 (1-4): 1-25.

Rapp R P, Shimizu N, Norman M, et al., 1999. Reaction between slab- derived melts and peridotite in the mantle wedge: experimental constraints at 3. 8 GPa. Chemical Geology, 160 (4): 335-356.

Rosenbaum G, Giles D, Saxon M, et al., 2005. Subduction of the Nazca Ridge and the Inca Plateau: insights into the formation of ore deposits in Peru. Earth and Planetary Science Letters, 239 (1-2): 18-32.

Rudnick R L, Gao S, 2003. Composition of the continental crust. Treatise on geochemistry, 3: 1-64.

Sajona F G, Maury R C, 1998. Association of adakites with gold and copper mineralization in the Philippines. Comptes Rendus de l'Académie des Sciences- Series IIA- Earth and Planetary Science, 326 (1): 27-34.

Sajona F G, Maury R C, Bellon H, et al., 1993. Initiation of subduction and the generation of slab melts in western and eastern Mindanao, Philippines. Geology, 21 (11): 1007-1010.

Sella G F, Dixon T H, Mao A, 2002. REVEL: a model for recent plate velocities from space geodesy. Journal of Geophysical Research: Solid Earth, 107 (B4). DOI: 10. 1029/2000JB000033.

Sen C, Dunn T, 1994. Dehydration melting of a basaltic composition amphibolite at 1. 5 and 2. 0 GPa: implications for the origin of adakites. Contributions to Mineralogy and Petrology, 117 (4): 394-409.

Sen C, Dunn T, 1995. Experimental modal metasomatism of a spinel lherzolite and the production of amphibole-bearing peridotite. Contributions to Mineralogy and Petrology, 119 (4): 422-432.

Sillitoe R H, Angeles C A J, 1985. Geological characteristics and evolution of a gold-rich porphyry copper deposit at Guinaoang, Luzon, Philippines. Asian Mining'85, Manila, Philippines. Institute of Mining and Metallurgy, London: 15-26.

Singer D A, Berger V I, Moring B C, 2008. Porphyry Copper Deposits of the World: Database and Grade and Tonnage Models. Open-File Report, 2008-1155. DOI:10. 3133/ofr20081155.

Soler P, Jimenez N, 1993. Magmatic constraints upon the evolution of the Bolivian Andes since late Oligocene times//Extended Abstracts, Second International Symposium on Andean Geodynamics, Oxford, U. K. : Paris, ORSTOM: 447-451.

Sun S S, McDonough W S, 1989. Chemical and isotopic systematics of oceanic basalts: implications for mantle composition and processes. Geological Society, London, Special Publications, 42 (1): 313-345.

Sun W D, Hu Y H, Kamenetsky V S, 2008. Constancy of Nb/U in the mantle revisited. Geochimica et Cosmochimica Acta, 72: 3542-3549.

Sun W D, Ling M X, Yang X Y, et al., 2010. Ridge subduction and porphyry copper-gold mineralization: an overview. Science China Earth Science, 53: 475-484.

Sun W D, Ling M X, Chung S L, et al., 2012. Geochemical constraints on adakites of different origins and copper mineralization. Journal of Geology, 120: 105-120.

Talandier J, Okal E A, 1987. Crustal structure in the Society and Tuamotu Islands. Geophysical Journal of the Royal Astronomical Society, 88: 499-528.

Taylor B, Hayes D E, 1983. Origin and history of the South China Sea basin. The Tectonic and Geologic Evolution of Southeast Asian Seas and Islands: Part 2, 27: 23-56.

Thieblemont D, Stein G, Lescuyer J L, 1997. Epithermal and porphyry deposits: the adakite connection. Comptes Rendus de l'Académie des Sciences-Serie Ⅱ á: Sciences de la Terre et des Planetes, 325 (2): 103-109.

Thorkelson D J, 1996. Subduction of diverging plates and the principles of slab window formation. Tectonophysics, 255 (1-2): 47-63.

Thorkelson D J, Breitsprecher K, 2005. Partial melting of slab window margins: genesis of adakitic and non-adakitic magmas. Lithos, 79 (1-2): 25-41.

Thorkelson D J, Taylor R P, 1989. Cordilleran slab windows. Geology, 17 (9): 833-836.

Torsvik T H, Steinberger B, Gurnis M, et al., 2010. Plate tectonics and net lithosphere rotation over the past 150 My. Earth and Planetary Science Letters, 291 (1-4): 106-112.

Viruete J E, Contreras F, Stein G, et al. 2007. Magmatic relationships and ages between adakites, magnesian andesites and Nb-enriched basalt-andesites from Hispaniola: record of a major change in the Caribbean island arc magma sources. Lithos, 99 (3-4): 151-177.

von Huene R, Lallemand S, 1990. Tectonic erosion along the Japan and Peru convergent margins. Geological Society of America Bulletin, 102 (6): 704-720.

von Huene R, Pecher I A, Gutscher M A, 1996. Development of the accretionary prism along Peru and material flux after subduction of Nazca Ridge. Tectonics, 15 (1): 19-33.

Wallace L M, Ellis S, Miyao K, et al., 2009. Enigmatic, highly active left-lateral shear zone in southwest Japan explained by aseismic ridge collision. Geology, 37 (2): 143-146.

Waters P J, Cooke D R, Gonzales R I, et al., 2011. Porphyry and Epithermal Deposits and Ar-40/Ar-39 Geochronology of the Baguio District, Philippines. Economic Geology, 106 (8): 1335-1363.

Wells D L, Coppersmith K J, 1994. New empirical relationships among magnitude, rupture length, rupture width, rupture area, and surface displacement. Bulletin of the seismological Society of America, 84 (4): 974-1002.

Whalen J B, Currie K L, Chappell B W, 1987. A-type granites: geochemical characteristics, discrimination and petrogenesis. Contributions to Mineralogy and Petrology, 95 (4): 407-419.

Xiao Y L, Sun W D, Hoefs J, et al., 2006. Making continental crust through slab melting: constraints from niobium-tantalum fractionation in UHP metamorphic rutile. Geochimica et Cosmochimica Acta, 70 (18): 4770-4782.

Xiong X L, 2006. Trace element evidence for growth of early continental crust by melting of rutile-bearing hydrous eclogite. Geology, 34 (11): 945-948.

Yang J H, Wu F Y, Chung S L, et al., 2006. A hybrid origin for the Qianshan A-type granite, northeast China:

geochemical and Sr-Nd-Hf isotopic evidence. Lithos, 89 (1): 89-106.

Yang T F, Lee T, Chen C H, et al., 1996. A double island arc between Taiwan and Luzon: consequence of ridge subduction. Tectonophysics, 258 (1-4): 85-101.

Yogodzinski G, Kay R, Volynets O, et al., 1995. Magnesian andesite in the western Aleutian Komandorsky region: implications for slab melting and processes in the mantle wedge. Geological Society of America Bulletin, 107 (5): 505-519.

Yumul G P, Dimalanta C B, Bellon H, et al., 2000. Adakitic lavas in the Central Luzon back-arc region, Philippines: Lower crust partial melting products? Island Arc, 9 (4): 499-512.

Yumul G P, Dimalanta C B, Faustino D V, 1998. Upper mantle-lower crust dikes of the Zambales ophiolite complex (Philippines): distinct short-lived, subduction-related magmatism. Journal of Volcanology and Geothermal Research, 84 (3-4): 287-309.

Yáñez G, Cembrano J, Pardo M, et al., 2002. The Challenger-Juan Fernandez-Maipo major tectonic transition of the Nazca-Andean subduction system at 33 – 34° S: geodynamic evidence and implications. Journal of South American Earth Sciences, 15: 23-38.

Yáñez G, Ranero C R, von Huene R, et al., 2001. Magnetic anomaly interpretation across the southern central Andes (32°–34°): the role of the Juan Fernández Ridge in the late Tertiary evolution of the margin. Journal of Geophysical Research, 106: 6325-6345.